普通高等教育"十四五"系列教材

农田水利学

（第 2 版）

主 编 王春堂 王光辉

副主编 王世龑 董 涛 刘 腾

中国水利水电出版社

www.waterpub.com.cn

·北京·

内 容 提 要

本书是普通高等教育"十四五"系列教材，除绪论外，共分十章，其内容包括：农田水分状况及水分运动、作物需水量和灌溉用水量、灌水方法、地面灌溉、喷灌、局部灌溉、管道输水灌溉、田间排水、排水沟道系统、灌排系统管理等。本书包含农田水利工程的基础理论，并参考了最新的农田水利学工程相关方面的规范、标准，同时，还加入了近年来国内外的最新研究成果，如节水灌溉理论技术与应用等。

本书可作为高等学校水利水电工程、农业水利工程、农业水土工程和水文学与水资源工程等专业的教学教材，也可作为水利类专业从业人员的培训教材。

图书在版编目（CIP）数据

农田水利学 / 王春堂，王光辉主编. -- 2版. -- 北京：中国水利水电出版社，2023.12
普通高等教育"十四五"系列教材
ISBN 978-7-5226-1063-4

Ⅰ. ①农… Ⅱ. ①王… ②王… Ⅲ. ①农田水利—高等学校—教材 Ⅳ. ①S27

中国版本图书馆CIP数据核字(2022)第202885号

书 名	普通高等教育"十四五"系列教材 **农田水利学（第 2 版）** NONGTIAN SHUILIXUE
作 者	主编 王春堂 王光辉 副主编 王世龑 董 涛 刘 腾
出版发行	中国水利水电出版社 （北京市海淀区玉渊潭南路 1 号 D 座　100038） 网址：www. waterpub. com. cn E - mail：sales@mwr. gov. cn 电话：(010) 68545888（营销中心）
经 售	北京科水图书销售有限公司 电话：(010) 68545874、63202643 全国各地新华书店和相关出版物销售网点
排 版	中国水利水电出版社微机排版中心
印 刷	天津嘉恒印务有限公司
规 格	184mm×260mm　16 开本　22.25 印张　541 千字
版 次	2014 年 5 月第 1 版第 1 次印刷 2023 年 12 月第 2 版　2023 年 12 月第 1 次印刷
印 数	0001—2000 册
定 价	**62.00 元**

第 2 版前言

本书根据普通高等教育"十四五"系列教材要求，在 2014 年 5 月出版的《农田水利学》教材基础上修订的，特别修订了地面灌溉、管道输水灌溉、局部灌溉、喷灌、田间排水等内容，修订过程中，本着继承发扬的原则，充分注意反映我国农田水利建设中的经验、学科发展成就和发展前景，尽可能地反映本学科的新知识、新技术、相关技术要求与国家规范、行业标准，并结合面向新时代课程体系和教学内容的改革，突出理论知识与工程实践的结合，针对我国水资源极其短缺的严峻形势，强化了节水灌溉技术的推广应用。工程的规划设计以及有关内容，按最新规范、行业标准编写，注重学生的综合素质与应用能力培养，力求体现理论依据充分、基础扎实、方法实用等特色，方便问题的分析研究。

本书具有较强的针对性和实用性，可作为水利水电工程、农业水利工程、农业水土工程、水文学与水资源工程等专业的教材，也可以作为水利类专业从业人员的培训教材。

全书除绪论外，共十章，主要介绍农田水分状况及水分运动、作物需水量和灌溉用水量、灌水方法、地面灌溉、喷灌、局部灌溉、管道输水灌溉、田间排水、排水沟道系统、灌排系统管理等内容。全书以灌溉排水理论及其工程规划设计为主线，系统地阐述相关知识的基本原理、基本方法。

参加本书编写的有王春堂（绪论，第二、四、五章），王光辉（第三、四、八章），王世冀（第六、七、九章），董涛（第五、六、十章），刘腾（第一、四、九章），马向前（第一、二章），刘向坤（第三、十章），张坤（第六、八章），孔晓琴（绪论、第七章）。全书由王春堂、王光辉主编，并负责统稿，由王世冀、董涛、刘腾担任副主编。

在编写过程中，参考借鉴了有关教材、资料和科技文献，得到了有关院校和生产单位的热情协助，在此一并表示感谢。

由于本课程涉及知识面广，书中错误和不足之处在所难免，恳请广大读者批评指正。

编　者

2022 年 6 月

第 1 版前言

本教材根据普通高等教育"十二五"规划教材编写要求编写，编写过程中，本着继承发扬的原则，充分注意反映我国农田水利建设中的经验、学科发展成就和发展前景，尽可能地反映本学科的新知识、新技术、相关技术要求与国家规范、行业标准，并结合面向新时代课程体系和教学内容的改革，突出理论知识与工程实践的结合，针对我国水资源极其短缺的严峻形势，应大力推广节水灌溉技术，增加了土壤含水率及其测定方法、作物需水规律、喷灌、微灌、低压管道输水灌溉、波涌流灌溉、覆膜灌溉技术等内容，工程的规划设计以及有关内容，按最新规范、行业标准编写，注重学生的综合素质与应用能力培养，力求体现理论依据充分、基础扎实、方法实用等特色，方便问题的分析研究。

在 2011 年中央一号文件中，中央首次系统部署水利改革发展全面工作决定，社会经济建设急需大力发展水利，我国水利事业方兴未艾。本教材具有较强的针对性和使用性，可作为水利水电工程、水利工程、农业水利工程、农业水土工程、水文水资源工程等专业学生的教材，也可以作为水利类专业人员的培训教材。

全书共十章，主要介绍农田水分状况与土壤水分运动、作物需水量和灌溉用水量、灌水方法、地面灌溉工程技术、喷灌工程技术、微灌工程技术、低压管道输水灌溉工程技术、田间排水、排水沟道系统等内容。全书以灌溉排水理论及其工程规划设计为主线，系统地阐述相关知识的基本原理、基本方法。

参加本书编写的有王春堂（绪论、第二、四、五、六、七、九章），王光辉（第三、四、八章），董涛（第五、六、十章），刘腾（第一、四、九章），马向前（第一、二章），刘向坤（第三、十章），孙庆磊（第六、八章），潘保存（绪论、第七章）。全书由王春堂主编，并负责统稿，由王光辉、董涛、刘腾担任副主编。

在编写过程中，参考借鉴了有关教材、资料和科技文献，得到了有关院校和生产单位的热情协助，在此一并表示感谢。

由于本课程涉及知识面广，限于编者水平和时间紧迫，书中错误和不足之处在所难免，恳请广大读者批评指正。

编　者

2013 年 10 月

目 录

绪　　论

第一节　我国的农田水利事业

一、我国水资源概况

水是生命之源、生产之要和生态之基。兴水利、除水害，事关人类生存、经济发展以及社会进步，水利历来是治国安邦的大事。水资源是维系生态与环境可持续发展的控制性要素。实现水资源的可持续利用，保障社会经济的可持续发展，是世界各国共同面临的重要问题。

我国位于亚欧大陆东侧，濒临太平洋，国土面积 960 万 km^2，耕地面积为 19.179 亿亩。我国地域广阔、地形复杂、气候多样，人均占有水土资源量远远低于世界平均水平。我国是一个水资源短缺、水旱灾害频繁发生的国家。根据全国水资源评价报告：我国可通过水循环更新的地表水和地下水的多年平均年水资源总量为 2.8 万亿 m^3，居世界第 6 位。人均水资源占有量只有 $2200m^3$，仅为世界平均水平的 1/4 左右。而且受季风气候和地形条件的影响，水资源时空分布极不均衡。全国大部分地区每年汛期连续 2～4 个月的降雨量占全年的 60%～80%，往往造成汛期洪水成灾，其他月份易形成干旱。

由于各地自然特点不同，发展农业的水利条件也有较大差异。我国南方水多，北方水少。秦岭山脉和淮河以南，通称南方，年降雨量一般为 800～2000mm，无霜期一般为 220～300d，作物以稻、麦为主，一年至少两熟。其中南岭山脉以南的华南地区，年降雨量为 1400～2000mm，终年很少见霜，一年可三熟。南方雨量虽较丰沛，但由于降雨的时程分配与作物需水要求不匹配，经常出现不同程度的春旱或秋旱，故仍需灌溉。长江中下游平原低洼地区、太湖流域河网地区以及珠江三角洲等地，汛期外河水位经常高于地面，内水不能自流外排，洪水和渍涝威胁比较严重。淮河以北，通称北方，年降雨量一般少于800mm，属于干旱或半干旱地区。其中，属于干旱地区的有新疆、甘肃、宁夏、陕西北部、内蒙古的北部与西部地区以及青藏和云贵高原的部分地区。干旱地区年降雨量少，仅为 100～200mm，有的地方几乎终年无雨，而年均蒸发量为 1500～2000mm，远远超过降雨量，因而造成严重的干旱和土壤盐碱化现象。干旱地区主要是农牧兼作区，种植的主要作物有棉花、小麦和杂粮等，灌溉在农业生产上占极重要的地位，牧草也需要进行灌溉。大部分地区没有灌溉就很难保证农、牧生产的进行。半干旱地区的主要作物有棉花、小麦、玉米和豆类，水稻也有一些。这些地区的降雨量虽然基本上可以满足作物的大部分需要，但由于年际变差大和年内分布不均，经常出现干旱年份和干旱季节。水源主要是河川径流和地下水。这一地区农业生产的突出问题是由于降雨量在时间上分布不均、水利资源与土地资源不相适应等原因而形成的旱涝灾害问题。以华北地区为例，常常春旱秋涝，涝中有旱，涝后又旱，其他地区也有类似的情况。此外，有些排水不良的半干旱地区，地下水位较高，地下水矿化度大，土壤盐碱化威胁较重。

目前在农田水利方面突出的问题是水土资源组合的不平衡性，例如：全国有 45% 的土地面积处于降水量小于 400mm 的干旱少水地带；全国河川径流量，直接注入海洋的外流河水系占 95.8%，内陆河水系占 4.2%，而内陆河水系面积占全国总面积的 36%；长江流域和长江以南水系的径流量占全国的 82%，但耕地面积只占全国耕地面积的 36%；黄、淮、海三大流域，年径流量占全国的 6.6%，但耕地面积却占全国耕地面积的 38.6%，水土资源分布相差很大。由于降水量在年内及年际间分配不均，以及水土资源组合不平衡等，我国水旱灾害出现频繁和农业生产条件不稳定。人多水少、水资源时空分布不均，水土资源与经济社会发展布局不相匹配、干旱缺水、洪涝灾害等是我国需要面对和解决的严重问题。但我国一些地区，一方面水资源贫乏，另一方面对现有水资源的利用率不高、保护不够、浪费严重的现象又普遍存在。水资源短缺是许多地区发展长期面对的问题，已成为影响国民经济发展的制约因素。

随着经济发展、人口增加、城市化发展，农田水利事业面临着以下的严重挑战。

（1）洪涝灾害依然是中华民族的心腹之患。我国有大约 42% 的人口、30% 的耕地，数百座城市以及大量的重要基础设施和工矿企业都分布在主要江河的中下游地区，受到洪水威胁。

（2）干旱频繁，水资源短缺突出。我国北方还普遍存在不同程度的地下水超采问题。

（3）工业和城市用水增长较快，挤占灌溉用水趋势加剧。

（4）水土流失较严重。水土流失现象的发生，会导致土地退化、生态恶化；易造成河道、湖泊泥沙淤积，加剧了江河下游地区的洪涝灾害；可能引起牧区草原沙化严重等现象。

（5）水污染尚未得到有效控制，部分水源污染，水质不达标，影响人民群众的生命健康。

近年来，我国频繁发生的严重水旱灾害，造成了重大的生命财产损失，暴露出农田水利等基础设施十分薄弱的问题，必须大力加强水利建设。科学地制定合理的水资源开发利用规划，促进经济长期平稳较快发展和社会和谐稳定，夺取全面建成小康社会新胜利，必须下决心加快水利发展，切实增强水利支撑保障能力，实现水资源可持续利用。

二、我国的农田水利事业

农田水利是水利工程类别之一，农田水利是直接为农业生产服务的水利工程，是农田基本建设的重要组成部分。它的基本任务是研究农田水分状态及其变化规律，通过各种工程及管理措施来调节和改变农田水分状况及其地区的水利条件，合理利用水土资源，消除水旱灾害，为发展农业生产服务。

特定的自然条件决定了防洪、灌溉和排水等水利工作在我国经济社会发展、生态和环境保护中有着十分重要的地位和作用。农业是国民经济的基础，水利是农业的命脉，农业是安天下、稳民心的战略产业。搞好农业是关系我国经济建设高速发展的全局性问题。实践证明，只有农业得到了发展，国民经济的其他部门才具备最基本的发展条件。几千年来，我国的农业发展史，也就是发展农田水利、克服旱涝灾害的斗争史，中华民族灿烂悠久的文明史，就是一部除水害、兴水利的历史。正是由于我们的祖先与水旱等自然灾害的不懈斗争，才使中华民族获得了基本的生存条件，为古老的中华文明发展奠定了物质基础。

我国治水的历史源远流长，"治国必治水"成为历代有识之士的共识。广为传颂的大禹治水的故事，反映古人靠自己的智慧、力量和不屈不挠的精神，与洪水进行顽强的抗争，并最终战胜了洪水。从大禹治水至今，我国农田水利事业的发展已有 5000 多年历史。早在夏商时期，黄河流域一带就有了一些比较原始的农田水利工程，并出现了拦截径流用于灌溉的"沟洫"。春秋战国时期已经有了规模较大的渠系工程，如公元前 6 世纪在今安徽寿县南面修建的我国最早的灌溉水库——芍陂（现名安丰塘）。公元前 4 世纪在今河北临漳开挖的引漳十二渠。公元前 3 世纪在四川兴建的我国古代最大的灌溉工程都江堰，使成都平原成为了"水旱从人，不知饥馑"的"天府之国"，都江堰经过历代修缮，至今仍发挥着巨大效益，成为世界著名的文化遗产。其规划思想、工程设施及管理措施都很符合现代科学理论，是我国古代最成功的农田水利工程。就其历史之悠久、技术水平之高、社会影响之大，已作为民族的骄傲闻名于世。公元前 246 年修建的郑国渠，它西引泾水东注洛水，长达 150km 以上，灌溉面积 4 万 hm^2。于公元前 214 年凿成通航的灵渠，是世界上最古老的运河之一，有着"世界古代水利建筑明珠"的美誉。都江堰、郑国渠、灵渠称为我国"秦代三个伟大水利工程"，有"世界奇观"之称。此外，京杭大运河、海塘工程等大批水利工程，其他如遍布南方地区的塘坝工程，北方地区的水井、水车，西北地区的坎儿井、天车等，在历史上对于经济社会发展起到了至关重要的作用，有的至今仍在造福人民、发挥着效益。

中华人民共和国成立 70 多年来，进行了三次大规模农田水利建设。第一次：1958 年前后到 20 世纪 60 年代中期。以兴建水库拦蓄地表水源、提高河道防洪能力、发展灌溉农田为主，建成了一大批水利工程，为新中国水利的发展打下了基础，灌溉面积从 1949 年的 2.4 亿亩❶增加到 1965 年的 4.8 亿亩，翻了一番，粮食产量从 1100 亿 kg 增加到 1900 亿 kg，上了一个大台阶。第二次：20 世纪 70 年代。北方地区打井开发利用地下水，发展井灌，南方地区依靠机电排灌技术，扩大灌溉面积，增加除涝面积。灌溉面积从 1965 年的 4.8 亿亩增加到 1980 年的 7.3 亿亩，粮食产量从 1965 年的 1900 亿 kg 增加到 1980 年的 3200 亿 kg，连续上了 3 个台阶，基本扭转了南粮北运的局面。第三次：20 世纪 90 年代。以大力推广节水灌溉为重点，对大型灌区进行以节水为中心的续建配套和改造，对中低产田进行农业综合开发改造，特点是从外延为主转向内涵为主，加强经营管理，提高用水效率。1999 年与 1990 年比，净增灌溉面积 8000 万亩，改善灌溉面积 6.6 亿亩，新增和改善除涝面积 1.5 亿亩，粮食产量从 4462 亿 kg 增加到 5000 多亿 kg。

截至 2021 年，我国已建成各类河流堤防 43 万 km，水库 9.8 万多座、总库容 8983 亿 m^3，国家蓄滞洪区 98 处，总容积达到 1067 亿 m^3，初步形成了七大江河防洪工程体系。同时，对一大批病险水库进行了除险加固，防洪减灾能力明显提高；全国年供水能力超过 8500 亿 m^3，其中，全国城镇供水能力总计 4.2 亿 m^3/d，用水人口 7.26 亿人，管网长度 125.76 万 km，年供水总量 714 亿 m^3；农田有效灌溉面积达 10.37 亿亩，居世界首位，其中 667hm^2 以上灌区达到 7700 多处，节水灌溉面积 5.67 亿亩，其中高效节水灌溉面积达 3.5 亿亩。修建大中小型固定泵站 50 多万座。机电排灌面积近 5 亿亩，占全国有

---

❶　1 亩 ≈ 666.67m^2。

效灌溉面积的 50%；建成配套机电井 418 万多眼，井灌面积 1640 万 hm^2；易涝耕地及盐碱耕地进一步得到治理，全国原有的易涝耕地 2447 万 hm^2，已有 2107 万 hm^2 得到不同程度的治理；农业灌溉水有效利用率提高到 56.5%，在占耕地面积 54% 的有效灌溉面积上，生产了占全国 75% 的粮食和 90% 的经济作物。我国以占世界 6% 的淡水资源、9% 的耕地，保障了约占全球 1/5 人口的吃饭问题，为世界粮食安全做出了突出贡献。

多年来，我国的农田水利建设，创造和积累了丰富的建设经验。在农田水利科学技术研究与推广方面也取得了新的进展。

1. 学科领域扩大，应用基础理论研究更加深入

（1）农田水利学科围绕着现代农业的发展，不断向节水、高效、环保的领域扩展，作物高效用水生理调控、作物水分信息采集与精量控用水、劣质水高效安全应用等技术成为新时期农田水利学科研究的热点。

（2）应用基础理论研究不仅由单纯的土壤水分调控研究转向土壤-植物-大气连续体水分运移规律的研究，而且把水分运移规律与养分、水热、化学物质的运移结合起来进行研究，为提高水分养分利用效率提供了理论基础。

（3）更加重视局部灌溉和不同农业耕作条件下的水分养分运移规律的研究。这些都为深入开展农业节水领域的研究、由实验统计性质转变为具有较严谨理论体系和科学定量方法奠定了良好基础。

2. 研究和开发出成批节水新材料、新设备

研制完成多种节水节能灌溉新设备，多种产品实现产业化。在节水新材料的研究上，提出了适合 U 形渠道衬砌构件适宜的混凝土配合比，选用焦油塑料胶泥条和遇水膨胀橡胶止水条作为预制衬砌渠道伸缩缝材料，较好地解决了渠道接缝渗漏问题。

3. 农业节水新技术发展迅速

（1）节水灌溉技术取得新进展。

1）引黄高含沙水滴灌技术：研究提出工程技术措施与过滤系统相结合的过滤模式，结合抗堵塞性能强的平面迷宫式滴头和相应的大田粮食作物滴灌制度及运行管理技术，形成完整的引黄高含沙水滴灌技术体系。

2）膜下滴灌技术：滴灌与覆膜技术结合，将水、肥、农药等通过滴灌设施直接作用于作物根系，加上地膜覆盖，减少棵间蒸发，取得了显著的节水与经济效益。

3）地面灌溉新技术：开展了对激光控制土地精细平整技术的田间应用研究，提出了水平畦田灌溉系统的设计方法、灌水设计参数及相应的田间工程布局模式；对波涌流灌溉、覆膜灌溉技术进行了理论与技术要素的试验研究。另外，在控制性分根交替灌溉技术方面也取得了新进展。

4）田间灌溉自动化技术：研究开发出智能式全自动喷灌系统、电子自控配水系统、新型智能 IC 卡控制阀、无人值守的全自动化灌溉技术等。

（2）节水工程技术取得新进展。

1）大型灌区是我国粮食安全的重要保障。从 1998 年起国家发展和改革委员会（当时称"国家发展计划委员会"）、水利部重点组织实施了大型灌区的续建配套节水改造项目。项目区的渠道基本没有跑、冒、滴、漏现象，渠道输水能力、用水效率大幅度提高，保证

了灌区用水，缓解了农业用水的紧张矛盾。

2）在对不同形式和使用要求的刚性护面渠道冻胀破坏机理研究的基础上，提出了渠道刚性衬砌防冻胀破坏的内力计算与结构设计方法，并筛选出新型抗冻胀、防渗输水技术和先进实用的施工技术，形成了渠道抗冻胀、防渗高效输水技术集成模式。

3）低压管道输水田间闸管系统改进了材料配方，实现原料国产化，研制与低压管道输水配套的波涌流灌溉设备，提出适于不同灌区的系列化产品。

4）井渠结合灌区采取干支渠防渗衬砌，斗农渠采用土渠输水加大汛期拦蓄降雨入渗量，结合相应的畦田规格获得较好的引洪补源效果。

（3）节水高效灌溉与非充分灌溉的水肥耦合技术研究取得新进展。

1）在节水高效灌溉制度方面：明确了冬小麦、夏玉米、棉花 3 种作物的节水高效灌溉决策模型，提出了节水高效的灌溉模式、经济灌溉模式与调亏灌溉指标，形成了调亏灌溉的成套技术（调亏时期、土壤含水量下限和调亏灌溉制度）。

2）在节水灌溉与农业综合技术方面：提出了不同节水灌溉条件下的水肥耦合及调配施肥技术，间套作格式、耕作措施的优化与改进技术，农田覆盖及配套灌水、施肥技术，间套种植下不同灌水方式结合应用技术等。

（4）节水管理技术与水资源的合理开发技术逐步提高。

1）井灌区从加强雨洪利用入手，制定地下水开发与保护策略，形成了井灌区地下水采补平衡的水资源高效利用综合技术。

2）水库灌区建立了流域水资源优化调度数学模型，对灌区水资源进行合理配置，优化调度，有效提高了供水保证率。

3）雨水汇集及坡地径流资源化综合小流域水资源综合调配，形成了雨水汇集、引导、储存、合理利用的坡地径流资源化综合技术措施。

4）在多灌溉水源地区，实现了向农田供水分散水源的集中控制、统一调度，实现有限水资源的高效利用，提高了灌溉保证率。

5）配水技术在墒情监测和灌溉实时预报模型手段上有了较大改进，将随机方法及神经网络法用于源泉出流及作物蒸发蒸腾模型，模型计算时间短，预测精度大大提高。

4. 农田生态保护、区域中低产田治理和南方的涝渍治理技术继续得到提高

以西部内陆河流域区农田生态保护为主要目标开展的"叶尔羌河平原绿洲四水转化关系研究"和"塔里木河干流整治及生态环境保护研究"开创了在内陆干旱区从水资源转化角度出发、以土壤水为中心研究水资源合理利用的先例，把水资源开发利用与生态平衡和环境保护紧密结合，对于内陆干旱区与类似地区水资源转化和配置利用规划具有重要的指导意义。国家攻关项目"黄淮海平原持续高效农业综合技术研究"，针对该区域中低产田水资源不足、农田肥力差、品种和栽培技术落后、水的利用效率和水分生产率低的特点，采取农水紧密结合的综合技术，对中低产田进行治理，取得了显著的增产增收效益。国家攻关项目"农业涝渍灾害防御技术研究"，针对农田排水工程建设中的关键技术，对涝渍兼治连续控制的动态排水指标、组合排水工程形式及其设计计算方法进行了深入研究，在国内外率先提出了涝渍兼治的连续控制的综合治理思路，建立了作物产量与涝渍综合排水指标的关系模型，在有一定代表性的淮北平原地区应用后取得明显的经济效益。

5. 农业节水专题研究为国家提供宏观决策依据

从 2001 年开始，由中央农村工作领导小组办公室、水利部牵头，国家发展和改革委员会（当时称"国家发展计划委员会"）、农业综合开发办公室等单位参加，对"农业节水的战略地位""农业用水与农业节水现状""21 世纪初农业节水的目标与任务""农业节水的对策措施"及"国外农业节水发展的现状与启示"等 5 个专题进行了深入研究，完成了《全国农业节水发展纲要》。同时，"全国节水灌溉发展规划""全国灌溉发展规划""全国灌溉用水定额""21 世纪初中国农村水利发展战略"及"大型灌区节水改造策略"等方面的研究也取得阶段性成果。这些研究均着眼全局、着眼长远，不但为农业节水的健康发展奠定了基础，而且为国家发展农业节水提供了可靠的决策依据。

6. 农业节水科技成果示范推广应用取得了显著效益

通过国家攻关项目、国家重大科技产业示范工程项目，在全国开展农业节水工程示范，先后在甘肃、内蒙古、新疆、河北、陕西、北京等地建立了国家农业节水科技产业示范工程示范区和农业节水高科技示范园区。重点推广了渠道防渗、低压管道输水、小畦灌、波涌流灌溉、大田喷灌、滴灌、微喷灌、棉花膜下滴灌及膜上灌等灌溉节水技术，秸秆覆盖、地膜覆盖、旱地龙抗旱剂、保水剂、蒸腾抑制剂、抗旱种衣剂及优良耐旱品种等农业节水技术，有条件的地方发展集雨节灌工程，在南方水稻区，大力推广水稻"薄、浅、湿、晒"等节水栽培技术，探索出多种适合不同类型区的农业节水发展模式和技术体系。

7. 农田水利学科国际科技合作研究进一步加强

2001 年，受欧盟科学技术委员会、澳大利亚国际农业研究中心、福特基金会等组织的资助，武汉大学、中国灌溉排水发展中心等单位分别与国际水管理研究院、国际水稻研究所和美国、法国、荷兰、印度等国的大学和科研机构合作开展了"黄河流域节水灌溉策略研究""中国节水灌溉技术及其影响研究""提高灌区水分生产率研究""劣质水利用研究""中国灌溉水费政策研究"等，取得了丰硕成果。

党的十八大以来，我国按照科学发展观的要求，积极有效地开展了工作，努力保障防洪安全、供水安全和生态安全，水利事业取得了跨越性进展，我国共解决 2.8 亿农村群众饮水安全问题，农村自来水普及率达到 84%。7330 处大中型灌区建成，农田有效灌溉面积达到 10.37 亿亩，在占全国耕地面积 54% 的灌溉面积上，生产了全国 75% 的粮食和 90% 以上的经济作物。2021 年我国万元 GDP 用水量、万元工业增加值用水量较 2012 年分别下降 45% 和 55%，农田灌溉水有效利用系数从 2012 年的 0.516 提高到 2021 年的 0.568。近 10 年我国用水总量基本保持平稳，以占全球 6% 的淡水资源养育了世界近 20% 的人口，创造了世界 18% 以上的经济总量。全国水利工程供水能力从 2012 年的 7000 亿 m^3 提高到 2021 年的 8900 亿 m^3。

第二节　农田水利学的研究对象和基本内容

一、农田水利学的研究对象

农田水利学是研究农田水分状况和有关地区水情的变化规律及其调节措施、消除水旱灾害和利用水资源为发展农业生产而服务的科学。农田水利在英、美等国称为灌溉排水，苏联称为水利土壤改良。农田水利学科涉及水、土壤、作物、大气的相互关系以及工程设施、自然资源和生态环境的相互关系，是一门综合性的应用技术学科。其研究对象主要包括以下两个方面。

1. 调节农田水分状况

农田水分状况一般指大气水、农田土壤水、地面水和地下水的状况及其相关的养分、通气、热状况。农田水分不足或过多，都会影响作物的正常生长和作物的产量。调节农田水分状况的水利措施一般有：①灌溉措施。即按照作物的需要，通过灌溉系统有计划地将水分输送和分配到田间，以补充农田水分的不足。②排水措施。即通过排水系统将农田内多余的水分（包括地面水和地下水）排入容泄区（河流或湖泊等），使农田处于适宜的水分状况。在易涝易碱地区，排水系统还有控制地下水位和排盐作用，控制地下水位对作物增产具有重要作用。

调节农田水分状况，需要研究的主要问题如下：

（1）研究农田水分及盐分的运动规律。研究农作物需水、土壤水及其溶质的运动，探求水、土壤、作物和水分、盐分之间的相互关系，用以制定合理的灌排制度；控制适宜的土壤水分和地下水位，调节土壤的水、肥、气、热状况，改良土壤，促进农业高产、优质、高效。

（2）研究不同类型灌排系统的合理布置。由于地形、水文、土壤、地质和灌溉水源等自然条件不同，农业发展对灌区提出的要求不同，因而各地区不同类型灌区的布置形式也不同。研究各类型灌排系统的合理布置，做到山、水、林、田、湖、草、沙、路、电、居民点等综合治理，既便于灌排和控制地下水位，又适应机耕。国外灌排系统的发展趋势是地下管道化。暗管排水和管道输水在我国有些地区也有一定的发展。因此，要进一步研究地下排灌理论，发展灌排新技术、寻求合适的管材和降低费用。

（3）研究节水灌溉的技术和理论。灌溉节水是充分利用水资源、提高灌溉效益，促进农业进一步发展的重要措施，在水资源并不丰富的我国，特别是严重缺水的北方，对此已有了普遍重视，并开展了渠道防渗、管道输水、喷灌、滴灌、微灌、膜上灌、节水灌溉制度、井渠结合灌溉以及工程节水与农业节水相结合的措施等各种节水灌溉技术的试验研究和实施推广。但是各种节水灌溉措施都有一定的适用条件，在不同地区和不同情况下应采取哪种或哪些措施，还应深入研究；有些节水灌溉技术和节水灌溉理论，例如非充分灌溉（又称限额灌溉）的节水理论、高产省水的作物需水规律和作物水分生产函数等，还有待进一步开展试验研究加以充实提高。

（4）研究灌排工程施工机械化。灌排工程是面广量大的水利工程，实现机械化施工，对加速灌排工程的兴建与配套具有重要的意义。应在发展运输、浇筑、凿岩和机电排灌等机械的同时，研究发展开沟、衬砌、铺管等各种专用机械，以逐步实现农田水利施工机械化。

（5）研究灌排系统的运行管理与维修养护。加强灌排系统管理工作是当前首要任务之一，管理好坏直接影响灌排工程效益的发挥。因此，必须针对当前灌排系统实际存在的问题，改革管理体制，研究切实的工程管理和用水管理措施，加强对水源工程、渠道工程、渠系建筑物等农田水利工程进行的调度、运行、检查、观测、养护维修的管理。做到适时适量灌水、及时排水和控制地下水位、减少渠道渗漏，防止次生盐碱化，充分发挥工程效益。今后还须加强遥测、遥控等自动化管理新技术的研究，实现灌排管理现代化。

（6）研究系统工程和数字技术在灌排水方面的应用。提高灌排工程规划设计和运行管理的技术水平。

（7）农田水利工程项目的经济分析与评价。研究的目的是要以经济效益为指标，对灌排工程规划设计和运行管理等方面的各种方案进行比较和优选，它是研究工程是否可行的前提，也是从经济上选取最优方案的依据。

2. 改变和调节地区水情

随着农业生产的发展和需要，人类改造自然的范围越来越广，农田水利措施不仅限于改变和调节农田本身的水分状况，而且要求改变和调节更大范围的地区水情。

地区水情主要是指地区水资源的数量、分布情况及其动态。改变和调节地区水情的措施，一般可分为两种：①蓄水保水措施。通过修建水库、河网和控制利用湖泊、地下水库以及大面积的水土保持和田间蓄水措施（土壤水库），拦蓄当地径流和河流来水，改变水量在时间上（季节或多年范围内）和地区上（河流上下游之间、高低地之间）的水分分布状况，通过蓄水保水措施可以减少汛期洪水流量，避免暴雨径流向低地汇集，可以增加枯水期河水流量以及干旱年份地区水量储备。②调水、排水措施。调水排水措施主要是通过引水渠道，使地区之间或流域之间的水量互相调剂，从而改变水量在地区上的分布状况。用水时期借引水渠道及取水设备，自水源（河流、水库、河网和地下水库）引水，以供地区用水。我国已建成的引黄济青、引滦济津、南水北调等工程，都属于这种类型。在汛期，当某地区水量过剩时，可通过排水河渠将多余的水量调配到其他缺水地区或调送到地区内部的蓄水设施存蓄。但是，必须清醒地认识到，我国水资源总量短缺，靠修水库、建调水工程，不能从根本上解决水资源短缺问题，建设节水型社会才是解决我国干旱缺水问题最根本、最有效的战略举措。调水可以解决区域的部分水资源短缺问题，但如果不搞节水型社会建设，人们没有节约水资源的意识，就可能出现调水越多浪费越严重的情形。

在改善和调节地区水情的措施方面需要研究以下一些问题：

（1）在深入调查水量供、需情况的基础上，研究制定流域或地区的水资源中长期规划及水土资源平衡措施。

（2）研究当地地面水、地下水和外来水的统一开发及联合运用，应用系统工程的理论与方法，寻求水资源系统的最优规划、扩建和运行方案。

（3）研究洪涝规律，采取有效措施，解除洪涝威胁，并同水资源开发利用结合起来统一规划，做到洪涝旱碱综合治理。

（4）研究水资源开发、利用和保护等方面的经济效益、生态环境和社会福利问题，探求符合社会主义市场经济原则的水资源系统规划、管理的经济论证方法。

总之，随着水利技术的发展，我国的农田水利建设要树立系统全面开发的指导思想，建立按流域综合开发利用水资源和科学管理的完善体系。实现由工程水利到资源水利的转变，由传统水利向现代水利和可持续发展水利的转变。无论是调节农田水分状况，还是地区水情，坚持科学态度，讲究经济效益。要认识自然规律，总结水利建设的经验，并从理论和技术上解决农田水利现代化中出现的新问题，坚持人与自然和谐相处，进而实现以水资源的可持续利用保障经济社会可持续发展的目标，推动整个社会走上生产发展、生活富裕、生态良好的文明发展道路。

二、农田水利学的基本内容

农田水利学包含两部分内容：灌溉和排水。

灌溉研究的主要内容有：农田（广义的农田包括粮食与经济作物、草场、园林、蔬菜等一切需要灌溉的农业用地）的需水规律和需水量，灌溉用水过程和用水量的确定；灌溉方法和灌水技术；水资源在农业方面的合理利用，水源的取水方式；输水渠道（或管道）系统的规划布置及设计施工与管理等。灌溉研究的内容可以概括为水源工程、输水工程和田间工程的规划设计、施工、管理。

排水研究的主要内容有：产生农田水分过多的原因及相应的排水方法；田间排水工程的规划设计；排水输水沟道系统的规划设计、施工、管理和承纳排水系统排出水量的承泄区治理。排水的对象一般有：

（1）雨涝排水。在降雨过多、地势低洼的地区形成地面积水，使作物受淹会引起减产时，需要排除地面水。

（2）防渍排水。雨后地下水位高、土壤过湿、通气不良会引起渍害时，需要降低地下水位的排水。

（3）沼泽地排水。在地下水溢出带会形成苇湖沼泽。进行垦殖前首先要排除地面水，然后还需降低地下水位。

（4）盐碱地排水。在干旱、半干旱地区，降雨量小，蒸发力强，当地下水位高且矿化度高时，水分通过地表蒸发，盐分在表土层中积累，形成土壤盐渍化或盐碱化，盐碱对作物有害，盐碱地的产量很低。因此，为了防止灌溉土地盐碱化和改良盐碱地，需要降低地下水位的排水。

灌溉排水是调节土壤水分状况以满足作物生长需要的适宜水分状况的措施。但是，在调节土壤水分状况的同时还可以起到调节农田小气候和调节土壤的温热、通气、溶液浓度等作用。例如，盛夏炎热季节灌水可以起到降温作用，冬灌可以起到防冻作用，盐碱地冲洗灌水可以使土壤脱盐，降低土壤盐溶液浓度。排水后土壤的自由孔隙度增加，改善了土壤的通气状况，有利于作物根系的呼吸，对好气性细菌活动有利，可以使有机质分解为无机养料，便于作物吸收利用。所以，灌溉排水是提高作物产量和改良土壤的重要工程措施。

世界各国的灌溉排水实践证明，进行科学的灌排能使作物产量成倍增长，在相应的农业技术措施配合下可以改良土壤，不断地提高土壤肥力。但是，在不合理的灌排条件下也会引起土地恶化，甚至产生一些不利的生态环境问题。

随着经济发展、人口增加、城市化发展及水资源的短缺，农业用水面临着严峻的挑战。农业用水量的90%用于种植业灌溉，其余用于林业、牧业、渔业以及农村人畜饮水等。尽管农业用水所占比重近年来明显下降，但农业仍是我国第一用水大户，占全国总用水量的60%以上，发展高效节水型农业是国家的基本战略。21世纪初期，我国农田水利科学技术应大力发展以下几方面。

1. 高效输配水技术

此类技术研究包含以下几方面：

（1）农业用水在输配水过程中的水量损失所占比重很大，对输水损失大、输水效率低的支渠及其以上渠道因地制宜应用渠道防渗技术，提倡井灌区、提水灌区固定渠道全部防渗。

（2）加强不同气候和土质条件下渠道防渗新材料、新工艺、新施工设备的研究，加强渠道防渗防冻胀技术的研究和产品开发。

（3）发展管道输水技术，改造较小流量渠道时优先采用低压管道输配水技术、在高扬程提水灌区和有发展自压管道输水条件的灌区，优先发展自压式管道输水系统。

（4）积极研究输水建筑物老化防治技术、病害诊断技术和防腐蚀、修复、堵漏技术。

（5）加快发展输水建筑物加固技术和产品的开发。

2. 现代节水灌溉技术的理论与设计方法研究应用

此类技术研究包含以下几方面：

（1）大力推广田间节水灌溉，进一步开展田间节水灌溉的节水增产机理研究，改进地面灌水技术。

（2）推广小畦灌溉、细流沟灌、波涌灌溉，科学控制入畦（沟）流量、水头、灌水定额、改水成数等灌水要素，大力推广稻田"薄、浅、湿、晒"等干湿交替灌溉技术为主的水管理技术。

（3）积极研究稻田适宜水层标准、土壤水分控制指标、晒田技术及相应的灌溉制度；因地制宜地发展和应用喷灌技术，鼓励发展微灌技术，积极研究和开发低成本、低能耗、使用方便的喷灌、微灌设备；鼓励应用精准控制灌溉技术，提倡适时适量灌溉。

（4）在干旱缺水地区大力发展各种非充分灌溉技术；研究和运用控制性分根交替灌溉技术。

3. 灌溉管理理论、农业用水优化配置技术

农业用水水源包括降水、地表水、地下水、土壤水以及经过处理符合水质标准的回用水、微咸水、再生水等。通过工程措施与非工程措施，优化配置多种水源，高效使用地表水，合理开采地下水，在时间上和空间上合理分配与使用水资源，发展"长藤结瓜"灌溉系统及其灌溉水管理技术，实现"大、中、小，蓄、引、提"联合调度，提高灌区内的调蓄能力和反调节能力。

4. 井渠结合灌区地表水与地下水联合运用技术

我国北方的引库、引河灌区，由于灌溉水源日趋紧张，大多数都采取井渠结合灌溉形式。在引库灌区采取井渠结合灌溉，既能重复利用渠道输水和田间灌溉渗漏的地表水，又能确保农作物适时适量灌溉用水，还可通过井灌抽水降低地下水位，增加土壤储水库容，防止内涝和次生盐碱化的发生和发展。在引河灌区运用井渠结合灌溉，则是抗旱、防涝、治碱、节水及减淤等综合开发利用河水和当地水资源的有效措施。因此，应发展井渠结合灌溉技术；推广和应用地表水、地下水联合调控技术；提倡井渠双灌、渠水补源、井水保丰；重视地下水采补平衡技术研究。对这类灌区可利用的水资源进行优化配置和高效利用，已成为当前灌区节水技术改造研究的重要课题。

5. 调水技术

国外解决水资源不足的途径，除采取节水措施外，主要是进行调水。较大的调水工程有巴基斯坦的西水东调工程、美国加州北水南调工程等，大规模调水工作，将灌溉工程技术、机电提水技术提高到一个新的水平，并促进了灌溉经济分析、灌溉生态环境等灌溉学科分支的发展。我国已完成的调水工程有引黄济青（青岛）、引黄济津、引滦济津（天津）和引滦济唐（唐山）等，效果良好，并解决了一系列规划、设计、施工、提水和环境评价等技术问题。举世瞩目的南水北调工程东、中线一期工程于 2014 年 12 月 12 日全面建成通水。坚持工程建设标准化，工程运行管理规范化，积极运用大数据、云技术、物联网等技术手段，提升工程管理现代化水平，工程运行安全平稳，经受住了特大暴雨、台风、寒潮等极端天气考验，未发生任何安全事故和断水事件，供水量持续增长，水质稳定达标，经济、社会、生态等效益不断扩大。工程累计调水量已近 300 亿 m³，截至 2021 年年底，调水量达到 299.5 亿 m³，直接受益人口超过 1.2 亿人，已由原规划的受水区城市补充水源，转变为多个重要城市生活用水的主力水源，成为这些城市供水的生命线。

6. 非常规水利用技术

此类技术研究包含以下几方面：

（1）研究试验安全使用污废水、再生水、微咸水和淡化后的海水等非常规水以及通过人工增雨技术等非常规手段增加农业水资源。

（2）发展一水多用和分质用水技术；发展非常规水与淡水混合使用或交替使用技术；建立污水灌溉量化指标体系和咸水灌溉控制指标体系；发展非常规水利用时地下水质、地表水质、农作物产量与品质、土壤理化性状以及环境等影响监测与安全评价技术；研究非常规水利用灌溉制度、施肥方式及灌溉模式，以及灌溉后作物和农田残留物的快速测定技术和方法。

（3）加强生活污水、微咸水等排泄与处理技术的研究；重视发展人工增雨技术；鼓励在养殖业或其他农副业中合理利用海水资源；加强天然淡水稀释海水浇灌耐盐作物的技术研究；积极研究与开发经济有效的非常规水处理设备与水质监测仪器。

7. 农业节水关键设备、产品及材料的产业化

考虑到我国农村劳动力向城镇的快速转移，农业生产向高效集约化经营发展的趋势，节省劳力、生产效率高、自动化程度高的节水灌溉机具应成为今后研究、开发和产业化的重点。这类机具包括机械移管的喷灌机具，地下滴灌设备，大、中、小型的渠道防渗衬砌机具，农田精细平地、开沟、打畦机具，各种自动阀门，以及灌溉自动化控制设备等。

8. 农田水利应用基础研究

土壤水与作物关系问题的研究是农田水利研究的基础，今后的研究应从均质走向非均质，从点的研究走向面或区域的研究，从理论研究推进到应用研究。土壤水运移机理研究应重点放在优先流、土壤水参数的测定和确定、土壤水参数的空间变异性、土壤水分运动的随机模型等几个方面。由于灌溉排水规律的复杂、水资源日趋紧张、综合利用供需矛盾的增加，应加强灌排自动化，加强 GIS、GPS、RS、水情自动测报系统等技术的研究，积极研究和开发土壤墒情、旱情监测仪器设备及预测技术。

9. 土壤水分、盐分的运移规律及易涝易旱易碱区治理和盐碱地改良原理、工程技术措施研究

国内外在排水技术方面都很重视暗管排水及竖井排水，我国在暗管、暗沟、鼠道排水及竖井排水的应用方面，无论在南方、北方都很广泛。南方低洼圩区、北方低洼易涝地区、沼泽地、内陆盐碱地和滨海盐碱地，采用形式多样的暗管、暗沟、竖井排水，在排渍、排碱及改良土壤方面都获得较好的效果，探求作物生长与土壤水分状况、盐分状况之间的内在联系。今后应继续对明沟排水、竖井排水、暗管排水和辐射井排水等方面开展研究，重点放在对田块、排域的排水模数研究上。

10. 作物节水高效灌溉制度

作物节水高效灌溉制度是以最少的灌溉水量投入获取最高效益而制定的灌溉方案。此类研究包括以下几方面：

（1）加强农作物水分生理特性和需水规律研究，积极研究作物生长与土壤水分、土壤养分、空气湿度、大气温度等环境因素的关系。

（2）提倡在作物需水临界期及重要生长发育时期灌"关键水"技术，鼓励试验研究作物水分生产函数及其变化规律，研究作物的经济灌溉定额和最优灌溉制度，加强非充分灌溉和调亏灌溉节水增产机理研究。

11. 节水高效农作物管理制度、生物节水与农艺节水技术

此类技术研究包含以下几方面：

（1）发展适水种植技术。根据当地水、土、光、热等资源条件，以高效、节水为原则，以水定作物，合理安排作物的种植结构以及灌溉规模；鼓励研究和应用水肥耦合技术。

（2）提倡灌溉与施肥在时间、数量和使用方式上合理配合，以水调肥、水肥共济，提高水分和肥料利用率。

（3）提倡深耕、深松等蓄水保墒技术和生物养地技术。

（4）加强保护性耕作技术中秸秆残茬覆盖处理、机械化生物耕作、化学除草剂施用3个关键技术的研究；发展覆膜和沟播技术；发展和应用蒸腾蒸发抑制技术，提倡在作物需水高峰期对作物叶面喷施抗旱剂；鼓励具有代谢、成膜和反射作用的抗旱节水技术产品的研究和产业化；推广抗（耐）旱、高产、优质农作物品种。

（5）加快发展抗（耐）旱节水农作物品种选育的分子生物学技术，选育抗旱、耐旱、水分高效利用型新品种。

12. 智慧灌区建设

智慧灌区建设遵循人、水、灌区和谐发展的客观规律，在灌区信息化的基础上，融合人工智能和灌区用水全过程模拟仿真技术，依据以水定需、量水而行、因水制宜原则，实现灌区智慧预警、智慧调度/调控及智慧决策，推动灌区发展与水资源和水环境承载力相协调，发展完整的灌区水生态系统，建立灌区永久水资源保障制度，构建先进的灌区水科技文化。

灌区信息化系统实现了灌区供水远程控制、闸门远程启闭、渠道/水池水情实时测报、用水量自动采集和图像实时监控等多项功能，达到了节约灌溉用水和科学、高效管理灌区

的目的。

灌区信息化建设，是汇集了多种学科的多种技术，也是一个技术高度集成的信息化系统，包括信息的采集、传输、数据库存储、分析处理和信息表示等，需解决通信技术、末端量测技术、数字地理信息技术等相关问题。实现灌区管理所需的水情、农作物、工情等信息的采集、传输、存储、处理与分析的现代化和自动化，是以数字化、网络化、智能化和可视化为主要特征的信息化。我国灌区信息化建设的主要内容包括硬件建设和软件建设两个方面，具体为灌区数据库的建设、基础资料的数字化、信息采集系统的建设、通信系统、计算机网络系统、用水管理决策支持系统、渠系自动化系统、办公自动化系统、灌区信息共享和信息服务及一些特殊的问题等。

农田水利科学技术应紧密围绕节水、节能、节约投资等问题，对现有工程挖潜改造，同时发展基础理论研究，在以地面灌溉为主的灌溉技术的基础上，大力推广喷灌、微灌等现代节水灌溉技术，发展管道输水、渠道防渗、污水灌溉、雨水利用等可持续灌溉农业和科学的灌溉方法，推进激光平地技术、红外线遥测、遥控等新技术应用，改进农田水土管理，提高自动控制技术，提高灌溉水的利用系数，缓解水资源紧缺状况，将我国农田水利科学技术提升到新的高度。

总之，随着水利技术的发展，我国的农田水利建设今后要树立系统全面开发的指导思想，实现由工程水利、资源水利到环境水利的转变，由传统水利向现代水利和可持续发展水利的转变。无论是调节农田水分状况，还是地区水情，坚持科学态度，讲究经济效益。要认识自然规律，总结水利建设的经验，并从理论和技术上解决农田水利现代化中出现的新问题，坚持人与自然和谐相处，进而实现以水资源的可持续利用推动农田水利事业的发展。

第一章　农田水分状况及水分运动

农田水分状况包括水分的来源及在农田的存在形式，指大气水、地面水、土壤水和地下水的多少、存在的形式及其在时空上的分布规律与变化情况。其中，农田土壤水与作物生长关系最为密切，它直接影响到作物生长的水、气、热、养分等状况，农田土壤水分状况是作物生长环境的核心。大气水、地面水和地下水只有通过一定的转化关系变为土壤水分，才能为作物直接吸收利用。一切农田水利措施，归根结底都是为了调节和控制农田水分状况，以改善土壤中的气、热和养分状况，并给农田小气候以有利的影响，达到促进农业增产的目的。农田水分状况是农田灌排系统规划、设计和管理的基础。因此，研究农田水分状况对于农田水利的规划、设计及管理工作都有十分重要的意义。

第一节　农田水分状况

一、农田水分存在的形式

农田水分存在 4 种基本形式，即大气水、地面水、土壤水和地下水，而土壤水是与作物生长关系最密切的水分存在形式。

1. 大气水

大气水即空气中的水汽，是影响作物蒸腾强度的主要因素。空气湿度低，蒸腾强度大，在土壤水分充足的情况下，蒸腾旺盛可增加作物对水与养料的吸取，从而加快作物生长。所以，在一定程度下，空气湿度低对作物生长有利。但是空气湿度太低，蒸腾强度过大，会造成太多的水分损失，同时，作物根系从土壤中吸取的水量不能满足蒸腾耗水的要求，即入不敷出，作物就会枯萎。

2. 地面水

地面水指存在于农田田面的水分。水稻采用淹灌时，不同生育阶段要求田面有一定的水层，其水层深度与水稻的生育阶段有关；对于旱作物一般不允许田面有较长时间的积水。旱作物受淹时间过长就要减产乃至死亡。若大气降水补给农田水分过多，或洪水泛滥、湖泊漫溢、海潮侵袭或坡地地面径流汇集等使低洼地积水成灾，地下水位过高，出流条件不好时，容易形成农田田面积水时，就要采取排水措施，排除地面水。稻田上为了控制田面水层和排干晒田，也必须有排水措施。

3. 土壤水

土壤水是土壤中各种形态水分的总称，是作物生长的主要水分来源，它和普通水分一样，随着温度的变化，按物理形态分为固态、气态和液态 3 种，在不同的温度条件下，水的 3 种形态可以相互转化。

（1）固态水指土壤水冻结时形成的冰晶，只有在土壤冻结时才会存在，形成时可能会对植物根系产生冻害损伤。

（2）气态水指存在于土壤空气中的水汽，存在于未被水分占据的土壤孔隙中，有利于微生物的活动，故对植物根系有利，气态水由于数量很少，约占土壤重量的十万分之一以下，在计算时常忽略不计；气态水很少被植物直接吸收利用，须凝结为液态水。

（3）液态水是土壤水分存在的主要形式。按运动特性可分为吸着水、毛管水和重力水三类。

1）吸着水。吸着水包括吸湿水和薄膜水两种形式。

a. 吸湿水。吸湿水是紧紧吸附于土颗粒表面结合最牢固的一层水，又称强结合水。土壤颗粒对它的吸力很大，离颗粒表面很近的水分子，排列十分紧密，$-78℃$时仍不冻结，不能在重力和毛管力的作用下自由移动，但可转化为气态水而移动。土壤质地越黏，比表面积越大时，它的吸湿能力也越大。吸湿水达到最大时的土壤含水率称为吸湿系数。

b. 薄膜水。土粒饱吸了吸湿水之后，还有剩余的吸收力，虽然这种力量已不能够吸着动能较高的水汽分子，但是仍足以吸引一部分液态水，在土粒周围的吸湿水层外围形成薄的水膜，以这种状态存在的水称为薄膜水，又称弱结合水。靠重力不能使膜状水移动，但它本身却能从水膜较厚处往较薄处移动，不过移动的速度极缓慢。薄膜水达到最大时的土壤含水率，称为土壤的最大分子持水率。在数量上包括吸湿水和薄膜水，其值约为最大吸湿量的 $2\sim4$ 倍。

2）毛管水。指存在于土壤毛管孔隙中的液态水，也称毛细管水，即在毛管力作用下土壤中所能保持的那部分水分，或在重力作用下不易排除的水分中超出吸着水的部分。毛管水可传递静水压力，它可以从毛管力（势）小的方向朝毛管力大的方向移动，并能够被植物吸收利用。由于土壤孔隙系统复杂，有些地方大小孔隙互相通连，另一些地方又发生堵塞。毛管水可简略地归为两类：上升毛管水和悬着毛管水。

a. 上升毛管水［图 1-1（a）］指土壤中受到地下水源支持并沿土壤毛细管上升到一定高度的水分，即地下水沿着土壤毛管系统上升并保持在土壤中的那一部分水分。这种水在土壤中的含量，是在毛管上升高度范围内自下而上逐渐减少，到一定限度为止。上升毛

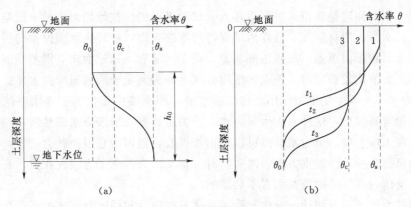

图 1-1　毛管水示意图

（a）上升毛管水；（b）悬着毛管水

θ_0—初始含水率；θ_c—田间持水率；θ_s—饱和含水率；t_1—入渗刚结束；

t_2—重力水下渗；t_3—达到田间持水率

管水达到最高含量时的土壤含水量称为最大毛管持水量。

b. 悬着毛管水［图 1-1（b）］指当地下水位较低、不受地下水补给影响时，上层土壤由于毛细管作用所能保持的地面渗入的水分（来源于降雨、融雪或灌溉）。完全由毛管力维持，不因重力作用而下移，与地下水无联系，即不受地下水升降的影响，犹如在土壤上层悬挂一般。悬着毛管水达到最大值时的土壤含水量称为田间持水量。田间持水量是土壤中对作物有效水的上限，常以它作为计算灌溉定额的依据，通常作为灌溉水量定额的最高指标。在数量上它包括吸湿水、膜状水和悬着毛管水。田间持水量的大小，主要受土壤质地、有机质含量、松紧状况等的影响。生产实践中，通常取灌水 2～3d 后土壤所能保持的水量作为田间持水量。由于土质不同，排水的速度不同，因此排除重力水所需要的时间也不同。灌水 2～3d 后的土壤含水率，并不能完全代表停止重力排水时的含水率。特别是随着土壤水分运动理论的发展和观测设备精度的提高，人们认识到灌水后相当长时间内土壤含水率在重力作用下是不断减少的。虽然变化速率较小，但在长时间内仍可达到相当数量。因此，田间持水率并不是一个稳定的数值，而是一个时间的函数，田间持水率在灌溉排水实践中无疑是一个十分重要的指标，但以灌水后某一时间的含水率作为田间持水率，只能是一个相对的概念。此外，对于质地不同的土壤，田间持水率也显示出一定的差异（表 1-1）。

表 1-1　　　　　　　　　几种主要土壤的田间持水率　　　　　　　　　　　　　%

土 壤 类 别	孔隙率	田 间 持 水 率	
		占土体	占孔隙
砂土	30～40	12～20	35～55
砂壤土	40～45	17～30	40～65
壤土	45～50	24～35	50～70
黏土	50～55	35～45	65～80
重黏土	55～65	45～55	75～85

田间持水率的测定是在田间进行双环入渗试验进行的。按计划测定的土层厚度，初步确定应入渗的水量，用自动加水器在内环保持薄水层入渗，外环内水面保持与内环水面相平。入渗结束后将田面覆盖，防止地面蒸发，待 1～2d 后，从地面向下沿垂线测定各点的土壤含水率，其值比较稳定时，各点的平均含水率即为测定土层的田间持水率。

3）重力水。土壤中受重力作用而移动的水分，即土壤中超出毛管含水率的水分，在重力作用下很容易排出，这种水称为重力水。重力水具有一般液态水的性质，除上层滞水外不易保持在土壤上层。重力水虽然可以被植物吸收，但因为它很快就会流失，所以实际上被利用的机会很少；而当重力水暂时滞留时，却又因为占据了土壤大孔隙，有碍土壤空气的供应，反而对高等植物的吸水有不利影响。

土壤水的增长、消退和动态变化与降水、蒸发、散发和径流有密切关系。在这几种土壤水分形式之间并无严格的分界线，其所占比重视土壤质地、结构、有机质含量和温度等而异。可以假想在地下水面以上有一个很高（无限长）的土柱，如果地下水位长期保持稳定，地表也不发生蒸发入渗，则经过很长的时间以后，地下水面以上将会形成一个稳定的土壤水分分布曲线。这个曲线是土壤水分特征曲线（图1-2），反映了土壤负压和土壤含水率的关系。由于土壤的粒径组成不同、结构状况不同，所以每一种土壤都有它独特的水分特征曲线。土壤水分特征曲线可通过一定的试验设备确定。在土壤吸水和脱水过程中取得的水分特征曲线是不同的，这种现象常称为滞后现象。曲线表示吸力（负压）随着土壤水分的增大而减少的过程。在曲线中并不能反映水分形态的严格的界限。

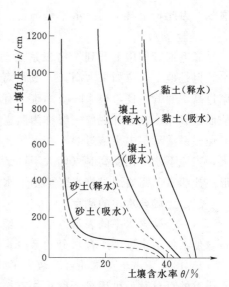

图1-2 土壤水分特征曲线示意图

根据水分对作物的有效性，土壤水也可分为无效水、有效水和过剩水（重力水）。

土壤水分对作物是否有效取决于作物根系和土壤对水分吸力的对比。作物对水分的吸力因作物的种类、品种和年龄而异，大体为 $7 \sim 30$ 个大气压（1 个大气压 $= 10^5 \mathrm{Pa}$），一般认为在 15 个大气压左右。土壤吸力小于 15 个大气压的那部分水量，可被作物吸收利用，称为有效水；土壤吸力大于或等于 15 个大气压的那部分水量不能被作物吸收利用，称为无效水。所以，15 个大气压的吸力是有效水和无效水的分界线，相应的土壤含水率称为凋萎系数（又叫凋萎含水率、萎蔫系数、萎蔫点或凋萎点）。当土壤含水率降低至凋萎系数时，就会使植物无法吸水发生永久性凋萎现象。因此，凋萎系数是作物吸水的下限含水量，约相当于吸湿系数的 $1.5 \sim 2.0$ 倍，也是植物可以利用的土壤有效水含量的下限。凋萎系数不仅决定于土壤性质，而且还与土壤溶液浓度、根毛细胞液的渗透压力、作物种类和生育期有关。

土粒对吸湿水的吸附力高达 $31 \sim 10000$ 个大气压，所以吸湿水全部为无效水。土粒对膜状水的吸附力为 $6.25 \sim 31$ 个大气压，所以膜状水中一部分为有效水，一部分为无效水，即水膜外层受土粒吸力小于 15 个大气压的那部分水量能被作物吸收利用，而水膜内层靠近土粒，受土粒吸力大于或等于 15 个大气压的那部分水量则不能被作物吸收利用。

重力水所受吸力很小，在无地下水顶托的情况下，很快排出根系层，不能储存在土壤中，不能被作物吸收利用；在地下水位高的地区，重力水停留在根系层内时，会影响土壤正常的通气状况，这部分水分称为过剩水。

在重力水和无效水之间的毛管水，所受吸力为 $0.5 \sim 6.25$ 个大气压，远比作物吸水力要小，容易被作物吸收利用，属于有效水。一般常将田间持水率作为重力水和毛管水以及有效水分和过剩水分的分界线。

从以上分析可知，土壤有效水量的上限是田间持水率，有效水量的下限是永久凋萎点。在生产实践中，土壤含水率的下限要大于永久凋萎点（等于毛管断裂含水量，即土壤中的毛管悬着水，因作物吸收和土壤蒸发而发生断裂的土壤含水率），因为不能等到作物死亡而不能复活的时候才补充土壤水分，要保证作物正常生长，通常以田间持水率 $60\% \sim 70\%$ 作为控制下限，如土壤含水率降至土壤田间持水率的 $60\% \sim 70\%$ 时，则需要灌溉。因此，土壤田间持水率是确定灌水量和判断是否需要灌溉的一个主要依据。

4. 地下水

靠毛细管作用上升到作物根系活动层中的水量可以为作物所利用此部分水称为地下水。但是地下水位如果太高，一般距离地面小于 1m 时，则会造成根系活动层内土壤含水率过高，通气不良，根系呼吸困难，有机质的分解减弱，不利于作物对无机养料的吸收，从而造成减产。这种现象一般称为渍害。有渍害的地区必须采取排水措施降低地下水位，避免根系活动层中土壤过湿。在干旱、半干旱地区，浅层地下水消耗与地面蒸发的比重很大，当地下水矿化度高时（如大于 3g/L），地下水通过地表蒸发后造成表土盐分的积累，形成盐渍害，需要通过排水降低地下水位。

二、土壤含水率的测定

（1）土壤含水率的表示方法。土壤含水率也称土壤湿度，北方地区俗称为"墒"，是指自然条件下土壤中所含水分的多少。土壤含水率的表示方法有以下 4 种：

1）以水重占干土重的百分数表示（即重量含水率 $\theta_重$）。土壤中实际所含的水重占烘干土重的百分数，可用烘干称重法直接测算。即

$$\theta_重 = \frac{湿土重量 - 烘干土重量}{烘干土重量} \times 100\% \tag{1-1}$$

2）以水体占土壤体积的百分数表示（即体积含水率 $\theta_体$）。用体积百分数表示土壤含水率便于根据土体的体积直接计算所含水量的体积，或者根据预定的含水量指标直接计算需要向土体补充的水量。因为在田间难以测定土壤水分的体积，在实践中多根据重量含水率换算得体积含水率：

$$\theta_体 = \frac{土壤水分体积}{土壤体积} \times 100\%$$

$$= \frac{\theta_重 \times 土壤干容重}{水的容重} \times 100\% \tag{1-2}$$

3）以水体占土壤孔隙体积的百分数表示（即孔隙含水率 $\theta_孔$）。这种表示方法能清楚地表明土壤水分充填土壤孔隙的程度。与求体积含水率一样，孔隙含水率也可根据重量含水率进行换算：

$$\theta_孔 = \frac{土壤水分体积}{孔隙体积} \times 100\%$$

$$= \frac{\theta_重 \times 土壤干容重}{水的容重 \times 土壤孔隙率} \times 100\%$$

$$= \frac{\theta_体}{土壤孔隙率} \tag{1-3}$$

4）以土壤实际含水量占田间持水率的百分数表示。这种含水量也称土壤的相对含水率或相对湿度，就是把土壤的绝对含水率换算成占田间持水率的百分数 $\theta_相$。若绝对含水率采用重量含水率 $\theta_重$，则 $\theta_相$ 可表示为

$$\theta_相 = \frac{\theta_重}{田间持水率} \times 100\% \tag{1-4}$$

（2）土壤含水率的测定方法。土壤含水率是衡量土壤含水多少的数量指标。测定土壤

含水率的方法很多，如称重法（包括烘干法、酒精燃烧法和红外线法，下以烘干法为例）、负压计法、TDR 法、核物理法（γ 射线法和中子法，下以中子法为例）等。

1）烘干法。将采集的土样称得湿重后，放在 $105 \sim 110\ ℃$ 的烘箱中烘干至恒重，然后称重，水重与干土重的比值称为土壤含水率。烘干法是最基本的直接测定土壤含水率的方法，也是检验其他方法的基础。为克服烘干法费时的缺陷，可用酒精燃烧法、红外和微波脱水的方法，但其均有不稳定的缺陷。烘干法的优点是操作简单，对设备要求不高，结果直观，对于样品本身而言结果可靠。烘干法的缺点是土样受到破坏，干扰田间土壤水的连续性，深层取样困难，费时费力，且不能做定点连续观测某处的土壤含水率，同时由于田间取样的变异系数较大，难以精确地研究土壤水分的变化规律等。

2）负压计（又称张力计）法。负压计法测量的是土壤水吸力。土壤水分是靠土壤吸力（基质势）的作用而存在于土壤中的。对于同一种土壤，含水率越小土壤吸力越大，含水率越大土壤吸力越小。当含水率达到饱和时，土壤吸力等于零。负压计就是测量土壤吸力的仪器，由陶土头、集水管和负压计 3 个部分组成（图 1-3）。陶土头插入土壤中，水能自由通过，土粒不能通过。陶土头上端接集水管，开始测定时应充满水分。集水管上部再接负压计，负压计可采用机械式负压计（真空表）、装有水银的 U 形管或数字式负压计。陶土头安装在被测土壤中之后，在土壤吸力作用下，张力计中的水分通过陶土头外渗，这时集水管里会产生一定的负压。在灌溉或降水后，土壤含水量增加，土壤中的水分又能回渗到集水管。当张力计内外水分达到平衡时，读取负压计显示的负压，再根据事先按不同

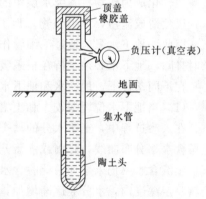

图 1-3　负压计结构示意图

土壤率建立土壤吸力与土壤含水率的关系曲线即土壤水分特征曲线（如图 1-2 所示，可通过同时测定负压计读数和用烘干法测定土壤含水率来建立），求出土壤含水率。

负压计法是一种应用较广泛的方法，它的优点是结构简单，操作方便，能定量连续观测土壤含水率及其变化过程，而且受土壤空间变异性的影响较小，既可用于扰动土壤，又可用于原状土样。

其缺点是反应慢，需长时间后才能达到水平衡，不能快速跟踪土壤水分变化，且量测范围受到限制，多数情况下所测得的最大吸力为 $(0.8 \sim 0.9) \times 10^5\ Pa$，不适用于测定非常干燥的土壤含水率，负压计与土壤的接触不易保证，经常会产生较大误差。

3）TDR 法。TDR 法即时域反射仪（time domain reflectometer）法，是一种通过测量土壤介电常数来获得土壤含水率的一种方法，它利用土壤的介电常数随土壤含水率的增大而增大且关系密切的规律，根据探测器发出的电磁波在不同介电常数物质中的传输时间的不同，计算出被测土壤的含水率。该方法是目前使用广泛的一种方法。TDR 法的优点是测量速度快，测量范围大，操作简便，精确度高，可连续测量，既可测量土壤表层水分，也可用于测量剖面水分，既可用于手持式的实时测量，也可用于远距离多点自动监测，测量数据易于处理，安全方便，受土壤理化特性变异影响较小，不破坏土壤结构。其

缺点是电路复杂，仪器价格昂贵。

4）中子法。中子法就是用中子仪在田间测定各土层的土壤含水量。中子法的优点是测量简单、快速、精度高，它可以在原地不同深度周期性地反复测定而不破坏土壤，受温度和压力的影响小。其缺点是设备昂贵，测量受土壤的物理和化学特性影响较大，测量范围为一球体，且在安装套管时还会破坏土壤。另外，中子可能会对使用者的身体健康有影响。为了减小误差，最好做好田间标定（如烘干法）。

此外，土壤含水率的测定方法还有电阻法、γ射线法、驻波比法及光学法等。

三、各地区的农田水分状况

1. 旱作地区的农田水分状况

旱作地区的各种形式的水分，如地面水和地下水不能直接被作物吸收利用，必须适时适量地转化成为作物根系吸水层中的土壤水，才能被作物吸收利用。通常地面不允许有积水，以免造成涝渍，危害作物；地下水一般不允许上升至根系吸水层以内，以免造成渍害。因此，地下水只应通过毛细管作用上升至根系吸水层，供作物利用。这样，田面水需及时排除，地下水必须维持在根系吸水层以下一定距离处。

在不同条件下，地面水和地下水补给土壤水的过程是不同的，现分别介绍如下：

（1）当地下水位埋深较大和土壤上层干燥时，如果降雨或灌水，地面水逐渐向土中入渗，在入渗过程中，土壤水分的动态状态如图1-4所示。图中曲线0为田面水下渗前的土壤含水率分布曲线，降雨或灌溉开始时，水自地面进入表层土壤，使其接近饱和，但其下层土壤含水率仍未增加，此时含水率的分布如曲线1所示；随着降雨或灌溉的进行，在土壤一定深度内，水分会逐渐增加，表层土壤会达到饱和，如图中曲线2为降雨或灌溉停止时土壤含水率分布曲线；雨停后，达到土层间持水率后的多余水量，则将在重力及毛管力的作用下，逐渐向下移动，经过一定时期后，各层土壤含水率分布的变化情况如曲线3所示；再过一定时期，在土层中水分向下移动趋于缓慢，此时水分分布情况如曲线4所示；上部各土层中的含水率均接近于田间持水率。

在土壤水分重新分布的过程中，由于植物根系吸水和土壤蒸发，表层土壤水分逐渐减少，其变化情况如图1-4中曲线5及曲线6所示。

（2）当地下水位埋深较小时，作物根系吸水层受上界面降雨或灌溉水补给，而下界面又受上升毛管水的影响，土层中含水率的分布和随时间的变化情况如图1-5所示。

在上升毛管水能够进入作物根系吸水层的情况下，地下水位的高低便直接影响着根系吸水层中的含水率，如图1-6所示。在地表积水较久时，入渗的水量将使地下水位升高到地表，与地面水相连接。

作物根系吸水层中的土壤水，以毛管水最

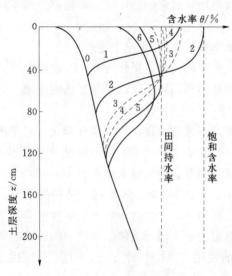

图1-4　地下水位埋深较大时，
降雨或灌溉后土壤水分分布
及其动态变化

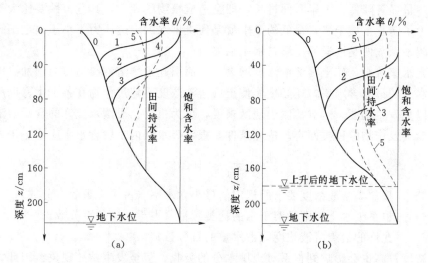

图 1-5　地下水位埋深较小时，降雨或灌水后土壤水分分布及其动态变化
(a) 地下水位上升前；(b) 地下水位上升后

容易被旱作物吸收，是对旱作物生长最有价值的水分形式。超过毛管水最大含水率的重力水，一般都下渗流失，不能为土壤所保存。因此，很少能被旱作物利用。同时，如果重力水长期保存在土壤中，也会影响到土壤的通气状况（通气不良），对旱作物生长不利。所以旱作物根系吸水层中允许的平均最大含水率，一般不超过根系吸水层中的田间持水率。当根系吸水层的土壤含水率下降到凋萎系数以下时，土壤水分也不能为作物利用。

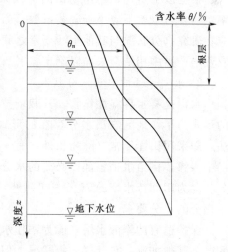

图 1-6　地下水位对作物根系吸水层内土壤含水率分布的影响示意图

当植物根部从土壤中吸收的水分来不及补给叶面蒸发时，便会使植物体的含水量不断减小，特别是叶片的含水量迅速降低。这种由于根系吸水不足以致破坏了植物体水分平衡和协调的现象，即称为干旱。由于产生干旱的原因不同，可分为大气干旱和土壤干旱两种情况。在农田水分尚不妨碍植物根系的吸收，但由于大气的温度过高和相对湿度过低，阳光过强，或遇到干热风造成植物蒸腾耗水过大，都会使根系吸水速度不能满足蒸发需要，这种情况称为大气干旱。我国西北、华北均有大气干旱。产生大气干旱是干热风所致，干热风天气的指标是：日最高气温大于等于 $30℃$、日最小相对湿度小于等于 30%、风速大于等于 $3m/s$（或 3 级以上）。大气干旱过久会造成植物生长停滞，甚至使作物因过热而死亡。防止大气干旱的措施有：设置防风护田林，减小风速；进行喷灌、雾灌，降低气温，增加空气湿度等。若土壤含水率过低，植物根系从土壤中所能吸取的水量很少，无法补偿叶面蒸发的消耗，则形成所谓土壤干旱的情况。短期的土壤干

旱，会使产量显著降低，干旱时间过长，即会造成植物的死亡，其危害性要比大气干旱更为严重。为了防止土壤干旱，最低的要求就是使土壤水的渗透压力不小于根毛细胞液的渗透压力，凋萎系数便是这样的土壤含水率临界值。

土壤含水率减小，使土壤溶液浓度增大，从而引起土壤溶液渗透压力增加。因此，土壤根系吸水层的最低含水率，还必须能使土壤溶液浓度不超过作物在各个生育期所容许的最高值，以免发生凋萎。这对盐渍土地区来说，更为重要。土壤水允许的含盐溶液浓度的最高值视盐类及作物的种类而定。按此条件，根系吸水层内土壤含水率应不小于 θ_{min}：

$$\theta_{min} = \frac{S}{C} \times 100\% \tag{1-5}$$

式中　θ_{min}——按盐类溶液浓度要求所规定的最小含水率（占干土重的百分数）；

　　　S——根系吸水土层中易溶于水的盐类数量（占干土重的百分数）；

　　　C——允许的盐类溶液浓度（占水重的百分数）。

养分浓度过高也会影响到根系对土壤水分的吸收，甚至发生枯死现象。因此，在确定最小含水率时还需考虑养分浓度的最大限度。

根据以上所述，旱作物田间（根系吸水层）允许平均最大含水率不应超过田间持水率，最小含水率不应小于凋萎系数。为了保证旱作物丰产所必需的田间适宜含水率范围，应在研究水分状况与其他生活要素之间的最适关系的基础上，总结实践经验，并与先进的农业增产措施相结合来加以确定。

2. 水稻地区的农田水分状况

水稻是喜水喜湿性作物，其栽培技术和灌溉方法与旱作物不同。因此，稻田水分存在的形式与旱作地区农田水分存在的形式也不相同。我国水稻灌水技术，传统上采用淹灌法，即采用田面经常（除烤田外）有一定水层的灌溉方法，所以水分会不断地向根系吸水层中入渗，供给水稻根部以必要的水分。从水稻生理要求来看，除萌芽与蜡熟期适宜的水分状况为田间持水率的 70%～80% 外，其余各时期要求土壤水分达到饱和才能满足水稻生理上的水分要求。

保持适宜的淹灌水层，能为稻作水分及养分的供应提供良好的条件；同时，还能调节和改善其他如湿、热及气候等状况。但过深的水层（不合理的灌溉或降雨过多造成的）对水稻生长也是不利的，特别是长期的深水淹灌，更会引起水稻减产，甚至死亡。因此，淹灌水层上下限的确定，具有重要的实际意义，通常与作物品种发育阶段、自然环境及人为条件有关，应根据实践经验来确定。

近年来，在安徽、江苏、山东、湖南、四川、湖北、广西等省（自治区）进行了试验，逐步形成了"浅水灌溉""间歇灌溉"和"浅、晒、湿"灌溉及"浅、晒、深、湿"等节水型灌溉方式。

第二节　土壤水分运动

作为多孔介质的土壤，是由矿物质和有机质构成其固定骨架，水溶液和空气充填其中孔隙的三相体。土壤水是农田水分存在的主要形式。人们对饱和土壤中的水分运动问题的研究历史较长，其理论基础为达西（Darcy）定律，并逐步完善形成地下水动力学。而非饱和土壤中的水分运动问题一直是土壤学研究的重点。19世纪下半叶以来，人们对非饱和土壤水分问题的研究主要采用形态观点，定性描述或分析土壤中水分的保持和运动，即毛管理论。它把土壤看成为一束均匀的或不同管径的毛管，将土壤水运动简化为水在毛管中的运动。毛管理论清楚易懂，20世纪50年代以前应用比较广泛，目前仍有一定的实际意义。20世纪初，出现了土壤水分能态观点，即势能理论，克服了形态理论的缺陷。根据在土壤水势的基础上推导出的扩散方程，研究土壤的水分运动。这种方法的理论比较严谨，可以适用于各种边界条件，特别是随着电子计算机和数值计算的应用，近几十年来利用势能理论研究土壤水分运动已取得很大的进展，其用于研究有关灌溉排水中的土壤水分运动有着广阔的前景。

土壤水也具有不同形式和不同量级的能量。由于土壤中水的流速非常慢，动能一般可以忽略不计；势能由物体的相对位置及内部状态所决定，它是制约土壤水状态及运动的主要能量。所以现在说到土壤水能态时，是指土壤水的势能，简称土水势。

一、土壤水运动的基本方程

在一般情况下，达西定律同样适用于非饱和土壤水分运动。在水平和垂直方向的渗透速度 v_x、v_z 可分别写成：

$$v_x = -K(\theta)\frac{\partial \varphi}{\partial x}$$
$$v_z = -K(\theta)\frac{\partial \varphi}{\partial z} \tag{1-6}$$

$$K(\theta) = K_s\left(\frac{\theta-\theta_0}{\theta_s-\theta_0}\right)^n \tag{1-7}$$

式中　φ——土壤水总势能，$\varphi = h+z$（以总水头表示），h 为压力势（水头），在饱和土壤（地下水）的情况下压力水头为正值，在非饱和土壤中 h 为毛管势（或基质势）水头，为负值；

z——重力势水头（位置水头），坐标 z 向上为正时，位置水头取正值，坐标 z 向下为正时，位置水头取负值；

K——水力传导度（或导水率），为土壤体积含水率 θ 的函数 $K(\theta)$ 或土壤负压水头 h 的函数 $K(h)$；

K_s——θ 等于 θ_s（即饱和含水率）时的水力传导度；

n——经验指数，$n=3.5\sim4$；

θ_0——不易移动的土壤含水率，其值可取最大分子持水率。水力传导度与土壤压力水头之间的关系式可写成：

$$K(h) = \frac{a}{|h|^n+b} \tag{1-8}$$

或 $$K(h) = K_s e^{ch} \tag{1-9}$$

式（1-8）中的 a 和 b 和式（1-9）中的 c 均为经验常数。

设土壤水在垂直平面上发生二维运动，取微小体积 $dx \cdot dz \cdot 1$（垂直于 xz 平面的厚

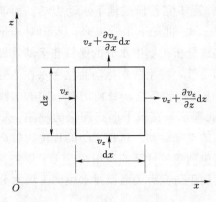

图 1-7　微小土体内土壤水运动示意图

度为 1），如图 1-7 所示，则在 x、z 方向进入和流出比体积的差值为

$$-\left(\frac{\partial v_x}{\partial x}+\frac{\partial v_z}{\partial z}\right)\mathrm{d}x\,\mathrm{d}z \qquad (1-10)$$

单位时间土壤体积中贮水量的变化率为

$$\frac{\partial \theta}{\partial t}\mathrm{d}x\,\mathrm{d}z \qquad (1-11)$$

式中　θ——体积含水率。

根据质量守恒的原则，式（1-10）、式（1-11）应相等，从而可得到土壤水流连续方程式为

$$\frac{\partial \theta}{\partial t}=-\left(\frac{\partial v_x}{\partial x}+\frac{\partial v_z}{\partial z}\right) \qquad (1-12)$$

将 v_x、v_z 代入水流连续方程式（1-12）后，可得

$$\frac{\partial \theta}{\partial t}=\frac{\partial}{\partial x}\left[K(\theta)\frac{\partial \varphi}{\partial x}\right]+\frac{\partial}{\partial z}\left[K(\theta)\frac{\partial \varphi}{\partial z}\right] \qquad (1-13)$$

考虑到　　　　$\varphi=h+z，\dfrac{\partial \varphi}{\partial x}=\dfrac{\partial h}{\partial x},\dfrac{\partial \varphi}{\partial z}=\dfrac{\partial h}{\partial z}+1$

代入式（1-13），得

$$\frac{\partial \theta}{\partial t}=\frac{\partial\left[K(\theta)\dfrac{\partial h}{\partial x}\right]}{\partial x}+\frac{\partial\left[K(\theta)\dfrac{\partial h}{\partial z}\right]}{\partial z}+\frac{\partial K(\theta)}{\partial z} \qquad (1-14)$$

考虑到　　　　$\dfrac{\partial h}{\partial x}=\dfrac{\partial h}{\partial \theta}\dfrac{\partial \theta}{\partial x},\dfrac{\partial h}{\partial z}=\dfrac{\partial h}{\partial \theta}\dfrac{\partial \theta}{\partial z}$

并令　　　　　　$D(\theta)=K(\theta)\dfrac{\partial h}{\partial \theta}$

代入式（1-14）得

$$\frac{\partial \theta}{\partial t}=\frac{\partial\left[D(\theta)\dfrac{\partial h}{\partial x}\right]}{\partial x}+\frac{\partial\left[D(\theta)\dfrac{\partial \theta}{\partial z}\right]}{\partial z}+\frac{\partial K(\theta)}{\partial z} \qquad (1-15)$$

式中　$D(\theta)$——扩散度，表示单位含水率梯度下通过单位面积的土壤水流量，其值为土壤含水率的函数。

由于土壤含水率与土壤压力水头 h 之间存在着函数关系，渗透系数 K 也可写成压力水头 h（非饱和土壤中 h 为负值）的函数，因此，土壤水运动基本方程也可写成另一种以 h 为变量的形式。

土壤水在 x、z 方向的渗透速度为

$$\left.\begin{aligned} v_x&=-K(h)\frac{\partial \varphi}{\partial x}=-K(h)\frac{\partial h}{\partial x}\\ v_z&=-K(h)\frac{\partial \varphi}{\partial z}=-K(h)\left(\frac{\partial h}{\partial z}+1\right) \end{aligned}\right\} \qquad (1-16)$$

将式（1-16）代入水流连续方程式（1-12），得

$$\frac{\partial \theta}{\partial t}=\frac{\partial \left[K(h)\dfrac{\partial h}{\partial x}\right]}{\partial x}+\frac{\partial \left[K(h)\dfrac{\partial h}{\partial z}\right]}{\partial z}+\frac{\partial K(h)}{\partial z} \tag{1-17}$$

考虑到

$$\frac{\partial \theta}{\partial t}=\frac{\partial \theta}{\partial h}\frac{\partial h}{\partial t}=C(h)\frac{\partial h}{\partial t}$$

得

$$C(h)\frac{\partial h}{\partial t}=\frac{\partial \left[K(h)\dfrac{\partial h}{\partial x}\right]}{\partial x}+\frac{\partial \left[K(h)\dfrac{\partial h}{\partial z}\right]}{\partial z}+\frac{\partial K(h)}{\partial z} \tag{1-18}$$

式中 $C(h)$——土壤的容水度，表示压力水头减小一个单位时，自单位体积土壤中所能

释放出来的水体积，其量纲是 $[L^{-1}]$，$C(h)=\dfrac{\partial \theta}{\partial h}$。

在初始条件和边界条件已知的情况下，可根据这些定解条件求解式（1-14）或式（1-18），求得各点土壤含水率或土壤负压和土壤水流量的计算公式，或用数值计算法直接计算各点土壤含水率（或负压）和土壤水的流量。

二、入渗条件下土壤水分运动

入渗是指水分从土壤表面进入土壤的过程，正是因为入渗，降雨和灌水才被转化为土壤水而被作物吸收利用。所以，降雨和灌水是补给农田水分的主要来源。影响入渗过程的因素有两方面：一方面是供水强度，另一方面是土壤的入渗能力。当供水强度大于入渗能力时，入渗由土壤入渗能力所控制，称为充分供水入渗；当供水强度小于土壤入渗能力时，入渗由供水强度控制，称为充分供水入渗。某时段内通过单位面积的土壤表面所入渗的水量，称为入渗总量（I）。入渗速度、总量和入渗后剖面上土壤含水率的分布，对拟定农田水分状况的调节措施有重要意义。

下面以地下水埋深较大、剖面土壤含水率均匀分布、地表形成薄水层这一简单的情况为例，说明入渗速度和土壤含水率的计算方法。在大面积的灌溉淋洗、蒸发条件下，完全可以忽略水平方向的水力梯度，取其中一个垂向单元体进行独立的一维研究。在垂直入渗的情况下，坐标轴 $z=0$ 取在地表，取 z 向下为正，位置水头 z 为负值，一维土壤水运动的基本方程可写成：

$$\frac{\partial \theta}{\partial t}=\frac{\partial \left[D(\theta)\dfrac{\partial \theta}{\partial z}\right]}{\partial z}-\frac{\partial K(\theta)}{\partial z} \tag{1-19}$$

如降雨或灌水前剖面上各点初始含水率为 θ_0，则初始条件为

$$\theta(z,0)=\theta_0 \tag{1-20}$$

在地表有薄水层时，表层含水率等于饱和含水率 θ_s，在 z 相当大（$z\to\infty$）时，含水率不变，即 $\theta=\theta_0$，则边界条件为

$$\left.\begin{array}{l}\theta(0,t)=\theta_s\\\theta(\infty,t)=\theta_0\end{array}\right\} \tag{1-21}$$

式（1-21）为非线性方程，求解比较困难。为了简化计算，近似地以平均扩散度 $\overline{D}$

代替 $D(\theta)$，由于 $\dfrac{\partial K}{\partial z}=\dfrac{\mathrm{d}K}{\mathrm{d}\theta}\dfrac{\partial \theta}{\partial z}$，以 $N=\dfrac{K(\theta_2)-K(\theta_0)}{\theta_\mathrm{s}-\theta_0}$ 代替 $\dfrac{\mathrm{d}K}{\mathrm{d}\theta}$，则式（1-21）变为常系数的线性方程，即

$$\frac{\partial \theta}{\partial t}=\overline{D}\,\frac{\partial^2 \theta}{\partial z^2}-N\,\frac{\partial \theta}{\partial z} \tag{1-22}$$

采用拉氏变换求解。经变换后 θ 的象函数 $\overline{\theta}$ 为

$$\overline{\theta}(z,p)=\int_0^\infty \theta(z,t)\,\mathrm{e}^{-pt}\,\mathrm{d}t$$

对式（1-22）中 $\dfrac{\partial \theta}{\partial t}$ 采用拉氏变换，即

$$\int_0^\infty \frac{\partial \theta}{\partial t}\mathrm{e}^{-pt}\,\mathrm{d}t$$

采用分部积分法，设 $\dfrac{\partial \theta}{\partial t}\mathrm{d}t=\mathrm{d}u$，$\mathrm{e}^{-pt}=v$，$u=\theta$，$\mathrm{d}v=-p\mathrm{e}^{-pt}\mathrm{d}t$

$$\int_0^\infty \frac{\partial \theta}{\partial t}\mathrm{e}^{-pt}\,\mathrm{d}t=\theta \mathrm{e}^{-pt}\,\big|_0^\infty+p\int_0^\infty \theta \mathrm{e}^{-pt}\,\mathrm{d}t=p\overline{\theta}-\theta_0$$

对式（1-22）右侧进行变换，得

$$\int_0^\infty \frac{\partial \theta}{\partial z}\mathrm{e}^{-pt}\,\mathrm{d}t=\frac{\partial}{\partial z}\int_0^\infty \theta \mathrm{e}^{-pt}\,\mathrm{d}t=\frac{\partial \overline{\theta}}{\partial z}\int_0^\infty \frac{\partial^2 \theta}{\partial z^2}\mathrm{e}^{-pt}\,\mathrm{d}t=\frac{\partial}{\partial z^2}\int_0^\infty \theta \mathrm{e}^{-pt}\,\mathrm{d}t=\frac{\partial^2 \overline{\theta}}{\partial z^2}$$

式（1-22）经变换后，由于仅包含象函数对 z 的导数，可写成常微分形式：

$$\overline{p\theta}-\theta_0=\overline{D}\,\frac{\mathrm{d}^2 \overline{\theta}}{\mathrm{d}z^2}-N\,\frac{\overline{\mathrm{d}\theta}}{\mathrm{d}z} \tag{1-22'}$$

式（1-21）经变换后，得

$$\left.\begin{array}{l}\overline{\theta}(0,p)=\dfrac{\theta_\mathrm{s}}{p}\\[2mm]\overline{\theta}(\infty,p)=\dfrac{\theta_0}{p}\end{array}\right\} \tag{1-21'}$$

式（1-22'）的通解为

$$\overline{\theta}(z,p)=\frac{\theta_0}{p}+C_1\mathrm{e}^{\frac{N+\sqrt{N^2+4\overline{D}p}}{2D}z}+C_2\mathrm{e}^{\frac{N-\sqrt{N^2+4\overline{D}p}}{2D}z} \tag{1-23}$$

式（1-21'）由于在 $z\rightarrow\infty$ 时，$\overline{\theta}$ 为有限值 $\dfrac{\theta_0}{p}$，为使 $C_1\mathrm{e}^\infty$ 为有限值，C_1 必须为 0，则式（1-21'）为

$$\overline{\theta}(0,p)=\frac{\theta_\mathrm{s}}{p}=\frac{\theta_0}{p}+C_2$$

$$C_2=\frac{\theta_\mathrm{s}-\theta_0}{p}$$

代入式（1-23），得象函数 $\overline{\theta}$ 的解为

$$\overline{\theta}(z,p)=\frac{\theta_0}{p}+\frac{\theta_\mathrm{s}-\theta_0}{p}\mathrm{e}^{\frac{Nz}{2D}}\mathrm{e}^{-\sqrt{\frac{z^2}{D}\left(p+\frac{N^2}{4D}\right)}}$$

查拉氏变换逆变换表：

$$\frac{1}{p}e^{-\sqrt{\alpha(p+\beta)}} \div \frac{1}{2}\left\{e^{-\sqrt{\alpha(p+\beta)}}\,\text{erfc}\left(\frac{1}{2}\sqrt{\frac{\alpha}{t}}-\sqrt{\beta t}\right)+e^{\sqrt{\alpha\beta}}\,\text{erfc}\left(\frac{1}{2}\sqrt{\frac{\alpha}{t}}+\sqrt{\beta t}\right)\right\}$$

经逆变换后，得

$$\theta(z,t)=\theta_0+\frac{\theta_s-\theta_0}{2}\left\{\text{erfc}\left(\frac{z-Nt}{2\sqrt{\overline{D}t}}\right)+e^{\frac{Nz}{D}}\,\text{erfc}\left(\frac{z+Nt}{2\sqrt{\overline{D}t}}\right)\right\} \qquad (1-23')$$

式中　$\text{erfc}()$——补余误差函数，$\text{erfc}(z)=\dfrac{2}{\sqrt{\pi}}\displaystyle\int_z^\infty e^{-u^2}\,\text{d}u$。

$$\overline{D}=\frac{5/3}{(\theta_s-\theta_0)^{5/3}}\int_{\theta_0}^{\theta_x}D(\theta)(\theta-\theta_0)\text{d}\theta$$

剖面含水率分布可从式（1-23'）求得，如图1-8所示。

地表入渗速度的计算式为

$$i=-K(\theta)\left(\frac{\partial h}{\partial z}-1\right)\bigg|_{z=0}=-\left[D(\theta)\frac{\partial\theta}{\partial z}-K(\theta)\right]\bigg|_{z=0} \qquad (1-24)$$

由于在有水层入渗时，地表处含水率达到饱和，$K(\theta)=K_s$ 等于土壤饱和时的水力传导度。$D(\theta)$ 仍采用平均值 $\overline{D}$，$\dfrac{\partial\theta}{\partial z}$ 可自象函数 $\dfrac{\partial\overline{\theta}}{\partial z}$ 推求，自式（1-23）有

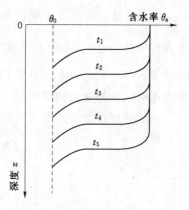

图1-8　入渗条件下土壤
剖面含水率分布图

$$\frac{\partial\overline{\theta}}{\partial z}=\frac{\theta_s-\theta_0}{p}\frac{N-\sqrt{N^2+4\overline{D}_p}}{2\overline{D}}e^{\frac{N-\sqrt{N^2-4\overline{D}_p}}{2\overline{D}}z}$$

$$\frac{\partial\overline{\theta}}{\partial z}\bigg|_{z=0}=\frac{\theta_s-\theta_0}{p}\frac{N-\sqrt{N^2+4\overline{D}_p}}{2\overline{D}}$$

在入渗初期 $t\ll\dfrac{4\overline{D}}{N^2}$ 时，根据拉氏变换原理，相当于 $p\gg\dfrac{N^2}{4\overline{D}}$，则有

$$\frac{N-\sqrt{N^2+4\overline{D}_p}}{2\overline{D}}\approx-\sqrt{\frac{p}{\overline{D}}}$$

$$\frac{\partial\overline{\theta}}{\partial z}\bigg|_{z=0}=-(\theta_s-\theta_0)\frac{1}{\sqrt{p\overline{D}}}$$

查逆变换表：

$$\frac{1}{\sqrt{p}}\div\frac{1}{\sqrt{\pi t}}$$

$$\frac{\partial\overline{\theta}}{\partial z}\bigg|_{z=0}\div-(\theta_s-\theta_0)\frac{1}{\sqrt{\pi\overline{D}t}}$$

代入式（1-24），得

$$i=(\theta_s-\theta_0)\sqrt{\frac{\overline{D}}{\pi}}\,t^{-\frac{1}{2}}+K_s \qquad (1-25)$$

在入渗时间较久时，$t \gg \dfrac{4\overline{D}}{N^2}$，相当于 $p \ll \dfrac{N^2}{4\overline{D}}$，$N^2 + 4\overline{D}_p \approx N^2$，此时 $\dfrac{\partial \overline{\theta}}{\partial z} = 0$，$\dfrac{\partial \theta}{\partial z} = 0$，$i = K_s$，因此可将式（1-25）作为入渗速度的近似计算式。

在时间 t 内入渗的总水量 I 为

$$I = 2(\theta_s - \theta_0)\sqrt{\frac{Dt}{\pi}} + K_s t \tag{1-25'}$$

菲利普根据严格的数学推导求得了非线性方程式（1-21）的无穷级数解。其入渗速度（有时称为渗吸速度）的近似式为

$$i = \frac{S}{2}t^{-\frac{1}{2}} + i_f \tag{1-26}$$

在时间 t 内的入渗总量（以水层厚度表示）的计算式为

$$I = St^{\frac{1}{2}} + i_f t \tag{1-27}$$

S、i_f 均为土壤特性常数。S 的大小与土壤初始含水率有关，一般称为吸水率。i_f 为稳定入渗速度，相当于土壤饱和时的水力传导度 K_s（即渗透系数）。入渗初期，入渗速度很大，i_f 远较 $\dfrac{S}{2}t^{-\frac{1}{2}}$ 为小，可忽略不计。随着时间的增大，入渗速度迅速减小。当入渗时间很久（即 $t \to \infty$）时，则式（1-26）中第一项趋近于 0，$i = i_f$，即稳定入渗速度。入渗速度在时间上的变化如图 1-9（a）所示。

入渗速度理论公式中的常数需要通过试验确定。例如，S 值可通过初始入渗总量 I 确定，即

$$\left.\begin{array}{l} I = St^{\frac{1}{2}} \\ S = It^{-\frac{1}{2}} \end{array}\right\} \tag{1-28}$$

在生产中，常直接采用经验公式计算入渗速度 i 和入渗总量 I。在农田水利工作中常用考斯加可夫经验公式：

$$i = i_1 t^{-\alpha} \tag{1-29}$$

式中　α——经验指数，其值根据土壤性质和初始含水率而定，范围为 $0.3 \sim 0.8$，轻质土壤 α 值较小，重质土壤 α 值较大；初始含水率越大，α 值越小，一般土壤多取 $\alpha = 0.5$；

　　　　i_1——在第一个单位时间末的入渗速度。

在时间 t 内入渗总量 I（以水层深度表示）为

$$I = \int_0^t i \, dt = \int_0^t \frac{i_1}{t^\alpha} dt = \frac{i_1}{1-\alpha}t^{1-\alpha} \tag{1-30}$$

应当指出，无论根据线性化方程求得的近似理论公式（1-24），还是根据非线性方程求得的精确解式（1-26），都是在初始剖面含水率均匀分布的基础上求得的。在实际情况下，土壤剖面含水率分布是不均匀的，其值常随深度而变化，即 $\theta(z, 0) = \theta(z)$，如图 1-4 和图 1-5 所示。

在理论公式中采用根据野外入渗资料确定的土壤特性常数时，实际上这些公式已具有

半经验的性质。

在农田采用畦灌或漫灌时，灌溉水向土壤的入渗属于上述有水层的一维入渗问题。在降雨或利用喷灌进行灌水的情况下，开始时，如降雨和喷灌强度不超过土壤的入渗能力，地表将不形成水层，这种情况下的入渗称为自由入渗。土壤的入渗速度等于降雨强度 p，此时的边界条件为

$$-D(\theta)\frac{\partial \theta}{\partial z}+K(\theta)=p(t) \tag{1-24'}$$

式（1-24'）表明在形成水层以前，土壤入渗速度的大小决定于降雨和喷灌强度。随着入渗时间的增加，入渗能力逐渐减弱，当降雨或灌水强度超过入渗能力时，田面将形成水层。在这种情况下，土壤的入渗速度将决定于土壤的入渗能力。在一定的土壤质地和初始含水率条件下，降雨或灌水强度不同，入渗过程有一定差异。如将在有水层存在时的入渗强度的变化过程近似地作为土壤的入渗能力，如图1-9（b）中实线所示，在降雨强度很大时，田面很快形成积水，由自由入渗转为有压入渗，入渗过程如图1-9（b）中虚线所示。在降雨强度较小时，经过很长时间，降雨强度才会超过土壤的入渗能力。因此，田面形成水层的时间也较晚，其入渗过程如图1-9（b）中点划线所示。

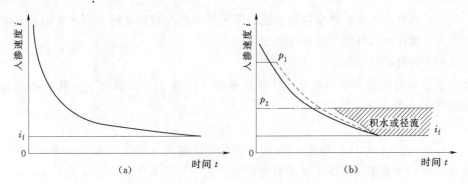

图 1-9　土壤入渗情况分析

（a）入渗速度随时间的变化；（b）不同降雨强度条件下的入渗过程

在采用沟灌和渗灌进行灌水的条件下，水自沟槽和渗水管向土壤沿 x、z 两个方向入渗，这种情况下的入渗属于二维的入渗问题，需采取数值计算的方法，根据相应的边界条件求解式（1-15）或式（1-18）。在采用滴灌时水分向 x、y、z 三个方向扩散，入渗过程属于三维的入渗问题，其水流的基本方程需在式（1-15）和式（1-18）中分别增加

$\dfrac{\partial\left[D(\theta)\dfrac{\partial \theta}{\partial y}\right]}{\partial y}$ 和 $\dfrac{\partial\left[K(h)\dfrac{\partial h}{\partial y}\right]}{\partial y}$ 项。

三、蒸发条件下土壤水运动

土壤水的蒸发发生在土壤的表层，其强度一般取决于两个因素：一是外界蒸发能力，即气象条件所限定的最大可能蒸发强度；二是土壤自下部土层向上的输水能力，其数值随含水率的降低而减小。表土蒸发强度决定于二者的较小值。在土壤的输水能力大于外界蒸发能力时，表土蒸发强度等于外界蒸发能力（常以水面蒸发来表征），在外界蒸发能力大

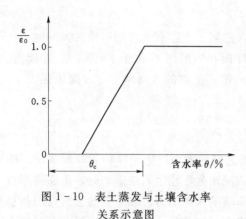

图 1-10　表土蒸发与土壤含水率
关系示意图

于土壤的输水能力时，表土蒸发强度以土壤的输水能力为限。降雨或灌水后土壤蒸发一般可分为两个阶段。当土壤含水率大于临界含水率 θ_c 和土壤的输水能力大于外界蒸发能力时，土壤蒸发强度等于水面蒸发 ε_0。如外界蒸发能力不变，则蒸发强度保持稳定。这一阶段为稳定蒸发阶段。当 $\theta < \theta_c$ 时，土壤蒸发决定于输水能力，而后者又决定于土壤含水率 θ，随着含水率的降低，蒸发强度逐渐减小。这一阶段为蒸发强度递减阶段。根据室内外试验资料，表土蒸发强度 ε 与水面蒸发 ε_0 和土壤含水率 θ 的经验关系如图 1-10 所示，其关系式如下：

当 $\theta \geqslant \theta_c$ 时

$$\varepsilon = \varepsilon_0 \tag{1-31a}$$

当 $\theta < \theta_c$ 时

$$\frac{\varepsilon}{\varepsilon_0} = a\theta + b \tag{1-31b}$$

式中　θ_c——临界含水率，即土壤输水能力等于外界蒸发能力时的土壤含水率，其值视土壤性质和外界蒸发条件而定；

a、b——经验系数。

在干旱季节的初始含水率较低，且蒸发强烈（ε_0 很大）的情况下，有时表土可能很快降低至风干土含水率 θ_a，即

$$\theta = \theta_a \tag{1-32}$$

式 (1-31a)、式 (1-31b) 和式 (1-32) 可作为求解式 (1-21) 的边界条件。

土壤的蒸发和蒸发条件下土壤水分运动除决定于外界条件和表土含水率外，还与土壤剖面初始含水率分布和地下水埋深有密切关系。兹针对以下几种常见情况研究蒸发过程。

1. 地下水埋深较大，表土迅速风干的情况

在土壤水运动基本方程为式 (1-21)，初始条件为

$$\theta(z, 0) = \theta_0 \tag{1-33}$$

边界条件为

$$\theta(0, t) = \theta_a \tag{1-34}$$

$$\theta(\infty, t) = \theta_0 \tag{1-35}$$

的情况下，采用平均 $D(\theta) = \overline{D}(\theta)$ 和 $\dfrac{\mathrm{d}K}{\mathrm{d}\theta} = N$，根据线性化方程，可以得到含水率的计算式为

$$\theta = \theta_0 + \frac{\theta_a - \theta_0}{2}\left[\operatorname{erfc}\left(\frac{z - Nt}{2\sqrt{Dt}}\right) + \mathrm{e}^{\frac{Nz}{D}}\operatorname{erfc}\left(\frac{z + Nt}{2\sqrt{Dt}}\right)\right] \tag{1-36}$$

不同时间含水率分布如图 1-11 所示。在忽略重力项（$N=0$）的情况下，蒸发强度的计算式为

$$\varepsilon = (\theta_\alpha - \theta_0)\sqrt{\frac{\overline{D}}{\pi t}} \qquad (1-37)$$

在时间 t 内蒸发总量为

$$E = 2(\theta_\alpha - \theta_0)\sqrt{\frac{\overline{D}t}{\pi}} \qquad (1-38)$$

式中 $\overline{D} = \dfrac{1.85}{(\theta_\alpha - \theta_0)^{1.85}}\displaystyle\int_{\theta_\alpha}^{\theta_0} D(\theta)(\theta_\alpha - \theta_0)^{0.85}\,\mathrm{d}\theta$ 。

2. 降雨或灌水后在排水作用下地下水位迅速下降的情况

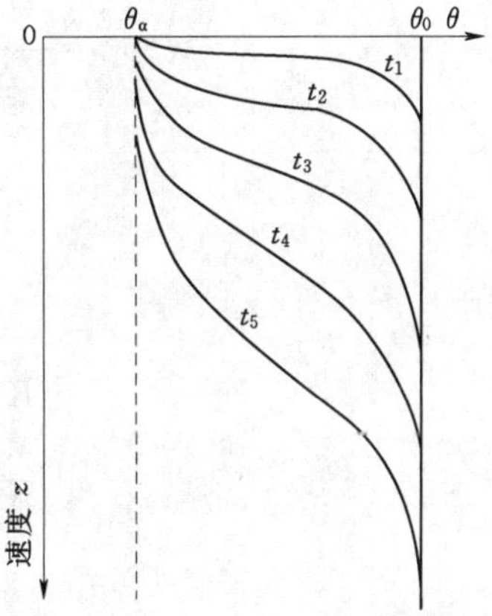

现以降雨或灌水后地下水位接近地表，通过地下排水措施，使地下水位迅速下降至一定深度 L 的情况为例，研究蒸发过程和土壤水运动。在所研究的土壤剖面深度内，处于地下水位的变动带，采用以水头 h 为变量的方程式 (1-18) 来进行土壤水运动的分析计算比较方便。取纵坐标 z 向下为正时，一维垂直土壤水运动基本方程为

图 1-11　蒸发条件下土壤含水率随时间变化示意图

$$C(h)\frac{\partial h}{\partial t} = \frac{\partial\left[K(h)\dfrac{\partial h}{\partial z}\right]}{\partial z} - \frac{\partial K(h)}{\partial z} \qquad (1-39)$$

初始条件：

$$h(z,0) = h_0(z) \qquad (1-40)$$

上边界条件：

$$z = 0$$

有蒸发时

$$-\varepsilon = -K(h)\left(\frac{\partial h}{\partial z} - 1\right) = \varepsilon_0\left[\alpha\theta(h+b)\right] \qquad (1-41)$$

无蒸发时

$$\frac{\partial h}{\partial z} = 1 \qquad (1-42)$$

下边界条件：$z = L$（z 自地表算起，L 为控制的地下水埋深）时

$$h(L,t) = 0 \qquad (1-43)$$

以上方程求解困难，须采用数值法进行计算。在采用隐格式有限差分法时，首先将地表至地下水面之间的土层，划分为 N 个空间步长 Δz，然后再按时间 t 划分为 M 个时间步长 Δt，最后再将式 (1-39) 中各项微商近似地用差商代替，即

$$C(h)\frac{\partial h}{\partial t} \approx C_i^{j+\frac{1}{2}}\frac{h_i^{j+1} - h_i^j}{\Delta t}$$

$$\frac{\partial\left[K(h)\dfrac{\partial h}{\partial z}\right]}{\partial z} \approx \frac{K_{i+\frac{1}{2}}^{j+\frac{1}{2}}\dfrac{h_{i+1}^{j+1} - h_i^{j+1}}{\Delta z} - K_{i-\frac{1}{2}}^{j+\frac{1}{2}}\dfrac{h_i^{j+1} - h_{i-1}^{j+1}}{\Delta z}}{\Delta z}$$

$$\frac{\partial K}{\partial z} \approx \frac{K_{i+\frac{1}{2}}^{j+\frac{1}{2}} - K_{i-\frac{1}{2}}^{j+\frac{1}{2}}}{\Delta z}$$

代入式 (1-41) 得任何一时段 $j\Delta t \sim (j+1)\Delta t$ 内，剖面上围绕任一点 i 的土壤水运动差分方程为

$$C_i^{j+\frac{1}{2}} \frac{h_i^{j+1}-h_i^j}{\Delta t} = K_{i+\frac{1}{2}}^{j+\frac{1}{2}} \frac{h_{i+1}^{j+1}-h_i^{j+1}}{\Delta z^2}$$

$$-K_{i-\frac{1}{2}}^{j+\frac{1}{2}} \frac{h_1^{j+1}-h_{i-1}^{j+1}}{\Delta z^2} - \frac{K_{i+\frac{1}{2}}^{j+\frac{1}{2}}-K_{i-\frac{1}{2}}^{j+\frac{1}{2}}}{\Delta z} \qquad (1-44)$$

其中
$$C_i^{j+\frac{1}{2}} = [C(h_i^{j+1})+C(h_i^j)]/2$$

$$K_{i+\frac{1}{2}}^{j+\frac{1}{2}} = [K(h_{i+1}^{j+\frac{1}{2}})+K(h_i^{j+\frac{1}{2}})]/2$$

$$K_{i-\frac{1}{2}}^{j+\frac{1}{2}} = [K(h_i^{j+\frac{1}{2}})+K(h_{i-1}^{j+\frac{1}{2}})]/2$$

$$h_i^{j+\frac{1}{2}} = (h_i^{j+1}+h_i^j)/2$$

式中　i——在剖面上节点的序号，自表层数起，$i=1, 2, \cdots, N$；

　　　j——在时间上节点的序号，$j=1, 2, \cdots, M$。

经整理后式（1-44）可以写成：

$$E_i h_{i-1}^{j+1} + F_i h_i^{j+1} + G_i h_{i+1}^{j+1} = H_i \qquad (1-45)$$

其中
$$E_i = -K_{i-\frac{1}{2}}^{j+\frac{1}{2}}$$

$$G_i = -K_{i+\frac{1}{2}}^{j+\frac{1}{2}}$$

$$F_i = K_{i+\frac{1}{2}}^{j+\frac{1}{2}} + K_{i-\frac{1}{2}}^{j+\frac{1}{2}} + rC_i^{j+\frac{1}{2}}$$

$$H_i = rC_i^{j+\frac{1}{2}} h_i^j + \Delta z\left(K_{i-\frac{1}{2}}^{j+\frac{1}{2}} - K_{i+\frac{1}{2}}^{j+\frac{1}{2}}\right)$$

$$r = \Delta z^2/\Delta t$$

式（1-45）为三对角线方程，在考虑边界条件后，可用追赶法求解。

今以某地区土壤为例，计算在地下水位自地表迅速下降 1.5m，并保持在这一水位时的土壤水运动及土壤水出流情况。土壤的水力传导度与土壤压力水头的关系式为

$$h \geqslant 0, K(h) = 7\text{cm/d}$$

$$h \leqslant 0, K(h) = 7e^{0.0255h} \text{cm/d}$$

土壤含水率与负压关系为

$$h \geqslant 0, \theta = \theta_s = 0.452$$

$$h \leqslant -50\text{cm}, \theta = 0.7333 - 0.090074 L_n|h|$$

$$0 > h > -50\text{cm}, \theta = 0.452e^{0.00342h}$$

容水度与负压关系式为

$$h \geqslant 0, C(h) = 0$$

$$h \leqslant -50\text{cm}, C(h) = -0.090074/h$$

$$0 > h > -50\text{cm}, C(h) = 0.00155e^{0.00342h}$$

表土蒸发强度，采用 $h > -213.917\text{cm}$，$\varepsilon = 0.65\text{cm/d}$；$h \leqslant -213.917\text{cm}$，$\varepsilon = 3.25\theta - 0.1625\text{cm/d}$。

根据以上参数和边界条件，通过数值计算求得各时间含水率分布如图 1-12 所示。从

图 1-12 可以看到在地下水位迅速下降后，在蒸发和排水双重作用下，在 1.5d 内地表以下 0.6m 土层的平均含水率已下降至 36%（田间持水率），5d 内已下降至 30%，15d 内下降至 28%。在排水作用下地下水位迅速下降至 1.5m 时，土层向下的排水流量变化过程如图 1-13 所示。开始时，土壤水自地表蒸发和向深层排水同时存在，深层排水流量最初达到 7cm/d，以后逐渐减少。至 $t=9d$ 时，向深层排水停止，并开始向上补给，直至达到稳定为止。表土蒸发等于水面蒸发的阶段将持续 4.2d，然后蒸发强度随着表土含水率的降低而减弱，直至 $t=16.2d$ 时达到稳定。自蒸发开始至排水停止这段时间内，无论是蒸发或是排水，全部都是消耗地下水面以上的土壤水。在排水停止至蒸发达到稳定的这段时间蒸发消耗的水分，一部分来自土壤本身，一部分来自地下水的补给，至蒸发达到稳定时全部蒸发量均来自地下水补给。

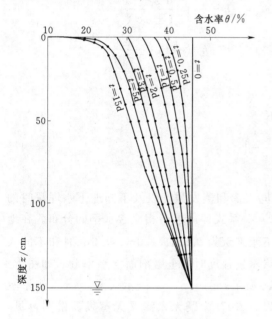

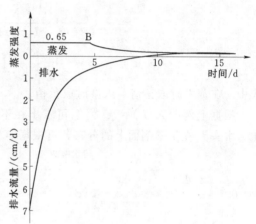

图 1-12　地下水位自地表迅速下降至 1.5m 后　　图 1-13　地下水位迅速下降至 1.5m 后表土蒸发
　　　　　土壤剖面含水率变化图　　　　　　　　　　　　　和深层排水随时间变化过程图

3. 地下水位保持不变时土壤水的稳定流动

在地下水位保持不变时，在长期入渗和蒸发条件下，土壤水的运动均可达到稳定，此时的土壤水流量等于入渗条件下的深层排水量或蒸发条件下的地下水向上补给量。在这些情况下，常可求得在一定入渗或蒸发强度 ε 时土壤压力水头分布的解析解和在一定表层压力水头条件下的入渗或蒸发量的计算式。

在土壤水稳定运动的情况下，式（1-6）可写成：

$$\pm\varepsilon = -K(h)\left(\frac{\mathrm{d}h}{\mathrm{d}z}\pm 1\right) \tag{1-46}$$

若坐标原点取在地下水面，z 向上为正时，式（1-46）中括号内取"＋"号，反之为"－"号。$\pm\varepsilon$ 取（＋）值时为蒸发，取（－）值时为入渗。

在水力传导度 K 与 h 用指数函数表示时，有

$$K(h) = K_s e^{ch}$$

$$dz = \frac{dh}{\frac{\mp\varepsilon}{K} - 1} = \frac{-dh}{1 \pm \frac{\varepsilon}{K_s} e^{-ch}}$$

令 $\dfrac{\varepsilon}{K_s} = \alpha$，则有

$$z = \int_0^z dz = -\int_0^h \frac{dh}{1 \pm \alpha e^{-ch}}$$

$$z = -\int_0^h \frac{1 \pm \alpha e^{-ch} \mp \alpha e^{-ch}}{1 \pm \alpha e^{-ch}} dh$$

$$= -h \pm \int_0^h \frac{\alpha e^{-ch}}{1 \pm \alpha e^{-ch}} dh = -h - \frac{1}{c} \int_0^h \frac{d(\alpha e^{-ch})}{1 \pm \alpha e^{-ch}}$$

$$= -h - \frac{1}{c} \ln(1 \pm \alpha e^{-ch}) \Big|_0^h = -h - \frac{1}{c} \ln \frac{1 \pm \alpha e^{-hc}}{1 \pm \alpha}$$

$$= -h - \frac{1}{c} \ln \frac{1 \pm \dfrac{\varepsilon}{K_s} e^{-ch}}{1 \pm \varepsilon/K_s}$$

$$z = -h - \frac{1}{c} \ln\left(\frac{K_s \pm \varepsilon e^{-ch}}{K_s \pm \varepsilon}\right) \tag{1-47}$$

式中 ε 在蒸发时取正值，入渗时取负值。

根据上例中 $K(h) = 7 e^{0.0255h}$，可求出在不同入渗和蒸发强度以及不同地下水埋深时的压力水头 h 在土壤剖面上的分布，再根据 $h(\theta)$ 关系式即可求出相应含水率的分布。在地

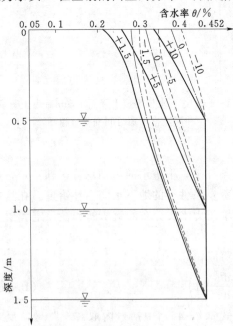

图 1-14　发生稳定入渗和蒸发时不同地下水
埋深条件下土壤剖面含水率分布图

下水埋深为 0.5m、1.0m、1.5m 时和不同入渗蒸发强度时的土壤剖面含水率分布如图 1-14 所示，图中"－"表示入渗，"＋"表示蒸发，"0"为既无入渗又无蒸发。由图可见，在同一地下水埋深情况下，有入渗时的含水率大于无蒸发无入渗时的含水率，更大于有蒸发时的含水率。

为了满足农作物要求的含水率，在阴雨季节应降低地下水位，在蒸发强烈的干旱季节应抬高地下水位。由于式（1-47）中 ε 远小于 K_s，故在分母中 ε 可忽略不计，则有

$$z = -h - \frac{1}{c} \ln\left(\frac{K_s + \varepsilon e^{-ch}}{K_s}\right)$$

$$cz = -ch - \ln\left(1 + \frac{\varepsilon}{K_s} e^{-ch}\right)$$

$$e^{-c(z+h)} = 1 + \frac{\varepsilon}{K_s} e^{-ch}$$

$$e^{-ch}\left(e^{-ch}-\frac{\varepsilon}{K_s}\right)=1$$

$$e^{-ch}-\frac{\varepsilon}{K_s}=\frac{1}{e^{-ch}}$$

当 h 趋近于 $-\infty$ 时，$\dfrac{1}{e^{-ch}}\to 0$，则有

$$\varepsilon=K_s e^{-cz} \tag{1-48}$$

式（1-48）可用来推求最大可能地下水补给量 $\varepsilon-\varepsilon_{max}$。将不同 z 值代入，可得各种地下水埋深时土壤的最大输水能力，即地下水最大补给量，如图 1-15 所示。由图可见，在地下水埋深为 0.5m 时，最大输水能力为 20mm/d；而地下水埋深为 1m 时，为 5.5mm/d；在地下水埋深为 3m 时，为 0.03mm/d，且可忽略不计。

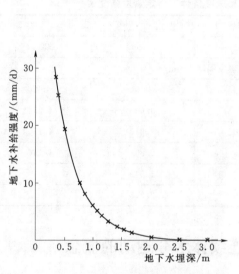

图 1-15　地下水埋深与土壤最大输水能力
（地下水补给强度）关系图

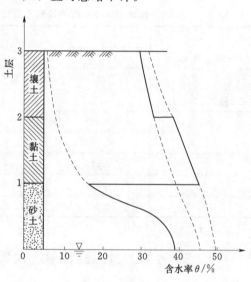

图 1-16　不同质地均质土壤剖面上土壤
含水率分布示意图

以上介绍的是均质土壤的蒸发问题。在生产实践中经常遇到非均质土壤的情况。土壤剖面上黏土夹层的存在对土壤水分和盐分运动有重要作用。如图 1-16 所示表示在无蒸发入渗条件下，不同质地均质土壤剖面上土壤含水率的分布。在层状土的情况下，则连接各层自地下水面画起的水分特征曲线即可得到无蒸发入渗条件下的土壤剖面含水率的分布曲线。图 1-16 中实线表示在土壤剖面由图 1-2 所示 3 种土壤组成（地面以下 0~1m 为壤土，1~2m 为黏土，2~3m 为砂土）的情况下，无蒸发入渗时土壤含水率的分布曲线，3 条虚线分别表示 3 种土壤自地下水面画起的水分特征曲线。与均质土壤的情况相似，在有蒸发的情况下土壤剖面含水率分布曲线应在各层水分特征曲线的左侧（即含水率小于水分特征曲线上含水率值），在有入渗情况下，含水率分布曲线应在各层水分特征曲线的右侧，即含水率高于水分特征曲线上的含水率值。在非均质土壤稳定蒸发情况下蒸发强度（地下水的补给量）和土壤含水率分布的计算仍可用与均质土类似的数值方法进行计算，但须考虑在两层土壤交界面上两层土壤的压力水头 h 相等和水流连续（即上下两层流入和流出

的水流通量 q 应相当）的条件。由于重质土壤的水力传导度远小于轻质土壤，在剖面上有黏土夹层存在时地下水的蒸发量将显著减小，因而具有阻止水分上升防止土壤积盐的作用。黏土夹层抑制蒸发作用的大小视黏土层所在部位、厚度和地下水的埋深而定。现以地表以下土层依次由轻壤、黏土和粉砂等 3 层土壤（其饱和水力传导度分别为 0.006cm/min、0.001cm/min 和 0.018cm/min）组成，水面蒸发强度为 4.25mm/d，地下水埋深为1.5m 时为例，根据数值模拟分别求得黏土层所在部位为地表、地面以下 40cm、80cm、120cm，厚度为 0cm、10cm、20cm、30cm、40cm、50cm 时地下水蒸发量，见表 1-2。从表 1-2 可以看到黏土层位置越靠近地表，抑制蒸发的作用越大；在黏土层靠近地下水面时其抑制蒸发的作用减弱。黏土层厚度越大，土壤蒸发越小，但超过 30cm 后，厚度的增加对进一步减少蒸发的作用将不太显著。

表 1-2　地下水埋深 1.5m 时不同黏土层部位和厚度条件下稳定蒸发强度表

黏土层厚度/cm	黏 土 层 埋 深			
	0	40cm	80cm	120cm
	蒸发强度/(mm/d)			
0（全剖面为粉砂土）	4.25	4.25	4.25	4.25
10	1.642	2.477	3.629	4.234
20	1.094	1.526	3.010	4.176
30	0.792	1.253	2.808	4.146
40	0.302	1.037	2.549	
50	0.230	0.950	2.376	

第三节　土壤-作物-大气连续体水分运动的概念

土壤、植物和大气中的水分状况和运动是相互制约的，田间水分循环是以土壤、植物与大气构成的一个物理上统一的动态系统为基础的，在这个系统中，各种过程相互关联地进行着。由于水势梯度的存在，土壤中水分通过植物根表层进入根系后，吸收进入植物体内，除部分消耗于植物生长和代谢作用外，大部分通过植物茎到达叶片，再由叶气孔扩散到宁静的空气层，最后参与大气的湍流交换，形成一个统一的、动态的、相互反馈的连续系统。因此，在研究有作物生长条件下农田水分运动时，不仅需要分析农田水分状况和水分在土壤中的运动，还需要考虑土壤水分向根系的运动和植物体中液态水分的运动以及自植物叶面和土层向大气的水汽扩散运动等。田间水分运动是在水势梯度的作用下产生的，各环节之间是相互影响和相互制约的，为了完整地解决农田水分运动问题，必须将土壤-植物-大气看作一个连续体统一考虑。近代文献中将这一连续体称为土壤-作物-大气连续体（soil-plant-atmosphere continum，SPAC）系统。

SPAC 系统是一个物质和能量连续的系统。在这个系统中，不论在土壤还是在植物体中水分的运动，其驱动力是水势梯度，水流总是从水势高的地方向水势低的地方移动。植物的根系从土壤中吸取水分，经根、茎运移到叶部，在叶部细胞间的空隙中蒸发，水汽穿过气孔腔进入与叶面相接触的空气层，再穿过这一空气层进入湍流边界层，最后再转移到大气层中去，形成一个连续的过程，中间经过了三个环节：第一个环节是土壤中水分向根系运动，并通过根膜吸入植物体内，即根系吸水过程；第二个环节是水在植物体内运移、输送过程；第三个环节是植物体内水分向大气散发过程，如图1-17所示。

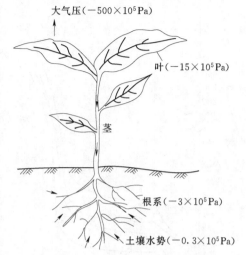

图 1-17　土壤和植物体中水流及水势分布示意图

由于植物的生长是缓慢的，在一定时间内，植物吸收的水分中很少一部分用于形成植物体本身和消耗于植物的代谢作用，绝大部分消耗于蒸腾。因此，在土壤充分供水条件下，如外界蒸发条件基本保持不变，忽略植株体内储水量的微小变化，可以将流经植物体中的水流看作是稳定流动，即植物叶面的蒸腾强度与植物体内输水速度相等，也与植物根部对土壤水分的吸收速度相等。这样，整个系统中不同部位的水势差将与水流阻力成正比，可近似地用式（1-49）表示：

$$q=\frac{\psi_s-\psi_r}{R_{sr}}=\frac{\psi_r-\psi_1}{R_{rl}}=\frac{\psi_1-\psi_a}{R_{la}} \tag{1-49}$$

式中　　　　q——水流通量；

ψ_s、ψ_r、ψ_1、ψ_a——土水势、根水势、叶水势和大气水势，在 SPAC 系统中各部位水势的大小顺序为 $\psi_s>\psi_r>\psi_1>\psi_a$；

R_{sr}、R_{rl}、R_{la}——通过土壤到达根表皮，越过根部通过木质部上升到叶气孔腔，通过气孔蒸腾扩散到周围空气中各段路径的水流阻力。

在水流通量一定时阻抗越大，水势差越大。从土壤到大气总水势差可达数百个 10^5Pa，在干燥的条件下甚至可达 1000×10^5Pa。总水势差中从叶面至大气的水势差最大。不同条件下 SPAC 系统中水势分布如图 1-18 所示。图中曲线 1 表示土壤较湿（水势较高）的情况；曲线 2 表示土壤较湿但蒸发强度较大的情况；曲线 3 表示土壤较干的情况；曲线 4 表示土壤较干而蒸发强度又较大的情况。

土水势一般为 $-0.2\sim0$MPa，低至 -1.5MPa 时，根系吸水就困难。根水势一般最高为 -0.2MPa，最低可降至 -1.5MPa。茎高每增加 1m，茎水势降低 $0.03\sim0.04$MPa。一般农作物的茎水势约为 $-0.4\sim-0.2$MPa。正常生长情况下的叶水势一般在 -0.6MPa 左右。大气的水势特别低，当空气相对湿度为 50% 左右时，其水势约为 -100MPa。由于有这样大的水势梯度，足以使作物体内水分通过叶气孔连接不断地向大气蒸散。叶片失水后，叶水势降低，吸水力增大，作物体内的液态水流就受到一种向上拉的蒸腾拉力，使茎中水分向上输导。同时，茎水势降低，便从根部吸水，将这种拉力传至根部，促使根系进一步从土壤中吸水。这种由上下水势差所产生的蒸腾拉力，可使水分沿树木上升到高大乔木的顶端。

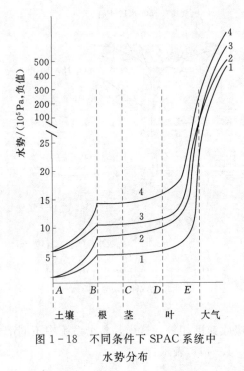

图 1-18　不同条件下 SPAC 系统中
水势分布

此外，水分子的巨大内聚力，可使上升水柱不被拉断和脱离管壁，从而保持水柱的连续性，这对保证蒸腾拉力使水分上升有很重要的作用。

从图 1-18 可以看出在 SPAC 系统中水分运动是比较复杂的。植物能否得到足够的水分供应并不单纯取决于土壤含水率及相应的土壤水势，还取决于土壤的导水性能、植物根系的吸水能力和植物体的输水性能以及大气的状况。在根系吸水速率能够满足蒸腾要求的情况下，植物才可以正常生长，在吸水速率低于蒸腾速率时，由于植物体损失一定的水分，影响正常生长，久而久之将导致植物枯萎。因此，引起植物枯萎的含水率（即所谓枯萎点）并不是一个固定不变的土壤特性常数，而应是在 SPAC 系统中植物自土壤所吸取的水分不足以平衡大气所需求的蒸腾速率时所需求的土壤含水率。在有植物生长条件下土壤水分运动除如前面所述与土面蒸发和降雨、灌水有关外，还受到根系吸水的影响。

研究 SPAC 系统中水分的传输过程和规律，有利于了解 SPAC 系统中水分能量和水流阻力的分布过程及相互反馈关系，并定量地计算出水分通量，为作物水分供需评价的研究提供理论依据，为制定合理的灌溉制度、灌水方法、实施节水灌溉和水分循环研究服务。

第二章　作物需水量和灌溉用水量

农业用水是整个国民经济中消耗水分的最主要部分，灌溉用水又是农业用水最主要的组成部分，而作物需水量是合理确定农业灌溉用水量必需的重要资料。因此，它是水资源可持续开发利用和灌排工程规划、设计和管理的基本依据。

第一节　作物需水量

凡是由人工栽培的植物，通称为作物。作物包括农作物（粮、棉、油类等作物）、蔬菜、果树以及药用作物等。

水既是作物生活的基本条件之一，又是土壤肥力的一个重要因素，是作物生长活动不可缺少的重要物质。作物从种子发芽到新种子成熟的一生中，其生长发育状态与水有着十分密切的关系。大多数休眠种子必须吸收足够的水分才能恢复生命活动。种子萌发需要更多的水分使种皮软化，氧气透入，呼吸加强。同时水分能使种子内凝胶状态的原生质向溶胶状态转变，使生理活性增强，促进种子萌发。土壤含水量的多少直接影响根系的发育。当土壤含水量降低到田间持水量以下时，旱作物根系生长速度显著增快，根冠比率相应增大。在土壤较干的地方，根系往往较发达，主要的长度可比地上部分的高度大几倍甚至十几倍，并且根系扩展的范围广，以吸收更大范围的土壤水分。当土壤水分缺乏时，茎叶生长缓慢，水分过多时往往使作物茎秆细长柔弱，后期容易倒伏。所以，水分对作物生长有一个最高、最适和最低的基点。低于最低点，作物生长停止，甚至枯死。高于最高点，根系缺氧、窒息、烂根，植株生长困难甚至死亡。只有处于最适范围内，才能维持作物的水分平衡，保证作物生长发育良好。

要使作物生长发育良好而获得高产，就要根据作物的需水规律和有关因素采用合理的措施，为作物创造良好的环境条件，充分发挥水对作物的作用，避免水分不足或过多的影响。

一、作物田间水分消耗

农田水分消耗主要有 3 个途径：植株蒸腾、株间蒸发和深层渗漏（或田间渗漏）。此外，还有杂草对水分的消耗。

作物需水包括作物生理需水和生态需水两部分，生理需水是指作物生长发育过程中，进行生理活动所需的水分，即植株蒸腾，是指作物根系从土壤中吸入体内的水分，通过叶片的气孔扩散到大气中去的现象。试验证明，植株蒸腾要消耗大量水分，作物根系吸入体内的水分有 99% 以上是消耗于蒸腾，只有不足 1% 的水量是留在植物体内，成为植物体的组成部分；生态需水是指用以调节和改善作物生长环境条件所需的水分，是指植株间土壤或田面的水分蒸发的水分，即株间蒸发（棵间蒸发）。株间蒸发和植株蒸腾都受气象因素的影响，但蒸腾因植株的繁茂而增加，株间蒸发因植株造成的地面覆盖率加大而减小，所以蒸腾与株间蒸发二者互为消长。一般作物生育初期植株小，地面裸露大，以株间蒸发为主；随着植株增大，叶面覆盖率增大，植株蒸腾逐渐大于株间蒸发，到作物生育后期，作物生理活动减弱，蒸腾耗水又逐渐减小，株间蒸发又相对增加。

深层渗漏是指旱田中由于降雨量或灌溉水量太多，使土壤水分超过了田间持水量，向根系活动层以下的土层产生渗漏的现象。深层渗漏一般是无益的，会造成水分和养分的流失，旱作物在正常灌溉情况下是不允许发生深层渗漏的。田间渗漏是指水稻田的渗漏，由于水稻田经常保持一定的水层，所以水稻田经常产生渗漏，且数量较大。长期淹灌的稻田，由于土壤中氧气不足，容易产生硫化氢、氧化亚铁等有毒物质，影响作物的生长发育，造成减产。因此近年来，认为稻田应有适当的渗漏量，可以促进土壤通气，改善还原条件，消除有毒物质，有利于作物生长。但是渗漏量过大，会造成水量和肥料的流失，与开展节水灌溉有一定的矛盾。

作物需水量从理论上说是指作物在适宜的外界环境条件（土壤水分和肥力适宜）下正常生长发育达到或接近达到该作物品种的最高产量水平所消耗的水量。但在实际中由于组成植株体的水分只占总需水量中很微小的一部分（一般小于1%），而且这一小部分的影响因素较复杂，难于准确计算，故人们均将此部分忽略不计。植株蒸腾和棵间蒸发合称为腾发，植株蒸腾量和棵间蒸发量之和称为腾发量，即所谓的蒸发蒸腾量，通常又把腾发量称为作物需水量。作物需水量是水资源开发利用时的必需资料，同时也是灌排工程规划、设计、管理的基本依据。

二、作物需水规律

作物需水规律是指在作物一生中，日需水量的变化情况。研究和掌握作物需水规律是进行合理灌排、科学调节农田水分状况、适时适量满足作物需水要求、确保高产稳产的重要依据。

（一）作物需水量的影响因素

腾发量的大小及其变化规律，主要决定于气象条件、土壤条件、作物特性、农业技术措施和灌溉排水措施等，这些因素既相互联系又相互影响，且错综复杂；而渗漏量的大小与土壤性质、水文地质条件等因素有关，它和腾发量的性质完全不同。因此，一般都是将腾发量与渗漏量分别进行计算。对水稻田来说，也有将稻田渗漏量计入需水量之内，通常则称之为"田间耗水量"，以使与需水量概念有所区别。为达到高产、优质、省水、节能、降低成本等目的，需要从上述影响需水量大小的因素中研究降低作物需水量的措施，如改善农田小气候、调节土壤肥力、提高农业技术措施及灌排技术措施等，以减少作物需水量。

（1）气象条件。气象条件是作物需水量的主要影响因素。辐射、气温、日照、空气湿度和风速、气压等气象因素对作物需水量都有很大影响。太阳辐射越强，气温越高，日照时间越长，空气湿度越低，风速越大，气压越低，则作物需水量越大；反之，则越小。就地区而言，相对湿度较大、温度较低地区，其需水量小；而气温高、相对湿度小的地区需水量则大。

（2）土壤条件。影响作物需水量的土壤因素主要有土壤质地、颜色、含水量、有机质含量及养分状况等。砂土持水力弱，蒸发较快。因此，在砂土上的作物需水量就大。就土壤颜色而言，黑褐色土壤吸热较多，其蒸发较大，作物需水量较大，而颜色较浅的黄白色土壤反射较强，相对蒸发较少，作物需水量较少。对于同一种土壤，土壤表层湿度对作物需水也有很大影响。在一定范围内，土壤含水量较高时，蒸发强烈，作物需水量较大；相反，土壤含水量较低时，作物需水量较少。

（3）作物特性。作物种类、作物发育期、生长状况等也会影响作物需水量。在相同自然条件下，不同作物种类的需水量都是不同的。一般来说，凡生长期长、叶面积大、生长速度快以及根系发达的作物需水量大；反之需水量较小。作物按需水量大小可分3类：需水量较大的有麻类和豆类等；需水量中等的有麦类、玉米和棉花等；需水量较小的有高粱、谷子和甘薯等。不同生育阶段需水量不同：在作物苗期，需水量值较小，随着作物的生长和叶面积的增加，需水量值也不断增大，当作物进入生长盛期，需水量增加很快，叶面积最大时，作物需水量出现高峰；到作物成熟期，需水量值又迅速下降。此外，同一作物的不同品种需水量也有差异，耐旱和早熟品种需水量较少。

（4）农业技术措施。农业技术措施不同，作物需水情况不同。例如塑膜覆盖、秸秆覆盖以及灌水后适时耕耙保墒、中耕松土等措施，改变了土壤表面的状态，可减少作物需水量。

（5）灌溉排水措施。灌溉排水措施只是对作物需水量产生间接影响。通过改变土壤含水量，或者通过改变农田小气候以改变作物生长状况来引起作物需水量的变化。一般情况下，地面灌溉方法的作物蒸发蒸腾量大于喷灌、滴灌方法的蒸发蒸腾量。

（二）几种主要作物的需水规律

1. 冬小麦的需水规律

（1）各生育阶段的需水量。冬小麦各生育期由于时间长短、气候条件各异，因而各阶段总需水量与阶段日需水强度不同。需水量最多的阶段是抽穗—成熟期，即灌浆阶段。灌浆期需水量大的原因是该阶段生长期长，而且日需水强度高。但日需水强度最大的阶段是在拔节—抽穗期，这是因为此期间气温日益升高，是冬小麦进入营养生长与生殖生长并进，茎、叶、穗迅速成长壮大的时期，生命力旺盛，叶面蒸腾强，需水强度大，是小麦的需水临界期。因此保证这一阶段的水分需求，对冬小麦的增产、增收十分重要。

（2）株间蒸发与叶面蒸腾。冬小麦需水量主要由叶面蒸腾与株间蒸发两部分水量组成。叶面蒸腾是一个生理过程，蒸腾量大小除与大气条件和土壤水分条件有关外，也受植株本身的生理作用制约。植株的生长条件，如叶面积大小等因素也影响着蒸腾的大小。蒸腾量的变化规律是由冬小麦生长初期的较少而逐渐增大，至拔节以后至最大值。株间蒸发是一个物理过程，与土壤水分条件、棵间小气候状况、水气压梯度和地面覆盖条件有关。冬小麦生长初期，株间蒸发量较大。如播种—越冬期，由于叶面覆盖少，株间蒸发量占需水量的60％以上。之后，随着冬小麦植株群体的逐渐增大，株间蒸发量逐渐降低，至拔节以后减至最小值，这时不足需水量的10％。

我国冬小麦的面积分布很广，几乎遍及全国，但主要产区集中在长江以北、黄河及淮河流域的河南、河北、山东、山西、陕西、安徽、江苏、北京、天津、新疆等省（自治区、直辖市）。这些省（自治区、直辖市）冬小麦种植面积占到全国冬小麦种植总面积的

80%左右，冬小麦生长期一般是 10 月中旬至次年 5 月下旬，此时恰处北方干旱季节，因此，冬小麦的灌溉也只限于这些地区。南方各省冬小麦生长期降雨颇多，一般不需要灌溉。

2. 春小麦的需水规律

(1) 各生育阶段的需水量。春小麦需水量最大的生育阶段为灌浆期，即抽穗—成熟阶段。其模系数（每个生育阶段的需水量占全生育期需水总量的百分比）在 40%以上。其次是拔节期，模系数为 20%以上。阶段需水量最小时期为播种—出苗期，模系数在 6%以下。日需水强度最高的阶段一般为拔节期，其生理需水与生态需水均达到了最高峰，是春小麦的生殖生长与营养生长最旺盛的阶段，保证这一时期的水分需求，对春小麦增产作用重大。

(2) 株间蒸发与叶面蒸腾。春小麦各生育期的叶面蒸腾变化与总需水量变化相似，从小到大，再由大变小，峰值在拔节—抽穗期。株间蒸发也基本与叶面蒸腾的变化同步，这主要是春小麦生长期间蒸发量明显受气象条件影响，气象条件与生物学过程同步，较大的生物量并没有明显抑制株间蒸发的缘故。春小麦株间蒸发量占需水量比例与产量水平有关，一般占 20%~30%，产量水平高时所占比例较小，反之则较大。春小麦株间蒸发量占需水量比例还与品种类型有关。

我国春小麦主要分布在东北地区、西北地区与内蒙古地区，春小麦一般 3 月底或 4 月初播种，6 月底或 7 月初收割，在其生长旺盛期内，降雨较少，因此普遍需要灌溉。

3. 玉米的需水规律

玉米在我国分布很广，是我国仅次于水稻和小麦的主要粮食作物。玉米植株高大，叶片茂盛，生长期多处于高温季节，所以植株蒸腾和株间蒸发都很大，比高粱、谷子、黍类作物的需水量要多得多。

(1) 播种—拔节阶段：植株蒸腾量很小，其水分多数消耗在株间蒸发中，玉米这个生育阶段在全生育期内时间最长，春、夏玉米分别占全生育期天数的 32.4%~35.6%和 30.3%~31.9%，但需水模系数最低，春玉米占 23.9%~24.2%，而夏玉米仅占 16.7%~22.8%。

(2) 拔节—抽穗阶段：不论是春玉米还是夏玉米，该生育阶段都处于气温较高的季节。玉米在拔节以后，由于植株蒸腾的速率增加较快，日需水强度不断增大。该阶段的经历时间，春玉米为 34~40d，北方夏玉米为 25~32d，南方夏玉米仅为 18~25d。该阶段需水模系数普遍较高，春玉米为 28.2%~33.5%，在灌溉条件下的夏玉米可达 28.3%~36.5%。

(3) 抽穗—灌浆阶段：玉米形成产量的关键期。该阶段时间较短，春玉米为 18~24d，夏玉米为 16~21d。需水模系数的区域差异性较大，辽宁春玉米平均为 17.9%，而山西北部春玉米可达 28.4%，安徽中部夏玉米为 23.7%。

(4) 灌浆—成熟阶段：除部分春玉米外，该阶段多数地方气温渐降，叶片也开始发黄。该阶段持续时间，春小麦为 30~36d，夏玉米为 22~28d。黄河以北地区，无论春玉米或夏玉米，需水模系数大都为 25%左右。而南方多数省份，生育期正常供水情况下，夏玉米需水模系数一般 29%~34%，春玉米也在 27%以上。

4. 水稻的需水规律

水稻主要分为单季稻和双季稻，在台北、厦门、广州至南宁一线以南，还可以三季稻连作。水稻的生产区在我国秦岭淮河以南地区（称为南方稻区），约占全国水稻种植面积的95%。其他地区如华北平原、松辽平原以及河南、陕西秦岭以北、内蒙古自治区、宁夏回族自治区、新疆维吾尔自治区等部分稻区，称为北方稻区，约占全国水稻种植面积的5%。

稻田需水量一般是指水稻本田的植株蒸腾量、棵间水面蒸发量与渗漏量之和。其中植株蒸腾水分是供给水稻本身生长发育、进行正常生命活动所需的水分，称为生理需水；棵间水面蒸发和渗漏水分是为保证水稻正常生长发育，创造一个良好的生态环境所需的水分，称为生态需水。另外，还有整地泡田需水量和秧田需水量。

稻田需水量的多少，因地区、栽培季节、品种类型、土壤及栽培措施等不同而异。表2-1列出了我国不同地区稻田需水量试验结果。总的趋势是北方多于南方，双季晚稻多于双季早稻，一季中稻多于双季晚稻，一季晚稻多于一季中稻。从总需水量各组成部分所占比重来看，北方稻区渗漏量比重大，占总需水量的43%～63%；南方稻区蒸发蒸腾量所占比重大，占总需水量的67%～92%。

表 2-1　　　　　　　　　　我国不同地区稻田需水量

地区	稻别	时间	蒸腾量/mm	蒸发量/mm	蒸发蒸腾量		渗漏量		总计/mm
					mm	占总需水量的百分数	mm	占总需水量的百分数	
长江以南	双季早稻	平均每天	2.33	1.77	4.10		1.18		5.28
		全生育期（90d）	160～260	110～210	270～470	67～82.6	30～100	17.4～33	300～570
	双季晚稻	平均每天	2.83	2.11	4.94		1.12		6.06
		全生育期（90d）	210～300	140～240	350～540	77～92	30～160	8～23	380～700
长江与秦岭、淮河之间	一季中稻	平均每天	3.65	2.35	6.00		1.6		7.60
		全生育期（90～110d）	330～400	180～290	510～690	71～93	40～280	7～29	550～970
秦岭、淮河以北	一季晚稻	平均每天	3.22	2.52	5.74		7.82		13.56
		全生育期（90～130d）	240～500	240～340	480～840	37～57	360～1440	43～63	840～2280

水稻从播种到收割的全生育期日数约90～170d，随着栽培地区和水稻类型及品种等不同而有很大差异。如湖北地区不同类型水稻品种的全生育期参见表2-2。

表 2-2　　　　　　　　不同类型水稻品种的全生育期（湖北地区）

品种类型		播种季节	成熟季节	全生育期/d
早稻	早熟品种	4月上旬	7月15日以前	95～105
	中熟品种	3月底—4月上旬	7月20日左右	110～115
	迟熟品种	3月底—4月上旬	7月25日左右	120左右

品　种　类　型		播种季节	成熟季节	全生育期/d
连作晚稻	早熟品种	6月底—7月初	10月中旬初	95～105
	中熟品种	6月中、下旬	10月中、下旬	120～130
	迟熟品种	6月上旬	11月上旬	140～150
中稻	早熟品种	4月	8月上旬	125～130
	中熟品种	4月	8月中旬	135 左右
	迟熟品种	4月	8月底—9月初	140～150
一季晚稻		5月	10月上、中旬	150～170

水稻蒸腾强度高峰出现在孕穗—抽穗期，棵间蒸发强度受植株荫蔽的影响很大，插秧到分蘖初期植株幼小，棵间蒸发大于植株蒸腾。分蘖末期至成熟，棵间蒸发小于植株蒸腾，而且变化很小，一般维持在每天 2mm 左右；稻田渗透量的大小，因土壤质地和地下水位的高低、整地技术和灌水方法的不同而异。稻田适宜的渗透量有利于将溶解于水层中的氧气带入根区，降低土壤还原性，减少有毒物质的积累和危害。实验证明，高产稻田有较高的渗漏量，其范围大致是每天 8～15mm。

水稻从种子发芽到成熟收割，要经历发芽出苗、幼苗生长、移栽返青（直播的无移栽返青期）、分蘖、拔节、孕穗、抽穗、开花和结实成熟等生育阶段。其中水稻发芽出苗至移栽前是在秧田生长发育的，又称秧田期；移栽返青至成熟收割是在水稻本田生长的，称为本田期。各阶段的生长发育对环境条件、栽培措施、灌排条件都有不同的要求，分别介绍如下。

（1）水稻秧田期。

1）发芽出苗期。水稻播种到秧田后，种子吸水膨胀到出现第一片叶为发芽出苗期。稻谷发芽需要适宜的温度、水分和空气。种子的萌动和生长需要大量的能量，这些能量通过有氧的呼吸作用提供，氧气越充足，提供能量越多。而水中的氧气不能满足种子呼吸的需要，还需要从空气中吸取氧气。此时秧田排灌技术要满足秧苗的生理需求，不宜建有水层，保持秧田湿润即可。如遇天旱需要灌溉时，可以采用先灌水入畦沟，沟水通过毛管作用湿润畦面的方式；或采用灌"跑马水"的方式，将畦面灌水层控制在 0～10mm，灌后即排。这样种芽既能吸收水分，又能呼吸到氧气。遇到降雨时要及时排水，合理控制畦田水分。

2）幼苗期。从出现第一片完全叶到起秧移栽的时期称为幼苗期。这一时期秧苗所需要的养分供应分为两个阶段：三叶期前，秧苗所需要的养分靠自身胚乳供应；三叶期后，胚乳内的养分消耗渐尽，幼苗进入独立生活，秧苗通过根系从土壤中吸收养分。随着秧苗叶片递增，蒸腾作用逐渐增强，需要充足的水肥供应，才能保证秧苗所需营养。但此时的秧苗根系入土较浅，幼苗尚未长壮，对低温冻害的抵抗力较弱，灌水时采用干湿交替、浅水勤灌的方式。结合灌水，还要及时施肥，促进秧苗苗壮生长。灌水时畦面水层一般控制在 0～40mm 为宜，并应根据天气变化情况及时换水。

（2）水稻本田期。

1）泡田期。水稻本田在插秧前整地、灌水泡田的一段时期称为泡田期。泡田期用水量较大，而且正值用水紧张时期。节约泡田用水量，对扩大水稻灌溉面积和保证水稻秧苗及时移栽有重要作用。泡田用水量由 3 部分组成：一是充满土壤孔隙的用水量；二是建田面水层的用水量；三是由泡田开始到栽秧前消耗的水量，即渗漏量和水面蒸发量。泡田用水量的大小，与气象条件、土壤种类与含水量、地下水位埋深、耕作整田技术与泡田技术等因素有关。通过先进经验证明，采用浅水泡田不但可以节约灌水量，而且有利于土壤增温、保温，提高土壤肥力，促进秧苗返青。浅水泡田用水量一般控制在 90mm 左右为宜。

2）返青期。秧苗从秧田拔出移栽到本田，因秧苗的根系和叶片均受到损伤，吸水能力减弱，生长短期停滞，叶片呈现出一定程度的萎黄，经 5～10d，长出新根、新叶而恢复青绿色，这一时期叫返青期。高产水稻要求尽量缩短返青期，提高栽秧效率和秧苗成活率。整个返青期必须保持适宜的水层，为秧苗创造一个稳定的温湿度环境，促进秧苗早生新根，加速返青。水层深度视水稻类型和气候条件而定，一般以 30～50mm 为宜，以不淹苗心为准。

3）分蘖期。从开始分蘖到开始拔节的时期称为分蘖期。育秧移栽的水稻一般在返青后才开始分蘖。水稻分蘖是由茎基部的分蘖节上发生，凡从主茎上发出的分蘖称为第一次分蘖，从第一次分蘖上发出的分蘖称为第二次分蘖，以此类推。一般早生的分蘖能够抽穗结实称为有效分蘖；迟生的分蘖不能抽穗结实称为无效分蘖。所以分蘖期要采用适当的措施，促进分蘖早生快发，抑制无效分蘖的发生，提高成穗率。

稻秧分蘖前期，为保证土壤中氧气充足，提高土温，利于根部呼吸，应降低地下水位，促进根系迅速发育。此时期采用浅水或湿润灌溉，既满足秧苗的生理需水，又有利于阳光直接照射到土面和稻苗基部，提高温度，增进土壤通气，促进有机肥料分解和养分释放，以利根系吸收。土壤肥力一般的稻田，分蘖前期控制水深 20～30mm 为宜。

稻秧分蘖后期，主要是控制无效分蘖。这时，可以采用落干晒田的方式，降低稻田含水量，减少植株对氧的吸收，阻止后期分蘖发生。至于稻田落干时间长短、晒田轻重，应视土壤类型、气候和稻田等情况灵活掌握。总的原则是在开始孕穗之前结束晒田。

4）拔节孕穗期。稻秧分蘖的后期，稻茎基部逐渐由扁平变为圆筒状，节间随之伸长，称为拔节。同时，茎尖的生长点细胞开始分化成幼穗，并逐渐孕育，使叶鞘膨大，称为孕穗。拔节孕穗期就是指从开始拔节到孕穗完成的一段时期。此时期是水稻一生中生理需水的高峰期，植株的营养生长和生殖生长同时进行，生育旺盛，光合作用强，对水分、养分的吸收和光合作用等环境条件极为敏感，是决定茎秆壮弱、穗子大小和粒数多少的关键时期。孕穗期如遇干旱会造成颖花大量退化，产生大批不孕花，引起严重减产。如果土壤长期淹水不排，通气性差，根系活动受阻，对孕穗不利。稻穗分化需要充足的养分，肥料不足时穗小粒少秕粒多，也会影响产量。所以必须加强田间管理，为稻秆和稻穗生长发育创造良好的环境条件，以保证秆壮穗大粒多。此时期应采用较深的水层灌溉，以满足水稻生理需水和生态需水，适宜的水层深度 40～50mm，让其自由落干后再灌。最大水层也不要超过 80mm，防止引起水稻烂根、倒伏。生长过旺的稻田，在抽穗前 3～5d，可以排水轻晒 1～2d，防止根系早衰。

5）抽穗开花期。水稻的幼穗发育完成后，从剑叶的叶鞘中抽出，称为抽穗。一个稻穗自露出到全部抽出约需 3～5d，全田自始穗到齐穗需 5～7d。稻穗上每个小穗的内、外颖从开始张开到闭合的过程叫开花。水稻抽穗1~2d后开始开花。通常一个稻穗从始花到终花约需7d。抽穗开花期是水稻对水分敏感的时期，也是对温度和湿度敏感的时期。水稻开花适宜的温度为25~30℃，最适宜的相对湿度为70％~80％。温湿度过高与过低都会影响开花与授粉，影响产量提高。此时期不可缺水又忌深水层，而浅水有利于提高株间温度，降低湿度，开花速度快，受粉作用良好，从而增加每穗粒数。抽穗开花期一般维持在稻田水层30~50mm左右。

6）结实成熟期。水稻开花受精后进入结实成熟期。即胚乳和胚开始发育，干物质迅速增加。米粒逐渐膨大而至完全成熟。一般从抽穗到成熟需30~45d左右。根据谷粒外观和内容物的变化，成熟期一般分为乳熟、蜡熟和完熟3个时期。乳熟期（又称灌浆期）茎、叶、谷壳均为绿色，米粒内开始积累乳白色浆液状的淀粉，谷粒的含水量为86％左右；蜡熟期（又称黄熟期）茎、叶由绿色转为黄色，谷壳逐渐变黄，米粒内的白色浆液由淡变浓，形成蜡质状，此时期谷粒中的含水量由乳熟期的86％左右降到45％~50％；完熟期植株全呈黄色，米粒转白变硬，谷粒含水量降至20％~25％。一般水稻在蜡熟末期开始收割，过晚会造成落粒减产和米质降低。

水稻灌浆期要求土壤有适当的水分供应。若水分过多或不足，都会造成根、茎、叶早衰。灌浆不足，粒重减轻，秕谷增多。灌浆期水层可保持在20~30mm并逐步降低，或采用间歇式的灌溉方式。进入蜡熟期，水稻生理需水减少，可逐渐排水落干，以促进早熟，防止倒伏，利于收割。

（3）旱作水稻灌溉简介。

旱作水稻是水稻节水栽培的新技术，自20世纪70年代以来，旱作水稻在我国北方地区发展较快，该技术适应于我国北方半干旱、半湿润季风气候特点，春季可以大大减少用水量，夏秋季可以充分利用降雨，起到了用水矛盾中的"错峰作用"。充分利用水资源，扩大水稻旱作种植面积，是旱涝保收的得力措施。有条件的地区实行麦稻复种，充分利用本地水、土、光、热资源，对促进"两优一高"农业发展具有重要意义。

旱作水稻比淹灌水稻省水，但其需水又远远超过同类旱作物。我国北方地区降雨偏少，分布又不均匀，经常出现干旱现象，对旱作水稻的威胁很大，所以必须进行灌溉。

旱作水稻采用旱直播。而且整个生长期不用淹灌，根据稻苗生长状况，土壤墒情和天气情况适时适量灌水。其分水管理参照旱作的方式进行，灌水方法采用畦灌较多。旱作水稻的灌水应该注意以下几点：

1）浇好播前底墒水。旱作水稻，要力保全苗壮苗，这样就要求土壤有充足的底墒。我国北方冬春降水一般不能满足其对底墒的要求，需要在播种前浇足底墒水。底墒水可冬灌或春灌，播种时要求土壤含水率占田间持水率的75％~80％。除砂性土壤外，切忌播后浇蒙头水，以免土壤板结，影响出苗。播前灌水量以90~120mm为宜。

2）掌握好初灌时机。初灌是旱作水稻出苗后的头茬水。灌水是否适期，对其产量影响较大，灌水过早幼苗可能丧失耐旱能力，降低了土温，使稻苗生长受抑制出现黄苗弱苗。灌水过晚，营养生长量不足，抑制分蘖，造成穗少，抽穗推迟，成熟晚，降低产量。根据试验和生产经验判断可知，初灌期大体掌握在稻苗4~6叶期为宜，灌水量60~90mm为宜。

3) 控制好各生育阶段土壤适宜含水量。为保证旱作水稻高产稳产，要根据降雨和土壤水分状况，适时适量灌水，尽量控制土壤水分在适宜的含水量范围，提高水的生产效率。灌水量以 45～75mm 为宜，全生育期一般灌 6～8 次。

据试验结果，旱作水稻各生育阶段适宜土壤含水量占田间持水量的百分比见表 2-3。

表 2-3　　　　　旱作水稻各生育阶段适宜土壤含水量占田间持水量的百分比

类型	苗期	分蘖期	拔节期	抽穗成熟期
旱作水稻	70～85	60～80	75～90	70～85
麦茬旱作水稻	72～84	80～88	88～96	76～92

注　土壤水分为 0～40cm 土层平均值，田间持水率为干土重的 25%。

5. 棉花的需水规律

棉花是我国的主要经济作物，除西藏、青海、内蒙古和黑龙江 4 省（自治区）外，其他地区都有棉花栽培。棉花需水量受气候、土壤、品种和栽培条件等影响，在各地区有一定的变化。华北、陕西等地的黄河流域棉区属于半湿润气候区，年平均气温为 10～15℃，年降雨量为 550～600mm，无霜期长达 180～230d，棉花全生育期需水量为 550～600mm。西北内陆棉区（如新疆、甘肃河西等地）属大陆干旱气候，年降雨量仅为 20～180mm，棉花生长期平均气温为 5～10℃，由于蒸发力强，棉花需水量高达 800mm 以上。在我国的南方长江流域棉区，如江苏、安徽、湖南、湖北及浙江等地，棉花生长期平均气温为 5～18℃，年降雨量为 750～1500mm，雨水充沛，棉花需水量为 600mm 左右。在东北辽河流域特早熟棉区，由于生长期短，棉花需水量仅为 400～500mm。

20 世纪 80 年代以来大面积实行地膜覆盖、秸秆覆盖新技术措施，显著减少了棉田棵间土壤蒸发量，从而降低了需水量。据新疆维吾尔自治区的相关资料显示，幼苗至现蕾阶段，在覆膜度为 75% 时，因覆盖，株间蒸发量减少达 51.6%，花铃期减少 60.4%，吐絮期减少 42.0%。全生育期减少 53.9%。另外，不同棉花品种，由于株形结构、叶面积等不同，需水量也不同。根据试验，品种对需水量的影响，变化幅度在 10% 左右。

从棉花的苗期、蕾期到花铃期，随气温逐渐升高，植株叶面积系数增大，日需水量也逐渐增多。开始吐絮以后，由于气温降低，植株蒸腾面积减小和蒸腾强度降低，日需水又减少。棉花各生育期的灌溉需求如下：

（1）苗期。北方棉区这一时段大约为 45d，时间从 4 月底到 6 月初。一般不要求灌水，习惯蹲苗，此时加强中耕松土措施既可保墒，又能提高地温，有利于促进幼苗生长，也可减轻病虫害。长江流域棉区，苗期正值梅雨季节，细雨蒙蒙，排水问题更为突出，无须灌水。

（2）蕾期。棉花现蕾以后气温升高，生长发育加快，花蕾大量出现，对水分要求也十分迫切。北方棉区此期间干旱少雨，必须灌溉以保证棉苗生长发育对水分的要求。现蕾期及时灌水，不仅有利于棉株生长，而且现蕾数也明显增加，有利于增产。经验表明，蕾期适时灌水可以争取早座、多座伏前桃，进而控制后期植株徒长，减少了蕾、铃脱落率。

（3）花铃期。花铃期植株蒸腾量大，对水分十分敏感，是棉花的需水临界期。这一阶段虽逢雨季，但由于降雨的不稳定性，仍需重视灌溉。干旱和淹涝都会引起蕾铃的大量脱落。另外花铃期缺水与否不但影响产量，而且对棉纤维品质也有影响。花铃期正值棉花生殖生长旺盛阶段，在干旱时及时灌水不仅有利于干物质的形成，而且也有利于矿物质营养的吸收利用。

（4）絮期。吐絮以后叶片逐渐老化，有的已脱落，叶面蒸腾量明显减少，对灌溉要求不高。但试验资料表明，絮期干旱时及时灌水，对产量与棉纤维品质都有重要影响。有的研究成果表明，絮期及时灌水，明显增加秋桃数并增强已座成桃的棉纤维品质。关于后期停水日期，主要依据秋季降雨、温度变化、霜期早晚情况来决定。秋雨少，生长期较长的地区，8月中旬的幼铃尚能吐絮，停水日期可放在8月30日左右，即在吐絮开始时为宜。如果9月天气干旱，还应继续灌水，以保证幼铃的生长与成熟。

三、作物需水量计算

根据大量灌溉试验资料，作物需水量的大小与气象条件（温度、日照、湿度和风速）、土壤含水状况、作物种类及其生长发育阶段、农业技术措施、灌溉排水措施等有关。这些因素对需水量的影响是互相联系的，也是错综复杂的，目前尚难从理论上对作物需水量进行精确的计算。在生产实践中，一方面是通过田间试验的方法直接测定作物需水量；另一方面常采用某些计算方法确定作物需水量。现有计算作物需水量的方法，大致可归纳为两类：一类是直接计算出作物需水量，另一类是通过计算参照作物需水量来计算实际作物需水量。

（一）直接计算法

这种方法是从影响作物需水量的诸多因素中，选择几个主要因素（例如水面蒸发、气温、湿度、日照和辐射等），再根据试验观测资料分析这些主要因素与作物需水量之间存在的数量关系，最后归纳成某种形式的经验公式。目前常见的直接计算法大致有以下几种。

1. 以水面蒸发量为参数的需水系数法（简称 α 值法或蒸发皿法）

大量灌溉试验资料表明，各种气象因素都与当地的水面蒸发量之间有较为密切的关系，而水面蒸发量又与作物需水量之间存在一定程度的相关关系。因此，可以用水面蒸发量这一参数来衡量作物需水量的大小。这种方法的计算公式一般为

$$ET = \alpha E_0 \tag{2-1}$$

或

$$ET = aE_0 + b \tag{2-2}$$

式中　ET——某时段内的作物需水量，以水层深度 mm 计；

　　E_0——与 ET 同时段的水面蒸发量，以水层深度 mm 计，一般采用 80cm 口径蒸发皿的蒸发值；

　a，b——经验常数；

　　α——需水系数，或称蒸发系数，为需水量与水面蒸发量之比值。

由于 α 值法只需要水面蒸发量资料，易于获得且比较稳定，所以该方法在我国水稻地区曾被广泛采用。表2-4中列举了湖北、湖南、广东、广西等省（自治区）若干站水稻各生育期的 α 值资料。从表中可以看出，α 值在各生育阶段的变化及全生育期总的情况都还比较稳定。多年来的实践证明，用 α 值法时除了必须注意水面蒸发皿的规格、安设方式及观测场地规范化外，还必须注意非气象条件（如土壤、水文地质、农业技术措施及水利

措施等）对 α 值的影响，否则将会给资料整理工作带来困难，并使计算成果产生较大误差。

表 2-4　　　　　　　　　　水稻各生育期需水系数 α 值统计表

省　　　站	资料系列 （站、年、组）	α 值						
		移栽— 返青	返青— 分蘖	分蘖— 孕穗	孕穗— 抽穗	抽穗— 乳熟	乳熟— 收割	全生 育期
早　稻								
湖南各地综合分析	26	0.835	0.973	1.515	1.471	1.438	1.200	2.214
广西南宁等地综合分析	23	0.954	1.090	1.281	1.259	1.220	1.095	1.150
广东新兴站	26	1.313	1.344	1.081	1.302	0.958	0.855	1.142
湖北长渠站	15	0.572	1.005	1.250	1.342	1.351	0.682	1.038
中　稻								
湖南黔阳站	2	0.737	0.917	1.113	1.334	1.320	1.185	1.150
湖北长渠站	15	0.784	1.070	1.341	1.178	1.060	1.133	1.100
广西磺桑江站	3	0.980	1.085	1.650	2.200	1.218	—	1.376
晚　稻								
湖南各地综合分析	38	0.806	0.992	1.074	1.272	1.358	1.397	1.128
广西南宁等地综合分析	23	0.951	1.096	1.323	1.359	1.230	1.003	1.166
广东新兴站	19	0.891	1.044	1.360	1.225	1.050	0.788	1.090
湖北随县车水沟站	9	1.183	1.161	0.753	1.100	1.060		1.187

对于旱作物，棵间土壤蒸发变异性较大，α 值受非气象条件的影响较大。华北一些地区，冬小麦 $\alpha=0.5\sim0.55$，湿润年值小，干旱年值大。应针对不同的水文年份，采用不同的 α 值，并根据非气象因素对 α 值进行修正。一般水稻用 α 值法比旱作物用此法好。

2. 以产量为参数的需水系数法（简称 K 值法）

作物产量是太阳能的累积与水、土、肥、热、气诸多因素的协调及农业措施的综合结果。因此，在一定的气象条件下和一定范围内，作物田间需水量将随产量的提高而增加，如图 2-1 所示，但是，需水量的增加并不与产量成比例。由图 2-1 还可看出，单位产量的需水量随产量的增加而逐渐减小，说明当作物产量达到一定水平后，要进一步提高产量就不能仅靠增加水量，而必须同时改善作物生长所必需的其他条件。作物总需水量的表达式为

$$ET=KY \atop ET=KY^n+c \right\} \qquad (2-3)$$

式中　ET——作物全生育期内总需水量，
　　　　　　　$\mathrm{m}^3/$亩；
　　　Y——作物单位面积产量，kg/亩；
　　　K——以产量为指标的需水系数，对

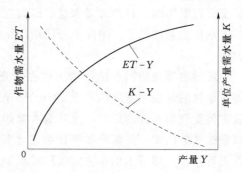

图 2-1　作物需水量与产量关系示意图

于公式 $ET=KY$ 来说，则 K 代表单位产量的需水量，m^3/kg；

n、c——经验指数和常数。

K、n 及 c 值可通过试验确定，当确定了计划产量后便可算出需水量；同时，此法使需水量与产量相联系，便于进行灌溉经济分析。对于旱作物，在土壤水分不足而影响高产的情况下，需水量随产量的提高而增大，用此法推算较可靠。但对于土壤水分充足的旱田以及水稻田，需水量主要受气象条件控制，产量与需水量关系不明确，用此法推算的误差较大。但由于 K 值中包含了气象、土壤、作物及农业措施的综合影响，难以得到稳定的数值，故该法的应用受到了一定的限制。

式（2-3）可估算全生育期作物需水量，也可估算各生育阶段的作物需水量。在生产实践中，过去常习惯采用所谓模系数法估算作物各生育阶段的需水量，即先确定全生育期作物需水量，然后按照各生育阶段需水规律，以一定比例进行分配，即

$$ET_i = \frac{1}{100} K_i ET \qquad (2-4)$$

式中 ET_i——某一生育阶段作物需水量；

K_i——需水量模比系数，即生育阶段作物需水量占全生育期作物需水量的百分数，可以从试验资料中取得。

然而，这种按模比系数法估算作物各生育阶段需水量的方法存在较大的缺点。例如水稻整个生育期的需水系数 α 和总需水量的时程分配即模比系数 K_i 均非常量，而是各年不同的。所以按一个平均的 α 值和 K_i 值计算水稻各生育阶段的需水量，计算结果不仅失真，而且导致需水时程分配均匀化而偏于不安全。因此，近年来，在计算水稻各生育阶段的需水量时，一般根据试验求得的水稻阶段需水系数 α_i 直接推求。

必须指出，上述直接计算需水量的方法，虽然缺乏充分的理论依据，但因为方法比较简便，水面蒸发量资料容易取得，我国在估算水稻需水量时尚有采用。

（二）用参照作物需水量计算实际作物需水量

作物需水量的大小受蒸发面的液体扩散及其向上空的气体紊流过程的物理作用（或称环境条件影响）以及植物根系吸水、体内输水和水面气孔开闭等生理过程的综合影响，随作物种类不同，或同一作物在不同地区、不同年份、不同生育阶段、不同栽培条件等而不同。根据理论分析和试验结果，在土壤水分充分的条件下，大气因素是影响需水量的主要因素，其余因素的影响不显著。而在土壤水分不足的条件下，大气因素和其余因素对需水量都有重要影响。目前对需水量的研究主要是研究在土壤水分充足条件下的各项大气因素与需水量之间的关系。国际上较通用的是通过计算参照作物的需水量来计算实际需水量的方法。

所谓参照作物需水量是指土壤水分充足、地面完全覆盖、生长正常、高矮整齐的开阔（地块的长度和宽度都大于200m）矮草地（草高8~15cm）上的腾发量。参照作物需水量主要受气象条件的影响，受其他因素如土壤含水量、作物种类等的影响较小。因此，可以根据气象因素，先算出参照作物需水量 ET_0，也称为潜在需水量，然后再根据作物系数进行修正，即可求出作物的实际需水量 ET，作物实际需水量则可根据作物生育阶段分段计算。

1. 参照作物需水量的计算

彭曼-蒙特斯（Penman – Monteith）公式是 1990 年联合国粮食及农业组织（FAO）推荐的计算参考作物腾发量的新公式，与 20 世纪 70 年代应用的彭曼（Penman）公式比较，该公式统一了计算标准，无须进行地区率定和使用当地的风速函数，同时也不用改变任何参数即可适用于世界各个地区和各种气候，估值精度高且具备良好的可比性。公式如下：

$$ET_0 = \frac{0.408\Delta(R_n - G) + \gamma\dfrac{900}{T+273}u_2(e_s - e_a)}{\Delta + \gamma(1 + 0.34u_2)} \tag{2-5}$$

式中 ET_0——参照作物需水量，mm/d；

$\quad R_n$——作物表面的净辐射量，MJ/(m² · d)；

$\quad G$——土壤热通量密度，MJ/(m² · d)；

$\quad T$——地面以上 2m 处的平均气温，℃；

$\quad u_2$——地面以上 2m 处的风速，m/s；

$\quad e_s$——饱和水汽压，kPa；

$\quad e_a$——实际水汽压，kPa；

$\quad e_s - e_a$——饱和气压亏缺量，kPa；

$\quad \Delta$——水汽压力曲线斜率，kPa/℃；

$\quad \gamma$——湿度计常数，kPa/℃。

（1）确定 e_s、e_a。

$$e°(T) = 0.6108\exp\left(\frac{17.27T}{T+237.3}\right) \tag{2-6}$$

$$e_s = \frac{e°(T_{max}) + e°(T_{min})}{2} \tag{2-7}$$

$$e_a = \frac{e°(T_{max})\dfrac{RH_{min}}{100} + e°(T_{min})\dfrac{RH_{max}}{100}}{2} \tag{2-8}$$

式中 $e°(T)$——气温为 T 时的饱和水汽压，kPa；

$\quad T_{max}$、T_{min}——地面以上 2m 处最高、最低气温，℃；

RH_{max}、RH_{min}——最大、最小相对湿度，%。

若缺乏 RH_{min}、RH_{max}，可用 RH_{mean} 值按式（2-9）计算：

$$e_a = \frac{RH_{mean}}{100}\left[\frac{e°(T_{max}) + e°(T_{min})}{2}\right] \tag{2-9}$$

式中 RH_{mean}——平均相对湿度，%。

（2）确定 γ。

$$\gamma = 0.665 \times 10^{-3}P \tag{2-10}$$

$$P = 101.3\left(\frac{293 - 0.0065Z}{293}\right)^{5.26} \tag{2-11}$$

式中 P——大气压强，kPa；

Z——海拔高程，m。

（3）确定 R_n。

$$R_n = 0.77R_s - 4.903 \times 10^{-9} \left(\frac{T_{max,K}^4 + T_{min,K}^4}{2} \right) (0.34 - 0.14\sqrt{e_a}) \left(1.35 \frac{R_s}{R_{s0}} - 0.05 \right)$$
$$(2-12)$$

$$R_s = \left(a_s + b_s \frac{n}{N} \right) R_a \tag{2-13}$$

$$R_{s0} = (a_s + b_s) R_a \tag{2-14}$$

$$R_a = \frac{1440}{\pi} G_{SC} d_r (\omega_s \sin\varphi \sin\delta + \cos\varphi \cos\delta \sin\omega_s) \tag{2-15}$$

式中　　　R_s——太阳短波辐射，$MJ/(m^2 \cdot d)$；

R_{s0}——晴空时太阳辐射，$MJ/(m^2 \cdot d)$；

$T_{max,K}$、$T_{min,K}$——24h 内最高、最低绝对温度，$K = C + 273.16$；

a_s、b_s——短波辐射比例系数，我国一些地区的 a_s、b_s 值，可从表 2-5 查得；

R_a——地球大气圈外的太阳辐射通量，$MJ/(m^2 \cdot d)$；

G_{SC}——太阳辐射常数，为 $0.0820MJ/(m^2 \cdot min)$；

d_r——日地相对距离，$d_r = 1 + 0.033\cos\left(\frac{2\pi}{365} J \right)$，$J$ 为在年内的日序数；

φ——纬度，北半球为正值，南半球为负值；

δ——太阳磁偏角，$\delta = 0.409\sin\left(\frac{2\pi}{365} J - 1.39 \right)$；

ω_s——日落时相位角，$\omega_s = \arccos(-\tan\varphi\tan\delta)$；

N——最大可能日照时数，h，$N = \frac{24}{\pi} \omega_s$；

n——实际日照时数，h。

（4）确定土壤热通量 G。以日为时段计算时，第 i 日土壤热通量为

$$G_{d,i} = 0.38(T_{d,i} - T_{d,i-1}) \tag{2-16}$$

以月为时段计算时，第 i 月土壤热通量为

$$G_{m,i} = 0.14(T_{m,i} - T_{m,i-1}) \tag{2-17}$$

式中　$G_{d,i}$、$G_{m,i}$——第 i 日、第 i 月土壤热通量密度，$MJ/(m^2 \cdot d)$；

$T_{d,i}$、$T_{d,i-1}$——第 i 日、第 $i-1$ 日（即前一日）的日平均气温，℃；

$T_{m,i}$、$T_{m,i-1}$——第 i 月、第 $i-1$ 月的月平均气温，℃。

（5）确定 u_2。当实测风速距地面不是 2m 高时，用下式进行调整：

$$u_2 = u_Z \frac{4.87}{\ln(67.8Z - 5.42)} \tag{2-18}$$

式中　u_2——实测地面以上 2m 处的风速，m/s；

u_Z——实测地面以上 Zm 处的风速，m/s；

Z——风速测定实际高度，m。

表 2-5　　　　　　　　　　我国一些地区的 a_s、b_s 值

地　区	夏半年(4—9月)		冬半年(10月—次年3月)	
	a_s	b_s	a_s	b_s
乌鲁木齐	0.15	0.60	0.23	0.48
西宁	0.26	0.48	0.26	0.52
银川	0.28	0.41	0.21	0.55
西安	0.12	0.60	0.14	0.60
成都	0.20	0.45	0.17	0.55
宜昌	0.13	0.54	0.14	0.54
长沙	0.14	0.59	0.13	0.62
南京	0.15	0.54	0.01	0.65
济南	0.05	0.67	0.07	0.67
太原	0.16	0.59	0.25	0.49
呼和浩特	0.13	0.65	0.19	0.60
北京	0.19	0.54	0.21	0.56
哈尔滨	0.13	0.60	0.20	0.52
长春	0.06	0.71	0.28	0.44
沈阳	0.05	0.73	0.22	0.47
郑州	0.17	0.45	0.14	0.45

（6）确定 Δ。

$$\Delta = \frac{4098\left(0.6108\exp\dfrac{17.27T}{T+237.3}\right)}{(T+237.3)^2} \tag{2-19}$$

2. 实际需水量的计算

通常作物实际需水量可由参考作物潜在腾发量和作物系数计算，即

$$ET = K_c ET_0 \tag{2-20}$$

式中　ET——阶段日平均需水量，mm/d；

ET_0——阶段日平均潜在需水量，mm/d；

K_c——作物系数。

作物系数不仅随作物种类、发育阶段而异，还会因作物受水分胁迫及降雨或灌水后湿土表面蒸发增加而变化，为了考虑水分胁迫和湿土表面蒸发的影响，可对式（2-20）中的作物系数做如下修正：

$$K_c = K_{cb}K_s + K_w \tag{2-21}$$

式中　K_{cb}——基本作物系数，指土壤表面干燥、长势良好且供水充分时作物需水量与 ET_0 的比值；

K_s——水分胁迫系数；

K_w——反映降雨或灌水后湿土蒸发增加对作物系数影响的系数。

在不考虑水分胁迫，也不考虑降雨或灌水后湿土蒸发增加对作物系数影响时，$K_c=K_{cb}$；在考虑水分胁迫，但不考虑降雨或灌水后湿土蒸发增加对作物系数影响时，$K_c=K_{cb}K_s$。实际计算时，应根据具体情况确定需考虑的影响因素。

（1）基本作物系数。基本作物系数可用 FAO 推荐的伦鲍斯和普鲁伊特提出，并经豪威尔等人修正的估算方法，该方法将生育期划分为四个时期：

1）初始生长期：从播种开始的早期生长时期，土壤根本或基本没有被作物覆盖（地面覆盖率 10%）。

2）冠层发育期：初始生长阶段结束到作物有效覆盖土壤表面（地面覆盖率 70%～80%）的一段时间。

3）生育中期：从充分覆盖到成熟开始，叶片开始变色或衰老的一段时间。

4）成熟期：从生育中期结束到生理成熟或收获的一段时间。

以玉米为例，生育期内基本作物系数的变化过程如图 2-2 所示。在初始生长阶段，水分损失主要由土壤蒸发所致，因为基本曲线代表的是干燥的土壤表面，所以在这一时期基本作物系数是一个常数，并统一取 0.25。

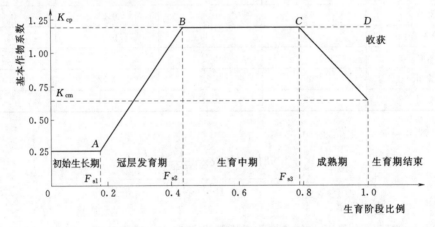

图 2-2 某地区玉米的基本作物系数

为计算作物其他发育阶段的作物系数，需要在作物系数曲线上确定 4 个点，即图中的 A、B、C、D。

A 点的 K_{cb} 是已知的（取 0.25），因此，只需要确定初始生育期占全生育期的比例 F_{s1}。

B 点的基本作物系数已达到峰值，确定该点需同时知道该点的基本作物系数 K_{cp} 和 F_{s2}。

C 点的基本作物系数和 B 点的相同，因此，只需要确定 F_{s3}。

D 点一般位于成熟期末，由于作物生育期结束的时间是已知的。因此，确定 D 点只需要知道该点的基本作物系数 K_{cm}。如果作物在开始成熟前即收获（如甜玉米），则到收获时作物系数一直保持在峰值。

可见，要确定全生育期作物系数变化过程，只需要确定 5 个参数，即 F_{s1}、F_{s2}、F_{s3}、K_{cp}、K_{cm}。图中冠层发育期和成熟期中某一日的基本作物系数可通过插值法求得。表 2-6 列出部分作物基本作物系数，以供参考。

表 2-6　　　　　　　　　　　　部分作物基本作物系数

作物	气候	中等风力		强风力		生育阶段比例			生育期天数
		K_{cp}	K_{cm}	K_{cp}	K_{cm}	F_{s1}	F_{s2}	F_{s3}	
大麦	湿润	1.05	0.25	1.10	0.25	0.13	0.33	0.75	120～150
	干旱	1.15	0.20	1.20	0.20				
冬小麦	湿润	1.05	0.25	1.10	0.25	0.13	0.33	0.75	120～150
	干旱	1.15	0.20	1.20	0.20				
春小麦	湿润	1.05	0.55	1.10	0.55	0.13	0.53	0.75	100～140
	干旱	1.15	0.50	1.20	0.50				
甜玉米	湿润	1.05	0.95	1.10	1.00	0.22	0.56	0.89	80～100
	干旱	1.15	1.05	1.20	1.10				
籽玉米	湿润	1.05	0.55	1.10	0.55	0.17	0.45	0.78	105～180
	干旱	1.15	0.60	1.20	0.60				
大豆	湿润	1.00	0.45	1.05	0.45	0.15	0.37	0.81	60～150
	干旱	1.10	0.45	1.15	0.45				
棉花	湿润	1.05	0.65	1.15	0.65	0.15	0.43	0.75	180～195
	干旱	1.20	0.65	1.25	0.70				

（2）水分胁迫系数。水分胁迫系数可以按式（2-22）计算，即

$$K_s = \begin{cases} \dfrac{\lambda_a}{\lambda_c} & \lambda_a < \lambda_c \\ 1 & \lambda_a \geqslant \lambda_c \end{cases} \qquad (2-22)$$

式中　　λ_a——根区土壤有效水百分比，$\lambda_a = \dfrac{\theta_v - \theta_p}{\theta_f - \theta_p}$，其中 θ_v 为当前土壤实际含水率（体积的百分数）；θ_f 为田间持水率（体积的百分数）；θ_p 为永久凋萎系数（体积的百分数）；

λ_c——根区土壤有效水百分比的临界值。根据作物耐旱性的不同而变化，在干旱条件下仍能维持 ET_0 作物称为耐旱作物，对于耐旱作物 λ_c 取 25%，对于干旱敏感的作物 λ_c 取 50%。

（3）降雨或灌水后湿土蒸发增加对作物系数影响的系数。

K_w 值可用式（2-23）估算：

$$K_w = F_w(1 - K_{cb})A_f \qquad (2-23)$$

式中　　F_w——湿润土壤表面的比例，可以根据实际调查或参考表 2-7 确定；

A_f——平均湿土蒸发因子，可查表 2-8 确定。

【例 2-1】　计算地点位于东经 119.27°、北纬 32.48°，海拔为 5.4m。2010 年 7 月 20 日气象资料为：日平均气温为 29.3℃，日最高气温为 34.4℃，日最低气温为 26.2℃，平均相对湿度为 75%，10m 高日平均风速为 2.5m/s，日实际日照时数为 8.9h。2010 年 7 月 19 日的日平均气温为 30℃。种植作物为棉花，基本作物系数取 1.1，不考虑水分胁迫以及灌溉和降水对作物系数的影响。试用彭曼-蒙特斯公式计算该日棉花的日需水量。

表 2-7　　　　　　降雨和各种灌溉方式下的湿润土壤表面的比例 F_w

降雨或灌溉方式	降雨	喷灌	畦灌和淹灌	沟　灌			滴灌
				灌水量大	灌水量小	隔沟灌	
F_w	1.0	1.0	1.0	1.0	0.5	0.5	0.25

表 2-8　　　　　　　　　　平均湿土蒸发因子 A_f 取值表

发生间隔/d	A_f					
	黏土	黏壤土	粉砂壤土	砂壤土	壤砂土	砂土
1	1.000	1.000	1.000	1.000	1.000	1.000
2	0.842	0.811	0.776	0.750	0.711	0.646
3	0.746	0.696	0.640	0.598	0.535	0.431
4	0.672	0.608	0.536	0.482	0.402	0.323
5	0.611	0.535	0.450	0.385	0.321	0.259
6	0.558	0.472	0.375	0.321	0.268	0.215
7	0.511	0.415	0.322	0.275	0.229	0.185
8	0.467	0.363	0.281	0.241	0.201	0.162
9	0.427	0.323	0.250	0.214	0.178	0.144
10	0.389	0.291	0.225	0.193	0.161	0.129
11	0.354	0.264	0.205	0.175	0.146	0.118
12	0.325	0.242	0.188	0.161	0.134	0.108
13	0.300	0.224	0.173	0.148	0.124	0.099
14	0.278	0.208	0.161	0.138	0.115	0.092
15	0.260	0.194	0.150	0.128	0.107	0.086
16	0.243	0.182	0.141	0.120	0.100	0.081
17	0.229	0.171	0.132	0.113	0.094	0.076
18	0.216	0.161	0.125	0.107	0.089	0.072
19	0.205	0.153	0.118	0.101	0.085	0.068
20	0.195	0.145	0.113	0.096	0.080	0.065
21	0.185	0.138	0.107	0.092	0.076	0.062
22	0.177	0.132	0.102	0.088	0.073	0.059
23	0.169	0.126	0.098	0.084	0.070	0.056
24	0.162	0.121	0.094	0.080	0.067	0.054
25	0.156	0.116	0.090	0.077	0.064	0.052
26	0.150	0.112	0.087	0.074	0.062	0.050
27	0.144	0.108	0.083	0.071	0.059	0.048
28	0.139	0.104	0.080	0.069	0.057	0.046
29	0.134	0.100	0.078	0.066	0.055	0.045
30	0.130	0.097	0.075	0.064	0.054	0.043

解：（1）计算 e_s、e_a。已知 7 月 20 日最高气温为 34.4℃，最低气温为 26.2℃，根据式（2-6）、式（2-7）有

$$e°(T_{max})=0.6108\exp\left(\frac{17.27\times34.4}{34.4+237.3}\right)=5.439(\text{kPa})$$

$$e°(T_{min})=0.6108\exp\left(\frac{17.27\times26.2}{26.2+237.3}\right)=3.401(\text{kPa})$$

$$e_n=\frac{e°(T_{max})+e°(T_{min})}{2}=\frac{5.439+3.401}{2}=4.420(\text{kPa})$$

又已知该日平均相对湿度为 75%，根据式（2-8）有

$$e_a=\frac{RH_{mean}}{100}\left[\frac{e°(T_{max})+e°(T_{min})}{2}\right]=\frac{75}{100}\times4.420=3.315(\text{kPa})$$

（2）计算 γ。已知该地海拔为 5.4m，根据式（2-10）、式（2-11）有

$$P=101.3\left(\frac{293-0.0065Z}{293}\right)^{5.26}=101.3\times\left(\frac{293-0.0065\times5.4}{293}\right)^{5.26}=101.24(\text{kPa})$$

$$\gamma=0.665\times10^{-3}P=0.665\times10^{-3}\times101.24=0.067(\text{kPa/℃})$$

（3）计算 R_n。已知该地位于北纬 32.48°，即 $\varphi=32.48\times\frac{\pi}{180}=0.567(\text{rad})$，该年 7 月 20 日在年内的日序数为 201，即 $J=201$，则

$$d_r=1+0.033\cos\left(\frac{2\pi}{365}J\right)=1+0.033\cos\left(\frac{2\pi}{365}\times201\right)=0.969(\text{rad})$$

$$\delta=0.409\sin\left(\frac{2\pi}{365}J-1.39\right)=0.409\sin\left(\frac{2\pi}{365}\times201-1.39\right)=0.359(\text{rad})$$

$$\omega_s=\arccos(-\tan\varphi\tan\delta)=\arccos(-\tan0.567\tan0.359)=1.812(\text{rad})$$

根据式（2-15）有

$$R_a=\frac{1440}{\pi}G_{SC}d_r(\omega_s\sin\varphi\sin\delta+\cos\varphi\cos\delta\sin\omega_s)$$

$$=\frac{1440}{\pi}0.0820\times0.969\times(1.812\sin0.567\sin0.359+\cos0.567\cos0.359\sin1.812)$$

$$=40.40[\text{MJ/(m}^2\cdot\text{d)}]$$

当日日照时数 $n=8.9$h，$N=\frac{24}{\pi}\omega_s=\frac{24}{\pi}1.812=13.85(\text{h})$，取 $a_s=0.15$，$b_s=0.54$，则根据式（2-13）、式（2-14）有

$$R_s=\left(a_s+b_s\frac{n}{N}\right)R_a=\left(0.15+0.54\times\frac{8.9}{13.85}\right)\times37.45=20.08[\text{MJ/(m}^2\cdot\text{d)}]$$

$$R_{s0}=(a_s+b_s)R_a=(0.15+0.54)\times37.45=27.88[\text{MJ/(m}^2\cdot\text{d)}]$$

又因
$$T_{max,K}=T_{max}+237.16=34.4+237.16=271.56(\text{K})$$

$$T_{min,K}=T_{min}+237.16=26.2+237.16=263.36(\text{K})$$

根据式（2-12）有

$$R_n=0.77R_s-4.903\times10^{-9}\left(\frac{T_{max,K}^4+T_{min,K}^4}{2}\right)\left(0.34-0.14\sqrt{e_a}\right)\left(1.35\frac{R_s}{R_{s0}}-0.35\right)$$

$$=0.77 \times 20.08 - 4.903$$

$$\times 10^{-9} \left(\frac{271.56^4 + 263.36^4}{2} \right) \times (0.34 - 0.14\sqrt{3.315}) \times \left(1.35 \times \frac{20.08}{27.88} - 0.35 \right)$$

$$=14.129[\text{MJ}/(\text{m}^2 \cdot \text{d})]$$

（4）计算 G。已知 7 月 20 日和 19 日的日平均气温分别为 29.3℃ 和 30℃，根据式（2-17）有

$$G = 0.07(T_{m,20} - T_{m,19}) = 0.07 \times (29.3 - 30) = -0.266[\text{MJ}/(\text{m}^2 \cdot \text{d})]$$

（5）计算 u_2。已知 10m 高风速为 2.5m/s，该地海拔为 5.4m，则根据式（2-18）有

$$u_2 = u_Z \frac{4.87}{\ln(67.8Z - 5.42)} = 2.5 \frac{4.87}{\ln(67.8 \times 5.4 - 5.42)} = 2.07(\text{m/s})$$

（6）计算 Δ。已知 7 月 20 日平均气温为 29.3℃，根据式（2-19）有

$$\Delta = \frac{4098 \times \left(0.6108 \exp \frac{17.27T}{T + 237.3} \right)}{(T + 237.3)^2} = \frac{4098 \times \left(0.6108 \exp \frac{17.27 \times 29.3}{29.3 + 237.3} \right)}{(29.3 + 237.3)^2} = 0.235(\text{kPa}/℃)$$

（7）计算 ET_0。根据上述计算及式（2-5）有

$$ET_0 = \frac{0.408\Delta(R_n - G) + \gamma \dfrac{900}{T + 273} u_2 (e_s - e_a)}{\Delta + \gamma(1 + 0.34u_2)}$$

$$= \frac{0.408 \times 0.235 \times (14.129 + 0.266) + 0.067 \times \dfrac{900}{29.3 + 273} \times 2.07 \times (4.420 - 3.315)}{0.235 + 0.067 \times (1 + 0.34 \times 2.07)}$$

$$=5.26(\text{mm/d})$$

因此，该地 2010 年 7 月 20 日参照腾发量为 5.26mm/d。

（8）确定作物系数 K_c。根据已知条件及式（2-21）有

$$K_c = 1.1 \times 1 + 0 = 1.1$$

（9）计算作物需水量 ET。根据式（2-20）有

$$ET = K_c ET_0 = 1.1 \times 5.26 = 5.786(\text{mm/d})$$

因此，该日棉花的日需水量为 5.786mm/d。

第二节　作物充分灌溉制度

农作物灌溉制度是为作物高产及节约用水而制定的适时适量的灌水方案。农作物灌溉制度是指作物播种前（或水稻栽秧前）及全生育期内的灌水次数、每次的灌水日期、灌水定额以及灌溉定额。灌水定额是指一次灌水单位灌溉面积上的灌水量，各次灌水定额之和，称为灌溉定额。灌水定额和灌溉定额常以 m^3/亩 或 mm 表示。

作物灌溉制度因作物种类、品种、灌区自然条件及农业技术措施的不同而不同，在用水管理期间，灌溉制度则由用水管理部门根据当年水源、降雨、地下水情况和土壤、农业技术条件而拟定，它是灌区规划及用水管理的重要依据。

充分灌溉条件下的灌溉制度，是指灌溉供水能够充分满足作物各生育阶段的需水量要

求而设计制定的灌溉制度。长期以来，人们都是按充分灌溉条件下的灌溉制度来规划、设计灌溉工程。当灌溉水源充足时，也是按照这种灌溉制度来进行灌水。因此，研究制定充分灌溉条件下的灌溉制度有重要意义。

常采用以下三种方法来确定灌溉制度。①总结群众丰产灌水经验。总结当地多年来先进的灌水经验，结合水资源条件制定灌溉制度。灌溉制度调查应根据设计要求的干旱年份，调查这些年份的不同生育期的作物田间耗水强度（mm/d）及灌水次数、灌水时间间距、灌水定额及灌溉定额。根据调查资料，分析研究拟定出符合当地水资源条件的不同水文年不同作物的灌溉制度。一些实际调查的灌溉制度举例见表 2-9 和表 2-10。②根据灌溉试验资料制定灌溉制度。为了实施科学灌溉，我国许多灌区设置了灌溉试验站，试验项目一般包括作物需水量、灌溉制度、灌水技术及地下水补给利用等。试验站积累的试验资料，是制定灌溉制度的主要依据。但是，在选用试验资料时，必须注意原试验的条件（如气象条件、水文、作物产量、农业技术水平和土壤条件等）与需要确定的灌溉制度地区条件的相似性，不能一概照搬。③按水量平衡原理分析制定作物灌溉制度。根据农田水量平衡原理分析制定作物灌溉制度时，一定要参考群众丰产灌水经验和田间试验资料，需要根据当地的具体条件，参考丰产灌溉成果确定，即这三种方法结合起来，所制定的灌溉制度才比较完善。下面分别就旱作物和水稻灌溉制度的制定介绍如下。

表 2-9　　　　　　湖北省水稻泡田定额及生育期灌溉制度调查成果表（中等干旱年）

项　目	早稻	中稻	一季晚稻	双季晚稻
泡田定额/（m³/亩）	70~80	80~100	70~80	30~60
灌溉定额/（m³/亩）	200~250	250~350	350~500	240~300
总灌溉定额/（m³/亩）	270~330	330~450	420~580	270~360

表 2-10　　　　　　　　我国北方地区几种主要旱作物的灌溉制度（调查）

作　物	生育期灌溉制度			备　注
	灌水次数	灌水定额/（m³/亩）	灌溉定额/（m³/亩）	
小麦	3~6	40~80	200~300	干旱年份
棉花	2~4	30~40	80~150	
玉米	3~4	40~60	150~250	

一、旱作物灌溉制度

用水量平衡分析法制定旱作物的灌溉制度时，通常以作物主要根系吸水层作为灌水时的土壤计划湿润层，并要求该土层内的储水量能保持在作物所要求的范围内，即使土层的水分变化在土壤允许最大与允许最小储水量范围之间，使土壤的水、气、热状况适合作物生长。

（一）旱作物播前的灌水定额（W_1）的确定

播前灌水的目的在于保证作物种子发芽和出苗所必需的土壤含水量或储水于土壤中以供作物生育后期之用。播前灌水往往只进行一次。一般可按以下公式计算：

$$W_1 = 667(\theta_{\max} - \theta_0)n \quad （m^3/亩） \tag{2-24}$$

$$W_1 = 667(\theta'_{\max} - \theta'_0)\frac{\gamma}{\gamma_水}H \quad （m^3/亩） \tag{2-25}$$

式中 H——土壤计划湿润层深度，m，应根据播前灌水要求决定；

n——相应于 H 土层内的土壤孔隙率，以占土壤体积的百分数计；

θ_{max}——一般为田间持水率，以占孔隙的百分数计；

θ_0——播前 H 土层内的平均含水率，以占孔隙率的百分数计；

θ'_{max}、θ'_0——同 θ_{max}、θ_0，但以占干土重的百分数计。

（二）旱作物生育期灌溉制度

1. 生育期水量平衡方程

对于旱作物，在整个生育期中任何一个时段 t，土壤计划湿润层（H）内储水量的变化可以用式（2-26）水量平衡方程表示，如图 2-3 所示。

$$W_t - W_0 = W_T + P_0 + K + M - ET \qquad (2-26)$$

式中 W_0、W_t——时段初和任一时间 t 时的土壤计划湿润层内的储水量；

W_T——由于计划湿润层增加而增加的水量，如计划湿润层在时段内无变化则无此项；

P_0——保存在土壤计划湿润层内的有效雨量；

K——时段 t 内的地下水补给量，即 $K = kt$，k 为 t 时段内平均每昼夜地下水补给量；

M——时段 t 内的灌溉水量；

ET——时段 t 内的作物田间需水量，即 $ET = et$，e 为时段 t 内平均每昼夜的作物田间需水量。

以上各值可以用 mm 或 m³/亩计。

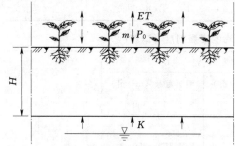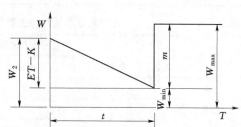

图 2-3 土壤计划湿润层水量平衡示意图　　图 2-4 土壤计划湿润层内储水量变化示意图

由式（2-26）可以看出：在某时段 t 内降雨量很小或没有降雨、地下水补给很少或没有时，土壤计划湿润层内的储水量很快降低到或接近于作物允许的最小储水量，此时即需进行灌溉，补充土层中消耗掉的水量。为了满足农作物正常生长的需要，任一时段内土壤计划湿润层内的储水量必须不小于作物允许的最小储水量（W_{min}）和不大于作物允许的最大储水量（W_{max}），如图 2-4 所示。

如时段 t 内没有降雨，这一时段的水量平衡方程可写为

$$W_{min} = W_0 - ET + K = W_0 - t(e - k) \qquad (2-27)$$

式中 W_{min}——土壤计划湿润层内允许最小储水量；

其余符号意义同前。

如图 2-4 所示，设时段初土壤允许水量为 W_0，则当土壤计划湿润层储水量降至 W_{min} 时，开始灌溉的时间间距为

$$t = \frac{W_0 - W_{min}}{e - k} \qquad (2-28)$$

式（2-28）在灌溉管理中可作为灌溉预报。而这一时段末灌水定额 m 为

$$m = W_{max} - W_{min} = 667nH(\theta_{max} - \theta_{min}) \qquad (2-29)$$

$$m = W_{max} - W_{min} = 667\gamma H(\theta'_{max} - \theta'_{min}) \qquad (2-30)$$

式中　m——灌水定额，$m^3/$亩；

$\quad H$——该时段内土壤计划湿润层的深度，m；

$\quad n$——计划湿润层内土壤的空隙率（以占土壤体积的百分数计）；

θ_{max}、θ_{min}——该时段内允许的土壤最大含水率和最小含水率（以占土壤空隙体积的百分数计）；

$\quad \gamma$——计划湿润层内土壤的干容重，t/m^3；

θ'_{max}、θ'_{min}——同 θ_{max}、θ_{min}，但以占干土重的百分数计。

同理，可以求出其他时段在不同情况下的灌水时距与灌水定额，从而确定出作物全生育期内的灌溉制度。

2. 旱作物灌溉制度拟定所需基本资料的收集

拟定的灌溉制度是否正确，关键在于方程中各项数据如土壤计划湿润层深度、作物允许的土壤含水量变化范围以及有效降雨量等选用是否合理。

（1）土壤计划湿润层深度（H）。土壤计划湿润层深度指在旱田进行灌溉时，计划调节控制土壤水分状况的土层深度。它随作物根系活动层深度、土壤性质和地下水埋深等因素的变化而变化。在作物生长初期，根系虽然很浅，但为了维持土壤微生物活动，并为以后根系生长创造条件，需要在一定土层深度内有适当的含水量，一般采用 30~40cm；随着作物的成长和根系的发育，需水量增多，计划湿润层也应逐渐增加，至生长末期，由于作物根系停止发育，需水量减少，计划层深度不宜继续加大，一般不超过 0.8~1.0m。在地下水位较高的盐碱化地区，计划湿润层深度不宜大于 0.6m。计划湿润层深度应通过试验来确定，下面给出冬小麦、棉花作物不同生育阶段的计划湿润层深度，见表 2-11、表 2-12。

（2）土壤最适宜含水率及允许的最大、最小含水率。土壤最适宜含水率（$\theta_适$）随作物种类、生育阶段的需水特点、施肥情况和土壤性质（包括含盐状况）等因素而异，一般应通过试验或调查总结群众经验来确定，表 2-11 和表 2-12 中的数据可供参考。

由于作物需水的持续性与农田灌溉或降雨的间歇性、土壤计划湿润层的含水率不可能经常保持某一最适宜含水率数值而不变。为了保证作物正常生长，土壤含水率应控制在允许最大和允许最小含水率之间变化。允许最大含水率（θ_{max}）一般以不致造成深层渗漏为原则，所以采用 $\theta_{max} = \theta_田$，$\theta_田$ 为土壤田间持水率，见表 2-13。作物允许最小含水率（θ_{min}）应大于凋萎系数。具体数值可根据试验确定，缺乏试验资料时，可参考表 2-11 和表 2-12 中的下限值。

表 2-11　　　　　　　　冬小麦土壤计划湿润层深度和适宜含水率表

生育阶段	土壤计划湿润层深度/cm	土壤适宜含水率（以田间持水率的百分数计）/%
出苗	30～40	45～60
三叶	30～40	45～60
分蘖	40～50	45～60
拔节	50～60	45～60
抽穗	50～60	60～75
开花	60～100	60～75
成熟	60～100	60～75

表 2-12　　　　　　　　棉花土壤计划湿润层深度和适宜含水率表

生育阶段	土壤计划湿润层深度/cm	土壤适宜含水率（以田间持水率的百分数计）/%
幼苗	30～40	55～70
现蕾	40～60	60～70
开花	60～80	70～80
吐絮	60～80	50～70

表 2-13　　　　　　　　各种土壤的田间持水率　　　　　　　　%

土壤类别	孔隙率	田间持水率	
		占土体	占孔隙率
砂土	30～40	12～20	35～50
砂壤土	40～45	17～30	40～65
壤土	45～50	24～35	50～70
黏土	50～55	35～45	65～80
重黏土	55～65	45～55	75～85

在土壤盐碱化较严重的地区，往往由于土壤溶液浓度过高，而妨碍作物吸取正常生长所需的水分，因此还要依作物不同生育阶段允许的土壤溶液浓度作为控制条件来确定允许最小含水率（θ_{min}）。

（3）降雨入渗量（P_0）。指降雨量（P）减去地面径流损失（$P_地$）后的水量，即

$$P_0 = P - P_地 \tag{2-31}$$

降雨入渗量也可用降雨入渗系数来表示：

$$P_0 = \alpha P \tag{2-32}$$

式中　α——降雨入渗系数，其值与一次降雨量、降雨强度、降雨延续时间、土壤性质、地面覆盖及地形等因素有关，一般认为一次降雨量小于 5mm 时，$\alpha=0$，但在干旱地区，也有的取 $\alpha=1$；当一次降雨量在 5～50mm 时，$\alpha\approx1.0～0.8$；当一次降雨量大于 50mm 时，$\alpha=0.7～0.8$。

（4）地下水补给量（K）。地下水补给量指地下水借土壤毛细管作用上升至作物根系吸水层而被作物利用的水量，其大小与地下水埋藏深度、土壤性质、作物种类、作物需水

强度及计划湿润土层含水量等有关。地下水利用量（K）应随灌区地下水动态和各阶段计划湿润层深度不同而变化。目前由于试验资料较少，只能确定总量大小，如内蒙古灌区春小麦地下水利用量，当地下水埋深为 1.5～2.5m 时，利用量为 40～80m³/亩；河南省人民胜利渠 1957 年、1958 年的观测资料证明，冬小麦生长期内地下水埋深为 1.0～2.0m 时，地下水利用量可占耗水量的 20%（中壤土）。由此可见，地下水补给量是很可观的，在设计灌溉制度时，必须根据当地或条件类似地区的试验、调查资料估算。表 2-14、表 2-15 为不同地下水埋深情况下地下水补给量参考值。

表 2-14　　　　　　　　　吉林省粮菜地下水补给量　　　　　单位：m³/亩

土壤质地	一般大田作物			蔬　菜		
	地下水埋深变幅/m			地下水埋深变幅/m		
	1.0～1.5	1.5～2.0	2.0～2.5	1.0～1.5	1.5～2.0	2.0～2.5
轻砂壤	50～70			40～60		
轻黏壤	70～80	30～70		50～70	35～50	
中黏壤	80～100	40～80		60～80	40～60	30～40
重黏壤	100～130	70～100	30～70	80～110	50～80	30～50
黏土	130～200	100～130	70～100	100～130	70～100	30～50

表 2-15　　　　　　　　　山东省棉花生育期地下水补给量　　　　　单位：m³/亩

生育阶段	天　数	地下水埋深/m				备　注
		1.5	2.0	2.5	3.0	
出苗期	24	31	4	2	1	
幼苗期	41	51	7	7	2	
现蕾期	20	77	9	15	2	全剖面为轻壤土
花铃期	66	194	166	100	23	
吐絮期	50	89	76	44	31	
全生育期	201	442	262	169	64	

　　（5）由于计划湿润层增加而增加的水量（W_T）。在作物生育期内计划湿润层是变化的，由于计划湿润层增加，可利用一部分深层土壤的原有储水量，W_T 可按下列公式计算：

$$W_T = 667(H_2 - H_1)n\bar{\theta} \tag{2-33}$$

或

$$W_T = 667(H_2 - H_1)\frac{\gamma}{\gamma_水}\bar{\theta'} \tag{2-34}$$

式中　W_T——由于计划湿润层增加而增加的水量，m³/亩；

　　　　H_1——计划时段初计划湿润层深度，m；

　　　　H_2——计划时段末计划湿润层深度，m；

　　　　$\bar{\theta}$——（$H_2 - H_1$）深度的土层中的平均含水率，以占孔隙率的百分数计，一般 $\bar{\theta} < \theta_田$；

　　　　n——土壤孔隙率，以占土体积的百分数计；

　　　　$\bar{\theta'}$——同 $\bar{\theta}$，但以占干土重的百分数计；

　　　　γ、$\gamma_水$——土壤干容重和水的容重，t/m²。

当确定了以上各数据项设计依据后，即可分别计算旱作物的播前灌水定额和生育期的灌溉制度。

3. 根据水量平衡图解法拟定旱作物的灌溉制度

下面以棉花灌溉制度图 2-5 为例，说明采用水量平衡图解分析法拟定灌溉制度，步骤如下：

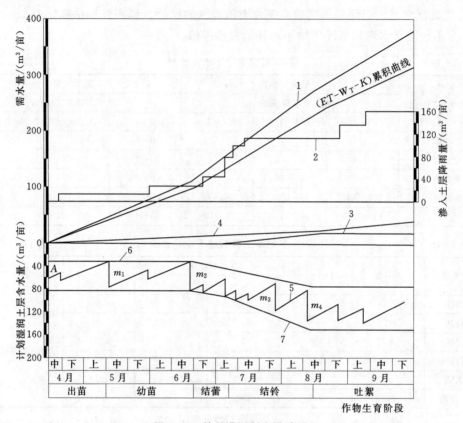

图 2-5　棉花灌溉制度设计图

1—作物需水量 ET 累积曲线；2—渗入土壤内的降雨量累积曲线；3—W_T 累积曲线；4—K 值累积曲线；

5—计划湿润土层中的实际储水量 W 曲线；6—计划湿润土层允许最小储水量 W_{min} 曲线；

7—计划湿润土层允许最大储水量 W_{max} 曲线

（1）根据各旬的计划湿润层深度 H 和作物所要求的计划湿润层内土壤含水率的上限 θ_{max} 和下限 θ_{min}，求出 H 土层内允许储水量上限 W_{max} 及下限 W_{min}，绘制于图 2-5 上（$W_{max}=667nH\theta_{max}$，$W_{min}=667nH\theta_{min}$）。

（2）绘制作物田间需水量（ET）累积曲线，由于计划湿润层加大而获得的水量（W_T）累积曲线、地下水补给量（K）累积曲线以及净耗水量（$ET-W_T-K$）累积曲线。

（3）根据设计年雨量，求出渗入土壤的降雨量 P_0，逐时段绘于图上。

（4）自作物生长初期土壤计划湿润层储水量 W_0。逐旬减去（$ET-W_T-K$）值，即至 A 点引直线平行于（$ET-W_T-K$）曲线，当遇有降雨时再加上降雨入渗量 P_0，即得计划湿润土层实际储水量（W）曲线。

(5) 当 W 曲线接近于 W_{min} 时，即进行灌水。灌水时期除考虑水量盈亏的因素外，还应考虑作物各发育阶段的生理要求、与灌水相关的农业技术措施以及灌水和耕作的劳动组织等。灌水定额的大小要适当，不应使灌水后土壤储水量大于 W_{max}，也不宜给灌水技术的实施造成困难。灌水定额值也像降雨入渗量一样加在 W 曲线上。

(6) 如此继续进行，即可得到全生育期的各次灌水定额、灌水时间和灌水次数。

(7) 生育期灌溉定额 $M_2 = \sum m$，m 为各次灌水定额。

根据上述原理，也可列表计算，计算时段采用 1 旬或 5d，计算也十分简便。

把播前灌水定额加上生育期灌溉定额，即得旱作物的总灌溉定额 M，即

$$M = M_1 + M_2 \tag{2-35}$$

按水量平衡方法估算灌溉制度，如果作物耗水量和降雨量资料比较精确，其计算结果比较接近实际情况。对于比较大的灌区，由于自然地理条件差别较大，应分区制定灌溉制度，并与前面调查和试验结果相互核对，以求比较切合实际。

(三) 几种主要旱作物节水型灌溉制度

1. 小麦节水型灌溉制度

冬小麦是我国主要的粮食作物之一，生长期很长，一般为 240~260d，每年 9 月下旬—10 月下旬播种，次年 5 月下旬—6 月中旬收割。我国是一个季风气候国家，冬小麦的生长期正是少雨季节，灌溉是冬小麦获得高产的重要保证。但是在我国北方地区，水资源较为短缺，如果采用充分灌溉，既不现实也不经济。在这种情况下就应按照节水高效的灌溉制度进行灌溉，把有限的水量在冬小麦生育期内进行最优分配，确保冬小麦水分敏感期的用水，减少对水分非敏感期的供水，此时所寻求的不再是丰产灌溉时的单产最高，而是在水量有限条件下的全灌区总产量（值）最大。我国冬小麦主产区是我国水资源最紧缺地区之一。因此，多年来开展了大量有关冬小麦节水型高效灌溉制度的研究，取得了许多行之有效的成果。表 2-16~表 2-19 列出了河南、山东、陕西、新疆等省（自治区）冬小麦节水型高效灌溉制度，以供参考。

表 2-16　　　　　　　　　河南冬小麦节水高效灌溉制度

分　区	水文年份	各生育阶段灌水定额/(m³/亩)						灌溉定额/(m³/亩)	产量水平/(kg/亩)
		苗期—越冬	返青	拔节	穗花	灌浆	乳熟		
豫北平原	湿润年	50		60				110	460
	一般年	50	70		60			180	480
	干旱年	50	70		80	50		250	450
豫中豫东平原	湿润年	50		50				100	450
	一般年	50	50		60			160	460
	干旱年	50	60		70	45		225	430
豫南平原	湿润年	50						50	460
	一般年	50			60			110	480
	干旱年	50	50		60			160	450
南阳盆地	湿润年	50		50				100	420
	一般年	50			70			120	410
	干旱年	50	60		70			180	400

表 2 - 17　　　　　　　　　　　山东分区冬小麦节水高效灌溉制度

分　区	水文年份	各生育阶段灌水定额/（m³/亩）						灌溉定额/（m³/亩）	产量水平/（kg/亩）
		分蘖（冬灌）	返青	拔节	穗花	灌浆	乳熟		
鲁西北、鲁西南	湿润年	60		60		60		180	480
	一般年	60	60		60	60		240	450
	干旱年	60	60	60		60	60	300	400
胶东、鲁中、鲁东南	湿润年			40		40		80	430
	一般年	40		40		40		120	400
	干旱年	40		40		40	40	160	380

表 2 - 18　　　　　　　　　　　陕西部分地区冬小麦节水高效灌溉制度

分　区	水文年份	各生育阶段灌水定额/（m³/亩）						灌水次数	灌溉定额/（m³/亩）
		分蘖（冬灌）	返青	拔节	穗花	灌浆	乳熟		
榆林西北地区	湿润年	40			40	40		3	120
	一般年	40			40	40	40	5	200
	干旱年	40		40	40	40	40	6	240
关中东部渭河南地区	湿润年	50						1	50
	一般年	50		40				2	90
	干旱年	50		40				2	90
汉中南安康南地区	湿润年							0	0
	一般年	40						1	40
	干旱年	40						1	40

表 2 - 19　　　　　　　　　　　新疆冬小麦畦灌节水高效灌溉制度　　　　　　　　　　　单位：m³/亩

生育阶段	播前	分蘖—越冬	返青	拔节	抽穗	灌浆成熟	灌溉定额
起止时间（月.日）	9.1—9.20	10.20—11.20	3.20—3.30	4.20—4.30	5.10—5.20	5.26—6.10	
灌水定额	70	70	50	50	50	50	340

　　我国春小麦主要分布在东北、内蒙古东部、宁夏、青海、新疆、甘肃河西走廊以及西藏等地区。除新疆、甘肃河西走廊和西藏一些地区比较干旱，全生育期灌水次数较多，灌溉定额较大外，其余地区春小麦生长后期都有一定降雨，但前期、中期多干旱缺雨，所以更要抓紧在拔节期和孕穗期灌水。表 2 - 20、表 2 - 21 是几个地区较为节水经济的春小麦灌溉制度，供参考。

表 2-20 山西及内蒙古巴盟地区春小麦节水高效灌溉制度

| 分 区 | 水文年份 | 各生育阶段灌水定额/(m³/亩) | | | | | 灌溉定额/(m³/亩) | 产量水平/(kg/亩) |
		苗期	分蘖	拔节	抽穗	灌浆		
山西省	湿润年	50	50	55			155	300
	一般年	45	40	45	45		175	280
	干旱年	50	45	50	50		195	250
巴盟河套灌区	湿润年							
	一般年	60	52	60			172	352
	干旱年	50	55	60	57		222	401

表 2-21 宁夏银北地区春小麦节水高效制度

灌水时期	冬水	分蘖	拔节孕穗	灌浆	麦黄	灌溉定额
灌水定额/(m³/亩)	90	60	0	60	0	210

2. 玉米节水型灌溉制度

各地的试验统计资料表明，不论是春玉米还是夏玉米，其生育期中的关键灌水时期分别为：①抽雄—开花期；②播种期。抽雄期受旱对产量影响最大。春玉米的播种—出苗期（4—6月）降雨量较少，保证播前有充足水分状况，能促成玉米全苗和壮苗。因此在制定节水高效灌溉制度时，一定要保证抽雄期前后和播种期的用水。

据各地玉米灌溉经验，在水源供水不足时，应特别注意以下几次关键灌水。

（1）播前灌水。玉米种子发芽出苗的最适宜土壤含水率为田间持水率的60%～70%。我国北方春玉米区播种时常遇干旱，需进行播前灌溉。春玉米播前灌溉最好在头年封冻前进行冬灌，灌水定额一般为50m³/亩左右。若不能进行冬灌，就在早春解冻时及早进行春灌，灌水定额要小一些，以30～45m³/亩为宜，以免土壤水分过高，推迟播种出苗。

夏玉米播种时，气温高，麦收后常因土壤过干而不能及时播种，就需要进行播前灌溉。通常，夏玉米播前灌水有3种方式：

1）在麦收前约10d灌一次"麦黄水"，既可增加小麦粒重，又可在麦收后抢墒早播玉米。

2）麦收后灌茬水，灌水定额30～40m³/亩，不可过大，以免积水或浇后遇雨，延迟播种。

3）在麦收后，先整地再开沟，进行沟灌或喷灌，灌水定额15m³/亩即可。

（2）拔节孕穗期灌水。春玉米出苗后35d左右，夏玉米出苗后20多天开始拔节。此时如干旱缺水，则植株生长不良，并影响幼穗的分化发育，甚至雌穗不能形成果穗，雄穗不能抽出而成"卡脖旱"，造成严重减产。一般土壤含水率应保持在田间持水率的70%左右。灌水定额40m³/亩左右，不宜过大，以免引起植株徒长和倒伏，并宜采用隔沟灌灌溉方法。

（3）抽穗开花期灌水。此时期日需水量最高，是需水临界期，要求土壤含水率保持在田间持水率的70%～80%，空气相对湿度70%～90%。若该时期缺雨天气干旱，往往需每 5～6d 就要灌一次水，一般需连灌 2～3 次，才能满足抽穗开花和授粉的需要。其灌水定额约 40～50m³/亩。

（4）灌浆成熟期灌水。玉米受粉后到蜡熟期是籽粒形成时期，茎叶中的可溶性养分大量向果穗输送，适宜的水分条件能促进灌浆饱满。此时土壤水分应保持在田间持水率的 75％左右。若遇土壤水分不足应及时灌水，但灌水定额不宜过大，以免引起烂根、早枯或灌后遇雨而引起倒伏，一般灌水定额为 30～40m³/亩。

表 2-22～表 2-25 是几个地区夏玉米和春玉米的节水高效灌溉制度，供参考。

表 2-22　　　　　　　　　　河南夏玉米节水高效灌溉制度

| 分　区 | 水文年份 | 各生育阶段灌水定额/(m³/亩) | | | | | 灌溉定额/(m³/亩) | 产量水平/(kg/亩) |
		播前	苗期	拔节	抽雄	灌浆		
豫北平原	湿润年				70		70	480
	一般年		50		70		120	500
	干旱年	50		60	70		180	470
豫中、豫东平原	湿润年				60		60	470
	一般年		50		60		110	480
	干旱年			60	60		170	450
豫南平原	湿润年				50		50	480
	一般年		50		50		100	500
	干旱年	50		50	50		150	470
南阳盆地	湿润年				50		50	440
	一般年		45		50		95	430
	干旱年	50		60	50		160	420

表 2-23　　　　　　　　　　山东夏玉米节水高效灌溉制度

| 分　区 | 水文年份 | 各生育阶段灌水定额/(m³/亩) | | | | | 灌溉定额/(m³/亩) | 产量水平/(kg/亩) |
		播前	苗期	拔节	抽雄	灌浆		
鲁西北、鲁西南	湿润年						0	700
	一般年		60			60	120	650
	干旱年	60		60		60	180	600
胶东、鲁中、鲁东南	湿润年			40			40	600
	一般年			40		40	80	550
	干旱年	40			40	40	120	500

表 2-24　　　　　　　　　　河北春玉米节水高效灌溉制度

| 分　区 | 水文年份 | 各生育阶段灌水定额/(m³/亩) | | | | 灌溉定额/(m³/亩) | 产量水平/(kg/亩) |
		播前	拔节	抽雄	灌浆		
冀西北山间盆地区	湿润年	40		40		80	
	一般年	40	40	40		120	350
	干旱年	40	40	40	40	160	

表 2 - 25　　　　　　　　　　　山西春玉米节水高效灌溉制度

水文年份	各生育阶段灌水定额/(m³/亩)						灌溉定额/(m³/亩)	产量水平/(kg/亩)
	播种	苗期	拔节	孕穗	开花	灌浆		
湿润年			50				50	650
一般年			60		55		115	600
干旱年			60		50	50	160	550

3. 棉花节水型灌溉制度

(1) 储水灌溉。我国北方主要棉区冬春雨雪少，春季蒸发大，为保证棉花及时播种和苗期需水要求，需在冬季或早春进行储水灌溉。

冬季储水灌溉除提供播种发芽和苗期所需水分外，还有提高地温、改良土壤以及减少病虫害等作用。棉田冬灌可在秋耕后开始，土壤封冻前结束，以夜冻昼消时间最为理想。灌水量以均匀、灌透和地表不积水为原则，灌水定额可稍大些，一般约 80m³/亩，并严禁采用大水漫灌方法。在地下水位较高的棉田地区，土壤温润层深度与地下水埋深至少相差 15~20cm。冬灌最好结合深耕施基肥进行，灌后应适时耙地保墒。

在未进行冬灌而需春灌时，应抓紧在早春刚解冻时进行，最迟需在播种期前一个月左右。春灌灌水定额以 40m³/亩左右为宜。

既未冬灌又未春灌的北方棉田，如有需要可进行播前灌。其灌水时间一般在播种前 15~20d，灌水定额不宜过大，应控制在 30m³/亩左右。主要是保证播种时的表土墒，并要求临播前 5cm 土层深度处的地温能恢复到 12℃ 以上，以有利于棉花的发芽出苗。

(2) 生长期灌溉。棉花生长期灌溉，应根据各生育阶段的需水规律和气候、土壤墒情、棉株形态表现以及水分生理指标等适时适量实施。

1) 苗期灌溉。棉花苗期气温不高，棉苗小，需水少。南方棉区苗期水多，不需灌溉而应注意排水。北方已进行过储水灌溉的棉田，苗期一般也无需灌水，应适当蹲苗。若未进行储水灌溉，天气又特别干旱，棉苗生长迟缓，表现出缺水时，可及时灌水，但灌水定额要小，以 20~25m³/亩为宜，应采用隔沟小水轻灌。北方棉麦套种田，若缺水，可结合小麦灌浆水或麦黄水灌溉，同时灌溉棉苗。

2) 蕾期灌溉。北方棉区正值麦收季节，易干旱，常需灌溉，但蕾期灌水，必须注意"稳长、增蕾"。如土壤肥沃，叶色浓绿，棉花生长旺盛或正常，即使天旱，仍应继续蹲苗而不灌水，或推迟灌水。如土壤肥力低，水分低于适宜土壤含水率下限，植株生长缓慢，主茎顶端由绿转红，中午叶片有萎蔫现象时，应及时灌水。在灌头水后，若天气持续干旱，还应连灌二水或三水。蕾期灌水定额应小，一般 20~30m³/亩，宜采用隔沟灌，要注意避免灌后遇雨。南方棉区蕾期正值梅雨季节，但有时盛蕾以后遇伏旱，也需适当灌水。

3) 花铃期灌溉。棉花花铃期时间长，气温高，植株生育旺盛，是一生中需水最多，同时也是对缺水最敏感的时期，是棉花灌水的主要时期。花铃期灌水时间的掌握，各地经验一般认为，当棉株形态出现以下症状时，应立即灌水：①上部叶子变小，叶色变深（暗绿）叶片失去光泽和向阳性，中午萎蔫，叶脉不易折断；②生长缓慢，顶尖比果枝低；③主茎节间变短，颜色变红，上面绿色部分长度不到 10cm；④开花节位上升，最上一朵花离顶端不到 6 节。另外，也可依据叶水势、叶细胞液浓度等水分生理指标确定灌水适宜时间。花铃期灌水定额为 $40\sim50\text{m}^3/$亩，一般采用逐沟灌法。

4）吐絮期灌溉。棉花开始吐絮后，气温逐渐降低，棉株需水减少，一般无需灌溉。但吐絮初期如遇干旱仍应适量灌溉，以防棉株早衰，保证棉铃和棉纤维正常成熟。灌水定额应控制在 $30\text{m}^3/$亩左右。灌水量不可过大，以防土壤水分过多，导致棉株贪青迟熟，增加烂铃，造成减产。

部分地区的棉花节水高效灌溉制度见表 2－26～表 2－29，供参考。总之，棉花的灌溉制度要特别注意天气变化，主要抓开花结铃期的灌水，并以小定额轻浇浅灌为宜，应以增蕾、早开花、早结铃和多结铃为实施节水灌溉的依据。

表 2－26　　　　　　　　　河北棉花节水高效灌溉制度

| 分　区 | 水文年份 | 生各生育阶段灌水定额/（m³/亩） | | 灌溉定额/（m³/亩） | 产量水平/（kg/亩） |
		苗期	开花现蕾		
太行山山前平原区	湿润年	30		30	97
	一般年	30	30	60	93
	干旱年	40	40	80	91
低平原区	湿润年				64
	一般年		40	40	83
	干旱年	40	40	80	91

表 2－27　　　　　　　　　河南棉花节水高效灌溉制度

| 分　区 | 水文年份 | 各生育阶段灌水定额/（m³/亩） | | | | | 灌溉定额/（m³/亩） | 产量水平/（kg/亩） |
		播前	苗期	现蕾	开花	结铃		
豫北平原	湿润年				70		70	
	一般年		55		70		125	
	干旱年	55		65	70		190	
豫中、豫东平原	湿润年				60		60	80
	一般年		55		60		115	75
	干旱年	55		65	60		180	80
豫南平原	湿润年				50		50	
	一般年		55		50		105	
	干旱年	55		55	50		160	

表 2－28　　　　　　　　　山东棉花节水高效灌溉制度

| 分　区 | 水文年份 | 各生育阶段灌水定额/（m³/亩） | | | | | 灌溉定额/（m³/亩） | 产量水平/（kg/亩） |
		播前	苗期	现蕾	开花	结铃		
鲁西北、鲁西南	湿润年	60				60	120	
	一般年	60		60		60	180	
	干旱年	60	60	60	60	60	300	

表 2 - 29　　　　　　　　　　山西棉花节水高效灌溉制度

| 水文年份 | 各生育阶段灌水定额/(m³/亩) | | | | | 灌溉定额/(m³/亩) | 产量水平/(kg/亩) |
	播前	苗期	现蕾	开花	结铃		
湿润年				40		40	70
一般年			45	45		90	65
干旱年			40	40	40	120	60

二、水稻灌溉制度

水稻灌溉制度分泡田期及插秧以后的生育期灌溉两个阶段进行设计。

(一) 泡田期的灌溉用水量 (泡田定额)

泡田定额由三部分组成：①使一定土层达到饱和时所需水量；②建立插秧时田面水层深度；③泡田期的稻田渗漏量和田面蒸发量。可按下式计算：

$$M_1 = 0.667(h_0 + S_1 + e_1 t_1 - P_1)　　　　　　(2-36)$$

式中　M_1——泡田期灌溉用水量，m³/亩；

h_0——插秧时田面所需的水层深度，mm；

S_1——泡田期的渗漏量，即开始泡田到插秧期间的总渗漏量，mm；

t_1——泡田期的日数，d；

e_1——时期 t_1 内水田田面平均蒸发强度，mm/d，可用水面蒸发强度代替；

P_1——时期 t_1 内的降雨量，mm。

通常，泡田定额按土壤、地势、地下水埋深和耕犁深度相类似田块上的实测资料决定，一般在 $h_0 = 30 \sim 50$mm 条件下，泡田定额大约等于以下数值：黏土和黏壤土为 $50 \sim 80$m³/亩；中壤土和砂壤土为 $80 \sim 120$m³/亩 (地下水埋深大于 2m 时) 或 $70 \sim 100$m³/亩 (地下水埋深小于 2m 时)；轻砂壤土为 $100 \sim 160$m³/亩 (地下水埋深大于 2m 时) 或 $80 \sim 130$m³/亩 (地下水埋深小于 2m 时)。

(二) 各生育期水量平衡方程

根据各地相关资料，合理确定水稻不同生长阶段的适宜淹灌水层的上限和下限，然后根据水稻生育期中任何一个时段 (t) 内的农田来水和耗水变化关系，用下列水量平衡方程计算确定各时段的灌溉制度：

$$h_1 + P + m - WC - d = h_2　　　　　　(2-37)$$

式中　h_1——时段初田面水层深度，mm；

h_2——时段末田面水层深度，mm；

P——时段内降雨量，mm；

d——时段内排水量，mm；

m——时段内的灌水量，mm；

WC——时段内田间耗水量，mm。

(三) 根据水量平衡原理用图解法拟定水稻的灌溉制度

如果时段初的农田水分处于适宜水层 (水田) 上限 (h_{max})，经过一个时段的消耗，田面水层降到适宜水层的下限 (h_{min})，这时如果没有降雨，则需进行灌溉，灌水定额即为

$$M = h_{\max} - h_{\min} \qquad (2-38)$$

这一过程可用如图 2-6 所示的图解法表示。如在时段初 A 点，水田应按 1 线耗水，至 B 点田面水层降至适宜水层下层下限，即需灌水，灌水定额为 m；如果时段内有降雨 P，则在降雨后，田面水层回升降雨深 P，再按 2 线耗水至 C 点时进行灌溉；如降雨 $\overline{P'}$ 很大，超过适宜水层上限（或允许蓄水深），多余的部分需要排除，排水量为 d，然后按 3 线耗水至 D 点时进行灌溉。表 2-30 中列出的各生育阶段淹灌水层深度可供参考。表中数值为适宜水层下限（$h_{\min}$）～适宜水层上限（$h_{\max}$）～降雨后最大蓄水深度（H_p）。

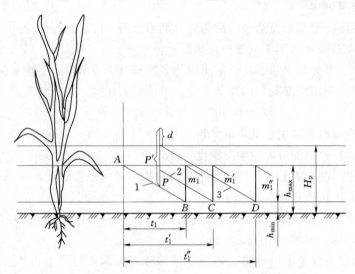

图 2-6　水稻生育期中任一时段水田水分变化图解法

表 2-30　　　　　　　　　　各生育阶段淹灌水层深度

生育阶段	灌水层深度/mm		
	早　稻	中　稻	双季晚稻
返青	5～30～50	10～30～50	20～40～70
分蘖前	20～50～70	20～50～70	10～30～70
分蘖末	20～50～80	30～60～90	10～30～80
拔节孕穗	30～60～90	30～60～120	20～50～90
抽穗开花	10～30～80	10～30～100	10～30～50
乳熟	10～30～60	10～20～60	10～20～60
黄熟	10～20	落干	落干

根据上述原理可知，当确定了各生育阶段的适宜水层 $h_{\max}$、$h_{\min}$ 以及阶段需水强度 e_i，便可用图解法推求水稻灌溉制度。

（四）根据水量平衡原理用列表法拟定水稻的灌溉制度法

以某灌区某设计年早稻为例，说明列表法推求水稻灌溉制度的具体步骤。其基本资料如下：

（1）早稻生育期各生育阶段耗水强度，见表 2-31。

（2）生育期降雨量，见表 2-32 第（5）栏。

（3）各生育阶段适宜水层深度。

根据灌区具体条件，采用浅灌深蓄方式，参照浇灌试验站资料，选取表 2-32 所列早稻数值，黄熟期自然落干。列入表 2-32 第（3）栏。

计算过程见表 2-32。

表 2-31 逐日耗水量计算表

生育期	返青	分蘗前	分蘗末	拔节孕穗	抽穗开花	乳熟	黄熟	全生育期
起止月日（月·日）	4.25—5.2	5.3—5.10	5.11—5.26	5.27—6.12	6.13—6.27	6.28—7.6	7.7—7.14	4.25—7.14
日数	8	8	16	17	15	9	8	81
阶段水面蒸发量/mm	30	56.5	104.3	102	81.1	19	20	412.9
阶段需水系数 a	0.8	0.85	0.92	1.25	1.48	1.42	1.2	
阶段需水量/mm	24	48	96	127.5	120	27	24	466.5
阶段渗漏量/mm	8	8	16	17	15	9	8	81
阶段耗水量/mm	32	56	112	144.5	135	36	32	547.5
翌日耗水量/mm	4	7	7	8.5	9	4	4	

注 稻田渗漏量为 1mm/d。

表 2-32 某灌区某年早稻生育期灌溉制度计算表

日 期		生育期	设计淹灌水层 /mm	逐日耗 水量/mm	逐日降雨量 /mm	淹灌水层 变化/mm	灌水量 /mm	排水量 /mm
月	日							
（1）		（2）	（3）	（4）	（5）	（6）	（7）	（8）
4	24	返青	5～30～50	4.0		10.0		
	25					6.0		
	26				7.7	9.7		
	27					5.7		
	28				7.4	9.1		
	29					5.1		
	30				61.0	50.0		12.1
5	1	分蘗前	20～50～70	7.0		46.0		
	2					42.0		
	3					35.0		
	4				16.0	44.0		
	5				12.9	49.9		
	6					42.9		
	7					35.9		
	8					28.9		
	9					21.9		
	10	分蘗末	20～50～80	7.0		44.9	30	
	11				6.7	44.6		
	12					37.6		
	13				24.3	54.9		
	14				5.3	53.2		
	15					46.2		
	16					39.2		
	17				21.5	53.7		

日　期		生育期	设计淹灌水层 /mm	逐日耗水量/mm	逐日降雨量 /mm	淹灌水层变化/mm	灌水量 /mm	排水量 /mm
月	日							
(1)		(2)	(3)	(4)	(5)	(6)	(7)	(8)
5	18	分蘖末				46.7		
	19					39.7		
	20				1.9	34.6		
	21					27.6		
	22					20.6		
	23					43.6	30	
	24					36.6		
	25		20～50～80	7.0		29.6		
	26					22.6		
	27	拔节孕穗				54.1	40	
	28					45.6		
	29					37.1		
	30					28.6		
	31					60.1	40	
6	1					51.6		
	2					43.1		
	3					34.6		
	4		30～60～90	8.5		26.1		
	5					57.6	40	
	6					49.1		
	7					40.6		
	8					32.1		
	9				2.3	25.9		
	10				5.3	22.7		
	11					54.2	40	
	12					45.7		
	13	抽穗开花				36.7		
	14					27.7		
	15					18.7		
	16					9.7		
	17					30.7	30	
	18					21.7		
	19					12.7		
	20		10～30～80			36.2	30	
	21					29.3		
	22					20.3		
	23			9.0		11.3		
	24					32.3	30	
	25					23.3		
	26					24.3		
	27					15.3		

续表

日　期		生育期	设计淹灌水层 /mm	逐日耗 水量/mm	逐日降雨量 /mm	淹灌水层 变化/mm	灌水量 /mm	排水量 /mm
月	日							
(1)		(2)	(3)	(4)	(5)	(6)	(7)	(8)
6	28					11.3		
	29					37.3	30	
	30					33.3		
7	1	乳熟				29.3		
	2		10~30~60	4.0		25.3		
	3					21.3		
	4					17.3		
	5		10~30~60	4.0		13.3		
	6				4.6	13.9		
	7	黄熟	落干	4.0				
	⋮							
	⋮							
	14							
	Σ			515.5	191.5		340	12.1

注　未包括黄熟期耗水。

校核:

$$h_{始}+\sum P-\sum d+\sum m-\sum WC=h_{末}$$

$$10+191.5-12.1+340-515.5=13.9(\mathrm{mm})$$

与 7 月 6 日淹灌水层相符,计算无误。

说明:在插秧后的 3~5d 以内,允许田面水层略低于适宜水层下限,避免过早灌水引起漂秧。

例如,起始日 4 月 24 日末水层深 $h_1=10\mathrm{mm}$(泡田后建立的田面水层)。则有

25 日末水深为　　　　　$h_2=10+0+0-4=6(\mathrm{mm})$

26 日末水深为　　　　　$h_2=6+7.7+0-4=9.7(\mathrm{mm})$

30 日末水深为　　　　　$h_2=5.1+61.0-4=62.1(\mathrm{mm})$

超过蓄水上限,应排水 12.1mm,使水层保持在 50mm。

又如 5 月 10 日,$h_2=21.9+0+0-7=14.9(\mathrm{mm})$,低于淹水层下限,需进行灌水。灌水量按灌水上限 50mm 控制,在 5 月 10 日灌水 30mm,水层为 44.9mm。

如此进行逐日计算,即可求得生育期灌溉制度成果,见表 2-33。

如此进行逐日计算,即可求得生育期灌溉制度成果。

若泡田定额为 80m³/亩,则总灌溉定额为 $M=M_1+M_2=227+80=307(\mathrm{m^3/亩})$。

应当指出,这里所讲的灌溉制度是指某一具体年份一种作物的灌溉制度,如果需要求出多年的灌溉用水系列,还须求出每年各种作物的灌溉制度。为节省计算时间,各种作物的灌溉制度均可编制程序利用电子计算机进行计算。图 2-7 所示为旱作物和水稻灌溉制度电算通用程序框图。

表 2-33　　　　　　　　　　　　某灌区某年早稻生育设计灌溉制度表

灌水次数	灌水日期（月.日）	灌 水 定 额	
		mm	m³/亩
1	5.10	30	20
2	5.23	30	20
3	5.27	40	26.7
4	5.31	40	26.7
5	6.5	40	26.7
6	6.11	40	26.7
7	6.17	30	20
8	6.20	20	20
9	6.24	30	20
10	6.29	30	20
合计		340	227

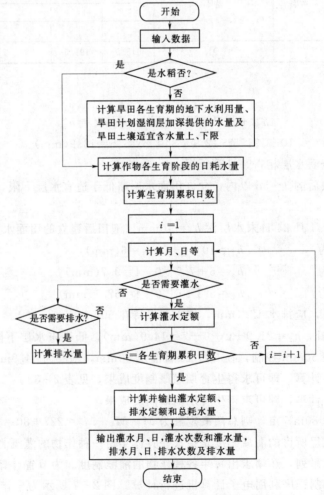

图 2-7　旱作物和水稻灌溉制度电算通用程序框图

第三节　作物非充分灌溉制度

作物充分灌溉是按作物高产需水制定的灌溉制度，即以某一定作物获得单位面积产量最高为工程设计的基本准则，灌水次数多，灌溉定额大；随着工农业的飞速发展，全社会对水资源的需要不断增长，尤其在我国北方地区，水资源短缺的情况已十分严重，在干旱缺水地区，采用充分灌溉方案会使灌溉面积减少，部分地区不能进行灌溉，造成减产或绝产。因此，在采用各种节水措施的同时，不得不从根本上探讨水资源的最合理利用方式，提高水的有效利用率，形成了非充分灌溉理论。

所谓非充分灌溉（deficit irrigation），是指由于可供灌溉的水资源不足，不能充分满足作物各个生育阶段的需水量要求，而允许作物受一定程度的缺水和减产，但仍可使单位水量获得最大的经济效益的一种灌溉方式。非充分灌溉也称不充足灌溉、限额灌溉、部分灌溉或经济灌溉等。研究非充分灌溉，必须首先研究作物产量与缺水量之间的关系，了解非充分灌溉的原理。

一、作物水分生产函数

作物水分生产函数（crop water production function）是指在作物生长发育过程中，作物产量与投入水量或作物消耗水量之间的数量关系，又称为作物水模型，可为灌溉系统的规划设计或某地区进行节水灌溉制定优化配水计划提供基本依据。作物水分生产函数可以确定作物在不同时期遇到不同程度的缺水时对产量带来的影响。因此，它是研究非充分灌溉的必需资料之一。

土壤盐分、土壤养分都与水分密切相关，都以水分为介质，通过水分来对作物生长发挥作用。为此以作物水分生产函数为基础，引入盐分、养分建立水盐生产函数和水肥生产函数。从这一观点出发，可以把水盐生产函数、水肥生产函数，包括污水灌溉中某些溶质对作物生长的影响，都归入水分生产函数，统称为作物水分生产函数。

按是否考虑干物质积累过程可分为静态模型和动态模型。静态模型描述作物最终产量（干物质或籽粒产量）与水分的关系，而不考虑作物发育过程中干物质是如何积累的，包括全生育期水分的数学模型和生育阶段水分的数学模型；动态模型描述作物生长过程中干物质积累过程不同的水分水平的响应，并根据这种响应来预测不同时期的作物干物质积累量及最终产量。

作物水分生产函数是随不同的作物、地点、年份、灌溉与农业技术条件而变化，一般应根据当地的具体条件进行灌溉试验来确定。图 2-8 所示表示作物水分生产函数的一般形式。图中虚线代表产量与作物腾发量之间的关系；实线代表投入水量（包括降雨量）与产量的关系，即作物水分生产函数。从图中可以看出，函数的前半部分大致呈直线，并且与腾发量函数也大致相平行。如果继续投入水量，函数变成曲线，产量不仅没有增加，反而减少；

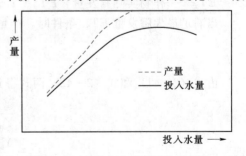

图 2-8　作物水分生产函数示意图

而投入的水量就形成渗漏和地表径流损失，实际上就成为充分灌溉了。因此，十分明显，供水过多或过少都会使作物减产。而非充分灌溉首先是要研究作物缺水对产量的影响程度，亦即作物水分生产函数。

1. 全生育期作物水分生产函数模型

以全生育期腾发量为自变量建立的作物水分生产函数，主要有线性和非线性两种类型。

(1) 线性模型。

1) 作物产量与全生育期腾发量的关系。一般适用于灌溉工程开发初期及中、低产量水平地区，其公式为

$$y = a_1 + b_1 ET \tag{2-39}$$

式中　y——作物产量；

a_1、b_1——经验系数；

ET——作物全生育期实际腾发量。

式 (2-39) 以绝对腾发量作为产量的自变量，公式简单，易于统计分析，但未考虑水文年型、气候环境因子的校准影响，因而不同试验年、不同地区的相关系数较差，模型的输出数据缺乏足够的精度。

2) 作物产量与全生育期相对腾发量的关系。De. wit (1958 年) 在前人研究的基础上发现，产量与相对腾发量有较好的关系，提出了半干旱地区全生育期相对蒸腾量模型为

$$Y = m \frac{T}{E_0} \tag{2-40}$$

式中　Y——干物质产量；

m——作物因子，随作物种类而变；

T——作物叶面蒸腾量；

E_0——生育期内平均自由水面蒸发量。

由于在大田观测过程中，土壤棵间蒸发 E_s 和作物叶面蒸腾量 T 多数是一起观测的，Stewart 采用了下述模型，即

$$Y_a = m' \frac{ET_a}{E_0} \tag{2-41}$$

式中　Y_a——作物实际产量，kg/亩；

m'——作物因子；

ET_a——作物实际腾发量，$ET_a = T + E_s$。

当满足最大腾发量 ET_m 条件时，产量达到最大值 Y_m，即

$$Y_m = m' \frac{ET_m}{E_0} \tag{2-42}$$

由式 (2-41) 和式 (2-42) 两式得到等比模型为

$$\frac{Y_a}{Y_m} = \frac{ET_a}{ET_m} \tag{2-43}$$

即

$$1 - \frac{Y_a}{Y_m} = 1 - \frac{ET_a}{ET_m} \tag{2-44}$$

式（2-44）反映了作物相对亏水量$\left(ET_D=1-\dfrac{ET_a}{ET_m}\right)$与相对减产量$\left(Y_D=1-\dfrac{Y_a}{Y_m}\right)$之间的关系，是进行作物灌溉管理和经济分析的基础模型，但由于模型中未考虑作物因子和管理措施的影响，因而不能直接应用于生产。考虑到相对腾发量与相对产量并非简单的等比关系，J. Doornbos 和 A. H. Kasam（1975 年）等考虑了不同作物对水分亏缺的敏感性差异，引入了产量反映系数 K_y，将式（2-44）修改为适用于全生育期的线性模型（以下简称 D-K 模型）为

$$1-\frac{Y_a}{Y_m}=K_y\left(1-\frac{ET_a}{ET_m}\right) \tag{2-45}$$

式中　Y_a——作物实际产量，kg/亩；

$\quad\quad Y_m$——作物最大产量，kg/亩；

$\quad\quad ET_m$——作物最大腾发量，mm；

$\quad\quad K_y$——产量反应（影响）系数或敏感系数，K_y 一般由劣态性试验确定。

线性模型，在相对缺水量比值较大（一般认为 $1-ET_a/ET_m\geqslant0.5$），或描述全生育相对腾发量与相对产量关系时，具有较好的精度，但产量随腾发量线性增加的假定，并不完全合理。大量试验表明，作物产量与腾发量（或供水量）之间呈非线性关系。

（2）非线性模型。

全生育期作物水分生产函数非线性模型可用下式表达：

$$y=a_2+b_2ET+c_2ET^n \tag{2-46}$$

式中　a_2、b_2、c_2——经验系数，由试验资料经回归分析求得；

$\quad\quad n$——经验指数，$n=0.5\sim2.0$，由试验资料经回归分析求得。

非线性模型反映了作物生理需水上限的特性，如二次型模型，当腾发量等于 $b_2/(2c_2)$ 时，作物产量将达到潜在产量 $a_2-b_2^2/(4c_2)$。同时非线性模型也较好地描述了不同亏缺水程度对产量的影响，可用于边际效益分析，从而指导农业水资源的经济管理。

非线性作物水分生产函数模型，根据地区试验统计资料分析建立，较真实地反映了作物产量与用水量之间的关系。大量研究成果表明，该模型在描述全生育期产量与水量关系时，具有较高的精度；对不同类型的灌区，不同水文年型，在调整参数的前提下，模型具有通用性。但该模型反映的是全生育期的平均情况，掩盖了作物不同生育阶段对水的需求量不相同这一重要事实，不能用以分析作物生育阶段水的分配。因此，有必要研究不同生育阶段作物水分生产函数。

2. 不同生育阶段作物水分生产函数模型

为考虑供水时间和数量多少对产量的影响，将作物连续的生长过程划分为若干不同生育阶段，认为在相同生育阶段水分具有等效性，在不同生育阶段效果不同，也称为时间水分生产函数（dated water production function）。不同生育阶段作物水分生产函数模型主要有加法模型和乘法模型两种。

（1）加法模型。以各阶段的相对腾发量或相对缺水量作自变量，用相加形式的数学关系构成的作物产量与水分关系，称为加法形式的水分生产函数，简称加法模型。代表性的模型有 Blank（1975 年）模型、Stewart 模型（1976 年）、Singh 模型（1987 年）和

Hiller-Clark 模型（1971 年）。特点是认为每一阶段缺水主要影响本阶段，对产量形成的总影响分别由各阶段的单独影响相加而成。

1）Blank 模型，以相对腾发量为自变量，即

$$\frac{y}{y_{\mathrm{m}}} = \sum_{i=1}^{n} K_i \left(\frac{ET}{ET_{\mathrm{m}}}\right)_i \tag{2-47}$$

式中　K_i——作物第 i 阶段缺水对产量影响的水分敏感系数，$i=1$，2，…；

　　　n——生育阶段序号，也就是划分的生育阶段数。

2）Stewart 模型，以阶段相对缺水量为自变量，J. I. Stewart 等（1976 年）提出了如下形式的加法模型：

$$\frac{Y_{\mathrm{a}}}{Y_{\mathrm{m}}} = 1 - \sum_{i=1}^{n} K_i \left(1 - \frac{ET_{\mathrm{a}}}{ET_{\mathrm{m}}}\right)_i \tag{2-48}$$

3）Singh 模型，以相对缺水量为自变量，即

$$\frac{y}{y_{\mathrm{m}}} = \sum_{i=1}^{n} K_i \left[1 - \left(1 - \frac{ET}{ET_{\mathrm{m}}}\right)^{b_0}\right]_i \tag{2-49}$$

式中　K_i——缺水敏感性系数；

　　　b_0——幂指数，常取 $b_0=2$。

（2）乘法模型。以阶段相对腾发量或相对缺水量作自变量，用连乘的数学关系式构成了阶段水分亏缺对产量影响的乘法模型。代表性的乘法模型有 Jensen 模型（1968 年）、Minhas 模型（1974 年）和 Rao 模型（1988 年）。其特点是认为每阶段 i 缺水不仅对本阶段产生影响，而且经过连乘式的数学关系反应多阶段缺水对产量的总影响。

Jensen 模型，以阶段相对腾发量为自变量，即

$$\frac{y}{y_{\mathrm{m}}} = \prod_{i=1}^{n} \left(\frac{ET}{ET_{\mathrm{m}i}}\right)_i^{\lambda_i} \tag{2-50}$$

式中　λ_i——作物生育阶段 i 缺水分对作物产量影响的敏感性指数，简称水分敏感指数。它是表示作物生长对缺水反应的关键性参数。

由于 $(ET/ET_{\mathrm{m}}) \leqslant 1.0$，且 $\lambda_i \geqslant 0$，故 λ_i 值越大，将会使连乘后的 y/y_{m} 越小，表示对产量的影响越大。

在我国一般认为 Jensen 模型和 Stewart 模型的适用性较广。加法模型将各生育阶段缺水对产量的影响进行简单的叠加，没有考虑连旱的情况，而且当作物在某个生育阶段受旱而死亡绝产的情况下仍能算出产量，这显然不合理。乘法模型则在一定程度上克服了上述缺陷，由于反映了作物在任何时期死亡，其最终籽粒产量将为零这一事实，同时采用连乘式考虑了多阶段间的相互影响，对产量的反映有其灵敏度高等特点，因而得到了较多的研究及应用。加法模型直观上似乎将各生育阶段割裂开来分析，对严重缺水情况描述不尽合理，其应用受到一定程度的影响。但加法模型具有模型简单、易于建立数学模型进行多阶段优化分析的特点。不少试验研究表明，无论加法模型还是乘法模型，其预测的产量与实际产量的相关系数均很高。在预测作物实际产量方面，乘法模型与加法模型并无重大区别。

二、非充分灌溉的基本原理

非充分灌溉的原理可用水分生产函数的 3 个阶段的特征说明，如图 2-9 所示。图中，

$Y-ET_a$ 曲线为投入 ET_a（水量）与产出 Y（单位面积作物产量）的示意关系曲线（其他因素不变），$y-ET_a$ 曲线为投入水量 ET_a 与边际产量 y（$=dY/dET_a$）的关系曲线，边际产量表示水量的变化引起作物产量的变动率，$k-ET_a$ 曲线为投入水量 ET_a 与单位水量的产量 k（水生产效率 $=Y/ET_a$）的关系曲线。在 $Y-ET_a$ 曲线的始点 a 到水生产效率曲线达到最大值 k_{max} 所对应的 c 点（第 1 阶段），随着水量的增加，水生产效率（k）不断增加，水的边际产量（y）始终大于此阶段水生产效率（k），产量增加幅度大于投入水量增加幅度，为"报酬递增"阶段。但 bc 段，边际产量逐渐下降，直至二者在 g 点相等，此时水生产效率达到最大值 k_{max}。第 1 阶段是作物需水最为敏感的阶段，水量的增值效益也最为明显。从 c 点到作物达到最高产量 Y_{max} 时的 d 点（第 2 阶段），当水生产效率达到最大值 k_{max} 后，随着水量的增加，作物产量仍将继续增加，但水的边际产量曲线及水生产效率曲线不断下降，产量增加幅度小于投入水量增加幅度，出现了所谓"报酬递减"现象，直至边际产量 $y=dY/dET_a=0$，即单位水量的增加引起的产量增值为零。此时，供水量达到充分灌溉的上界，相应的作物产量达到最大值 Y_{max}。在作物产量达到最大值 c 点以后的持续下降阶段（第 3 阶段），边际产量为负值，水生产效率曲线继续下降，为不合理的供水行为。在这种情况下，投入水量的多少应以总效益来确定。

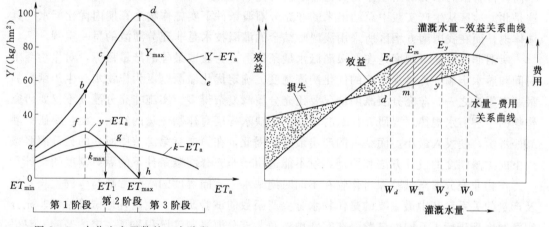

图 2-9 水分生产函数的 3 个阶段   图 2-10 灌溉水量与效益、费用关系曲线

非充分灌溉的原理也可用效益和费用函数来说明，如图 2-10 所示。图中曲线为投入水量与效益的关系曲线，其形状与一般的作物水分生产函数相类似。倾斜的直线为投入水量与灌溉工程的年运行费用（包括水费、动力费和管理费用等）关系曲线。一般来说，年运行费用是随着投入水量的增加而相应地按一定比例增加，可以称之为可变生产费用。此直线在纵坐标上的截距代表这一灌溉工程的固定费用。一般的概念是，随着投入水量的增加，作物的产量也增加，相应地灌溉效益也增加。但如果与年费用结合来考虑，就会引起上述概念的变化。当投入水量达到 W_m 时，其净效益为最大，即 E_m 点，该点的曲线斜率恰好与生产费用直线的斜率相等。如果投入的水量继续增加到 W_y 点，这时的作物产量可能是最大，但由于生产费用的增加，E_y 点的净效益却不是最大。一般来说，W_y 就是最大供水量，也即到达充分灌溉的上限。如果用水量继续增加到 W_0，就形成过量用水，产

量和效益都要下降。所谓非充分灌溉，就是要让用水量适当减少，使其小于 W_y。如果用水量减少到 W_d，这时的净效益（$E_d d$）正好等于获得最高产量时的净效益（$E_y y$）。如果灌溉面积用水量继续减少，则灌溉净效益就会降低。所以说非充分灌溉的用水范围是在 W_y 以下，具体范围需试验确定。在这个范围内进行灌溉，虽然所获得的作物产量不是最高，但其净效益却始终大于在最高产量时所获得的净效益 $E_y y$。这也就是把非充分灌溉称之为经济灌溉的道理，即用水量虽然减少了，产量也相应减少了，但其经济效益仍可能较大或最大。

另外，当水源紧张时，还可采取减少灌溉面积上作物非关键需水时期的灌水定额或灌水次数，用节省下来的水量尽可能多灌一些面积。这样，总的灌溉水量所获得的效益将为最大，这也是推行非充分灌溉的重要原因。

三、作物非充分灌溉制度

由于水资源日益匮乏，无论是在我国北方干旱及半干旱地区，还是在我国南方稻作区，采用非充分灌溉已经十分必要，但在作物的全生育期内如何合理地分配有限的水量，以期获得较高的产量或效益，或者使缺水造成的减产损失减少，是实行非充分灌溉的关键问题之一。

在我国北方大多数干旱半干旱地区，根据作物在不同生育阶段水分亏缺对产量的影响不同，将有限的水资源用于作物关键需水阶段进行灌溉，即所谓的灌"关键水"，事实上这是北方地区从生产实践中总结出来的非充分灌溉条件下实施作物生育期内优化配水的具体体现，而在我国南方稻区所采用浅湿晒结合的灌溉技术是非充分灌溉的另一实例。

所谓非充分灌溉制度是在有限灌溉水量条件下，为获取最佳的产量目标，对作物灌水时间和灌水定额进行最优分配的优化灌溉制度。确定优化灌溉制度为作物水分生产函数的最基本用途之一。非充分灌溉的情况要比充分灌溉复杂得多。实施非充分灌溉不仅要研究作物的生理需水规律，要研究什么时候缺水、缺水程度对作物产量的影响，而且要研究灌溉经济学，使投入最小，而获得的产出最大。因此，在第二章第二节中所述的充分灌溉条件下的灌溉制度的设计方法和原理，就不能适用于非充分灌溉条件下的灌溉制度的设计。

作物非充分灌溉试验探讨作物在不同时期缺水、不同程度的水分亏缺与作物生长发育及产量的关系；其中最主要的是作物水分生产函数的试验研究。我国各地试验站对非充分灌溉制度都进行了不同的试验。在实践中，对非充分灌溉制度已积累了一定的经验。对旱作物常实施 4 种方法：①采用减少灌水次数的方法，即减少对作物生长影响不大的灌水，保证关键时期的灌水；②采用减少灌水定额的方法，不是使土壤达到最大田间持水量，而仅是田间持水量的一部分；③将削减下来的水量去扩大灌溉面积，以求得总产量的最高；④将节省下来的水量去灌溉经济价值较高的作物，以求得全灌区的作物增产价值量最高。

对水稻则是采用浅水、湿润、晒田相结合的灌水方法，不是以控制淹灌水层的上下限来设计灌溉制度，而是以控制稻田的土壤水分为主。常用的有 4 种方法：①控制灌溉法。在山东济宁地区大面积推广的水稻控制灌溉制度是：插秧以后在田面保持薄水层，为 5～25mm，以利返青活苗。返青以后在田面不保留水层，而是控制土壤含水量。控制的上限为土壤饱和含水量，下限为饱和含水量的 $60\%\sim70\%$。该技术也已在宁夏干旱地区的盐碱地稻区大面积示范推广，一般认为，土壤全盐量在 0.3% 以下适用控制灌溉技术，土壤全盐量在 0.3% 以上适用控制灌溉与定期淋洗相结合的技术。水稻本田生长期田间土壤水分控制指标为：返青期田间水层深度上限为 30mm，下限为 10mm；其余各期稻田土壤水分上限为饱和含水率，土壤水分下限指标分别为：分蘖前期、中期和后期下限分别为饱和含水率的 80%、70% 和 60%，拔节孕穗前期下限为饱和含水率的 70%，拔节孕穗后期下限为饱和含水率的 80%，抽穗开花期下限为饱和含水率的 80%，乳熟期下限为饱和含水率的 70%，黄熟期稻田土壤水分为自然落干状态。②"薄露"灌溉法。浙江省绍兴地区普遍推广的"薄露"灌溉法是：除返青期深灌（早稻保温，晚稻降温）以外，以后一律灌溉薄水层，水层越薄越好，只要求达到土壤饱和。每次灌水，包括降雨以后都要落干晒田。在拔节期以前轻度晒田，至田面表土将要开裂时，再进行灌水。孕穗期至抽穗期间，晒至田面不见水层时即复灌。乳熟期至收割以前，逐渐加重晒田程度，至田面出现微小裂缝，约为最大田间持水量的 60% ～70%。收割以前 7～10d，停止灌水。③浅、湿、晒法。广西壮族自治区在 1 亿亩面积上推广水稻节水灌溉，主要也是浅水、湿润、晒田相结合的灌溉制度。④"水稻旱种"法。水稻旱种是在旱地足墒状况下播种，出苗后保持一段时间旱长，中后期根据情况采取适当灌溉的一种水稻种植方法。常见于我国安徽、河南、山东、天津、北京、河北、吉林、辽宁等省区。优点是改水整地为旱整地或免耕，节约了大量的耕、整地用水；改育秧移栽为旱地直播，简化田间操作工序；改水层管理为无水层管理，使水的利用率明显提高。此外，南北方灌区还推广"旱育稀植"技术，取得了更好的节水效果。

对于一定种类的作物，不仅灌溉总量对产量具有影响，而且相同的灌溉总量条件下，灌溉水量在各阶段的分配对产量也产生较大影响。目前，多是以 M. E. Jensen 提出的作物水分生产函数为目标函数，以土壤含水量和可供水量等为约束条件，进行优化计算，取得的目标是总产量最高又省水的优化灌溉制度。也有一些研究在目标函数中同时引入生产费用等因素，以获得总灌溉净效益最高而又省水的优化灌溉制度。以下对制定优化灌溉制度作一介绍。

1. 优化灌溉制度的确定

非充分灌溉条件下，作物的灌溉制度是对有限的可供水量在作物全生育期内进行灌水时间和灌水定额的最优分配。由于作物每一生育阶段的灌水决策与时间有关。因此，这种最优化过程是与作物生育阶段密切相关的多阶段决策过程，常用的求解方法是动态规划法。

（1）目标。以单位面积产量最大或总效益最大为目标。

（2）阶段变量。以作物生育阶段为阶段变量。

（3）状态变量。对旱作物而言，其状态变量为：各阶段初可供水量及计划湿润层内可供作物利用的土壤含水量。对于水稻而言，状态变量为各阶段初可供水量及初始田面蓄水深度。

（4）决策变量。决策变量为作物各生育阶段的实际灌水量及实际蒸发蒸腾量。

（5）策略。由各阶段决策组成全过程的策略，即最优灌溉制度。

2. 优化灌溉制度设计实例

以河北省黑龙港地区的冬小麦优化灌溉制度设计为例。根据河北省临西灌溉试验站的非充分灌溉试验，冬小麦的全生育期分为 6 个生育阶段，各阶段的参数见表 2-34。

表 2 - 34 冬小麦灌溉制度设计基本参数

生 育 阶 段	播种—分蘖	分蘖—返青	返青—拔节	拔节—抽穗	抽穗—乳熟	乳熟—成熟
多年平均 $ET_i/(\mathrm{m^3/hm^2})$	288	420	946.5	922.5	805.5	831
中等年有效雨量 $P_i/(\mathrm{m^3/hm^2})$	66	220.5	126	33	900	214.5
敏感指数 λ_i	0.099	0.041	0.037	0.290	0.209	0

(1) 目标函数。以单位面积产量最大为目标,采用 Jensen 模型:

$$F = \max\left(\frac{Y_a}{Y_m}\right) = \max\prod_{i=1}^{n}\left(\frac{ET_a}{ET_m}\right)_i^{\lambda_i} \tag{2-51}$$

(2) 约束条件。

1) 决策约束。

$$0 \leqslant d_i \leqslant q_i \quad (i=1,2,3,4,5,6) \tag{2-52}$$

$$\sum_{i=1}^{n} d_i = Q \tag{2-53}$$

$$(ET_{\min})_i \leqslant ET_i \leqslant (ET_{\max})_i \tag{2-54}$$

式中　　　　　d_i——i 阶段的灌水量,$\mathrm{m^3/hm^2}$;

q_i——i 阶段初始单位面积可供水量,$\mathrm{m^3/hm^2}$;

Q——全生育期单位面积作物总可供水量,$\mathrm{m^3/hm^2}$;

$(ET_{\min})_i$、$(ET_{\max})_i$——i 阶段的最小与最大蒸发蒸腾量,$\mathrm{m^3/hm^2}$。

2) 土壤含水率约束。

$$\theta_{\mathrm{WP}} \leqslant \theta_i \leqslant \theta_{\mathrm{f}} \tag{2-55}$$

式中　θ_i——i 阶段土壤含水率,以体积%计;

θ_{WP}、θ_{f}——凋萎系数及田间持水率,以体积%计。

(3) 初始条件。

1) 第 1 阶段初土壤可利用水量,即

$$W_1 = 10H\gamma(\theta_0 - \theta_{\mathrm{WP}}) \tag{2-56}$$

式中　W_1——时段初土壤水可利用量,mm;

θ_0、θ_{WP}——播种时土壤含水率与凋萎系数,占干土重的百分数;

H——计划湿润层深度,m;

γ——土壤干容重,$\mathrm{t/m^3}$。

2) 第 1 阶段初可用的灌溉水量,即

$$q \leqslant Q_0 \tag{2-57}$$

式中　Q_0——第 1 阶段灌溉定额上限。

(4) 状态转移方程。

1) 计划湿润层土壤水量平衡方程:

$$W_{i+1} = W_i + P_i + K_i + d_i - ET_i - S_i \tag{2-58}$$

式中　P_i、K_i、S_i——i 阶段有效水量、地下水补给量和深层渗漏量。

2) 水量分配方程:

$$q_{i+1} = q_i - d_i \qquad (2-59)$$

(5) 递推方程。由于该问题有两个状态变量 (q_i,W_i),因此有两个递推方程,即

$$f_i^*(q_i) = \max_{d_i}[R_i(q_i,d_i)f_{i+1}^*(q_{i+1})]$$

$$f_n^*(q_n) = \left(\frac{ET_a}{ET_m}\right)_n^{\lambda_n} \quad (i=1,2,3,\cdots,n-1) \qquad (2-60)$$

式中　$R_i(q_i,d_i)$——i 阶段在 q_i 状态下作出决策 d_i 时所得到的效益,$R_i(q_i,d_i)$
$= \left(\frac{ET_a}{ET_m}\right)_i^{\lambda_i}$;

$f_{i+1}^*(q_{i+1})$——余留阶段的最大总效益。

$$f_i^*(W_i) = \max_{ET_i}[R_i(W_i,ET_i)f_{i+1}^*(W_{i+1})]$$

$$f_n^*(W_n) = \left(\frac{ET_a}{ET_m}\right)_n^{\lambda_n} \quad (i=1,2,3,\cdots,n-1) \qquad (2-61)$$

式中　$R_i(W_i,ET_i)$——状态 W_i 下,作出决策 ET_i 时所得 i 阶段的效益;

$f_{i+1}(W_{i+1})$——余留阶段的最大总效益。

该模型是一个二维动态规划问题,采用动态规划逐次渐近法求解,可得到中等水文年或中等干旱年的冬小麦优化灌溉制度,其中中等水文年冬小麦的优化灌溉制度见表 2-35。

表 2-35　　　　　　　　　中等水文年冬小麦的优化灌溉制度表

可供水量 /(m³/hm²)	各生育阶段可供水量/(m³/hm²)						
	插种—分蘖	分蘖—返青	返青—拔节	拔节—抽穗	抽穗—乳熟	乳熟—成熟	Y_a/Y_m
0	0	0	0	0	0	0	0.5668
450	0	0	0	450	0	0	0.7481
900	0	0	0	900	0	0	0.8595
1350	450	0	0	900	0	0	0.9468
1800	450	0	450	900	0	0	0.9827

从表 2-35 可知,冬小麦产量随灌溉定额的增大而明显增加。在中等水文年,不灌水时,其产量相当于充分灌溉时产量的 60% 左右,灌一次水 (450m³/hm²),其产量可达充分灌溉时产量的 75%;灌两次水 (总灌水量 900m³/hm²),其产量为充分灌溉时产量的 85%;灌三次水 (总灌水量 1350m³/hm²),其产量可达充分灌溉时产量的 95% 以上。若再增加灌水次数,其产量增加并不明显。从上述情况看,对该地区而言,冬小麦灌水 2~3 次为宜,总灌水量 900~1350m³/hm² 是较优的灌水方案,对灌水时间而言,若灌两次水,两次灌水均放在拔节—抽穗期进行灌溉,若灌三次水,除拔节—抽穗期灌两次外,另一次灌水放在播种—分蘖期。

第四节　灌水率及灌溉用水量

灌溉用水量（或流量）是指某一灌溉面积需从水源取用的水量（或流量），它是根据灌溉面积、作物种植情况、土壤、水文地质、气象条件以及渠系输水和田间灌水的水量损失等因素而定。灌溉用水量的大小直接影响着灌溉工程的规模。在进行灌溉工程规划设计管理时，首先要确定灌溉用水量及其用水过程，目的是进行供水和用水的平衡分析计算，如果供水量满足用水需要，则可按照原规划进行；如果供水量不能满足用水需要，应提出所要采取的办法措施；其次，以供水能力确定可能开发的灌溉面积及相应的工程规模；最后是为了进行供水和用水的平衡计算，当供水不能满足用水要求时，应提出所要采取的措施。

一、设计典型年的选择

从灌溉制度的分析中可知，农作物需要消耗的水量主要来自灌溉、降雨和地下水补给，而灌溉是在充分利用降水的基础，针对作物需水需要进行人工补充用水的措施。对于绝大多数的灌区来说，地下水补给量是相对稳定的，而不同水文年份降水不同，降水量在年际之间变化很大，各年的灌溉用水量就有很大的差异。因此，灌溉用水量主要受降水量的制约。设计灌溉工程时应首先确定灌溉设计保证率，南方小型水稻灌区的灌溉工程也可按抗旱天数进行设计，灌溉设计保证率可根据水文气象、水土资源、作物组成、灌区规模、灌水方法及经济效益等因素，按照表 2-36 确定。根据灌溉设计保证率确定一个特定的水文年份，作为规划设计的依据。通常把这个特定的水文年份称为"设计典型年"。根据设计典型年的气象资料计算出来的灌溉制度被称为"设计典型年的灌溉制度"，简称为"设计灌溉制度"，相应的灌溉用水量称为"设计灌溉用水量"。

表 2-36　　　　　　　　　　　　　灌溉设计保证率

灌水方法	地　区	作物种类	灌溉设计保证率/%
地面灌溉	干旱地区 或水资源紧缺地区	以旱作为主	50～75
		以水稻为主	70～80
	半干旱、半湿润地区 或水资源不稳定地区	以旱作为主	70～80
		以水稻为主	75～85
	湿润地区 或水资源丰富地区	以旱作为主	75～85
		以水稻为主	80～95
	各类地区	牧草和林地	50～75
喷灌、微灌	各类地区	各类作物	85～95

注　1. 作物经济价值较高的地区，宜选用表中较大值；作物经济价值不高的地区，可选用表中较小值。
　　2. 引洪淤灌系统的灌溉设计保证率可取 30%～50%。

根据历年降雨量资料，可以用频率方法进行统计分析，确定几种不同干旱程度的典型年份，如中等年（降雨量频率为 50%）、中等干旱年（降雨量频率为 75%）以及干旱年（降雨量频率为 85%～90%）等，以这些典型年的降雨量资料作为计算设计灌溉制度和灌溉用水量的依据。若为已建工程的管理运用而确定灌溉用水量，如制定水库调度计划、渠系配水计划等，则需要以该运用年份内各种作物灌溉的基本资料，如灌溉制度、灌溉面积和水量损失等情况为依据。

用设计代表年的降水量资料确定好了灌溉制度后，即可计算设计灌溉用水流量和灌溉用水量，为灌溉工程规划设计提供依据。

二、灌水率

灌水率是指灌区单位面积（例如以万亩计）上所需灌溉的净流量 $q_净$，又称灌水模数，以 $m^3/(s \cdot 万亩)$ 计。它是根据灌溉制度确定的，利用它可以计算灌区渠首的引水流量和灌溉渠道的设计流量。

（一）灌水率计算

灌水率 $q_净$ 应分别根据灌区各种作物每次的灌水定额，逐一进行计算，如某灌区的面积为 A（亩），种有 1、2、3、$\cdots$、k 等各种作物，面积各为 $\alpha_1 A$、$\alpha_2 A$、$\alpha_3 A$、$\cdots$、$\alpha_k A$、$\cdots$；α_1、α_2、α_3、$\cdots$、α_k、$\cdots$ 分别为各种作物种植面积占灌区面积的百分数，即种植比例。如第 k 种作物的各次灌水定额分别为 m_1、m_2、$\cdots$、m_i、$\cdots$（$m^3/$亩），要求各次灌水在 T_1、T_2、T_3、$\cdots$、T_i、$\cdots$ 昼夜内完成，则对于这一作物，第 k 种作物的第 i 次灌水的灌水率为

$$q_{ki,净} = \frac{a_k m_i}{8.64 T_i} \tag{2-62}$$

对于自流灌区，每天灌水延续时间一般以 24h 计；对于抽水灌区，则每天抽灌时间以 $20 \sim 22$h 计，式（2-62）中系数 8.64 应相应改为 $7.2 \sim 7.92$。

同理，可求出灌区各种作物每次灌水的灌水率，见表 2-37。

表 2-37　　　　　　　　　　　　灌 水 率 计 算 表

作物	作物面积占比/%	灌水次数	灌水定额/(m³/亩)	灌水时间（月.日）			灌水延续时间/d	灌水率/[m³/(s·万亩)]
				始	终	中间日		
小麦	50	1	65	9.16	9.27	9.2	12	0.31
		2	50	3.19	3.28	3.24	10	0.29
		3	55	4.16	4.25	4.21	10	0.32
		4	55	5.6	5.15	5.11	10	0.32
棉花	25	1	55	3.27	4.3	3.30	8	0.20
		2	45	5.1	5.8	5.5	8	0.16
		3	45	6.20	6.27	6.24	8	0.16
		4	45	7.26	8.2	7.30	8	0.16
谷子	25	1	60	4.12	4.21	4.17	10	0.17
		2	55	5.3	5.12	5.8	10	0.16
		3	50	6.16	6.25	6.21	10	0.14
		4	50	7.10	7.19	7.15	10	0.14
玉米	50	1	55	6.8	6.17	6.13	10	0.32
		2	50	7.2	7.11	7.7	10	0.29
		3	45	8.1	8.10	8.6	10	0.26

由式（2-62）可见，灌水延续时间直接影响着灌水率的大小，从而在设计渠道时，也影响着渠道的设计流量以及渠道和渠系建筑物的造价，因此必须慎重选定。灌水延续时间与作物种类、灌区面积大小及农业生产劳动计划等有关。灌水延续时间越短，作物对水分的要求越容易得到及时满足，但这将加大渠道的设计流量，并造成灌水时劳动力的过分紧张。不同作物允许的灌水延续时间也不同。对主要作物的关键性的灌水，灌水延续时间不宜过长；次要作物可以延长一些。如灌区面积较大，劳动条件较差，则灌水时间也可较长。但延长灌水时间应在农业技术条件许可和不降低作物产量的条件下进行。

对于灌溉面积较小的灌区，灌水延续时间要相应减小。例如，一条农渠的灌水延续时间一般约为12~24h。作物灌水延续时间应根据当地作物品种、灌水条件、灌区规模与水源以及前茬作物收割等因素确定。万亩以上灌区主要作物可按表2-38选用，万亩及万亩以下灌区可按表列数值适当减小。

表 2-38　　　　　　　　　　　万亩以上灌区作物灌水延续时间　　　　　　　　　　单位：d

作 物	插 前	生育期	作 物	插 前	生育期
水稻	5~15（泡田）	3~5	棉花	10~20	5~10
冬小麦	10~20	7~10	玉米	7~15	5~10

（二）灌水率图

1. 初始灌水率图

为了确定设计灌水率、推算渠首引水流量或灌溉渠道设计流量，通常可先对某一设计代表年计算出灌区各种作物每次灌水的灌水率（表2-37）。并将所得灌水率绘成直方图，如图2-11所示，称为灌水率图。从图可见，各时期的灌水率大小悬殊，渠道输水断断续续，不利于管理。如以其中最大的灌水率计算渠道流量，势必偏大，不经济。因此，必须对初步算得的灌水率图进行必要的修正，尽可能消除灌水率高峰和短期停水现象。

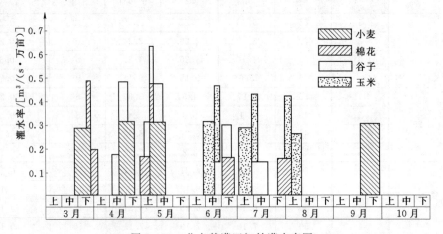

图 2-11　北方某灌区初始灌水率图

2. 灌水率图修正

对初步灌水率图进行修正应使修正后的灌水率图符合下列要求。

（1）应与水源供水条件相适应。

（2）调整灌水率时，要以不影响作物需水要求为原则，尽量不要改变灌区内主要作物关键用水期的各次灌水时间。若必须调整移动，应以往前移动为主，且前后移动的总天数不超过 3d。

（3）若同一种作物连续两次灌水均需变动灌水日期，不应一次提前一次推后，延长或缩短灌水时间与原定时间相差不应超过 20％。

（4）为了减少输水损失，并使渠道工作制度比较平稳，在调整时不应使灌水率数值相差悬殊。全年各次灌水率大小应比较均匀、连续，短期的峰值不应大于设计灌水率的 120％，最小灌水率不应小于设计灌水率的 30％。

（5）为便于灌区的管理、养护，宜避免经常停水，特别应避免小于 5d 的短期停水。

（6）由于调整灌水率而引起灌溉定额的变化时，灌水定额的调整值不应超过原定额的 10％，同一种作物不应连续两次减小灌水定额。

（7）当上述要求不能满足时可适当调整作物组成。

修正后的灌水率图如图 2-12 所示。用调整后的灌水率图可求得灌区设计年引水流量过程线，此过程线应尽量和水源来水过程线相适应。

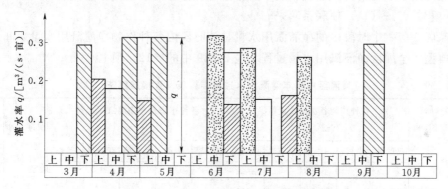

图 2-12　北方某灌区修正后的灌水率图

随着城乡企业的发展和农村人民生活水平的提高，每个灌区都应考虑城乡工业和人民生活用水的需要。为此，在修正后的灌水率图上还应加上乡镇和其他供水量，以满足实际需要。

（三）设计灌水率

作为设计渠道用的设计灌水率，应以图 2-12 为依据，以累积 30d 以上的或出现次数多、累积时间较长的最大灌水率值为设计灌水率。如图 2-12 中所示灌水率，不要选取短暂的高峰值，这样不致使设计的渠道断面过大，增加渠道工程量。在渠道运用过程中，对短暂的大流量，以加大流量供水，由渠堤超高部分的断面去满足。

根据我国各灌区目前的管理经验，大面积水稻灌区（万亩以上）的设计净灌水率（$q_{净}$）一般为 $0.45 \sim 0.6 \mathrm{m}^3/(\mathrm{s} \cdot 万亩)$；大面积旱作灌区的设计净灌水率一般为 $0.2 \sim 0.35 \mathrm{m}^3/(\mathrm{s} \cdot 万亩)$。如果灌区范围内自然条件差异较大，则应划分成不同的类型区，分区分别确定设计灌溉制度。然后根据各分区的作物组成，分别制定分区的灌水率图。然后采用加权平均法，制定成全灌区的灌水率，经调整后供设计使用。如水旱田均有的大中型灌区，其综合净灌水率可按水旱面积比例加权平均求得。对于控制灌溉面积较小的斗、农渠（灌溉面积为几十亩到上千亩），常要在短期内集中灌水，故其设计净灌水率远较上述经验数字为大。

三、灌溉用水量及用水过程线

灌溉用水量及用水过程线计算可用下面三种方法进行。

1. 用灌水定额和灌溉面积直接计算（直接推算法）

根据已拟定的设计典型年灌溉制度，各种作物的各次灌水定额均为已知，对于任何一种作物的某一次灌水，须供水到田间的灌水量（称净灌溉用水量）$W_净$ 可用下式计算：

$$W_净 = mA \qquad\qquad (2-63)$$

式中 $W_净$——净灌溉用水量，m^3；

$\quad m$——该作物某次灌水的灌水定额，m^3/亩；

$\quad A$——该作物的灌溉面积，亩。

对于任何一种作物，在典型年内的灌溉面积、灌溉制度确定后［表 2-39 中 (1)～(6) 项］，并可用式（2-63）推算出各次灌水的净灌溉用水量［表 2-39 中 (7)～(11) 项］。由于灌溉制度本身已确定了各次灌水的时期，故在计算各种作物每次灌水的净灌溉用水量的同时，也就确定了某年内各种作物的灌溉用水量过程线［把表 2-39 中 (1) 项与 (7)～(11) 项联系起来］。

全灌区任何一个时段内的净灌溉用水量是该时段内各种作物净灌溉用水量之和，按此可求得典型年全灌区净灌溉用水量过程［表 2-39 中的 (12) 项］。

表 2-39 　　　　某灌区中旱年灌溉用水过程推算表（直接推算法）

作物及灌溉面积/10^4 亩		各种作物各次灌水定额 /(m^3/亩)					各种作物各次净灌溉用水量 /$10^4 m^3$					全灌区净灌溉用水量 /$10^4 m^3$	全灌区毛灌溉用水量 /$10^4 m^3$
		双季旱	中稻	一季晚	双季晚	旱作	双季旱	中稻	一季晚	双季晚	旱作		
		A_1- 44.1	A_2- 12.6	A_3- 6.3	A_4- 37.4	A_5- 27	A_1	A_2	A_3	A_4	A_5		
时间（月、旬）		(1)											
		(2)	(3)	(4)	(5)	(6)	(7)	(8)	(9)	(10)	(11)	(12)	(13)
4 月	上旬												
	中旬	80 泡					3528					3528	5428
	下旬												
5 月	上旬	20	90 泡				882	1130				2012	3095
	中旬												
	下旬	73.5	100				3250	1260				4510	6940
6 月	上旬	26.7	50				1180	630				1810	2790
	中旬	66.7	120	80 泡			2950	1510	500			4960	7650
	下旬	40.0	70				1770	880				2650	4070
7 月	上旬		70	60	40 泡			880	380	1500		2760	4250
	中旬			60	60	50		380	2240	1350		3970	6120
	下旬				80					3000		3000	4620

续表

作物及灌溉面积/10⁴ 亩 时间（月、旬）	各种作物各次灌水定额 /(m³/亩)					各种作物各次净灌溉用水量 /10⁴m³					全灌区净灌溉用水量 /10⁴m³	全灌区毛灌溉用水量 /10⁴m³
	双季早	中稻	一季晚	双季晚	旱作	双季早	中稻	一季晚	双季晚	旱作		
	$A_1-44.1$	$A_2-12.6$	$A_3-6.3$	$A_4-37.4$	A_5-27	A_1	A_2	A_3	A_4	A_5		
8月 上旬			100					630			630	970
8月 中旬												
8月 下旬				60					2240		2240	3450
9月 上旬												
9月 中旬												
9月 下旬												
全年内	307	500	300	240	50	13560	6290	1890	8980	1350	32070	49338

注 1. 全灌区库灌面积=90 万亩。

2. 灌溉水利用系数 $\eta_水=0.56$。

灌溉水由水源经各级渠道、渠系建筑物输送到田间。由于有部分水量损失掉了（主要是渠道渗漏损失），故要求水源供给的灌溉水量（称毛灌溉用水量）为净灌溉用水量与损失水量之和，这样才能满足田间得到净灌溉水量之要求。净灌溉用水量 $W_净$ 与毛灌溉用水量 $W_毛$ 之比，称为灌溉水利用系数，用 $\eta_水$ 表示。将灌溉水利用系数作为衡量灌溉水量利用情况的指标。

$$\eta_水=\frac{W_净}{W_毛} \tag{2-64}$$

已知净灌溉用水量 $W_净$ 后，可用公式 $W_毛=\dfrac{W_净}{\eta_水}$ 求得毛灌溉用水量 [表 2-39 中第（13）项]。

$\eta_水$ 的大小与各级渠道的长度、流量、沿渠土壤、水文地质条件、渠道工程状况和灌溉管理水平等有关。在管理运用过程中，可实测决定。在规划设计时，应使其设计值符合表 2-40 的规定。

表 2-40	灌 溉 水 利 用 系 数		
灌区面积/万亩	>30	30~1	<1
渠系水利用系数	≥0.5	≥0.6	≥0.7

2. 用综合灌水定额推算（间接推算法）

某年灌溉用水量过程线还可用综合灌水定额 $m_综$ 求得，任何时段内全灌区的综合灌水定额，是指该时段内各种作物灌水定额的面积加权平均值。即

$$m_{综,净}=a_1m_1+a_2m_2+a_3m_3+\cdots \tag{2-65}$$

式中 $m_{综,净}$——某时段内综合净灌水定额，m³/亩；

m_1、m_2、m_3……——第 1 种、第 2 种、第 3 种……作物在该时段内灌水定额，m³/亩；

a_1、a_2、a_3……——第 1 种、第 2 种、第 3 种……作物灌溉面积占全灌区的灌溉面积的比值。

全灌区某时段内的净灌溉用水量 $W_净$，可用下式计算：

$$W_净 = m_{综,净} A \quad (\text{m}^3) \tag{2-66}$$

式中 A——全灌区的灌溉面积，亩。

计入水量损失，则综合毛灌水定额：

$$m_{综,毛} = \frac{m_{综,净}}{\eta_水} \quad (\text{m}^3/\text{亩}) \tag{2-67}$$

全灌区任何时段毛灌溉用水量：

$$W_毛 = m_{综,毛} A \quad (\text{m}^3) \tag{2-68}$$

通过综合灌水定额推算灌溉用水量，与式（2-63）直接推算方法相比，其繁简程度类似，但求得综合灌水定额有以下作用：

（1）它是衡量全灌区灌溉用水是否合适的一项重要指标，与自然条件及作物种植面积比例类似的灌区进行对比，便于发现综合灌水系数是否偏大或偏小，从而进行调整、修改。

（2）若一个较大灌区的局部范围（如一些支渠控制范围）内，其各种作物种植面积比例与全灌区的情况类似，则求得 $m_综$ 后，不仅便于推算全灌区灌溉用水量，同时可利用它推算局部范围内的灌溉用水量。

（3）有时，灌区的作物种植面积比例已根据当地的农业发展计划决定好了，但灌区总的灌溉面积还须根据水源等条件决定。此时，须利用综合毛灌溉定额推求全灌区应发展的灌溉面积，即

$$A = \frac{W_源}{M_{综,毛}} \quad (\text{亩}) \tag{2-69}$$

式中 $W_源$——水源每年能供给的灌溉水量，m^3；

$M_{综,毛}$——综合毛灌溉定额，$\text{m}^3/\text{亩}$。

必须指出，对于一些大型灌区，灌区内不同地区的气候、土壤、作物品种等条件有明显差异，因而同种作物的灌溉制度也有明显的不同。此时，须先分区求出各区的灌溉用水量，而后再汇总成为全灌区的灌溉用水量。

3. 利用灌水率图推算（灌水率法）

调整后的灌水率图可以作为推算灌溉用水量及用水过程线的依据。图中各时段的柱状面积为各时段的净灌溉用水量。其计算式为

$$W_净 = 8.64 q_净 AT \quad (\text{万 m}^3) \tag{2-70}$$

式中 $q_净$——某时段的灌水率，$\text{m}^3/(\text{s} \cdot \text{万亩})$；

A——灌区总灌溉面积，万亩；

T——相应的时段，d。

各时段毛灌溉用水量计算式为

$$W_毛 = \frac{8.64 q_净 AT}{\eta_水} \quad (\text{万 m}^3) \tag{2-71}$$

式中符号意义同前。

各时段毛灌溉用水量之和，即为全灌区各种作物一年内的灌溉用水量。

对于小型灌区或没有以上这些要求的情况，一般可用直接推算法计算。

必须指出，对于一些大型灌区，灌区内不同地区的气候、土壤、作物品种等条件有明显差异，因而同种作物的灌溉制度也有明显的不同。此时，须先分区求出各区的灌溉用水量，而后再汇总成为全灌区的灌溉用水量。

四、多年灌溉用水量的确定和灌溉用水频率曲线

以上是某一具体年份灌溉用水量及年灌溉用水过程的计算方法。在用长系列法进行大、中型水库的规划设计或作多年调节水库的规划及控制运用计划时，常须求得多年的灌溉用水量系列。多年灌溉用水量可按照以上方法逐年推求。

有了多年的灌溉用水量系列，与年径流频率曲线一样，也可以应用数理统计原理求得年灌溉用水量的理论频率曲线。根据对我国 23 个大型水库灌区的分析，初步证实灌溉用水量频率曲线也可采用 PⅢ型曲线，经验点据与理论频率曲线配合尚好，其统计参数亦有一定的规律性，一般 C_v 为 $0.15\sim0.45$，C_s 为 C_v 的 $1\sim3$ 倍。在一定条件下，灌溉用水量频率曲线的统计参数应能进行地区综合，作出等值线图或分区图，这样应用起来就方便了。但是，由于影响灌溉用水量的因素十分复杂，而且随着国民经济的发展、灌溉技术及农业技术措施的改革，灌溉用水量的变化规律更不确定，这些问题都有待进一步深入研究。

灌溉用水量频率曲线可用于推求代表年灌溉用水量。在采用数理统计法进行多年调节计算时，可用它与来水频率曲线进行组合去推求多年调节兴利库容或用于其他水文水利计算问题。

第三章 灌 水 方 法

灌水方法是指将输配水系统中的灌溉水灌入田间并湿润根区土壤的措施。其目的在于将集中的灌溉水流尽量均匀地分散、转换成土壤水分，以满足作物对水、气、肥的需要。

第一节 灌水方法分类及适用条件

在生产实践中，根据灌水技术的不同特点，灌水方法通常分为以下几种类型。按湿润农田土壤面积状况分为全面灌溉和局部灌溉；按灌溉水输送到田间的方式和湿润土壤方式的不同，可分为地面灌溉、喷灌、微灌等；按灌溉水量满足作物需水量的程度不同分为充分灌溉和非充分灌溉；按输配水方式不同分为渠道输配水灌溉和管道输配水灌溉。在选择灌水方法时，要考虑灌溉的作物、土壤、地形、水源、气象、技术、经济等条件，经过方案比较确定。适宜的灌水方法可以更有效地调节和改善农田水分状况、养分状况和热状况，为农作物的生长创造更好的水、肥、气、热条件。

一、全面灌溉

灌溉时湿润整个农田根系活动层内的土壤，传统的常规灌水方法都属于这一类。比较适合于密植作物。主要有地面灌溉和喷灌两类。

1. 地面灌溉

地面灌溉是当今世界上采用最普遍的农田灌溉方法。据统计，全世界采用地面灌水方法的灌溉面积占总灌溉面积的90％左右。在我国农田灌溉发展中，地面灌溉方法有着悠久的历史，积累了丰富的地面灌水经验，对我国的农牧业发展起到了重要作用。目前，我国现有灌溉面积中，有97％以上还是采用这类方法。

水是从地表面进入田间并借重力和毛细管作用浸润土壤，所以也称为重力灌水法。这方法是最古老的也是目前应用最广泛、最主要的一种灌水方法。按其湿润土壤方式的不同，又可分为畦灌、沟灌、波涌流灌溉、淹灌和漫灌。

（1）畦灌。畦灌是用田埂将灌溉土地分隔成一系列小畦。灌水时，将水引入畦田后，在畦田上形成很薄的水层，沿畦长方向流动，在流动过程中主要借重力作用逐渐湿润土壤。

（2）沟灌。沟灌是在作物行间开挖灌水沟，水从输水沟进入灌水沟后，在流动的过程中主要借毛细管作用湿润土壤。和畦灌比较，其明显的优点是不会破坏作物根部附近的土壤结构，不导致田面板结，能减少土壤蒸发损失，适用于宽行距的中耕作物。

（3）波涌流灌溉。又称为波涌灌溉、间歇灌溉，它是一种节水型地面灌水方法，是一种按一定的时间间隔交替性地向田间供水的灌水方式。与传统的连续水流沟（畦）灌溉相比，灌溉水流不再是一次推进到沟（畦）的末端，而是分段地由首端逐渐推进至末端。

（4）淹灌（又称格田灌溉）。淹灌是用田埂将灌溉土地划分成许多格田。灌水时，使格田内保持一定深度的水层，借重力作用湿润土壤，主要适用于水稻。

（5）漫灌。漫灌是在田间不做任何沟埂，灌水时任其在地面漫流，借重力渗入土壤，是一种比较粗放的灌水方法。灌水均匀性差，水量浪费较大。

2. 低压管道输水灌溉

低压管道输水灌溉简称管道输水灌溉或"管灌"，是我国迅速发展起来的一种节水型灌溉技术，是以管道代替渠道输配水的一种工程形式，在田间灌水技术上属于地面灌溉。灌水时使用较低的压力，通过压力管道系统，把水输送到田间沟、畦，而在田间灌水上，通常采用畦灌、沟灌、"小白龙"灌溉等灌水方法。目前主要用于输配水系统层次少（一级或二级）的小型灌区（特别是井灌区），也可用于输配水系统层次多的大型灌区的田间配水系统。其工作压力相对于喷灌、微喷灌等较低。根据低压管道输水灌溉的运用条件，通过研究和实践，其管道系统的压力一般不超过 0.4MPa。在克服管道的输水压力损失之后，管道最远处出口压力应控制在 0.3～0.5m 水头。有时受管材承压能力的限制，管道的输水压力还得相应地降低。

3. 喷灌

喷灌是利用专门设备进行的喷洒灌溉方法。喷灌灌水方法是利用一套专门设备将有压水（可以是将水加压或利用地形高差形成的具有一定压力的水）通过管道输送到灌溉地段，并利用喷洒装置（即喷头）喷射到空中散成细小的水滴，像天然降雨一样进行灌溉的灌水方法。其突出优点是对地形的适应性强，机械化程度高，灌水均匀，灌溉水利用系数高，尤其是适合于透水性强的土壤，并可调节空气湿度和温度。但基建投资较高，而且受风的影响大。

二、局部灌溉

这类灌溉方法的特点是灌溉时只湿润作物周围的土壤，远离作物根部的行间或棵间的土壤仍保持干燥。为了做到这一点，这类灌水方法都要通过一套塑料管道系统将水和作物所需的养分直接输送到作物根部附近。并且准确地按作物的需要将水和养分缓慢地加到作物根区范围内的土壤中去，使作物根区的土壤经常保持适宜于作物生长的水分、通气和营养状况。一般局部灌溉流量都比全面灌溉小得多，因此又称为微量灌溉，简称微灌。这类灌水方法的主要优点是：灌水均匀、节约能量、灌水流量小；对土壤和地形的适应性强；能提高作物产量，增强耐盐能力；便于自动控制，明显节省劳力。比较适合于灌溉宽行作物、果树、葡萄、瓜类等。

（1）渗灌。渗灌是利用修筑在地下的专门设施（地下管道系统）将灌溉水引入田间耕作层借毛细管作用自下而上湿润土壤，所以又称为地下灌溉。近来也有在地表下埋设塑料管，由专门的渗头向作物根区渗水。其优点是灌水质量好、蒸发损失少、少占耕地便于机耕。但地表湿润差、地下管道造价高、容易淤塞、检修困难。

（2）滴灌。滴灌是由地下灌溉发展而来的。是利用一套塑料管道系统将水直接输送到每棵作物根部,水由每个滴头直接滴在根部上的地表,然后渗入土壤并浸润作物根系最发达的区域。其突出优点是非常省水、自动化程度高、可以使土壤湿度始终保持在最优状态。但需要大量塑料管,投资较高,滴头极易堵塞。把滴灌毛管布置在地膜的下面,可基本上避免地面无效蒸发,称之为膜下灌。

(3)微喷灌。微喷灌又称为微型喷灌或微喷灌溉。是用很小的喷头(微喷头)将水喷洒在土壤表面。微喷头的工作压力与滴头差不多,但是它是在空中消散水流的能量。由于同时湿润的面积大一些,这样流量可以大一些,喷洒的孔口也可以大一些,出流流速比滴头大得多,所以堵塞的可能性大大减小了。

(4)涌灌。涌灌又称涌泉灌溉。是通过置于作物根部附近的开口的小管向上涌出的少量水流或小涌泉将水灌到土壤表面。灌水流量较大(但一般也不大于220L/h),远远超过土壤的渗吸速度,因此通常需要在地表形成小水洼来控制水量的分布。适用于地形平坦的地区。其特点是工作压力很低,与低压管道输水的地面灌溉相近,出流孔口较大,不易堵塞。

(5)膜上灌。膜上灌是近几年我国新疆试验研究的灌水方法。它是让灌溉水在地膜表面的凹形沟内借助重力流动,并从膜上的出苗孔流入土壤进行灌溉。这样,地膜减少了渗漏损失,又和膜下灌一样减少地面无效蒸发。更主要的是比膜下灌投资低。

此外,局部灌溉还有多种形式,如拖管灌溉、雾灌等。

上述灌水方法各有其优缺点,都有其一定的适用范围,在选择时主要应考虑到作物、地形、土壤和水源等条件。对于水源缺乏地区应优先采用滴灌、渗灌、微喷灌和喷灌;在地形坡度较陡而且地形复杂的地区及土壤透水性大的地区,应考虑采用喷灌;对于宽行作物可用沟灌;密植作物则以采用畦灌为宜;果树和瓜类等可用滴灌;水稻主要用淹灌;在地形平坦、土壤透水性不大的地方,为了节约投资,可考虑用畦灌、沟灌或淹灌。各种灌水方法的适用条件及优缺点分别见表3-1、表3-2。

表3-1　　　　　　　　　　　各种灌水方法适用条件表

灌水方法		作 物	地 形	水 源	土 壤
地面灌溉	畦灌	密植作物(小麦、谷子等)、牧草、某些蔬菜	坡度均匀,坡度不超过0.2%	水量充足	中等透水性
	沟灌	宽行作物(棉花、玉米等)、某些蔬菜	坡度均匀,坡度不超过5%	水量充足	中等透水性
	淹灌	水稻	平坦或局部平坦	水量丰富	透水性小、盐碱土
	漫灌	牧草	较平坦	水量充足	中等透水性
喷灌		经济作物、蔬菜、果树	各种坡度均可,尤其适用于复杂地形	水量较少	适用于各种透水性,尤其是透水性大的土壤
局部灌溉	渗灌	根系较深的作物	平坦	水量缺乏	透水性较小
	滴灌	果树、瓜类、宽行作物	较平坦	水量极其缺乏	适用于各种透水性
	微喷灌	果树、花卉、蔬菜	较平坦	水量缺乏	适用于各种透水性

表 3-2　　　　　　　　　　　　　各种灌水方法优缺点比较表

灌水方法		水的利用率	灌水均匀性	不破坏土壤的团粒结构	对土壤透水性的适应性	对地形的适应性	改变空气湿度	结合施肥	结合冲洗盐碱土	基建与设备投资	平整土地的土方工程量	田间工程占地	能源消耗量	管理用劳力
地面灌溉	畦灌	○	○	—	○	—	○	○	○	○	—	—	+	—
	沟灌	○	○	○	○	—	○	○	○	○	—	—	+	—
	淹灌	○	○	—	○	—	○	+	○	—	—	—	+	—
	漫灌	—	—	—	—	—	○	—	○	+	+	○	+	—
喷灌		+	+	+	+	+	+	+	—	+	+	—	—	○
局部灌溉	渗灌	+	+	+	○	—	—	—	—	—	○.	+	○	+
	滴灌	+	+	+	+	○	—	+	—	—	○	+	○	+
	微喷灌	+	+	+	+	○	+	+	—	—	○	+	○	+

注　"+"表示优,"—"表示差,"○"表示一般。

第二节　对灌水方法的要求

灌水方法要根据灌溉地区的作物种类、土壤透水性、地形条件、水源条件、社会经济状况等条件来选择。实践中,对灌水方法的要求是多方面的,先进而合理的灌水方法应满足以下几个方面的要求:

(1) 满足灌水定额。各种灌水方法都应遵循科学的灌溉制度,按照计划的灌水定额,适时适量地供给作物生长所需要的水分。

(2) 灌水均匀、质量高。先进的灌水方法应使灌溉水按拟定的灌水定额灌到田间,均匀分布,使作物受水均匀,与计划湿润层深度大致相同,使得每棵作物得到的水量基本相等。同时,应使水分都保持在作物可以吸收到的土壤里,避免土壤计划湿润层内水分过多或过少,以维持适宜的土壤水分,保持土壤肥力。常以均匀系数来表示。

(3) 灌溉水的利用率高。能尽量减少发生地面流失、蒸发损失和深层渗漏,田间水利用系数高。

(4) 少破坏或不破坏土壤团粒结构。灌水后能使土壤保持疏松状态,表土不形成结壳,以减少地表蒸发。

(5) 便于和其他农业措施相结合。现代灌溉已发展到不仅应满足作物对水分的要求,而且还应满足作物对肥料及环境的要求。因此现代的灌水方法应当便于与施肥、施农药(杀虫剂、除莠剂等)、冲洗盐碱、调节田间小气候等相结合。此外,要有利于中耕、收获等农业操作,对田间交通的影响小。

(6) 劳动生产率高。所采用的灌水方法应便于实现机械化和自动化,使得管理所需要的人力最少,省力、省工。

(7) 对地形的适应性强。应能适应各种地形坡度以及田间不很平坦的田块的灌溉,降低对土地平整的要求。

（8）基本建设投资与管理费用低。要求管理方便、能量消耗最少、灌溉工程效益大、经济效果好、便于大面积推广。

（9）田间占地少。有利于节省土地、提高土地利用率、缓解土地资源紧张的现状。

第四章 地 面 灌 溉

第一节 地面灌溉及其灌水质量指标

一、地面灌溉的概念

地面灌溉是指灌溉水通过田间渠沟或管道输入田间，水流在田面上呈连续水层或细小水流沿田面流动过程中或在田面形成一定深度的水层，借重力作用和毛细管作用湿润土壤的灌水方法，又称重力灌水方法或全面灌水方法。

地面灌溉有两个特征：一是受重力作用，灌溉水流具有自由水面；二是依靠田面本身输送和分配水量。田面尺寸规格、土壤地质、水分入渗特性、土壤初始含水率、作物及种植状况等因素，都会影响到灌溉水流的推进性状，影响着水流在田面的流动和水量分配，而且这些因素复杂多变。传统的地面灌溉具有田间工程及设施简单、要求的水头低、能源消耗低、实施管理简便等优点；但传统的地面灌溉易使田面板结，破坏土壤团粒结构，同时，土地平整工作量大，投入劳力多，劳动强度大，灌溉用水量大，深层渗漏严重，灌水均匀度差，灌水质量不易保证，水量浪费现象严重。传统地面灌溉水利用率低，不利于节约用水，需要进行不断改进和完善。

地面灌溉是一种古老的灌溉技术，至少 4000 年前，中国、埃及、印度和中东地区的一些国家的农民就已经采用地面灌溉方法灌溉农田。地面灌溉是目前应用最普遍的灌水方法，据统计，我国地面灌溉面积约占全国总灌溉面积的 90%，世界各国地面灌溉面积平均约占总灌溉面积的 90% 以上，地面灌溉是最主要的灌溉技术和方法。尽管近几十年喷灌、微灌等先进灌溉技术得到一定程度的发展，但地面灌溉仍然是目前世界上应用最广泛的灌溉方法。所以，在许多地区，对于大多数大田作物，地面灌溉仍然是一种最适宜、最经济的灌溉方法。

在适当的田间工程条件下，良好的设计和管理可以使地面灌溉达到与有压灌溉相近的灌水效率，并且也可以实现灌溉自动化从而降低劳动强度的潜力。随着能源日趋紧缺，低耗能的地面灌溉显示出特有的优越性。经济不太发达的国家，由于受到资金和设备条件的限制，在短期内难以大力发展有压管道灌溉系统。因此，地面灌溉是一种既古老又具有较强生命力的灌溉技术。

随着现代科技的发展，土地的集约化规模经营，大型农业机具的使用以及激光控制平地技术的应用，传统地面灌溉技术正在发生巨大的改变，使地面灌溉在灌水均匀度和灌水效率等方面都有很大提高。国外研究表明，设计和管理良好的地面灌溉系统可获得接近于有压灌溉系统的灌水效率。可以预见，在今后较长的一段时间内，地面灌溉仍然保持其主导地位。

二、地面灌溉的过程

地面灌溉水流推进、消退与下渗是一个随时间而变化的复杂过程。一个完整的地面灌溉过程一般包括 4 个阶段，如图 4-1 所示。

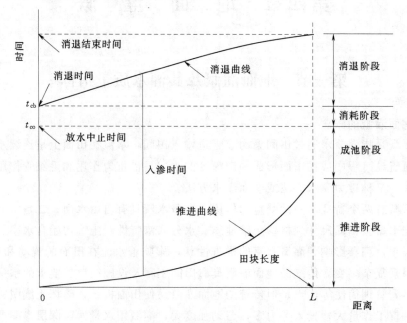

图 4-1　地面灌溉的过程

（1）推进阶段。在这个阶段，灌溉水由田间渠道或管道流入田间后，灌溉水流持续沿田面向前推进，流过整个田块一直到达田块末端。水流边向前推进，边向土壤中下渗，即灌溉水流在向前推进的同时就伴随有向土壤中的下渗。灌溉水流沿田面的纵向推进形成一个明显的湿润前锋（即水流推进的前缘）。有时为了避免发生尾水，或保证灌水更为均匀，湿润前锋未到达田块末端，就关闭田块首端进水口，停止向田块放水。

（2）成池阶段。推进阶段结束后，灌溉水继续流入田间，直到田间获得所需的水量为止。这时可能有部分灌溉水在田块末端漫出进入排水沟，成为灌溉尾水，但大部分被积蓄在田间。自推进阶段结束至中止灌溉入流之间这一阶段即为成池阶段。成池阶段结束时，田间蓄存了一定数量的水量。

（3）消耗阶段。入流中止后，由于土壤入渗或尾水流失，田面蓄水量逐渐减少，直到田块首端（灌水沟沟首或畦田首端）出现裸露地面。

（4）消退阶段。一般从田块首端开始，地表面形成一消退锋面（落干锋面），并随田面水流动和土壤入渗，向下游移动，直至田块尾端，此时田间土壤表面全部露出，灌水过程结束。消退一般从首端开始，若地面坡度很小，消退过程也可能从末端开始，或从两端开始。若是水平沟或水平畦，则整条灌水沟或整个畦田同时消退。

图 4-1 中，两条主要曲线是推进曲线和消退曲线，它们分别是推进阶段湿润锋及消退阶段消退锋面的运动轨迹。某点的纵坐标是指自灌溉开始的累计时间，横坐标是指自田块首端至推进锋面或消退锋面的距离。显然任一距离处，消退曲线与推进曲线之间的时间

段，即为该处灌溉水入渗的时间。

需要说明的是，以上 4 个阶段的划分是地面灌溉的一般情形，在实际灌水时，并不总是能观察到推进、成池、消耗和消退这 4 个阶段。例如，对于水平沟灌或水平畦灌，只有推进阶段、成池阶段和消耗阶段。在沟灌时，若沟中灌水流量很小（即细流沟灌），可能没有明显的成池阶段和消耗阶段，只能看到推进阶段和消退阶段，有时消退时间也很短，甚至可以忽略不计。因此，在实践中地面灌溉阶段的划分，应根据具体情况加以分析。

三、地面灌溉主要灌水质量指标

（一）地面灌溉灌水质量及其影响因素

良好的地面灌溉灌水质量表现为：能为作物提供适量的灌溉水量，并具有良好的灌水均匀度，尽量避免因深层渗漏和尾水流失而导致的灌溉水浪费，不产生地面冲蚀或导致土壤次生盐碱化等。一般可以通过根据土壤质地确定适宜的入田放水流量并适时中止入流，来达到较高的灌水效率和灌水均匀度。图 4-2 就是一个理论上可以出现的理想的地面灌溉过程。在这次灌水过程中，没有产生深层渗漏，没有产生尾水，也没有哪一处灌水不足，灌水达到完全均匀。当然，这种理想的灌水过程在实际灌溉中很难达到。因为人们对灌溉土地的质地、田面坡度及平整度、田面对水流的阻力等基本情况的把握不可能完全准确，而且分析计算本身也可能存在误差。尽管这种状态不可能达到，但是知道有这样一种理想状态，可激励人们在地面灌溉设计和管理中向这一方向努力。

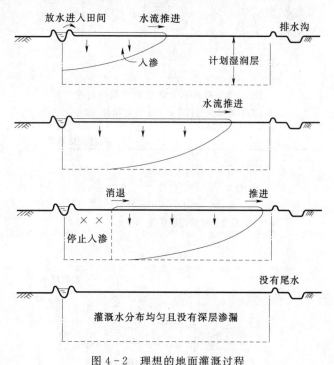

图 4-2　理想的地面灌溉过程

在灌水定额一定情况下，灌水流量确定后，灌水时间也随之确定。因此灌水流量是影响地面灌溉质量的一个重要因素。若灌水流量过小，则水流推进很慢，导致田块首部灌水过多，出现严重的深层渗漏；若灌水流量过大，水流过快到达田块末端，田块前部可能会出现灌水不足，末端则出现大量的尾水损失（若田块末端有田埂阻拦，则会出现田块末端灌水过多的现象），如图4-3所示。在良好的地面灌溉中，只产生少量的深层渗漏，计划湿润层一般不出现灌水不足的情况（灌水量最少处刚好达到设计灌水要求），灌水均匀度也适中。在畦（沟）尾不封闭的情况下，只产生少量的尾水流失，如图4-4所示。

除了灌水流量外，田块平整情况也影响灌水质量。田块内若有局部低洼，会蓄存过多的水量，而局部高地则可能根本灌不上水；若地面坡度不均，则较陡处推进或消退较快，较缓处水流推进或消退较慢，这样也会影响入渗时间。对于畦灌，畦田的横向应该水平，若有坡度也会出现问题，使畦田在横向上灌水不均匀。

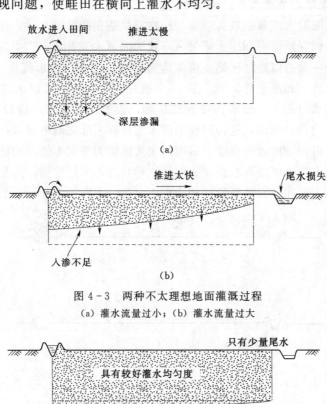

图4-3 两种不太理想地面灌溉过程

（a）灌水流量过小；（b）灌水流量过大

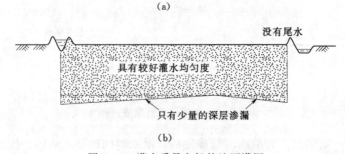

图4-4 灌水质量良好的地面灌溉

（a）畦（沟）尾不封闭；（b）畦（沟）尾封闭

另外，在同一田块内，若土壤质地不同，也会影响灌水均匀度。若一个畦田内有两种渗水性差异较大的土壤，则渗水性强的地方渗水较多，渗水性弱的地方则渗水较少。这时宜重新整理田块，使同一畦田内的土壤质地基本相同。

为了达到良好的灌水质量，采用科学设计方法也是至关重要的。目前国内在地面灌溉设计中仍主要依据实践经验或最简单的水量平衡方程，没有及时采用国际先进的设计方法。近二三十年来，地面灌溉设计理论已经取得了很大的进展，完全有可能采用更科学的方法来进行地面灌溉的设计或改善灌溉管理，从而得到一个较为优化的设计与管理方案。

（二）地面灌溉灌水质量指标

为了正确评价或指导地面灌溉设计与管理，需要明确地面灌溉灌水质量指标。计算灌水质量指标一般以入渗水量分布图为依据（图4-5）。测定入渗水量分布图的方法是：首先测得地面水流的推进曲线和消退曲线，由此可以确定各点入渗时间。然后根据入渗时间和入渗量计算公式（见第二章），以10～20m为间隔，计算各点入渗水量。以距畦（沟）首的距离为横坐标，以入渗水量为纵坐标，绘出入渗水量分布图。

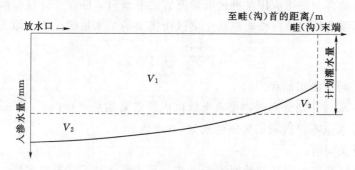

图4-5　土壤入渗水量分布图

国内外许多农田灌溉专家、学者提出了多个分析评估农田灌溉方法的田间灌水质量指标。下面结合图4-5介绍其中几个主要的灌水质量指标。

1. 田间灌水效率

田间灌水效率是指灌水后储存于计划湿润作物根系土壤区内的水量与实际灌入田间的总水量的比值，即

$$E_{a} = \frac{V_1}{V} = \frac{V - (V_2 + V_0)}{V} \tag{4-1}$$

式中　E_{a}——田间灌水效率；

V_1——灌溉后储存于计划湿润作物根系土壤区内的水量，m^3 或 mm；

V——输入田间的灌溉总水量，m^3 或 mm；

V_2——深层渗漏损失水量，m^3 或 mm；

V_0——田间灌水径流流失水量，m^3 或 mm。

田间灌水效率表征应用某种地面灌溉方法后农田灌溉水有效利用的程度，是标志农田灌水质量优劣的一个重要评估指标。

2. 深层渗漏率

深层渗漏率是指深层渗漏损失的水量与输入田间的总灌溉水量之比，即

$$E_d = \frac{V_2}{V} \qquad\qquad (4-2)$$

式中　E_d——田间深层渗漏率；

其余符号意义同前。

3. 尾水率

尾水率是指尾水损失的水量与输入田间的总灌溉水量之比，即

$$E_t = \frac{V_0}{V} \qquad\qquad (4-3)$$

式中　E_t——尾水率；

其余符号意义同前。

在我国，畦田或灌水沟尾部多为封闭。在这种情况下，如果具有良好的田间管理水平，一般没有尾水产生，因此可不考虑尾水率。

4. 田间灌溉水储存率

田间灌溉水储存率是指应用某种地面灌溉方法灌溉后，储存于计划湿润作物根系土壤区内的水量与灌溉前计划湿润作物根系土壤区所需要的总水量的比值，即

$$E_s = \frac{V_1}{V_n} = \frac{V_1}{V_1 + V_3} \qquad\qquad (4-4)$$

式中　E_s——田间灌溉水储存率；

　　　V_n——灌水前计划湿润作物根系土壤区内所需要的总水量，m^3 或 mm；

　　　V_3——灌水量不足区域所欠缺的水量，m^3 或 mm；

其余符号意义同前。

田间灌溉水储存率表征某种地面灌溉方法、某项灌水技术实施灌水后，能满足计划湿润作物根系土壤区所需要水量的程度。

5. 田间灌水均匀度

田间灌水均匀度是指应用地面灌溉方法实施灌水后，田间灌溉水湿润作物根系土壤区的均匀程度，或者田间灌溉水下渗湿润作物计划湿润土层深度的均匀程度，或者表征为田间灌溉水在田面上各点分布的均匀程度，通常用下述公式表示：

$$E_d = 1 - \frac{\overline{|\Delta Z|}}{\overline{Z}} \qquad\qquad (4-5)$$

式中　E_d——田间灌水均匀度；

　　　$\overline{|\Delta Z|}$——各测点的实际入渗水量与平均入渗水量离差绝对值的平均值，m^3 或 mm；

　　　$\overline{Z}$——灌水后土壤内的平均入渗水量，m^3 或 mm。

一般情况下，要求地面灌溉灌水均匀度达 80% 以上。

以上各项评价指标中，E_a、E_s 和 E_d 是三项主要评价指标，分别从不同的侧面评估灌水质量的好坏。实际评价时，至少应计算这三项主要评价指标，单独使用其中一项指标难以全面评价田间灌水质量。

【例 4-1】　某田块进行畦灌，畦长 80m，畦尾封闭，设计灌水定额为 60mm。灌水结束后，测算得沿畦长方向入渗水量如图 4-6 所示，其具体数据见表 4-1。试计算田间灌

水效率、灌溉水储存率和灌水均匀度。

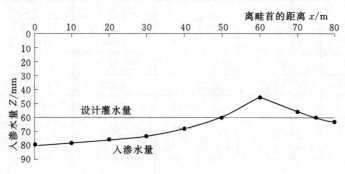

图 4-6　沿畦长入渗水量

解：（1）沿畦长方向共有 10 个断面，根据各断面入渗水量，计算相邻断面平均入渗水量。再根据各断面间距，计算单宽总入渗水量：

$$V = \sum_{i=1}^{9} \frac{Z_{i-1} + Z_i}{2 \times 1000} \Delta x_i = 5.273 \, (\text{m}^3/\text{m})$$

在 0～50m 及 75～80m 范围内，存储在计划湿润层内的入渗水量均为 60mm，即 0.06m。50～75m 范围内存储在计划湿润层内的入渗水量见表 4-1。因此存储在计划湿润层内的总入渗水量为

$$V_1 = 0.06 \times 55 + 0.525 + 0.505 + 0.290 = 4.62 (\text{m}^3/\text{m})$$

田间灌水效率为

$$E_a = \frac{V_1}{V} = \frac{4.62}{5.273} = 0.88$$

（2）畦田单宽应灌水量为 $V_n = 0.06 \times 80 = 4.80 (\text{m}^3/\text{m})$，因此灌溉水储存率为

$$E_s = \frac{V_1}{V_n} = \frac{4.62}{4.80} = 0.96$$

（3）根据表 4-1，$\overline{|\Delta Z|} = 9.0\text{mm}$，$\overline{Z} = 65.8\text{mm}$，因此灌水均匀度为

$$E_d = 1 - \frac{\overline{|\Delta Z|}}{\overline{Z}} = 1 - \frac{9.0}{65.8} = 0.86$$

表 4-1　　　　　　　　　　　　　　　灌水质量指标计算表

i	x /m	Z /mm	Δx_i /m	$\dfrac{Z_{i-1}+Z_i}{2}$ /mm	$\dfrac{Z_{i-1}+Z_i}{2 \times 1000}\Delta x_i$ /(m³/m)	$|\Delta Z_i|$ /mm
0	0	79				13.2
1	10	78	10	78.5	0.785	12.2
2	20	76	10	77	0.77	10.2
3	30	73	10	74.5	0.745	7.2
4	40	68	10	70.5	0.705	2.2

i	x /m	Z /mm	Δx_i /m	$\dfrac{Z_{i-1}+Z_i}{2}$ /mm	$\dfrac{Z_{i-1}+Z_i}{2\times1000}\Delta x_i$ /(m³/m)	$\lvert\Delta Z_i\rvert$ /mm
5	50	60	10	64	0.64	5.8
6	60	45	10	52.2	0.525	20.8
7	70	56	10	50.5	0.505	9.8
8	75	60	5	58	0.29	5.8
9	80	63	5	61.5	0.308	2.8
平均		65.8				9.0
合计					5.273	

第二节 畦 灌

畦灌是利用土埂将灌溉土地分隔成一系列长方形地块（即灌水畦，俗称畦田）灌溉水以薄层水流的形式沿畦长坡度方向流动，水在流动的过程中主要借重力作用渗入并湿润土壤的灌水方法。畦田末端有封闭和不封闭两种形式，一般宜采用畦尾封闭形式。科学合理的畦灌可以达到较高的灌水均匀度，并能有效控制深层渗漏损失。我国一些地区，由于土地不够平整，畦田规格不当，入畦流量不合理等，造成灌水不均匀，灌溉水浪费严重。

一、畦田布置

畦灌需要的田间工程如图 4-7 所示。适合小麦、谷子、花生、芝麻等窄行距密播作物以及牧草、某些蔬菜等撒播作物。畦田布置应依据地形条件并考虑耕作方向。畦灌有顺坡畦灌和横坡畦灌两种。当地面坡度较小，畦田长边方向沿最陡地面坡度方向（即大体垂直于等高线方向）布置的，称顺坡畦灌；地面坡度较大，为避免田面水流过快，畦长方向与等高线大体平行布置的，称横坡畦灌。根据畦田长度不同，畦灌又有长畦灌和短畦灌两种。通常畦长大于 100m 的，称为长畦灌；畦长小于或等于 70m 的，称为短畦灌或小畦灌。

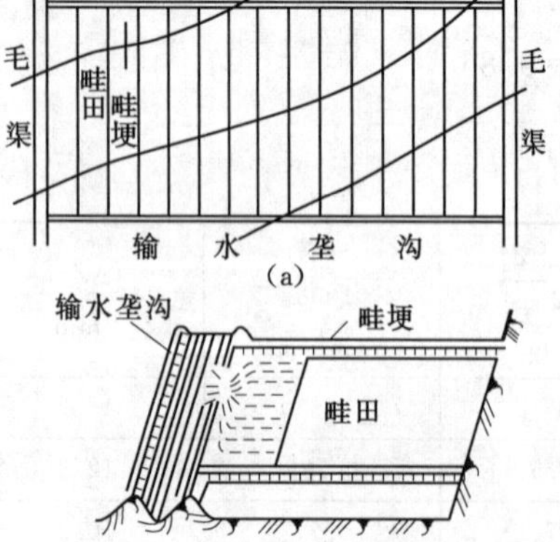

图 4-7 畦田布置示意图
(a) 畦田平面布置；(b) 畦灌示意图

畦田沿畦长方向一般具有一定坡度，灌溉水由田间渠道进入畦田后利用田面坡度向前推进灌溉整个畦田。入畦水流截断后，水流由畦首向畦尾消退。在理论上，只要在适当的坡度、入畦流量和停水时间条件下，可达到灌溉水的均匀分布。入畦水流以一适宜大小流量进入畦田并向前推进，当畦首灌水量达到设计要求时，中止供水。随着畦田内水流的向前消退，未达到设计灌水深度的土壤继续入渗，至水层消退至畦尾时，畦尾恰好达到设计灌溉水深。这种理想的畦灌在实际应用中很难获得，它取决于入畦流量的大小、灌水定额的大小、畦田长度和中止供水的时间是否合理。如果入流中止过早，畦首不能获得足够的水量。如果入流中止过迟，畦尾可能发生深层渗漏或产生漫溢损失。但是通过合理的设计和管理，可以使畦灌接近于这种理想状况。

二、畦田规格

畦田规格主要指畦田的长度、畦田的宽度、坡度和畦埂断面。畦田规格的大小对灌水质量的好坏、灌水效率的高低、土地平整工作量的多少，以及对田间渠网的布置形式和密度与畦埂占地面积等影响很大。畦田规格主要与地形和耕作水平等因素有关。实施畦灌必须合理地确定畦长、畦宽和畦埂断面。

实施畦灌方法，要注意提高灌水技术。即要根据与地面坡度、土地平整情况、土壤透水性能、农业机具等因素合理地选定畦田规格和控制入畦流量、放水时间等技术要素。入畦单宽流量一般控制在 $3 \sim 6 L/(s \cdot m)$ 左右，以使水量分布均匀和不冲刷土壤为原则。畦田的布置应根据地形条件而变化。如地面坡度较大，土壤透水性较弱，畦田可适当加长，入畦流量适当减小；如地面坡度较小，土壤透水性较强，则要适当缩短畦长，加大入畦流量，才能使灌水均匀，并防止深层渗漏。灌水技术要素之间的正确关系，应根据总结实践经验或分析田间试验资料来确定。下面讨论它们之间存在的关系。

(1) 畦田的坡度。畦田沿长边方向（即在灌水方向）应有一定的坡度，以保证灌溉水量能由畦首流向畦尾，并使灌水尽量均匀。为了便于水流推进，最小坡度为 0.05%。为防止土壤侵蚀，最大坡度不超过 2%。一般适宜的畦田田面坡度 i 为 $0.001 \sim 0.005$。对于水平畦灌，要求田面各方向的坡度都很小（$\leqslant 0.03\%$）或为 0。

(2) 畦宽。畦宽主要取决于畦田的土壤性质和农业技术要求，以及农业机具的宽度。通常，畦宽多按当地农业机具宽度的整倍数确定，一般约 $2 \sim 3 m$。传统畦灌法的畦宽一般都要求最宽不宜大于 4m，每亩约 $5 \sim 10$ 个畦田。在水源流量小时或井灌区，为了迅速在整个畦田面上形成流动的薄水层，一般畦田的宽度较小，多为 $0.8 \sim 1.2 m$。

但是，适当加大畦宽，可节省畦埂占地，因此在土地较为平整、能够保证灌水质量的情况下，可采用较大的畦宽。例如，宁夏回族自治区地区试验结果表明：在宁夏引黄灌区，畦田规格在畦长 42.5m、畦宽 8m、入畦流量 35L/s 时节水增产效果显著。现宁夏引黄灌区已将畦长 42.5m、畦宽 8m、入畦流量 $30 \sim 40 L/s$ 确定为推广应用的畦田标准。同时将畦长 $30 \sim 50 m$、畦宽 $3 \sim 6 m$ 确定为山区塘、库、井、管灌区推广应用的畦田标准。在一些发达国家，由于使用大型耕作机械，实行规模化经营，畦田宽度也比较大，最宽可达 30m。

为了灌水均匀，一般要求畦田田面无横向坡度，以免水流集中，冲刷畦田田面土壤。若有横向坡度，则宜整成相互产有一定高差的台阶状等高畦田。为防止上一级畦田内灌溉水通过畦埂渗入相邻的下一级畦田，相邻畦田高差不宜大于 6cm。根据这一控制条件，可以确定具有横向坡度情况下，畦田的适宜宽度。例如，具有横向坡度为 1% 的土地需要平整成畦田，考虑 6cm 的高差，则畦田宽度应不大于 6m。

若采用水平畦灌，畦田宽度可宽一些。具体宽度宜根据输水沟流量、条田布置和田面平整度等因素确定。

(3) 畦长。畦长应根据畦田纵坡、土壤质地及土壤透水性能、土地平整情况和农业技术条件等合理确定。畦田田面坡度大的畦长宜短，纵坡小的畦长可稍长；砂质土壤，土壤透水性能强，畦田长度宜短；粉质土壤，土壤透水性能弱，畦长可以稍长；总之，畦田的长短，应要求畦田田面灌水均匀，并尽量使湿润土壤均匀，筑畦省工，畦埂少占地，便于农业机具工作和田间管理。若畦田过长，往往会使畦首、畦尾灌水很难一致，土壤湿润更不易均匀。我国自流灌区，一般传统畦灌法的畦长以 50～100m 为宜，以保证灌水的均匀性。在提水灌区和井灌区，畦长应短一些，一般为 30～50m。畦长与土壤质地及地面坡度的关系见表 4-2，供参考。

表 4-2　　　　　　　　　　不同土壤质地及地面坡度的畦长　　　　　　　单位：m

土　质	坡　度			
	<0.002	0.002～0.005	0.005～0.01	0.01～0.02
轻砂壤土	20～30	50～60	60～70	70～80
砂壤土	30～40	60～70	70～80	80～90
黏壤土	40～50	70～80	80～90	90～100
黏土	50～60	70～80	80～90	100～110

（4）畦埂。畦埂断面一般为三角形，畦埂高约 0.2～0.25m，底宽 0.3～0.4m，引浑水灌溉的地区应适当加大些。畦埂是临时性的，应与整地、播种相结合，最好采用筑埂器修筑。对于密植作物，畦埂也可以进行播种。为防止畦埂跑水，在畦田地边和路边最好修筑固定的地边畦埂和路边畦埂，其埂高不应小于 0.3m，底宽 0.5～0.6m，顶宽 0.2～0.3m。

三、畦灌灌水技术

为使灌水均匀、湿润土壤均匀，防止深层渗漏、畦尾受水不足，需要确定合理的灌水技术要素。畦灌灌水技术要素主要指畦田规格、每米畦宽引用的入畦流量（即单宽流量）和放水入畦时间等。影响这些要素的因素主要有：土壤渗透性、畦田田面坡度、畦田粗糙率与平整程度、作物的种植情况等。

为使沿畦长任何断面处渗入土壤中的水量都能达到大致相等，湿润土层基本均匀，就要求畦灌灌水技术要素之间应有如下关系：

（1）灌水时间 t 内渗入水量 H_t 应与计划的灌水定额 m 相等，由式（1-30）得

$$m = H_t = \frac{K_1}{1-\alpha} t^{1-\alpha} = K_0 t^{1-\alpha} \tag{4-6}$$

式中　K_1——在第一个单位时间末的土壤渗吸系数（或渗吸速度），cm/h；

K_0——在第一个单位时间内的土壤平均渗吸速度，其值为 $K_0 = K_1/(1-\alpha)$，cm/h；

α——土壤入渗速度递减指数，其值根据土壤性质及最初土壤含水率而定，一般为 0.3～0.8。轻质土壤 α 值较小，重质土壤 α 值较大，土壤的最初含水率越大 α 值越小，即渗吸速度在时间上的变化越缓；

H_t——t 时间内渗入土壤的水深，cm。

根据式（4-6）可求得畦灌的延续时间 t：

$$t=\left(\frac{m}{K_0}\right)^{\frac{1}{1-\alpha}} \qquad (4-7)$$

K_0 和 α 需通过土壤入渗试验确定，若无实测资料也可采用下述参考数值：对于弱透水性土壤，$K_0 \leqslant 5\text{cm/h}$；对于强透水性土壤，$K_0 \geqslant 15\text{cm/h}$；对于中等透水性土壤，$K_0 = 5 \sim 15\text{cm/h}$。$K_0$ 还随着作物生育阶段和灌水次数而变化。如河南省引黄灌区，实测小麦播种灌水时，$K_0 = 6 \sim 8\text{cm/h}$；冬灌到返青灌水，$K_0 = 4 \sim 6\text{cm/h}$，灌浆灌水时，$K_0 = 3 \sim 4\text{cm/h}$。地面灌溉的土壤入渗大致可分为两个阶段：在土壤渗水初期，由于地表土壤含水量较低，土壤孔隙多，土壤吸水能力强，所以土壤入渗速度大，随着土壤入渗继续，土壤含水量逐渐增加，土壤孔隙渐为水所充满，吸水能力减弱，则入渗速度逐渐减低。这种入渗速度随时间而变化的过程，称为初渗阶段。随着入渗继续，当全部土壤孔隙均充满了水，已基本达到饱和含水量状态时，入渗速度就渐趋于常数，不再随时间而变化，此时的入渗速度称为稳定入渗速度，这个阶段就称为稳渗阶段。土壤入渗速度的高低取决于土壤的孔隙、质地、结构以及初始土壤含水量、表土状况和水温等因素。其中，土壤质地影响最大。砂土不仅初始入渗速度高，达到稳定入渗速度所需时间短，而且稳定入渗速度值也高。黏土则相反，初始入渗速度较低，达到稳定入渗速度所需要的时间长，其稳定入渗速度值也小。表 4-3 为几种不同质地土壤的稳定入渗速度取值范围。

表 4-3　　　　　　　　　　几种不同质地土壤的稳定入渗速度

土　壤	砂	砂质土壤和粉砂质土壤	壤土	黏质土壤	碱化黏质土壤
稳定入渗速度/(mm/h)	>20	10～20	5～10	1～5	<1

（2）进入畦田的灌水总量应与灌水定额 m 所需的水量相等，即

$$3600qt = ml \qquad (4-8)$$

所以有

$$l = 3600qt/m \qquad (4-9)$$

式中　q——每米畦宽上的灌水流量，L/(s·m)；

　　　t——灌水延续时间，h。

在实际灌溉管理中，也可根据式（4-8），在已知灌水定额、灌水时间和畦田长度的条件下计算单宽流量：

$$q = ml/(3600t) \qquad (4-10)$$

入畦流量太大或太小，都会影响灌水效率，还会影响到是否侵蚀和使横向的水量扩散。因此，单宽流量应保证不冲刷土壤，而且又能将水量分散覆盖于整个田面。为确保灌溉效果，单宽流量的大小应该在适宜的范围内。美国农业部水土保持局（1974 年）建议，对于非草皮类型作物，如苜蓿、小麦，为防止侵蚀，最大单宽流量为

$$q_{max} = \frac{0.1765}{i^{0.75}} \qquad (4-11)$$

式中　q_{max}——最大入畦单宽流量，L/(s·m)；

　　　i——畦田坡降。

对于草皮类型的作物，可以用上述值的 2 倍。

为了保证灌溉水横向扩散，建议最小的灌水流量为

$$q_{min} = \frac{0.00595L\sqrt{i}}{n} \tag{4-12}$$

式中　q_{min}——最小入畦单宽流量，L/(s·m)；

　　　　i——畦田坡度；

　　　　L——畦田长度，m；

　　　　n——畦面糙率系数。

不同条件下的糙率系数参考值见表4-4。理论上讲，在作物长大后，糙率系数 n 应该随着增大，但是由于灌溉水流深度也相应增大，因此在一般情况下，采用固定的糙率系数 n 就能够满足设计要求。

表4-4　　　　　　　　　　　　糙 率 系 数 n 的值

使 用 条 件	糙率系数 n	来　　源
光滑、裸露土壤表面和灌水沟	0.04	美国农业部（1974年，1984年）
条播方向和灌水方向一致的条播谷类作物	0.10	美国农业部（1974年，1984年）
苜蓿，散播的谷类作物	0.15	美国农业部（1974年）
密植的苜蓿或者栽植在较长的田块内的苜蓿	0.20	克拉蒙斯（1991年）
密植草皮作物和垂直于灌水方向条播小麦	0.25	美国农业部（1974年）

畦首水深不应超过畦埂高度，畦首水深可按式（4-13）计算：

$$h = \left(\frac{qn}{1000i^{0.5}}\right)^{0.6} \tag{4-13}$$

如果由式（4-13）计算出的单宽流量不满足最大、最小单宽流量的限制，或畦首水深超过了畦埂高度，则应调整灌水定额和畦田规格等，以满足要求。

在农田灌溉生产实践中，灌水定额、土壤性质以及地面坡度均先确定，此时畦灌技术和畦灌设计主要是确定畦田长度和入畦单宽流量，但还应防止入畦水流对畦田田面土壤的冲刷，以防止产生水、土、肥流失。因此，一般要求畦田上的薄层水流推进流速不得超过0.1~0.2m/s。根据陕西省关中灌区各地灌溉试验结果，当灌水定额为40~50m³/亩，畦田地面坡度为1/400~1/1000时，在中壤土和轻壤土土质上，畦长为30~100m 条件下，入畦单宽流量以采用3~6L/(s·m) 为宜，表4-5、表4-6列举了陕西省、河南省相关畦田灌水技术要素之间的关系。在井灌区，为了节约用水，提高灌水质量，常采用较小的灌水畦，其宽度为0.5~1.0m，长度为15~20m，单宽流量为2~3L/(s·m)。表4-7为《灌溉与排水工程设计标准》（GB 50288—2018）推荐的畦灌技术要素组合。

表4-5　　　　　　　　　陕西省关中、陕北大田作物畦灌技术要素表

灌 区	土 壤	地面坡度	单宽流量/[L/(s·m)]	畦长/m
泾惠、洛惠、宝鸡峡灌区	壤土及砂壤土	1/2000~1/1000	2~5	50~100
陕北灌区	砂土及砂壤土	3/1000~7/1000	2.5~5	15~25
小型抽水及井灌区	砂壤土	5/1000	2~3	7~15

表 4-6　　　　　　　　　　　河南省引黄灌区畦灌技术要素表

土　质	坡　度								
	<0.002			0.002~0.01			0.01~0.025		
	畦长 /m	单宽流量 /[L/(s·m)]	畦宽 /m	畦长 /m	单宽流量 /[L/(s·m)]	畦宽 /m	畦长 /m	单宽流量 /[L/(s·m)]	畦宽 /m
强透水性轻质土壤	30~50	5~6	3.0	50~70	5~6	3.0	70~80	3~4	3.0
中等透水性土壤	50~70	5~6	3.0	70~80	4~5	3.0	80~100	3~4	3.0
弱透水性土壤	70~80	4~5	3.0	80~100	3~5	3.0	100~130	3	3.0

注　畦宽均为3m。

表 4-7　　　　　　　　　　　畦 灌 技 术 要 素 组 合

土壤渗透系数 /(m/h)	畦田坡度 /‰	畦长 /m	单宽流量 /[L/(s·m)]
>0.15	<2	40~60	5~8
	2~5	50~70	5~6
	>5	60~100	3~6
0.10~0.15	<2	50~70	5~7
	2~5	70~100	3~6
	>5	80~120	3~5
<0.10	<2	70~90	4~5
	2~5	80~100	3~4
	>5	100~150	3~4

（3）改水成数。实施封闭畦灌时，为了避免畦尾过量灌溉，使畦田上各点土壤湿润均匀，就应使水层在畦田各点停留的时间相同。为此，在实践中往往采用改水成数法来控制，即当水流到离畦尾还有一定距离时，就封闭入水口，并改水灌溉另一块畦田。同时，使畦内剩余的水流向前继续流动，至畦尾时则会全部渗入土壤，以使整个畦田湿润土壤达到既定的灌水定额。这样可使畦田上的薄层水流在畦田各点处的滞留时间大致相等，从而使畦田各点处的土壤入渗时间和渗入土壤中的水量大致相等。所谓改水成数，是指封口时田面水流推进长度占畦田总长度的成数。例如，薄层水流流至畦长的80％时，封口改水，即为八成改水。

改水成数与灌水定额、土壤透水性、田面坡度和畦长等条件有关，一般可以采用七成封口、八成封口、九成封口或满流封口等改水措施。改水成数需要通过田间试验或其他理论计算确定，一般对于地面坡度较大、单宽流量较大、土壤入渗能力低的畦田，改水成数宜小，反之取大值。据各地灌水经验，在一般土壤条件下，畦长50m时宜采用八成改水，畦长30~40m时宜采用九成改水，畦长小于30m应采用十成改水。

四、节水型畦灌技术

近年来，我国广大灌区为节约灌溉水、提高灌水质量、降低灌水成本，推广应用了许多项先进的节水型畦灌技术，取得了明显的节水和增产效果。这些先进的节水型畦灌技术主要包括水平畦灌、小畦灌、长畦分段灌和宽浅式畦沟结合灌等技术。

（一）水平畦灌灌水技术

1. 水平畦灌的特点

水平畦灌是田块纵向和横向两个方向的田面坡度均为 0 时的畦田灌溉方法，是一种先进的节水灌水技术。水平畦灌实施灌水时，通常要求引入畦田的流量很大，以使进入畦田的薄水层水流能在很短的时间内迅速覆盖整个畦田田面，然后以静态方式在重力作用下逐渐渗入作物根系层土壤中。

水平畦灌的畦田田面各方面的坡度都很小，整个畦田田面可看作水平田面。所以，水平畦田上的薄层水流在田面上的推进过程将不受畦田田面坡度的影响，而只借助于薄层水流沿畦田流程上水深不同所产生的水流压力向前推进。推进阶段结束后，蓄在水平畦田的水层主要借助重力作用，以静态方式逐渐深入作物根系土壤区内，因此它的水流消退曲线是一条水平直线。

水平畦灌法具有灌水技术要求低，深层渗漏小，水土流失少，方便田间管理和适宜于机械化耕作，以及可直接应用于冲洗改良盐碱地等优点。与传统畦灌相比，水平畦灌可节水 20％以上。在土壤入渗速度较低的条件下，田间灌水率可达 95％以上，灌水均匀度可达 90％以上，因而在美国等一些国家已得到广泛应用。

水平畦灌法对土地平整的要求较高，水平畦田地块必须进行严格平整。以往采用传统的土地平整测量方法和平整工具，既费工又很难达到精确的平整精度，但是由于激光控制土地平整技术的出现，高精度平整土地已经很容易实现，因此水平畦灌具有良好的推广应用前景。

2. 水平畦灌的技术要求

（1）水平畦田田面的平整程度要求很高，一般要求田面高程标准偏差小于 2cm，因此必须进行严格平整。采用传统的土地测量方法和平整工具很难达到精确的平整要求，宜采用带有激光控制装置的铲运机进行平整。

（2）水平畦灌对畦田的形状没有要求，可以为任意形状，只需田块四周封闭即可，但田埂高度必须满足畦田需水要求，以免发生灌溉水漫溢流失。

（3）进入水平畦田的流量要求大一些，以便入畦水流能在短时间内迅速布满整个畦田地块，从而保证各处灌溉均匀。在畦田面积较大的情况下，可在水平畦田内沿两侧在畦埂内侧或在畦灌内适当位置布置畦沟，以便畦灌水流速度迅速推进。这些畦沟在遇暴雨时，还可以起到加速排除田间雨涝的作用。

（4）由于水平畦田宽度较大，为保证畦田在整个宽度上都能按确定的单宽流量均匀灌水，应采用与之相适应的田间配水方式、田间配水装置及田间配水技术。可以开设两个或两个以上的放水口，或利用多个移动式的虹吸管放水。田块更大时，灌溉水流可以从畦田四周多点进入。由于水平畦灌供水流量较大，因此在水平畦田进水口还需有较完善的防冲措施。

（5）水平畦田灌溉的供水时间可按式（4-14）计算，即

$$t = \frac{mL - h_a L}{60q} + t_L \qquad (4-14)$$

式中　t——供水时间，min；

$\quad\quad m$——灌水定额，mm；

$\quad\quad L$——畦田长度，m；

$\quad\quad h_a$——畦田地表平均水深，mm；

$\quad\quad q$——畦田单宽流量，L/(s·m)；

$\quad\quad t_L$——水流覆盖整个田面所需的时间，min。

根据经验，畦田地表平均水深约为最大水深的 80%，因此若已知畦首水深 h_m（即最大水深），则 $h_a=0.8h_m$。

实践研究表明，水流覆盖整个田面所需的时间 t_L 与设计灌水定额所对应的入渗时间 t_N 的比值与灌水效率 E_a 具有显著的相关关系（表 4-8），因此可根据设定的灌水效率 E_a 确定 t_L 与 t_N 的比值。设计灌水定额所对应的入渗时间 t_N 可以根据考斯加可夫（А. Н. косяков）公式进行计算，因此可根据拟定的灌水效率求得水流覆盖整个田面所需的时间 t_L。

表 4-8　　　　　　　　　　　t_L/t_N 与灌水效率 E_a 的关系

$E_a/\%$	t_L/t_N	$E_a/\%$	t_L/t_N
95	0.16	80	0.58
90	0.28	75	0.80
85	0.40	70	1.08

水平畦灌法适用于所有种类的作物和各种土壤条件，包括密植作物、宽行距作物以及树木等。水平畦灌尤其适用于土壤入渗速度比较低的黏土或壤土。但实践证明，水平畦灌对于砂性土壤也是一种良好的节水灌溉方法，只是畦田面积要小一些，以保证达到满意的灌水均匀度。

（二）小畦灌灌水技术

小畦灌是我国北方麦区一项行之有效的田间节水灌溉技术，在山东、河北、河南、陕西等省均有相当规模的推广和应用。小畦灌灌水技术主要是指畦田"三改"灌水技术，也就是"长畦改短畦，宽畦改窄畦，大畦改小畦"的畦灌灌水技术。

1. 小畦灌灌水技术的主要技术要素

小畦灌灌水的技术要素包括畦长、畦宽和入畦流量等，应根据不同的土壤质地、田面坡度和地下水埋深，通过对比试验选择灌水均匀度、田间水利用率及灌溉水储存率较高的灌水技术要素组合作为灌水的依据。

通常，小畦灌"三改"灌水技术适宜的技术要素为：畦田地面坡度 0.1%～0.25%，单宽流量 2.0～4.5L/(s·m)，灌水定额 20～45m³/亩。畦田长度，自流灌区以 30～50m 为宜，最长不超过 70m；机井和高扬程提水灌区以 30m 左右为宜。畦田宽度，自流灌区以 2～3m 为宜；机井提水灌区以 1～2m 为宜。畦埂高度一般为 0.2～0.3m，底宽 0.4m 左右，地头埂和路边埂可适当加宽培厚。

2. 小畦灌灌水技术的优点

（1）节约水量，易于实现小定额灌水。大量试验资料表明，入畦单宽水量一定时，灌水定额随畦长的增加而增加。也就是说,畦长越长,畦田水流的入渗时间越长,因而灌水量也就越大。小畦灌通过缩短畦长,减小灌水定额,一般不超过 45m³/亩,可节约水量 20%～30%。

(2) 灌水均匀,灌水质量高。小畦灌畦块面积小,水流流程短且比较集中,水量易于控制,入渗比较均匀,可以克服"高处浇不上,低处水汪汪"等不良现象。据测试,不同畦长的灌水均匀度为:当畦长 30～50m 时,灌水均匀度都在 80% 以上,符合科学用水的要求;而当畦长大于 100m 时,灌水均匀度则达不到 80%。

(3) 防止深层渗漏,提高田间水的有效利用率。由于小畦灌深层渗漏很小,从而可防止灌区地下水位上升,预防土壤沼泽化和土壤盐碱化的发生。灌水前后对 200cm 土层深度的土壤含水量测定资料:当畦长 30～50m 时,未发现深层渗漏(即入渗未超过 1.0m 土层深度);畦长 100m,深层渗漏量较小;畦长 200～300m,深层渗漏水量平均要占灌水量的 30% 左右,几乎相当于小畦灌法灌水定额的 50%。

(4) 减轻土壤冲刷,减少土壤养分淋失,减轻土壤板结。传统畦灌的畦块大、畦块长、灌水量大,容易严重冲刷土壤,易使土壤养分随深层渗漏而损失;而小畦灌灌水量小,有利于保持土壤结构,保持和提高土壤肥力,促进作物生长。测试表明,小畦灌可增加产量 10%～15%。

(5) 土地平整费用低。由于畦块面积小,对整个田块平整度要求不高,只要保证小畦块内平整就行了,这样既减少了大面积平地的土方工程量,又节约了平地用工量。

(三) 长畦分段灌灌水技术

长畦分段灌又称长畦短灌,是我国北方一些渠、井灌区在长期的灌水实践中摸索出的一种节水灌溉技术。灌水时,将一条长畦分为若干个横向畦埂的短畦,采用低压塑料薄壁软管或地面纵向输水沟,将灌溉水输送入畦田,然后自下而上或自上而下依次逐段向短畦内灌水,直至全部短畦灌完为止。长畦分段灌布置如图 4-8 所示。

长畦分段灌若用输水沟输水和灌水,同一条输水沟第一次灌水时,应由长畦尾端的短畦开始自下而上分段向各个短畦内灌水;第二次灌水时,应由长畦首端开始自上而下向各分段短畦内灌水,输水沟内一般仍可种植作物。长畦分段灌若用低压塑料软管输水、灌水,每次灌水时均可将软管直接铺设在长畦田面上,软管尾端出口放置在长畦的最末一个短畦的上端放水口处开始灌水,该短畦灌水结束后可采用软管"脱袖法"脱掉一节软管,自下而上逐个分段向短畦内灌水,直至全部短畦灌水结束为止。

1. 长畦分段灌的技术要素

长畦分段灌的畦宽可以宽至 5～10m,畦长可达 200m 以上,一般为 100～400m,但其单宽流量并不增大。

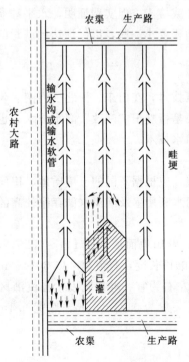

图 4-8 长畦分段灌布置

这种灌水技术的要求是正确确定入畦灌水流量、分段进水口的间距（即短畦长度与间距）和分段改水时间。

（1）单宽流量。依据畦灌灌水技术要素之间的关系可知，进入畦田的总灌水量应与计划灌水量相等，即

$$3600qt = mL$$

式中　　q——入畦单宽流量，L/(s·m)；

　　　　t——畦首处畦口的供水时间，h；

　　　　m——灌水定额，mm；

　　　　L——畦长，m。

由上式即可计算已知畦田长度情况下的入畦单宽流量。在相同的土质、地面坡度和畦长情况下，入畦单宽流量的大小主要与灌水定额有关。因此，可在不同条件下引用不同的入畦单宽流量，以控制达到计划的灌水定额。地面坡度大的畦田，入畦单宽流量应选小些；地面坡度小的畦田，入畦单宽流量则可选大些。如在相同地面坡度条件下，畦田长，入畦单宽流量可大些；畦田短，入畦单宽流量可小些。砂质土地畦田渗水快，入畦单宽流量应大些；黏重土地或壤土地畦田渗水慢，入畦单宽流量宜小些。地面平整差的畦田，入畦单宽流量可大些；地面平整好的畦田，入畦单宽流量可小些。

（2）分段进水口的间距。根据水量平衡原理及畦灌水流运动的基本规律，在满足计划灌水定额和十成改水的条件下，计算分段进水口的间距的基本公式如下：

对于有坡畦灌

$$L_0 = \frac{40q}{1+\beta_0}\left(\frac{1.5m}{k}\right)^{\frac{1}{a}} \tag{4-15}$$

对于水平畦灌

$$L_0 = \frac{40q}{m}\left(\frac{1.5m}{k}\right)^{\frac{1}{a}} \tag{4-16}$$

式中　　L_0——分段进水口间距，m；

　　　　q——入畦单宽流量，L/(s·m)；

　　　　m——灌水定额，m³/亩；

　　　　k——第一个单位时间内的土壤平均入渗速度，mm/min；

　　　　a——入渗指数；

　　　　β_0——地面水流消退历时与水流推进历时的比值，一般 $\beta_0=0.8\sim1.2$。

长畦分段灌灌水技术要素还可以参照表4-9。

表4-9　　　　　　　　　　　　　　　长畦分段灌灌水技术要素

序号	输水沟或灌水软管流量/(L/s)	灌水定额/(m³/亩)	畦长/m	畦宽/m	单宽流量/[L/(s·m)]	单畦灌水时间/min	长畦面积/亩	分段长度×段数/(m×段)
1	15	40	200	3	5.00	40.0	0.9	50×4
				4	3.76	53.3	1.2	40×5
				5	3.00	66.7	1.5	35×6

序号	输水沟或灌水软管流量 /(L/s)	灌水定额 /(m³/亩)	畦长 /m	畦宽 /m	单宽流量 /[L/(s·m)]	单畦灌水时间 /min	长畦面积 /亩	分段长度×段数 /(m×段)
2	17	40	200	3	5.67	35.0	0.9	65×3
				4	4.25	47.0	1.2	50×4
				5	3.40	58.8	1.5	40×5
3	20	40	200	3	5.00	30.0	0.9	65×3
				4	4.00	40.0	1.2	50×4
				5	3.67	50.0	1.5	40×5
4	23	40	200	3	7.67	26.1	0.9	70×3
				4	5.76	34.8	1.2	65×3
				5	4.60	43.5	1.5	50×4

2. 长畦分段灌灌水技术的优点

正确应用长畦分段灌，能达到节水、省地、灌水均匀度高、灌溉水有效利用率高的目的。实践证明，长畦分段灌是一种良好的节水型灌溉方法，它具有以下优点：

（1）节水。长畦分段灌灌水技术可以实现灌水定额 30m³/亩左右的低定额灌水，灌水均匀度、田间灌水储存率和田间灌水有效利用率均大于 80%，且随畦田长度增加而增大。与畦田长度相同的传统畦灌技术相比较，可节水 40%～60%，田间灌水有效利用率可提高一倍左右或更多。

（2）省地。长畦分段灌灌溉设施占地少，可以省去 1～2 级田间输水渠沟，且畦埂数量少，可以减少田间做埂的用工量，同时节约耕地。

（3）适应性强。与传统的畦灌技术相比，长畦分段灌可以灵活适应地面坡度、糙率和种植作物的变化，可以采用较小的单宽流量，减少土壤冲刷。

（4）易于推广。该技术投资少，节约能源，管理费用低，技术操作简单，因而经济实用，易于推广应用。

（5）便于田间耕作。田间无横向畦埂或渠沟，方便机耕和采用其他先进的耕作方法，有利于作物增产。

（四）宽浅式畦沟结合灌水技术

宽浅式畦沟结合灌水技术是人们创造的一种适应间作套种或立体栽培作物，"二密一稀"种植的灌水畦与灌水沟相结合的灌水技术。通过近年来的试验和推广应用，已证明这是一种高产、省水和低成本的优良灌水技术。

1. 宽浅式畦沟结合灌水技术要点

（1）畦田和灌水沟相间交替更换，它的畦田面宽为 40cm，可以种植两行小麦（就是"二密"），行距 10～20cm。

（2）小麦播种于畦田后，可以采用常规畦灌或长畦分段灌水技术灌溉，如图 4-9（a）所示。

（3）小麦乳熟期，在每隔两行小麦之间浅沟内套种一行玉米（就是"一稀"），套种的玉米行距为 90cm。在此时期，如遇干旱，土壤水分不足，或遇有干热风时，可利用浅沟灌水，灌水后借浅沟湿润土壤，为玉米播种和发芽出苗提供良好的土壤水分条件，如图4-9（b）所示。

（4）小麦收获后，玉米已近拔节期，可在小麦收割后的空白畦田田面处开挖灌水沟，并结合玉米中耕培土，把从畦田田面上挖出的土壤覆在玉米根部，就形成了垄梁及灌水沟沟埂，而原来的畦田田面则成为灌水沟沟底，如图4-9（c）所示。这种做法，既可使玉米根部牢固，防止倒伏，又能多蓄水分，增强耐旱能力。

宽浅式畦沟结合灌溉方法，最适宜于在遭遇天气干旱时，采用"未割先浇技术"，以一水促两种作物。这就是说，在小麦即将收割之前，先在小麦行间浅沟内，给玉米播种前进行一次小定额灌水，这次灌水不仅对小麦籽粒饱满和提早成熟有促进作用，而且对玉米播种出苗或出苗后的幼苗期土层内，增加了土壤水分，提高了土壤含水量，从而对玉米出苗或出苗后壮苗也有促进作用。

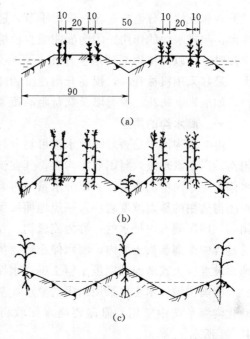

图4-9　宽浅式畦沟结合田轮作示意图
(a) 小麦播种后畦、沟位置（单位：cm）；(b) 小麦乳熟期套种玉米；(c) 小麦收获后开沟培土

2. 宽浅式畦沟结合灌水技术的特点

（1）灌溉水流入浅沟以后，就由浅沟沟壁向畦田土坡侧渗湿润土壤。因此，对土壤结构破坏少。

（2）蓄水保墒效果好。

（3）灌水均匀度高，灌水量小，一般灌水定额 35m³/亩左右即可，而且玉米全生育期灌水次数比一般玉米地还可以减少1～2次，耐旱时间较长。

（4）能促使玉米适当早播，解决小麦、玉米两茬作物"争水、争时、争劳"的尖锐矛盾和随后的秋夏两茬作物"迟种迟收"的恶性循环问题。

（5）通风透光性好，培土厚，作物抗倒伏能力强。

（6）施肥集中，养分利用充分，有利于两茬作物获得稳产、高产。

这是我国北方广大旱作物灌区值得推广的节水灌溉新技术。但是，它也存在有一定的缺点，主要是田间沟、畦多，沟和畦要轮番交替更换，劳动强度较大，费工也较多。

第三节　沟　　灌

沟灌是在作物行间开挖灌水沟，灌溉水由输水沟或毛渠进入灌水沟，水在流动的过程中，主要借土壤毛细管作用和重力作用从沟底和沟壁向周围渗透而湿润土壤的。沟灌法与畦灌法相比较，其主要优点是：①灌水后不会破坏作物根部附近的土壤结构，可以保持根部土壤疏松，透气良好；②不会形成严重的土壤表面板结，能减少深层渗透，防止地下水位升高和土壤养分流失；③在多雨季节，还可以利用灌水沟渠汇集地面径流，并及时进行排水，起排水沟的作用；④沟灌能减少植株间的土壤蒸发损失，有利于土壤保墒；⑤开灌水沟时还可以对作物起到培土作用，可有效地防止作物的倒伏。但开沟致使劳动强度增大，最好采用机械开沟，提高开沟速度和质量，降低劳动强度。沟灌一般适用于宽行距作物，如玉米、棉花、薯类以及宽行距的蔬菜等作物。

一、灌水沟的类型

由灌水沟沟尾是否封闭灌水沟可划分封闭沟和流通沟两种。灌水沟沟尾封堵的，称封闭沟。当灌溉水流入封闭灌水沟后，其在流动的过程中一部分水量下渗入土壤内，而在放水停止后，沟中仍将蓄存一部分水量，再经过一段时间，才逐渐完全渗入土壤内。所以，封闭沟适用的地面坡度较小，一般地面坡度以小于1/200的地区为宜；灌水沟的尾部不封闭的，即尾端自由排水的，称为流通沟。在流通沟情况下，灌溉水流入灌水沟后，在流动的过程中全部渗入土壤内，灌水停止后，沟中不需要存蓄部分水量。因此，流通沟适用于地面坡度较大或地面坡度虽小但土壤透水性也小的地区。

我国沟灌技术主要采用封闭沟灌水，基本布置形式如图4-10所示。流通沟在国外自动化沟灌系统中常用，但需要尾水回收再利用系统以及相应的回收再利用装置，如图4-11所示。

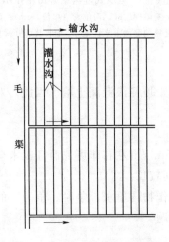

图4-10 灌水沟布置示意图

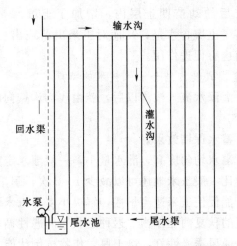

图4-11 流通沟尾水回收系统示意图

根据灌水沟纵向有无坡降，灌水沟可分为有坡沟和水平沟。传统的灌水沟一般为有坡沟。用沟底水平、尾端有埂的沟蓄水并渗入土壤的沟灌。水平沟灌采用大流量供水，在尽可能短的时间内，向沟内注入需要灌溉的水量，然后在重力和毛细管作用下湿润沟底及两侧土壤。与传统的有坡沟灌相比，水平沟灌可以达到更高的灌水均匀度，在一些发达国家已得到广泛推广。

二、灌水沟的规格

灌水沟的规格主要指灌水沟的坡度、间距和长度等。灌水沟规格的确定是否合理，将对沟灌灌水质量、灌水效率、土地平整工作量以及田间灌水沟的布置等影响很大，应依据沟灌田间试验资料和群众沟灌灌水实践经验认真分析研究，合理确定。

1. 灌水沟坡度

具有均匀或微小的坡度的地形均适于沟灌。传统的沟灌坡度不低于 0.05%，以便水流推进，或排除多余的雨水；在干旱地区，为防止土壤侵蚀，灌水沟的坡度也不宜大于 2.0%；在湿润地区，雨水强度更大，因此最大坡度以不大于 0.3% 为宜。灌水沟一般沿地面坡度方向布置，如地面坡度较大，可以斜交等高线布置，以保证灌水沟的坡度在适宜的范围。在坡度较大的坡地上，可沿等高线修筑灌水沟，然而在这种情况下，要控制灌水沟的坡度比较困难。

如果在地面坡度大于 3.0% 的坡地建立沟灌系统，可能会发生严重的侵蚀。对于这种坡面，宜先修筑梯田，再在梯田上建立修筑灌水沟。

2. 灌水沟间距

灌水沟的间距简称沟距。沟距的确定应与土壤性质以及沟灌的湿润范围相适应，并应满足农业耕作和栽培上的要求。

沟灌灌水时，灌溉水同时受着两种力的作用：重力作用和毛细管力作用。重力作用主要使沿灌水沟流动的灌溉水垂直下渗，而毛细管力的作用除使灌溉水向下浸润外，亦向四周扩散，甚至向上浸润。灌水沟中纵、横两个方向的浸润范围主要取决于土壤的透水性能与灌水沟中的水深，以及在灌水沟中水流的时间长短。在轻质土壤上，水流受重力作用，其垂直下渗速度较快，而向灌水沟四周沟壁的侧渗速度相对较弱，所以其土壤湿润范围呈长椭圆形。在重质土壤上，毛细管力的作用较强烈，灌水沟中水流通过沟底的垂直下渗与通过沟壁的侧渗接近平衡，故土壤湿润范围呈扁椭圆形，如图 4-12 所示。为了使土壤湿润均匀，

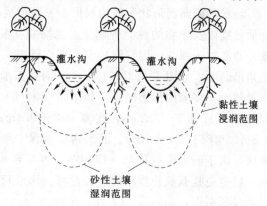

图 4-12　灌水沟两侧土壤湿润范围示意图

灌水沟的间距应使土壤的浸润范围相互连接。因此，在透水性较强的轻质土壤上，沟距应适当变窄；而透水性较弱的重质土壤，沟距应适当加宽。不同地质条件下的灌水沟间距参考值见表 4-10，具体确定还要结合作物的行距来考虑。

表 4-10　　　　　　　　　　　不同地质条件下的灌水沟间距

土　质	轻质土壤	中质土壤	重质土壤
间距/cm	50～60	65～75	75～80

为了保证一定种植面积上栽培作物的植株数目，在一般情况下，灌水沟间距应尽可能与作物的行距相一致。作物的种类和品种不同，其所要求的种植行距也不相同。因此，在实际操作中，若根据土壤质地确定的灌水沟间距与作物的行距不相适应时，应结合当地具体情况，考虑作物行距要求，适当调整灌水沟的间距。

3. 灌水沟长度

灌水沟的长度与土壤的质地、灌水定额和地面坡度有直接关系。地面坡度较大、灌水

定额大、土壤的透水性能减弱时，灌水沟长度可以适当长一些。而在地面坡度较小、灌水定额小、土壤透水性较强时，要适当缩短灌水沟沟长。根据灌溉试验结果和生产实践经验，一般砂壤土上的灌水沟长度为30～50m，黏性土壤上的沟长为50～100m，蔬菜作物的灌水沟长度一般较短，农作物的沟长较长。但灌水沟长度不宜超过100m，以防止产生田间灌水损失，影响田间灌水质量。不同土壤质地、灌水定额和坡度条件下的灌水沟长度，参见表4-11。

表4-11　　　　　　　　不同土壤质地、灌水定额和坡度条件下的灌水沟长度

土　壤		黏 壤 土			中 壤 土			轻 壤 土		
灌水定额/(m³/hm²)		375	450	525	375	450	525	375	450	525
	0.001	30	35	45	20	25	35	20	25	30
地面坡度	0.001～0.003	35	40	60	30	40	55	30	45	50
	0.004	50	65	80	45	60	70	45	50	60

4. 灌水沟断面

灌水沟的断面形状一般为梯形、三角形或抛物线形。其深度与宽度应依据土壤类型、地面坡度以及作物的种类等确定。为防止实施沟灌时出现"沟漫灌"浪费灌溉水量的现象，通常对于棉花，因行距较窄（平均行距一般0.55m左右），要求小水浅灌，故多采用三角形断面，如图4-13（a）所示。对于玉米，因行距较宽（一般行距0.7～0.8m），灌水量较大，多采用梯形断面，如图4-13（b）所示。梯形断面的灌水沟，上口宽为0.6～0.7m，沟深0.2～0.25m，底宽0.2～0.3m；三角形断面的灌水沟，上口宽为0.4～0.8m，沟深0.16～0.2m。灌水沟中水深一般为沟深的1/3～2/3。对于土壤有盐碱化的地区，由于灌水沟的顶部（即沟垄）容易聚积盐分，可以把作物种植在灌水沟的侧坡部位，以避免盐碱威胁作物的生长发育。梯形断面灌水沟实施灌水后，往往会改变成为近似抛物线形断面，如图4-13（c）所示。

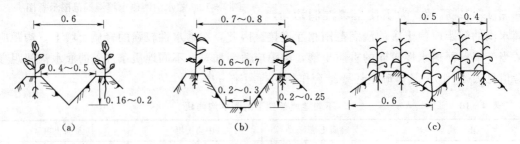

图4-13　灌水沟断面图（单位：m）

（a）三角形断面；（b）梯形断面；（c）抛物线形断面

三、沟灌灌水技术

沟灌的技术参数，主要是沟长与入沟流量。沟长与入沟流量都与地面坡度及土壤透水性能、灌水沟坡度等参数有关，它们之间是相互制约的。

1. 封闭沟灌

封闭沟灌一般有两种情况：第一种情况，沟中水流除在灌水期间渗入到土壤中的一部

分水量外，灌水停止后，沟中存储一部分水量，并使其最终逐渐渗入土壤，达到计划灌水定额；第二种情况，在一些地面坡度较大、土壤透水性小的地区，实践中多采用细流沟灌，使沟中水流在灌水过程中就全部下渗到土壤计划湿润层内，灌水停止后，沟内不存蓄水量。

（1）对于第一种情况，封闭沟灌各灌水技术参数之间的关系。

1）计划的灌水定额应等于在 t 时间内渗入土壤中的水量与灌水停止后在沟中存蓄水量之和。所以有

$$maL = (b_0 h + P_0 \overline{K}_t t)L$$

$$h = \frac{ma - P_0 \overline{K}_t t}{b_0} = \frac{ma - P_0 H_t}{b_0} \tag{4-17}$$

$$P_0 = b + 2\gamma h \sqrt{1+\psi^2}$$

式中　　h——停止灌水时沟中平均蓄水深度，m；

a——灌水沟间距，m；

m——灌水定额，m；

L——沟长，m；

b_0——灌水沟中平均水面宽度，$b_0 = b + \psi h$，m；

b——灌水沟底宽度，m；

P_0——在时间 t 内，灌水沟的平均有效湿周，m；

γ——借毛细管作用沿沟的边坡向旁侧渗水的校正系数，土壤毛细管性能越好，系数越大，一般 γ 值为 1.5～2.5，轻质土壤取小值，重质土壤取大值；

ψ——灌水沟边坡系数；

$\overline{K}_t$——在 t 时间内的平均渗吸速度，m/h；

H_t——在 t 时间内的入渗水深，m。

2）封闭灌水沟的沟长与灌水沟坡度及沟中水深有下列关系：

$$L = \frac{h_2 - h_1}{i} \tag{4-18}$$

式中　　h_1——灌水停止时沟首水深，m；

h_2——灌水停止时沟尾水深，m；

i——灌水沟坡度。

表 4-12 中列出河南省引黄灌区的沟灌技术要素，可供参考。

表 4-12　　　　　　　　　河南省引黄灌区的沟灌技术要素

土壤透水性	沟底比降	沟长/m	灌水沟流量/(L/s)	沟中水深与沟深比
强	0.01～0.004	60～80	0.6～0.9	1/3 以下
	0.004～0.002	40～60	0.7～1.0	2/3 以下
	<0.002	30～40	1.0～1.5	2/3 以下
中	0.01～0.004	80～100	0.4～0.6	1/3 以下
	0.004～0.002	70～90	0.5～0.6	1/3 以下
	<0.002	40～60	0.7～1.0	2/3 以下

土壤透水性	沟底比降	沟长/m	灌水沟流量/(L/s)	沟中水深与沟深比
	0.01~0.004	90~120	0.2~0.4	1/3 以下
弱	0.004~0.002	80~100	0.4~0.5	1/3 以下
	<0.002	50~80	0.5~0.6	2/3 以下

(2) 对于第二种情况,封闭灌水沟各灌水技术要素之间的关系。

1) 灌水时间 t 的决定。由于在停止放水后,沟中不存蓄水量,所以在灌水时间 t 内的入渗水量就应该等于计划灌水定额,即

$$maL = P_0 \overline{K_t} tL = P_0 K_0 t^{(1-\alpha)} L$$

所以有

$$t = \left(\frac{am}{K_0 P_0} \right)^{1/(1-\alpha)} \qquad (4-19)$$

此处计算的时间,实质上是沿灌水沟各点处湿润土壤均匀并达到计划灌水定额所需要的入渗时间,与畦灌同理,若不考虑滞渗时间,则可近似地认为是沟口的放水时间,一般不会产生较大的偏差。

2) 灌水流量与灌水沟长度的关系:

$$3600qt = maL \qquad (4-20)$$

2. 流通沟灌

流通沟灌适用于地面坡度较大的中等透水性土壤的农田,土壤黏重、灌后易板结的土壤也可采用。流通沟灌是指入沟水流在流动过程中全部水量即渗入土壤,沟中不形成积水,其灌水技术参数与封闭沟灌第二种情况相同。

由上述沟灌灌水技术要素之间的关系可以看出,在地面坡度小、土壤透水性能强、土地平整较差时,应使灌水沟长度短一些,入渗流量大一些,以使沿灌水沟土壤均匀湿润,沟首端不发生深层渗漏,沟尾端不产生泄水流失。当地面坡度大、土壤透水性弱、土地平整较好时,应使灌水沟长一些,入沟流量小一些,以保证有足够的湿润时间。根据陕西省洛惠渠灌区沟灌试验结果,在轻壤土上,灌水沟坡度为 1/1000~1/800 时,较为适宜的入沟流量、灌水沟长度和灌水定额之间的关系参见表 4-13。表 4-14 为《灌溉与排水工程设计标准》(GB 50288—2018) 推荐的沟灌技术要素组合。

表 4-13 不同入沟流量和灌水定额下的沟长 单位:m

灌水定额/(m³/亩)	入沟流量/(L/s)								
	0.2	0.3	0.4	0.5	0.6	0.7	0.8	0.9	1
40	31.7	28.7	26.4	24.5	23.1	21.8	21	20.4	20
50	40	34.5	28.7	28.7	26.8	25.3	23.9	22.7	21.7
70	42	35.8	30	30	28.3	27	26	25.3	24.8
100	44	37.5	30.8	30.8	29.1	28.5	28.5	28.4	29

表 4-14   沟 灌 技 术 要 素 组 合

土壤渗透系数 /(m/h)	沟底坡度 /‰	沟 长 /m	入沟流量 /(L/s)
>0.15	<2	30~40	1.0~1.5
	2~5	40~60	0.7~1.0
	>5	50~100	0.7~1.0
0.10~0.15	<2	40~80	0.6~1.0
	2~5	60~90	0.6~0.8
	>5	70~100	0.4~0.6
<0.10	<2	60~80	0.4~0.6
	2~5	80~100	0.3~0.5
	>5	90~150	0.2~0.4

四、节水型沟灌技术

目前，我国北方灌区实施沟灌的主要问题是，不严格按沟灌灌水技术要求灌水，采用大水沟漫灌，浪费水十分严重。节水的沟灌灌水技术主要有以下几种。

（一）细流沟灌技术

1. 细流沟灌的特点及类型

细流沟灌是用短管（或虹吸管）或从输水沟上开一小口引水。流量较小，单沟流量为 0.1~0.3L/s。灌水沟内水深一般不超过沟深的 1/2，大约为 1/5~2/5 沟深。因此，细流沟灌在灌水过程中，水流在灌水沟内，边流动边下渗，直到全部灌溉水量均渗入土壤计划湿润层内为止，一般放水停止后在沟内不会形成积水，故属于在灌水沟内不存蓄水的封闭沟类型。

细流沟灌的优点是：①由于沟内水浅，流动缓慢，主要借毛细管作用浸润土壤，水流受重力作用湿润土壤的范围小，所以对保持土壤结构有利。②可减少地面蒸发量，比灌水沟内存蓄水的封闭沟沟灌蒸发损失量减少 2/3~3/4。③可使土壤表层温度比存蓄水的封闭沟沟灌提高 2℃左右。④湿润土层均匀，而且深度大，保墒时间长。

细流沟灌的形式一般有如下三种。

（1）垄植沟灌如图 4-14（a）所示。作物顺地面最大坡度方向播种，第一次灌水前在行间开沟，作物种植在垄背上。

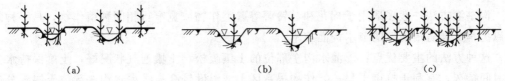

(a)   (b)   (c)

图 4-14 细流沟灌形式
(a) 垄植沟灌；(b) 沟植沟灌；(c) 混植沟灌

（2）沟植沟灌如图 4-14（b）所示。灌水前先开沟，并在沟底播种作物（播种中耕作物一行，密植作物 3 行），其沟底宽度应根据作物的行数而定。沟植沟灌最适用于风大、冬季不积雪而又有冻害的地区。

（3）混植沟灌如图 4-14（c）所示。在垄背及灌水沟内都种植作物。这种形式不仅适用于中耕作物，也适用于密植作物。

2. 细流沟灌技术要素

（1）灌水时间。对于细流沟灌，由于放水停止后沟中不蓄存水量，所以灌水时间 t 内的入渗水量就该等于计划灌水定额，即

$$maL = p_0 \overline{k_t} tL$$

从而可求得细流沟灌的灌水时间为

$$t = \frac{ma}{p_0 \overline{k_t}} \tag{4-21}$$

或

$$t = \frac{ma}{(b + 2\nu h \sqrt{1 + \varphi^2}) \overline{k_t}} \tag{4-22}$$

（2）灌水沟长和入沟流量。对于细流沟灌，灌水沟长与灌水时间、灌水定额的关系与式（4-20）相同。若已知灌水定额、灌水时间和入沟流量，可按式（4-23）计算灌水沟长度，即

$$L = \frac{3600qt}{ma} \tag{4-23}$$

若已知灌水定额、灌水时间和灌水沟长，则可确定入沟流量。根据实践经验，细流沟灌的入沟流量一般控制在 0.2～0.4L/s 为最适宜，大于 0.50L/s 时沟内将产生严重冲刷，湿润均匀度差。一般沟底宽为 12～13cm，上口宽为 25～35cm，深度约 15～25cm。细流沟灌主要借毛细管力下渗，对于中壤土和轻壤土，一般采用十成改水。

（二）沟垄灌技术

沟垄灌技术，是在播种前根据作物行距的要求，先在田块上按两行作物形成一个沟垄，在垄上种植两行作物，则垄间就形成灌水沟，留作灌水使用，如图 4-15 所示。因此，其湿润作物根系区土坡的方式主要是靠灌水沟内的旁侧土壤毛细管作用渗透湿润。

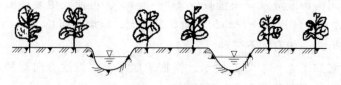

图 4-15 沟垄灌

沟垄灌方法一般多适用于棉花和马铃薯等薯类作物或宽窄行相间种植作物，是一种既可以抗旱又能防治涝渍的节水沟灌技术。

这种方法的主要优点：①灌水沟垄部位的土壤疏松，土壤通气状况好，土壤保持水分的时间持久，有利于抗御干旱；②作物根系区土坡温度较高；③灌水沟垄部位土层水分过多时，尚可以通过沟侧土壤向外排水，从而不致使土壤和作物发生渍涝危害。

主要缺点是：修筑沟垄比较费工，沟垄部位蒸发面大，容易跑墒。

（三）沟畦灌技术

沟畦灌类似于畦灌中宽浅式畦沟结合的灌溉方法，如图 4-16 所示。这种沟畦灌是以

3 行作物为一个单元，把每 3 行作物中的中行作物行间部位处的土壤，向两侧的两行作物根部培土，形成土垄，而中行作物只对单株作物根部周围培土，行间就形成浅沟，留作灌水时使用。

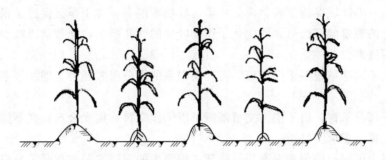

图 4-16 沟畦灌

沟畦灌技术大多用于灌溉玉米作物。它的主要优点是，培土行间以旁侧入渗方式湿润作物根系区土壤，根部土壤疏松，湿润土壤均匀，土坡通气性好。

（四）播种沟灌技术

播种沟灌主要适用于沟播作物播种缺墒时灌水使用。当在作物播种期遭遇干旱时，为了抢时播种促使种子发芽，保证出苗齐、出苗壮，常采用这种沟灌灌水技术。

播种沟灌的具体步骤是，依据作物计划的行距要求，犁第一犁开沟时随即播种下籽；犁第二沟时作为灌水沟，并将第二犁翻起来的土正好覆盖住第一犁沟内播下的种子，同时立即向该沟内灌水；之后，依此类推，直至全部地块播种结束为止。

这种沟灌技术，种子沟土壤所需要的水分是靠灌水沟内的水通过旁侧渗透浸润得到的。因此，可以使各播种种子沟土壤不会产生板结，土壤通气性良好，土壤疏松，非常有利于作物种子发芽和出苗。播种种子沟可以采取先播种再灌水或随播种随灌水的方式，以不延误播种期，并为争取适时早播提供方便条件。

（五）沟浸灌"田"字形沟灌技术

沟浸灌"田"字形沟灌是水稻田地区在水稻收割后种植旱作物的一种灌溉方法，如图 4-17 所示。由于采用有水层长期淹灌的稻田，其耕作层下，通常都形成有透水性较弱的密实土壤层（犁底层），这对旱作物生长期间，排除因降雨或灌溉所产生的田面积水或过多的土壤水分是不利的。据经验总结和试验资料，采用这种沟灌技术可以同时起到旱灌涝排的双重作用，小麦沟浸灌比畦灌可以节水 31.2%，增产 5.0%左右。

（六）隔沟交替灌技术

隔沟交替灌属于一种控制性分根区交替灌溉技术。灌水时隔一沟灌一沟，在下一次灌水时，只灌上次没有灌过的沟，实行交替

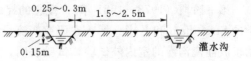

图 4-17 沟浸灌"田"字形沟

灌溉。隔沟灌灌水技术主要适用于作物需水少的生长阶段，或地下水位较高的地区以及宽窄行种植作物。

隔沟交替灌技术有以下几方面的好处：

（1）根系一半区域保持干燥，而另一半区域灌水湿润，在干旱区促进了根系向深层发展，根系产生的脱落酸等信号物质优化了作物叶片的气孔行为，无效蒸腾减少，提高了作物的水分利用效率。

（2）作物不同区域根系干湿交替，可提高根系的水分吸收能力，增加根系对水、肥的利用效率。

（3）对于部分果树，由于隔沟交替灌溉可以干湿交替，使光合产物在不同器官之间得以最优分配，提高了果实品质。

（4）可减少田间土壤的湿润面积，降低了灌溉水的深层渗漏和株间蒸发损失，实现了节水。另外，隔沟灌溉的地块有一半左右的地表面积处于相对较为干燥的状态，土壤的入渗性能较高，确保了渗入土壤中的雨水可被较多地储存在土壤剖面的根系层中，从而减少了田间径流量。

隔沟交替灌溉，每沟的灌水量比正常多 30％ 左右，但总灌溉水量比漫灌省水 30％ 以上，比常规沟灌和固定隔沟灌省水 15％ 以上。

为了解决因人工开口放水入沟，劳动强度大，而且入沟流量控制不准，水流还容易冲大放水口，造成漫沟，浪费水量的问题，可采用有孔软管放水或利用虹吸管原理将输水沟中的水吸灌入沟中。

第四节 波 涌 流 灌 溉

波涌流灌溉是一种节水型地面灌溉技术，又可称为波涌灌溉、涌流灌溉或间歇灌溉，是在传统的地面沟灌、畦灌基础上发展而来的。波涌流灌溉是一种间歇性（交替性和断续性）地向畦（沟）中灌水，即利用几个放水和几个停水过程，周期性地湿润和干燥田面，直到最终完成灌溉的灌溉方法。

由于受间歇供水过程的影响，表层土壤结构会发生明显改变，在田面会形成一层较为完善的致密层，致密层的出现将减少水的下渗，致使土壤入渗性能下降，每当水流经过上一周期湿润过的田面时，因受水田面的糙率减少，使水流速度加快，有助于水流快速向下游推进，入渗时间缩短（特别减少了畦沟首部入渗历时），入渗能力减少，从而减少了入渗量。

波涌流灌溉是在研究沟（畦）变流量灌水方法的基础上发展起来的一种地面灌水新方法，涌流灌溉方法首先由美国学者提出，并进行了广泛的研究。波涌流灌溉技术在美国的发展，大致可分为三个阶段。

第一阶段（1978—1981 年）：概念的提出和特点验证阶段。1978 年，美国犹他州立大学的 Strainham 和 Keller 博士在研究变流量灌溉时，首先提出了波涌流灌溉的概念，并开始了波涌流沟灌的室内外试验，试验表明，波涌流灌溉的入渗率，较连续灌溉的入渗率大为减小。因此，在相同条件下，较连续灌溉具有节水和水流推进速度快等优点。

第二阶段（1982—1985年）：理论和技术研究阶段。Walker等根据大田入渗及灌水试验结果，对波涌流灌溉减渗机理进行了分析与探讨。在探讨波涌流灌溉的减渗机理的同时，其入渗模型和田面水流运动数学模型也得到了较为深入的研究。

第三阶段（1986年以后）：应用与进一步研究阶段。第二阶段的研究使波涌流灌溉理论和技术得到了长足的发展，1986年3月，美国专利局发布了Strinsham和Keller博士的专利"沟灌方法和系统"（Method and System for Furrow Irrigation，专利号4，577，802）。同年，美国农业部颁布了国家灌溉指南技术要点之五——波涌流灌溉田间指南（Surge Flow Irrigation Field Guide），使波涌流灌溉技术走上了推广应用的道路。有许多学者进一步对波涌流灌溉进行了研究，使其成为可在实践中应用的灌溉技术。

1981年，我国国家农业委员会曾派盐碱土改良考察组赴美国西部考察，其间参观了犹他州立大学波涌流灌水技术试验研究设备以及田间灌水演示，同年考察组成员将这一灌水新技术介绍到我国。我国对波涌流灌溉的研究最早开始于1987年。首先水利部农田灌溉研究所结合国家"七五"重点科技攻关项目"节水农业体系研究"，在河南省商丘试验站就波涌流灌溉与传统连续灌溉的对比做了试验，研究表明，波涌流灌溉水流在田间推进速度上要比连续畦灌输水速度快1.3倍以上，节水率在30%以上。1987年，中国水利水电科学研究院和河南省人民胜利渠管理局，共同在人民胜利渠灌区做了水利部农水司下达的"涌流式灌溉试验研究"课题。研究成果表明，在壤土地区，无论沟灌或畦灌采用波涌流灌溉方法，均收到节水、省工、灌水均匀和灌水率高的良好效果。1996年，西安理工大学提出了波涌流畦灌灌水技术要素设计的理论方法和经验方法，为波涌流畦灌技术的推广奠定了基础。波涌流灌溉技术已逐渐进入实施推广阶段，必将为缓解我国水资源紧缺现状、实现节水农业做出贡献。

试验表明，波涌流灌溉的入渗率，较连续灌溉的入渗率大为减小。因此，在相同条件下，较连续灌溉具有节水和水流推进速度快等优点。根据大田入渗及灌水试验结果，对波涌流灌溉减渗机理进行了分析与探讨：土壤中的黏粒，特别亲水性黏粒如高岭土、蒙脱石和伊利石等受水后，产生水化膨胀作用，堵塞孔隙；悬浮在水中的细小颗粒在停水期间内沉积在土壤表层的孔隙内，使土壤孔隙封堵；由于间歇灌水，表面土壤颗粒运移和重新排列，孔隙减少，容重增加，使土壤表面光滑，形成良好的致密层；致密层的形成，使土壤毛细孔隙内有封闭气体，使孔隙不连通等。第二次及以后的水流通过时，糙率减小，流速增加，减少了畦首地段的入渗时间，降低了畦首的深层渗漏，节约了灌溉用水量，从而提高了水的利用率。

一、波涌流灌溉的特点

（一）波涌流灌溉的优点

1. 节水

波涌流灌溉是一种按一定时间间隔周期性地向沟畦供水的新型的地面节水灌溉方法，由于波涌流灌溉周期性的间歇供水方式，使土壤地表性状在灌水过程中发生变化，形成较密实的致密层，致密层的形成一方面引起土壤入渗能力的降低，另一方面使地表糙率减小，这两方面的共同作用为下一周期灌水创造了良好的边界条件，具有明显的节水效果，由大量的田间试验证明，畦长在140～350m时，波涌流灌溉比连续灌溉节水10%～40%，平均节水率为 21%。同时，在试验中还发现，其节水率大小与畦（沟）长、土壤和灌季有关，随着畦长的增加，波涌流灌溉的节水率越大，节水效果越好。因此，对长畦灌溉更为有力。美国灌水沟长度较大，沟长在 400m 左右时，节水率达 30%～50%。

2. 灌水均匀度高

由于波涌流灌溉的间歇性，下次灌水时土壤的入渗能力减小，使田面沿畦（沟）长度方向各点受水时间更加均匀，入渗量均匀，达到节水和高质量灌水的目的。其主要原因是减小了畦田的入渗时间，特别是减少了畦首的深层渗漏量，而使畦尾入渗量增加，从而使畦首、畦尾入渗量差距减小，而趋于平衡，灌水更均匀，其均匀度可达 80% 以上，提高了灌水效果，对作物生长更为有利，达到节水和高质量灌水的目的。

3. 水流推进速度快

从第二灌水周期开始，流涌流畦灌的田面水流推进速度明显加快，这是因为经过土壤第一次湿润后，已初步形成了致密层，形成较为光滑的表面，大幅度降低了土壤糙率，水流再次流过时，入渗率减小，阻力减小，流速加快。节省了总灌水时间，节约了用水量。因此，水量不变，可扩大农田灌溉面积。

4. 灌溉水质要求不高

一方面，喷灌和微灌等节水灌溉技术，虽然其节水率高，但其一次性投资较大，而渠道输水波涌流灌溉技术，若采用人工控制的方法，则不需要额外投资，即可实现节水灌溉，群众乐于接受；另一方面，喷灌和微灌，由于采用的灌水器出口较小，对水质要求非常严格，经常出现被堵现象，必须对水进行严格的过滤处理，而波涌流灌溉可在原各级管道或渠道上装设波涌流节水灌溉控制装置即可实现节水灌溉，对水质要求不高，无需专门净化设施，没有堵塞问题。所以，波涌流灌溉的另一个重要的特点是，可以直接用浑水进行灌溉。根据浑水灌水质量评价指标的对比分析，表明在浑水情况下的灌水均匀性及有效性均优于同条件下的清水，尤其在浑水情况下，采用波涌流灌溉的方式，其灌水均匀度较清水波涌流灌溉与连续灌分别可提高 10% 及 20% 左右，其灌水效率及储水效率也可分别提高 20%～40% 及 10%～20%。

5. 保肥增产

波涌流灌溉不仅节水，也有一定的增产效果。其主要的机理就是波涌流灌溉灌水均匀，灌水深度比连续灌要小，减少了深层渗漏，使得施入的化肥和土壤中的速效养分淋溶减少，可充分发挥肥力，保存在作物根系范围的水分和养分吸收利用率提高。

6. 可解决长畦（沟）灌水难的问题

目前一些灌区的畦（沟）比较长，有的长达 300～400m，采用传统的连续灌水方法，田间深层渗漏大，水量浪费很大，采用涌流灌溉可解决长畦灌水的难题，既节约了用水，同时又提高了灌水的均匀度。

7. 投资少，可实现自动化

波涌流灌溉可用一定的设备，实现灌溉自动化，而且其费用较低。因此，在目前缺水严重的情况和经济条件不很发达的情况下，波涌流灌溉具有节水、节能、灌水均匀、灌水速度快、投资少、对水质要求不高和保肥增产等特点，比较适合我国一些灌区现有的社会经济和技术水平，可大量地节约用水，缓解用水的紧缺性。

（二）波涌流灌溉的缺点

波涌流灌溉需要专门的波涌流灌溉装置，投资费用较高；波涌流灌溉需要较高的管理水平。管理不当则有可能出现灌水不足或尾水过多等情况，达不到预期节水增产效果；波涌流灌溉装置维护和保养要求高。水中的杂质会使某些阀门的控制失灵，而阀门故障会导致灌溉水分配发生偏差。

二、波涌流灌溉系统的组成与类型

（一）波涌流灌溉系统的组成

波涌流灌溉系统主要由水源、波涌阀、控制器和输配水管道 4 部分组成，如图 4 - 18 所示。

1. 水源

能按时按量供给作物需水要求且符合灌溉水质要求的水库、河流、湖泊、塘坝和地下水等均可作为波涌流灌溉的水源。如在井灌区可取自低压输水管道系统的给水栓（出水口），在渠灌区则取自农渠的分水闸口等。

图 4 - 18　波涌流灌溉系统

2. 波涌阀

波涌阀按结构型式分为单向或双向阀两类。整个阀体呈三通结构的 T 字形，采用铝合金材料铸造。水流从进水口引入后，由位于中间位置的阀门向左、右交替分水，阀门转向由控制器控制。

3. 控制器

控制器是波涌流灌溉系统的控制中心，用来实现波涌阀开关的转向，定时控制双向供水时间并自动完成切换，而内置计算机程序可自动设置阀门的关断时间间隔。控制电路板及软件是控制器的核心，通过人工方法输入相关参数，具有数字输入及显示功能，内置计算程序可用来自动设置阀门的启闭时间间隔，从而实现对波涌阀自动操作，来实现闸门的间歇开启和关闭。控制器由微处理器、电动机、可充电电池及太阳能板组成，采用铝合金外罩保护。控制器和波涌阀的接口采用工业化标准，二者间使用可对插的电缆线连接，操作安全、简单。

4. 田间配水管道

配水管通常采用 PE 软管或 PVC 硬管。在配水管上设有小闸口装置，每个闸口对应小畦或沟，并可通过闸板调节闸孔流量大小。将波涌阀进水口与低压输水管道出水口或农渠分水口相连，在波涌阀两侧出水口安装带有闸孔的配水管道（即闸管），起到传统毛渠的配水作用。

（二）波涌流灌溉系统的类型

波涌流灌溉的田间灌溉系统主要有两种，即双管系统和单管系统。

1. 双管波涌流灌溉系统

如图 4 - 19 所示，双管波涌流灌溉系统是由供水管道、配水龙头或泄水口、波涌阀（自动间歇阀）和带阀门管等组成，一般是通过埋于地下的暗管管道把水送至田间，再通过竖管和阀门与地面上的带有阀门的管道相连接，波涌阀两侧分别布置一条管道。由于波涌阀可以自动地、间歇性地向两侧管道中供水，所以可交替性地在波涌阀两侧的管道中供水，实现了水流在管道中供水的间歇性，如图 4-20 所示。一处灌溉结束后，即可将水流引到下一处配水龙头，进行下一处的灌溉。双管灌溉系统在美国得到了较为广泛的发展和应用，我国可在有低压管道灌溉系统中推广应用，以替代人工控制。

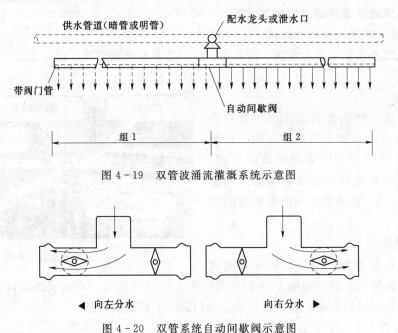

图 4-19　双管波涌流灌溉系统示意图

图 4-20　双管系统自动间歇阀示意图

2. 单管波涌流灌溉系统

如图 4-21 所示，单管波涌流灌溉系统通常是由一条单独的、带有阀门的管道直接与供水处相连接，所以称为单管系统。单管系统中，管道上的各个出水口通过小水压、小气压或电子阀门控制，而这些阀门以"一"字形排列，并由一个控制器控制。

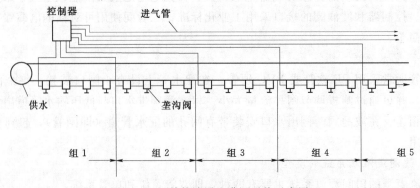

图 4-21　单管波涌流灌溉系统示意图

由于波涌流灌溉的发展需要，日本的波涌流灌溉设备的研究已有长足发展，已经商品化生产，而且日本的波涌流灌溉设备已出口到国外，这些设备大都是利用控制阀和与其相配套的管道系统，来实现波涌流灌溉的自动控制的。近年来我国已从国外引进数套波涌流灌溉设备，由于价格昂贵、数量有限仅用于试验研究。

目前，波涌流灌溉自动设备还处在研究阶段，大量的工作还需要去做，特别是研制适合我国大部分灌区在渠道输水条件下的波涌流自动灌溉设备，是当务之急，相信在不久之后，能有多种多样的波涌流自动灌溉设备成功面世，并在实践中推广应用。

三、波涌流灌溉的灌水方式

目前，涌流灌溉的田间灌水方式主要有以下三种。

（1）定时段-变流程方式，也称时间灌水方式。这种田间灌水方式是在灌水的全过程中，每个灌水周期（一个供水时间和一个停水时间构成一个灌水周期）的放水流量和放水时间一定，而每个灌水周期的水流推进长度则不相同。这种方式对灌水沟（畦）长度小于400m的情况很有效，需要的自动控制装置比较简单、操作方便，而且在灌水过程中也很容易控制。因此，目前在实际灌溉中，涌流灌溉多采用此种方式。

（2）定流程-变时段方式，也称距离灌水方式。这种田间灌水方式是，每个灌水周期的水流推进的长度和放水流量相同，而每个灌水周期的放水时间不相等。一般，这种灌水方式比定时段-变流程方式的灌水效果要好，尤其是对灌水沟（畦）长度大于400m的情况，灌水效果更佳。但是，这种灌水方式不容易控制，劳动强度大，灌水设备也相对比较复杂。

（3）定流程-变流量方式，也称增量灌水方式。这种灌水方式是以调整控制流量来达到较高灌水质量的一种灌水方式。这种方式是在第一个灌水周期内增大流量，使水流快速推进到灌水沟（畦）总长度的3/4的位置处停止供水。然后在随后的几个灌水周期中，再按定时段-变流程方式或定流程-变时段方式，以较小的流量来满足计划灌水定额的要求。主要适用于土壤透水性能较强的条件。

四、波涌流灌溉设计

（一）田块规格

畦面坡降在0.05%～0.5%范围内时，波涌畦灌的灌水效率大致在80%左右，灌水均匀度为83%～93%，储水效率为84%左右，具有良好的灌溉性能。当沟坡降为0.01%～1%时，波涌沟灌的灌水效率为81%～87%，灌水均匀度在85%左右，储水效率大于85%，涌灌沟灌具有较好的灌水质量。

波涌灌溉条件下畦田宽度和灌水沟间距规格与常规格畦灌和沟灌的规格基本相同，但对畦长或沟长的影响比较明显。灌水沟间距：轻质土壤宜50～60cm、中质土壤宜60～70cm、重质土壤宜70～80cm。若定义节水率为波涌流灌溉灌水定额相对于同等条件下的连续灌水定额减少的百分数，则波涌畦灌较常规畦灌的节水率随畦块长度的增加而增大，但畦田长度超过350m后，节水率开始出现下降趋势。因此，其最大畦（沟）长度不宜超过400m。一般畦长宜为60～240m，沟长宜为70～250m。此时，不仅具有较高的节水率，而且灌水均匀度、灌水效率和储水效率都较高，总体灌水质量好。

波涌流灌溉的合理畦长可以由公式估算：

$$1 - \frac{R}{100} = \left(\frac{L_0}{L_s}\right)^{a-1} \tag{4-24}$$

式中 R——波涌畦灌较常规畦灌的节水率，%；

L_s——波涌畦灌合理畦长，m；

α——连续灌田面水流推进曲线指数。

节水率大小与畦田规格、土质及波涌流灌溉技术要素有关。由试验可知，节水率 R 在一定的条件下，其大小经拟合与畦长之间的近似为一线性关系，经拟合得经验公式：

$$R = a + bL \qquad (4-25)$$

式中 a、b——试验系数；

L——畦田长度，m。

（二）灌水流量

灌水流量一般由水源、灌溉季节、田面和土壤状况确定，一般情况下，流量越大，田面流速越大，水流推进距离越长，灌水效率越高，但流量过大会对土壤产生冲刷，因此应综合考虑。实践中可参考式（4-10）、式（4-11）计算波涌流畦灌的单宽流量和流涌流沟灌的入沟流量。波涌流畦灌单宽流量和波涌流沟灌的入沟流量也可参考表 4-15、表 4-16 选取。

表 4-15　　　　　　　　　　　　　波涌流畦灌单宽流量

土壤渗透系数 /(m/h)	畦田坡度 /‰	畦长 /m	单宽流量 /[L/(s·m)]
>0.15	<2	60~90	4~6
	2~4	90~120	4~7
	3~5	120~150	5~7
	>5	150~180	6~8
0.10~0.15	<2	70~100	3~6
	2~4	90~130	4~6
	3~5	120~160	4~7
	>5	160~210	5~8
<0.10	<2	80~120	3~5
	2~4	100~140	3~5
	3~5	140~180	4~6
	>5	180~240	4~7

表 4-16　　　　　　　　　　　　　波涌流沟灌的入沟流量

土壤渗透系数 /(m/h)	沟底坡度 /‰	沟长 /m	入沟流量 /(L/s)
>0.15	<2	70~100	0.7~1.0
	2~4	100~130	0.7~1.0
	3~5	130~160	0.8~1.2
	>5	160~200	1.0~1.4

续表

土壤渗透系数 /(m/h)	沟底坡度 /‰	沟长 /m	入沟流量 /(L/s)
0.10~0.15	<2	80~120	0.6~0.8
	2~4	100~140	0.6~1.0
	3~5	140~180	0.8~1.2
	>5	180~220	0.9~1.2
<0.10	<2	90~130	0.6~0.9
	2~4	120~160	0.6~0.9
	3~5	160~200	0.7~1.0
	>5	200~250	0.9~1.2

（三）波涌流灌溉技术参数

波涌流灌溉过程和传统连续灌水过程是不相同的，波涌流灌溉是将一个较长的整个灌水过程分为若干个周期来进行，畦田周期性地（间歇性地）受水和停水，而传统的灌水则是一次性地将灌水输入田间。所以，波涌流灌水技术参数除包括传统灌水技术参数外，还包括构成波涌流灌水过程的技术参数。

1. 净放水时间 T_s

净放水时间（总灌水时间）是指完成一次波涌流灌溉（指完成一块畦田的波涌流灌溉）各周期灌水时间之和。若相同条件下的连续灌溉灌水时间为 T_c，则波涌流灌溉的净放水时间可根据波涌灌溉节水率 R 按式（4-26）估算，即

$$T_s = (1-R)T_c \tag{4-26}$$

式中 T_s——波涌灌溉总灌水时间，h；

R——波涌灌溉节水率；

T_c——连续灌溉灌水时间，h。

2. 灌水周期数 n

灌水周期数 n 是指完成一次波涌流灌溉全过程所需的循环次数。波涌流灌溉在灌水过程中分多周期将畦田灌完，灌溉完成这一块畦田需要灌水的次数即为灌水周期数。灌水周期较少时，会使每次的灌水历时增加，而失去了波涌流灌溉的作用；大量试验证明，在其他条件基本相同的情况下，波涌流灌溉周期数越多，即周期供水时间越短，水流平均推进速度越快，相应灌水定额越小，波涌灌效果越好；但当周期数增加到一定时，波涌灌效果就不会明显提高。灌水周期数过多时，会使改水频繁，若采用人工的方法，会增加劳动强度，管理不便，且节水效果不会增加。因此，对于一定的畦田应有较合适的灌水周期数。一般畦长在 160m 以下时，周期数以 2~3 为宜；160m 以上时周期数取 3~4 为宜，畦短者取小值，畦长者取大值。

3. 周期灌水时间 t_{on}

周期灌水时间是指一个灌水周期内的灌水时间。此参数与灌水周期数有直接关系，周期数越多，周期灌水时间越短；周期数越少，周期灌水时间越长。周期灌水时间不宜过大

或过小，过大时会降低节水作用，过小时会使改水次数增加而使管理不便。周期灌水时间还受循环率和净灌水时间影响控制。

若采用定时段-变流程法灌水，各周期的周期灌水时间相等，当周期数为 n 时，则周期灌水时间为

$$t_{on} = \frac{T_s}{n} \tag{4-27}$$

4. 周期停水时间 t_{off}

周期停水时间是指一个灌水周期内的停水时间。它是影响灌溉节水效果的主要控制因素，周期停水时间较小，田面尚未形成光滑致密层，与连续灌水相差不大，节水效果不明显。反之，周期停水时间过长，田面将会出现龟裂现象，过水面粗糙度增加，下次灌水时会使渗漏量加大，节水效果也变差。

5. 周期时间 t_c

周期时间是指一个灌水周期所需要的时间，它等于某次灌水的周期灌水时间 t_{on} 和周期停水时间 t_{off} 之和，即

$$t_c = t_{on} + t_{off} \tag{4-28}$$

6. 循环率 r

循环率是反映停水时间相对于灌水时间长短的参数。它是影响灌溉节水效果和灌水质量的重要参数，循环率过大或过小都会使节水效果变差。循环率是指周期灌水时间 t_{on} 与周期时间 t_c 之比，即

$$r = t_{on}/t_c = t_{on}/(t_{on} + t_{off}) \tag{4-29}$$

循环率的大小直接影响着波涌流灌溉的灌水定额，影响节水效果。如若循环率过小，间歇时间过长，可能由于田面土壤表层龟裂和水势梯度的增大，土壤入渗率反而会增大；若循环率过大，即间歇时间过短，畦田表面尚未形成致密层，则波涌流灌溉与连续灌溉灌水效果差异不大，灌溉效果不理想。所以，在灌水周期数一定时，循环率的确定应使波涌流灌溉在下一周期灌水前，田面无积水，并形成完善的致密层。同时，不出现龟裂现象，以降低土壤的入渗能力、取得最佳的波涌流灌溉效果和便于灌水管理为原则。大量实验表明：循环率为 1/2 的涌灌节水率不如 1/3 的明显，而循环率为 1/3 和 1/4 的灌水效果接近。对于黏壤土灌区，循环率取 1/3 为宜；对于透水性较强的土壤，间歇时间较短就可形成完善的致密层，所以，循环率取为 1/2。

当循环率确定后，周期停水时间由式（4-30）计算可得

$$t_{off} = (1/r - 1)t_{on} \tag{4-30}$$

完成波涌畦灌灌水过程总时间为

$$T = nt_{on} + (n-1)t_{off} = T_s + (n-1)t_{off} \tag{4-31}$$

以上 6 个参数构成了波涌流灌水过程的技术参数，6 个参数中只要确定了净灌水时间、灌水周期数和循环率 3 个参数就可求得其他数值。实际上这 3 个参数是波涌流灌溉所需设计的主要依据，其余参数均可由相关关系式求得。综上所述，所需确定的波涌灌溉技

术参数主要有畦田规格（畦长和畦宽）、单宽流量、净放水时间、灌水周期数以及循环率等。

五、波涌流灌溉设备

由于波涌流灌溉的发展需要，波涌流灌溉设备的研究已有长足发展，有些设备已经商品化生产，这些设备大都是利用控制阀和与其相配套的管道系统，来实现波涌流灌溉的自动控制的。波涌流灌溉设备主要是指波涌流灌溉系统中的波涌阀和自控器。国内外波涌流灌溉设备介绍如下。

（一）国外波涌流灌溉设备

1. 波涌阀

国外开发的波涌流灌溉系列设备中，波涌阀的结构主要有两种类型：一类是气囊阀，以水力或气体驱动为动力；另一类是机械阀，以水力或电力驱动为动力。

水动式气囊阀如图 4-22 所示，靠供水管道中的水压运行，控制器改变阀门内每只气囊的水压。当一只气囊受到水的压力时，便充气膨胀，关闭其所在一侧的水流，而对面的另一只气囊打开并连通大气，排气变小而使水流通过其所在一侧流出。

蝶形机械阀如图 4-23 所示，有向右或向左转动分水的单叶阀，也有交替开关向右或向左转动分水的双叶阀，这些阀门是以蓄电池、空气泵或内带可充电电池的太阳能作为动力。

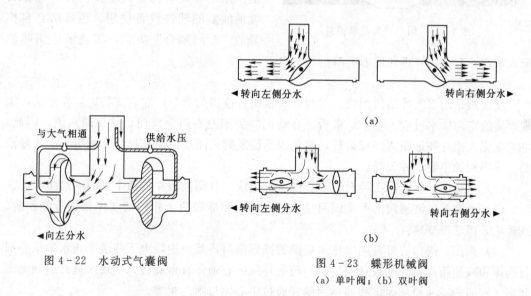

◀转向左侧分水　　　　　　　　转向右侧分水▶

(a)

与大气相通　　供给水压

◀转向左侧分水　　　　　　　转向右侧分水▶

(b)

◀向左分水

图 4-22　水动式气囊阀

图 4-23　蝶形机械阀
(a) 单叶阀；(b) 双叶阀

水动式气囊阀和蝶形机械阀目前在美国市场上都可看到，但后者的商品化程度较高、使用的数量也较多，尤以单阀叶的机械阀为主。整个阀体呈三通结构的 T 形，采用铝合金材料铸造。水流从进水口引入后，由位于中间位置的阀门向左、右交替分水，阀门由控制器中的电动马达驱动。

欧洲一些国家（如葡萄牙）生产的波涌阀为双阀叶系统，不同于美国的波涌灌水系列产品。它主要采用一台控制器和减速箱，通过联动机构同时控制波涌阀的左右阀门运行，其工况只有两种状态，即左开右关或右开左关，而且开关状态同时完成。

2. 自控器

自控器由微处理器、电动机、可充电电池及太阳能板组成，采用铝合金外罩保护。自控器用来实现波涌阀开关的转向，定时控制双向供水时间并自动完成切换，实现波涌灌水的自动化。自控器多采用程序控制的方式，其中的计算程序可自动设置蝶形阀的开关时间间隔，自控器可由太阳能板自行充电维持运行。

目前美国市场上的自控器产品主要有两种类型：STAR 控制器和 PROJR Ⅱ 控制器。这两种自控器的构造及功能基本上一致，不同之处在于 PROJR Ⅱ 控制器的参数输入是旋钮式的，而 STAR 控制器则是触键式的，具有数字输入及显示功能。两类控制器均能与任意尺寸的波涌阀相连接。

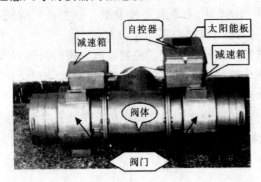

图 4 - 24 国产波涌灌溉设备

（二）国产波涌流灌溉设备

我国自行研发并已批量生产的波涌灌溉设备也由波涌阀和自控器组成，如图 4 - 24 所示。波涌阀整个阀体为全铝合金材质，工业化铸模制造。采用双阀结构型式使波涌阀在具备水流换向功能的同时，在双阀关闭时又具有切断水流运动的控制功能。采用双阀结构型式不仅使设备可作为波涌灌溉的硬件设备使用，还可结合自控器的"时间耦合"方式，实现灌区田间输配水系统的自动化管理和地面灌溉过程的自动化。

1. 波涌阀

波涌阀采用双阀叶结构型式。双阀叶可根据自控器的指令，左右交替地切换水流，实现水流的定向输水过程。灌水结束后可自动同时关闭左右两个阀门，并切断水流。因此，可实现无人值守和远距离遥控运行，避免因不能及时关闭水流造成过量灌溉引起的水量浪费。波涌阀的主要构件包括：

（1）驱动器。驱动器由两台微型直流电机组成，分别控制左右两个阀门的启闭状态。

（2）减速器。波涌阀的两个阀门是由同一个控制器和两个相同的变速箱进行控制的，减速箱采用三级变速。

（3）阀门。阀门为带有周边止水垫圈的圆形闸门，其中中轴上下两端经止水轴承分别与阀体和减速箱连接。受减速箱控制，闸门环绕中心轴作直角旋转，实现水流开启和关闭状态。密闭的减速箱被固定在阀体两侧并通过中心轴与闸门相接。

（4）阀体。阀体为主体结构，类似于三通，铝合金材质。由 3 段直径为 200mm（8in）的铝合金管组合连接而成，一端与水源相连，另两端为出水口。

（5）其他。止水垫圈和止水橡胶等。

2. 自控器

自控器是波涌流灌溉系统的控制中心，它接收外界参数，通过运算对波涌阀发出操作指令，实现闸门的交替启闭。其中，控制电路板及软件是控制器的核心部分。自控器主要由电源、微控制器和电机控制等部分组成。

第五节　格　田　灌　溉

格田灌溉（又称为淹灌）是用田埂将灌溉土地分成许多格形田块，灌水时格田内保持比较均匀的、具有一定厚度的水层，水在重力作用下渗入土壤的一种灌水方法。格田灌主要用于水稻、水生蔬菜及盐碱地冲洗改良等的灌溉。格田灌溉要求格田有比较均匀的水层，为此要求格田的纵向应均匀，且不宜超过 0.5％，横向应水平。而且田面平整，田面高差应不大于 0.3cm。格田的形状一种为长方形或方形，另一种为不规则形状，田埂沿等高线修筑，水稻区的格田规格依地形、土壤和耕作条件而异。在平原区，农渠和农沟之间的距离通常是格田的长度，宜为 60～120m，宽度宜为 20～30m；在山丘地区的坡地上，格田长边沿等高线方向布置，以减少土地的平整工作量，其长度应根据机耕的要求而定，格田的宽度随地面坡度而定，坡度越大，格田越窄。田埂兼作田间管理道路时，田埂高度一般为 25～30cm，边坡约为 1∶1。格田应有独立的进水口和排水口，避免串灌串排，防止灌水或排水时彼此相互依赖相互干扰，达到能按作物生长要求控制灌水和排水。

冲洗改良盐碱地多采用长 50～100m、宽 10～20m 的格田，其田埂高度不低于 30cm，一般黏土应大于 30cm，沙质土应大于 40cm。

格田灌溉流量应根据试验确定，无资料时可按式（4-32）计算：

$$q=\left(\frac{h}{t}+i\right)A \tag{4-32}$$

式中　　q——单个格田的灌水流量，m^3/h；

h——需要建立的水层深度，m；

t——建立水层深度所需的时间，h；

i——土壤的平均入渗速度，m/h；

A——单个格田的面积，m^2。

第六节　灌　溉　渠　道　系　统

灌溉渠道系统简称灌溉渠系，是指从水源取水、通过渠道及其附属建筑物向农田供水、经由田间工程进行农田灌水的工程系统。它的主要任务是把从水源取得的水量有计划地输送并分配到灌区的农田中，以满足作物需水的要求。灌溉渠系包括渠首工程、输配水工程和田间工程三大部分。在我国大部分地区，往往灌溉工程和排水工程是统一规划的，干旱季节要灌溉，多雨季节要排水，灌溉渠道系统和排水沟道系统一般是并存的，二者互相配合，协调运行，共同构成完整的灌溉排水系统，如图 4-25 所示。本节主要介绍输配水工程和田间工程的规划方法。

一、灌溉渠系规划

（一）灌溉渠系的组成

灌溉渠系一般是输配水渠系、田间工程、退（泄）水渠道和渠系建筑物等组成的。

1. 输配水渠系

灌溉渠系主要作用是将灌溉水输送并分配到田间。按控制面积大小和水量分配层次不同，可把灌溉渠道分为若干等级：大、中型灌区的固定渠道一般分为干渠、支渠、斗渠和农渠四级固定渠道，如图4-25所示；在灌溉面积较大、地形复杂的大型灌区，固定渠道的级数往往多于4级，干渠可分成总干渠、干渠和分干渠，支渠可下设分支渠，甚至斗渠也可下设分斗渠，如河套灌区分为总干渠、干渠、分干渠、支渠、斗渠、农渠等六级。河套灌区总干渠、干渠分布图如图4-26所示；在灌溉面积较小的灌区，固定渠道的级数可减少，如灌区呈狭长的带状地形，干渠的下一级渠道较短，可称为斗渠，这种灌区的固定渠道就分为干、斗、农三级。通常情况下，干渠、支渠主要起输水作用，称为输水渠道；斗渠和农渠主要起配水作用，称为配水渠道。

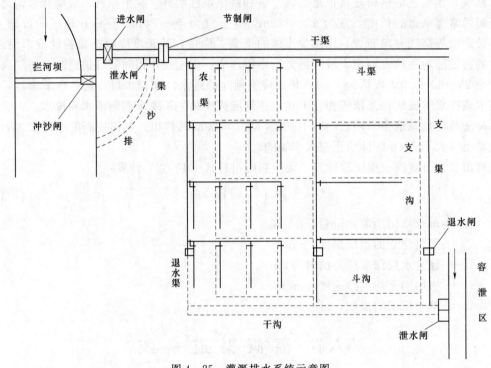

图4-25　灌溉排水系统示意图

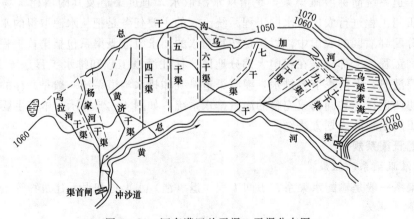

图4-26　河套灌区总干渠、干渠分布图

2. 田间工程

田间工程通常指最末一级固定渠道（农渠）和固定沟道（农沟）之间的条田范围内的临时渠道、排水小沟、田间道路、稻田的格田和田埂、旱地的灌水畦和灌水沟、小型建筑物以及土地平整等农田建设工程。所以，农渠以下的毛渠、输水沟和灌水畦（沟）等属田间工程。

3. 退（泄）水渠道

退（泄）水渠道主要包括渠首排沙渠、中途泄水渠和渠尾退水渠，其主要作用是定期冲刷和排放渠首段的淤沙、排泄入渠洪水、退泄渠道剩余水量及下游出现工程事故时断流排水等，达到调节渠道流量、保证渠道及建筑物安全运行的目的。中途退水设施一般布置在重要建筑物和险工渠段的上游。干、支渠道的末端应设退水渠和退水闸。

4. 渠系建筑物

渠系建筑物指各级渠道上的建筑物，主要包括引水建筑物、配水建筑物、交叉建筑物、衔接建筑物、泄水建筑物和量水建筑物等。

（1）引水建筑物。从河流无坝引水灌溉时，引水建筑物主要包括渠首进水闸和拦沙坎等，如图 4-27 所示。其作用是调节引入干渠的流量，并尽量减少泥沙的引入；有坝引水时的引水建筑物是由拦水建筑物（如拦河坝、闸等）、冲沙闸和进水闸等组成的灌溉引水枢纽，如图 4-28 所示。其作用是壅高水位、冲刷进水闸前的淤沙、调节干渠的进水流量，满足灌溉对水位、流量的要求。需要提水灌溉时修筑在渠首的水泵站和需要调节河道流量满足灌溉要求时修建的水库，也均属于引水建筑物。

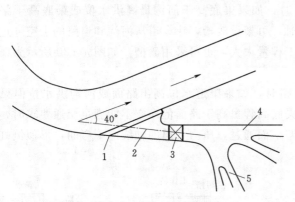

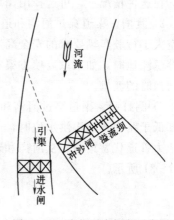

图 4-27 无坝引水枢纽示意图　　　　图 4-28 有坝引水枢纽示意图

1—拦沙坎；2—引水渠；3—进水闸；4—沉沙池；5—沉沙条渠

（2）配水建筑物。配水建筑物主要包括分水闸和节制闸。

1）分水闸。分水闸建在上级渠道向下级渠道分水的地方。上级渠道的分水闸就是下级渠道的进水闸。斗、农渠的进水闸惯称为斗门和农门，如图 4-29 所示。分水闸的作用是控制和调节向下级渠道的配水流量，其结构型式有开敞式和涵洞式两种。

2）节制闸。节制闸垂直渠道中心线布置，其作用是根据需要抬高上游渠道的水位或阻止渠水继续流向下游，如图 4-29 所示。在下列情况下需要设置节制闸：

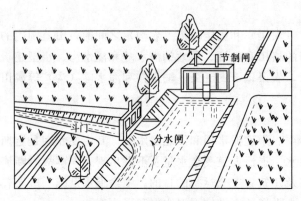

图 4-29　节制闸与分水闸

a. 在下级渠道中，个别渠道进水口处的设计水位和渠底高程较高，当上级渠道的工作流量小于设计流量时，进水困难，为了保证该渠道能正常引水灌溉，就要在分水口的下游设一节制闸，壅高上游水位，满足下级渠道的引水要求。

b. 下级渠道实行轮灌时，需在轮灌组的分界处设置节制闸，在上游渠道轮灌供水期间，用节制闸拦断水流，把全部水量分配给上游轮灌组中的各条下级渠道。

c. 为了保护渠道上的重要建筑物或险工渠段，退泄降雨期间汇入上游渠段的降雨径流，通常在它们的上游设泄水闸，在泄水闸与被保护建筑物之间设节制闸，使多余水量从泄水闸流向天然河道或排水沟道。

（3）交叉建筑物。渠道穿越山岗、河沟和道路时，需要修建交叉建筑物。常见的交叉建筑物有隧洞、渡槽、倒虹吸、涵洞和桥梁等。

1）隧洞。当渠道遇到山岗时，或因石质坚硬，或因开挖工程量过大，往往不能采用深挖方渠道，如沿等高线绕行，渠道线路又过长，工程量仍然较大，而且增加了水头损失，在这种情况下，可选择山岗单薄的地方凿洞而过。

2）渡槽。渠道穿过河沟和道路时，如果渠底高于河沟最高洪水位或渠底高于路面的净空大于行驶车辆要求的安全高度时，可架设渡槽，让渠道从河沟和道路的上空通过。渠道穿越洼地时，如采取高填方渠道工程量太大，也可采用渡槽。如图4-30所示为渠道跨越河沟时的渡槽。

3）倒虹吸。渠道穿过河沟和道路时，如果渠道水位高出路面或河沟洪水位但渠底高程却低于路面或河沟洪水位时，或渠底高程虽高于路面但净空不能满足交通要求时，就要用压力管道代替渠道，从河沟和道路下面通过，压力管道的轴线向下弯曲，形似倒虹，如图4-31所示。

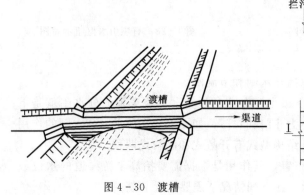

图 4-30　渡槽

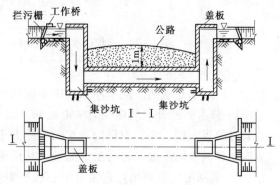

图 4-31　倒虹吸

4）涵洞。渠道与道路相交，渠道水位低于路面，而且流量较小时，常在路面下面埋设平直的管道，称为涵洞。当渠道与河沟相交，河沟洪水位低于渠底高程，而且河沟洪水流量小于渠道流量时，可用填方渠道跨越河沟，在填方渠道下面建造排洪涵洞。

5）桥梁。渠道与道路相交，渠道水位低于路面，而且流量较大、水面较宽时，要在渠道上修建桥梁，满足交通要求。

（4）衔接建筑物。当渠道通过坡度较大的地段时，为了防止渠道冲刷，保持渠道的设计比降，就把渠道分成上、下两段，中间用衔接建筑物连接，这种建筑物常见的有跌水和陡坡，如图 4-32 和图 4-33 所示。一般当渠道通过跌差较小的陡坎时，可采用跌水；跌差较大、地形变化均匀时，多采用陡坡。

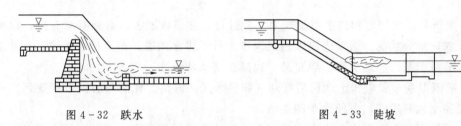

图 4-32　跌水　　　　　　　　　　　　　　图 4-33　陡坡

（5）泄水建筑物。为了防止由于沿渠坡面径流汇入渠道或因下级（游）渠道事故停水而使渠道水位突然升高，威胁渠道的安全运行，必须在重要建筑物和大填方段的上游以及山洪入渠处的下游修建泄水建筑物，泄放多余的水量。通常是在渠岸上修建溢流堰或泄水闸，当渠道水位超过加大水位时，多余水量即自动溢出或通过泄水闸宣泄出去，确保渠道的安全运行。泄水建筑物具体位置的确定，还要考虑地形条件，应选在能利用天然河沟、洼地等作为泄水出路的地方，以减少开挖泄水沟道的工程量。从多泥沙河流引水的干渠，常在进水闸后选择有利泄水的地形，开挖泄水渠，设置泄水闸，根据需要开闸泄水，冲刷淤积在渠首段的泥沙。为了退泄灌溉余水，干、支、斗渠的末端应设退水闸和退水渠。

（6）量水建筑物。灌溉工程的正常运行需要控制和量测水量，以便实施科学的用水管理。在各级渠道的进水口需要量测入渠水量，在末级渠道上需要量测向田间灌溉的水量，在退水渠上要量测渠道退泄的水量。在现代化灌区建设中，要求在各级渠道进水闸下游，安装专用的量水建筑物或量水设备。三角形薄壁堰、矩形薄壁堰和梯形薄壁堰在灌区量水中使用较为广泛。

（二）灌溉渠系规划的原则

（1）干支渠应布置在灌区的较高地带，以便自流控制较大的灌溉面积。其他各级渠道亦应布置在各自控制范围内的较高地带。对面积很小的局部高地宜采用提水灌溉的方式，不必据此抬高渠道高程。

（2）使工程量和工程费用最小。一般来说，渠线应尽可能短直，以减少占地和工程量。但在山区和丘陵地区，岗、冲、溪、谷等地形障碍较多，地质条件比较复杂，若渠道沿等高线绕岗穿谷，可减少建筑物的数量或减小建筑物的规模，但渠线较长，土方量较大，占地较多；如果渠道直穿岗、谷，则渠线短直，工程量和占地较少，但建筑物投资较大。究竟采用哪种方案，要通过经济比较才能确定。

（3）灌溉渠道的位置应参照行政区划确定，尽可能使各用水单位都有独立的用水渠道，以利管理，并为上、下级渠道的布置创造良好的条件。

（4）确保渠道工程安全可靠。渠道沿线应有较好的地质条件，尽量避免地基条件差的地带。同时，应将渠道尽量布置在挖方上，尽量避免填方，最好布置半挖半填形式，以节省工程量。

（5）斗、农渠的布置要满足机耕要求。渠道线路要直，上、下级渠道尽可能垂直，斗、农渠的间距要有利于机械耕作。

（6）要考虑综合利用。山区、丘陵区的渠道布置应集中落差，以便发电和进行农副业加工。

（7）灌溉渠系规划应和排水系统规划结合进行。在多数地区，必须有灌有排，以便有效地调节农田水分状况。通常先以天然河沟作为骨干排水沟道，布置排水系统，在此基础上，布置灌溉渠系。应避免沟、渠交叉，以减少交叉建筑物。

（8）灌溉渠系布置应和土地利用规划（如耕作区、道路、林带和居民点等规划）相配合，以提高土地利用率，方便生产和生活。

（9）对沿渠线方向宣泄的洪水应予以截导防止进入灌溉渠道，必须引洪入渠时，应校核渠道的泄洪能力，并应提高排洪闸、溢洪设施。

（三）干、支渠的规划布置

干、支渠的布置形式主要取决于地形条件，大致可以分为以下三种类型。

1. 山区、丘陵区灌区的干、支渠布置

山区、丘陵区地形比较复杂，岗谷交错，坡度较陡，耕地分散，位置较高。一般可从河流上游引水灌溉，但渠线较长而且弯曲较多，深挖、高填渠段较多，沿渠交叉建筑物较多。渠道常和沿途的塘坝、水库相连，形成长藤结瓜式水利系统，以求增强水资源的调蓄利用能力和提高灌溉工程的利用率。

山丘、丘陵区的干渠一般沿灌区上部边缘布置，大体沿等高线布置，以求控制更大的灌溉面积。支渠沿两溪间的分水岭布置，如图4-34所示。在丘陵地区，如灌区内有主要岗岭横贯中部，干渠可布置在岗脊上，大体和等高线垂直，干渠比降视地面坡度而定，支渠自干渠两侧分出，控制岗岭两侧的坡地。

2. 平原灌区的干、支渠布置

平原灌区可分为冲积平原灌区和山前平原灌区。冲积平原灌区大多位于河流中、下游地区的冲积平原，地形平坦开阔，耕地集中连片。山前平原灌区位于洪积冲积扇上，除地面坡度较大外，也具有平原地区的其他特征。河谷阶地位于河流两侧，呈狭长地带，地面坡度倾向河流，高处地面坡度较大，河流附近坡度平缓，水文地质条件和土地利用等情况和平原地区相似。这些地区的渠系规划具有类似的特点，可归为一类。干渠多沿等高线布置，支渠垂直等高线布置，如图4-35所示。

3. 圩垸区灌区的干、支渠布置

分布在沿江、滨湖低洼地区的圩垸区，地势平坦低洼，水源丰沛，河湖港汊密布，洪水位高于地面，必须依靠筑堤圈圩才能保证正常的生产和生活，一般没有常年自流排灌的

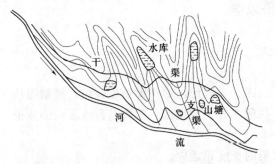

图 4-34　山区、丘陵区干、支渠布置

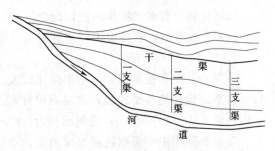

图 4-35　平原灌区干、支渠布置

条件，普遍采用机电排灌站进行提排和提灌。面积较大的圩垸，应采取联圩并垸、修筑堤防涵闸等一系列工程措施，按照"内外水分开、高低水分排""以排为主，排蓄结合"和"灌排分开，各成系统"的原则，分区灌溉或排涝。圩内地形一般是周围高、中间低。灌溉干渠多沿圩堤布置，灌溉渠系通常只有干、支两级，如图 4-36 所示。

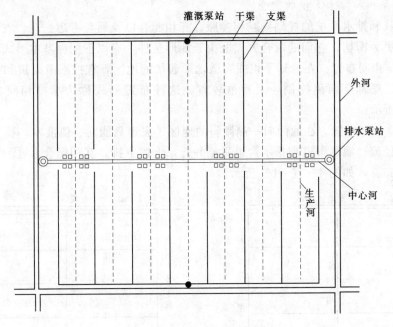

图 4-36　圩垸区干、支渠布置

（四）斗、农渠的规划布置

由于斗、农渠深入基层，与农业生产要求关系密切，并负有直接向用水单位配水的任务，所以斗、农渠布置应适应农业生产管理和机械耕作的要求；便于配水和灌水，有利于提高灌水工作效率；有利于灌水和耕作的密切配合。

1. 斗、农渠的规划要求

斗、农渠的规划和农业生产要求关系密切，除遵守前面讲过的灌溉渠道规划原则外，还应满足下列要求：

（1）应尽量相互垂直布置，以适应农业生产管理和机械耕作要求。

（2）便于配水和灌水，有利于提高灌水工作效率。

（3）有利于灌水和耕作的密切配合。

（4）土地平整、修建渠道和建筑物工程量少。

2. 斗渠的规划布置

斗渠的长度和控制面积随地形变化很大。山区、丘陵地区的斗渠长度较短，控制面积较小。平原地区的斗渠较长，控制面积较大。我国北方平原地区一些大型自流灌区的斗渠长度一般为 1000～3000m，控制面积为 3000～5000 亩。

斗渠的间距主要根据机耕要求确定，和农渠的长度相适应。

3. 农渠的规划布置

农渠是末级固定渠道，控制范围为一个耕作单元。农渠长度根据机耕要求确定，在平原地区通常为 500～1000m，间距为 200～400m，控制面积为 200～600 亩。丘陵地区农渠的长度和控制面积较小。在有控制地下水位要求的地区，农渠间距根据农沟间距确定。

4. 灌溉系统和排水系统的配合

灌溉系统和排水系统的规划要互相参照、互相配合以及通盘考虑。斗、农渠和斗、农沟的关系则更为密切，它们的配合方式取决于地形条件，有以下两种基本形式：

（1）灌排相间布置。在地形平坦或有微地形起伏的地区，宜把灌溉渠道和排水沟道交错布置，沟、渠都是两侧控制，工程量较省。这种布置形式称为灌排相间布置，如图 4-37（a）所示。

（2）灌排相邻布置。在地面向一侧倾斜的地区，渠道只能向一侧灌水，排水沟也只能接纳一边的径流，灌溉渠道和排水沟道只能并行，上灌下排，互相配合。这种布置形式称为灌排相邻布置，如图 4-37（b）所示。

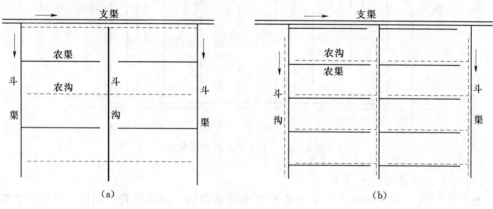

图 4-37　沟、渠配合方式
(a) 灌排相间布置；(b) 灌排相邻布置

（五）渠线规划步骤

干、支渠道的渠线规划大致可分为查勘、纸上定线和定线测量三个步骤，简述如下：

1. 查勘

先在小比例尺（一般为 1∶50000）地形图上初步布置渠线位置，地形复杂的地段可布置几条比较线路，然后进行实际查勘，调查渠道沿线的地形、地质条件，估计建筑物的类型、数量和规模，对困难的工地段要进行初勘和复勘，经反复分析比较后，初步确定一个可行的渠线布置方案。

2. 纸上定线

对经过查勘初步确定的渠线，测量带状地形图，比例尺为 1：5000～1：1000，等高距为 0.5～1.0m，测量范围从初定的渠道中心线向两侧扩展，宽度为 100～200m。在带状地形图上准确地布置渠道中心线的位置，包括弯道的曲率半径和弧形中心线的位置，并根据沿线地形和输水流量选择适宜的渠道比降。在确定渠线位置时，要充分考虑到渠道水位的沿程变化和地面高程。在平原地区，渠道设计水位一般应高于地面，形成半挖半填渠道，使渠道水位有足够的控制高程。在丘陵山区，当渠道沿线地面横向坡度较大时，可按渠道设计水位选择渠道中心线的地面高程，还应使渠线顺直，避免过多的弯曲。

3. 定线测量

通过测量，把带状地形图上的渠道中心线放到地面上去，沿线打上木桩，木桩的位置和间距视地形变化情况而定，木桩上写上桩号，并测量各木桩处的地面高程和横向地面高程线，再根据设计的渠道纵横断面确定各桩号处的挖、填深度和开挖线位置。

在平原地区和小型灌区，可用比例尺 1：10000 的地形图进行渠线规划，先在图纸上初定渠线，再进行实际调查，修改渠线，然后进行定线测量，一般不测带状地形图。斗、农渠的规划也可参照这个步骤进行。

（六）渠系建筑物级别划分和洪水标准

渠系建筑物的级别及其洪水标准，参考《灌溉与排水工程设计标准》（GB 50288—2018）和《灌溉与排水渠系建筑物设计规范》（SL 482—2011），按表 4-17 确定。渠系建筑物的级别确定不应低于其所在渠道的工程级别；与铁路或公路交叉布置的渠系建筑物，其级别不应低于该铁路或公路的工程级别，且应满足其有关建筑物净空的相应规定；在堤防上修建的渠系建筑物，其级别不应低于所在堤防工程的级别；与其他水利水电工程建筑物合建的渠系建筑物，其工程级别应按合建中各个建筑物的最高级别确定；兼有多种用途的渠系建筑物，其工程级别按不同用途对应的最高级别确定。2～5 级的渠系建筑物当所处位置、作用特别重要，或失事后造成重大灾害，或初次采用新型结构，或大跨度、高支撑结构渡槽，或高水头、大落差的倒虹吸管、陡坡、多级跌水时，可经论证并报主管部门批准后，其工程级别可提高一级，但防洪标准不予提高。渠系建筑物校核洪水标准应视建筑物的具体情况和需要研究决定。

表 4-17　　　　　　　　　　　　渠系建筑物级别及洪水标准

渠系建筑物级别	1	2	3	4	5
设计流量/(m³/s)	≥300	<300，且≥100	<100，且≥20	<20，且≥5	<5
设计洪水标准（重现期）/a	100	50	30	20	10

需要注意以下几点：

（1）灌溉渠道跨越天然河沟时均应设置立体交叉排洪建筑物，保证设计洪水顺利通过。

（2）傍山渠道应设排洪沟，将坡面洪水就近引入天然河沟，小面积的洪水，在保证渠道安全的条件下，可退入灌溉渠道。

（3）对从多泥沙河流引入的渠道，应根据地形条件，采用防沙措施，并进行专项设计。

二、田间工程规划

田间工程通常指最末一级固定渠道（农渠）和固定沟道（农沟）之间的条田范围内的临时渠道、排水小沟、田间道路、稻田的格田和田埂、旱地的灌水畦和灌水沟、小型建筑物以及土地平整等农田建设工程。做好田间工程是进行合理灌溉、提高灌水工作效率、及时排除地面径流和控制地下水位、充分发挥灌排工程效益、实现旱涝保收、建设高产优质高效农业的基础。

（一）田间工程的规划要求和规划原则

1. 田间工程的规划要求

田间工程要有利于调节农田水分状况、培育土壤肥力和实现农业现代化。为此，田间工程规划应满足以下基本要求：

（1）有完善的田间灌排系统，旱地有沟、畦，种稻有格田，配置必要的建筑物，灌水能控制，排水有出路，消灭旱地漫灌和稻田串灌串排现象，并能控制地下水位，防止土壤过湿和产生土壤次生盐渍化现象。

（2）田面平整，灌水时土壤湿润均匀，排水时田面不留积水。

（3）田块的形状和大小要适应农业现代化需要，有利于农业机械作业和提高土地利用率。

2. 田间工程的规划原则

（1）田间工程规划是农田基本建设规划的重要内容，必须在农业发展规划和水利建设规划的基础上进行。

（2）田间工程规划必须着眼长远、立足当前，既要充分考虑农业现代化发展的要求，又要满足当前农业生产发展的实际需要，全面规划，分期实施，当年增产。

（3）田间工程规划必须因地制宜，讲求实效，要有严格的科学态度，注重调查研究，走群众路线。

（4）田间工程规划要以治水改土为中心，实行山、水、田、林、湖、草、沙、路、电、居民点等综合治理，创造良好的生态环境，促进农、林、牧、副、渔全面发展。

（二）条田规划

末级固定灌溉渠道（农渠）和末级固定沟道（农沟）之间的田块称为条田，有的地方称为耕作区。它是进行机械耕作和田间工程建设的基本单元，也是组织田间灌水的基本单元。条田的基本尺寸要满足以下要求。

1. 排水要求

在平原地区，当降雨强度大于土壤入渗速度时，就要产生地面积水，积水深度和积水时间超过作物允许的淹水深度和允许的淹水时间时，就会危害作物生长。在地下水位较高的地区，当上升毛管水到达作物根系集中区时，就会招致土壤过湿，可能会导致渍害的产生。若地下水矿化度较高，还会引起表土层积盐。在易渍、易涝、易发生盐碱化的地区，条田大小应考虑除涝、防渍和改良盐碱土的要求，及时排除因暴雨产生的田面积水，减小淹水时间和淹没深度，以免土壤中水分过多；或者为满足控制与降低地下水位的要求，而将地下水位降低到地下水临界深度以下，以防土壤表层积盐、返盐，保证作物能正常生长。为了排除地面积水和控制地下水位，最常见的排水措施就是开挖排水沟，排水沟应有一定的深度和密度。条田不能过宽，亦即排水沟间距不宜过大，因为排水沟间距过大，排水效果就不理想，从而会使条田中部地下水位过高，不利于除涝、防渍和洗盐。一般土质较黏重，地下水位较高，雨季易受渍害和在土壤盐碱化较严重的地区，条田宽度应窄一些、短一些。对于要求地下水控制深度较小、土壤透水性较好的地区，其排水沟间距大一些。排水沟太深时容易坍塌，管理维修困难。因此，农沟作为末级固定沟道，间距不能太大，一般为100～200m。

2. 农业机械化耕作要求

机耕不仅要求条田形状方整，还要求条田具有一定的长度。若条田太短，拖拉机开行长度太小，转弯次数就多，生产效率低，机械磨损较大，消耗燃料也多。若条田太长，控制面积过大，不仅增加了平整土地的工作量，而且由于灌水时间长，灌水和中耕不能密切配合，会增加土壤蒸发损失，在有盐碱化威胁的地区还会加剧土壤返盐。根据实际测定，拖拉机开行长度小于300m时，生产效率显著降低。但当开行长度大于1200m时，用于转弯的时间损失所占比重很小，提高生产效率的作用已不明显。因此，从有利于机械耕作这一因素考虑，条田长度对于大型农机具以400～800m为宜，中型农机具以300～500m为宜，小型农机具以200～300m为宜。

条田宽度主要根据地形条件、土壤性质和排水要求确定，地面坡度较大、土壤透水性好的地区，汇流较快，排水通畅，排水沟的间距和条田的宽度可大一些；在汇流缓慢、土质较差、地下水控制深度较大、沟道容易坍塌的地区，条田的宽度宜小，一般当农渠和农沟相间布置时，条田的宽度为100～150m；当农渠和农沟相邻布置时，条田的宽度为200～300m。

3. 田间用水管理要求

在旱作地区，特别是机械化程度较高的大型农场，为了在灌水后能及时中耕松土，减少土壤水分蒸发，防止深层土壤中的盐分向表层聚积，一般要求一块条田能在1～2d内灌水完毕。从便于组织灌水考虑，条田长度以不超过500m为宜。

4. 应少占耕地

条田不宜过小，以节省耕地；否则，渠、沟、路、地埂等的占地就要增多。最好使渠、沟、路尽可能相结合，以便于管理和维护。同级灌溉渠道的灌溉面积应尽量相等，以利配水、输水和灌水。

综上所述，条田大小既要考虑除涝防渍和机械化耕作的要求，又要考虑田间用水管理要求，应根据当地具体情况确定。我国旱作区条田规格见表4-18。在平原地区，使用大中型农业机械的条田，其尺寸可大一些；使用小型农业机具和畜力耕作的地区，条田尺寸应小一些。井灌区和山丘地区，条田尺寸要更小，以提高灌水质量和灌水效率，节约灌溉水量。

表 4-18　　　　　　　　　　　　我国旱作区条田规格　　　　　　　　　　　　单位：m

地 区	长 度	宽 度
陕西关中	300～400	100～300
安徽淮北	400～600	200～300
山东	200～300	100～200
新疆军垦农场	500～600	200～350
内蒙古机耕农场	600～800	200

（三）田间渠系布置

田间渠系是指条田内部临时性的灌溉渠道系统。它担负着田间输水和灌水任务，根据田块内部的地形特点和灌水需要，田间渠系由二～三级临时渠道组成，包括毛渠、输水垄沟、灌水沟和畦等。一般把从农渠引水的临时渠道称为毛渠，从毛渠引水的临时渠道称为输水垄沟或简称输水沟。从输水垄沟（或直接从毛渠）引水的临时渠道即为灌水畦（或灌水沟）。田间渠系的布置有纵向布置和横向布置两种基本形式。

1. 纵向布置

毛渠和灌水沟畦方向一致。灌水方向垂直农渠，毛渠与灌水沟、畦平行布置，灌溉水流从毛渠流入与其垂直的输水垄沟，然后再进入灌水沟、畦。毛渠一般沿地面最大坡度方向布置，使灌水方向和地面最大坡向一致，为灌水创造有利条件。灌水沟畦坡度大于 1/400 时，宜采用纵向布置。在有微地形起伏的地区，毛渠可以双向控制，向两侧输水，以减少土地平整工程量，减少单位面积上的毛渠长度。地面坡度大于 1% 时，为了避免田面土壤冲刷，毛渠可与等高线斜交，

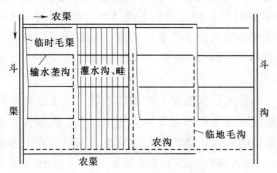

图 4-38　田间渠系纵向布置

以减小毛渠和灌水沟、畦的坡度。田间渠系的纵向布置如图 4-38 所示。

2. 横向布置

毛渠和灌水沟畦方向垂直。灌水方向和农渠平行，毛渠和灌水沟、畦垂直，灌溉水流从毛渠直接流入灌水沟、畦，如图 4-39 所示。这种布置方式省去了输水垄沟，减少了田间渠系长度，可节省土地和减少田间水量损失。毛渠一般沿等高线方向布置或与等高线有一个较小的夹角，使灌水沟、畦和地面坡度方向大体一致，有利于灌水。灌水沟畦坡度小于 1/400 时，宜采用横向布置。

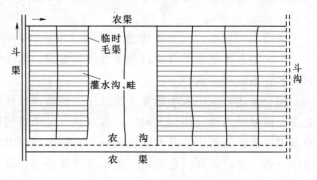

图 4-39　田间渠系横向布置

在以上两种布置形式中，纵向布置适用于地形变化较复杂、土地平整较差的条田；横向布置适用于地面坡向一致、坡度较小的条田。但是，在具体应用时，田间渠系布置方式的选择要综合考虑地形、灌水方向以及农渠和灌水方向的相对位置等因素。

山丘区的农田，按其所处位置，可分为岗、塝、冲、畈四种类型。岗地位于山脊，塝田处于坡地，冲田在两岗之间的最低处，在冲沟下游的两岸、地形逐渐开阔而平坦的农田称为畈田。在山丘区，支斗渠一般沿岗岭脊线布置，农渠垂直于等高线，两边是层层梯田，农渠在两层梯田间跌水衔接，由于塝田地势较高，排水条件较好，所以农渠多灌排两用。如图4-40所示为山丘区田间渠系布置的一般形式。

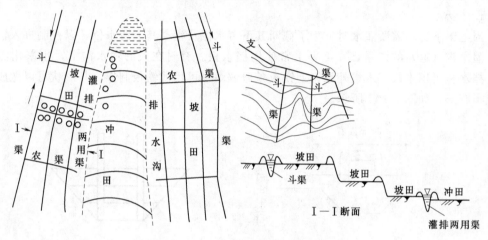

图4-40 山丘区田间渠系布置示意图

（四）稻田区的格田规划

在稻田地区，水稻田一般都采用淹灌方法，需要在田间保持一定深度的水层。因此，田间工程的主要内容就是修筑田埂，把条田或山丘地区的梯田分隔成许多矩形或方形田块，称为格田。格田是平整土地、田间耕作和用水管理的独立单元。

格田的长边通常沿等高线方向布置，农渠和农沟之间的距离通常就是格田的长度，沟、渠相间布置时，格田长度一般为100~150m；沟、渠相邻布置时，格田长度为200~300m。格田宽度则按管理要求而定，一般为15~20m。田埂的高度要满足田间蓄水要求，一般为20~30cm，埂顶兼作田间管理道路，宽约30~40cm。

在山丘地区的坡地上，农渠垂直等高线布置，可灌排两用，格田长度根据机耕要求确定。格田宽度视地形坡度而定，坡度大的地方应选较小的格田宽度，以减少修筑梯田和平整土地的工程量。

稻田区不需要修建田间临时渠网。在平原地区，农渠直接向格田供水，农沟接纳格田排出的水量，每块格田都应有独立的进、出水口，如图4-41所示。

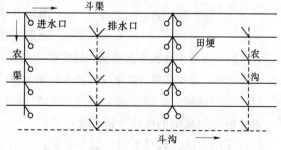

图4-41 稻田田间灌排工程布置图

（五）田间灌水设施

水量调配是执行用水计划的中心内容，而田间灌水装置则是保证用水计划实施效果和效率的重要手段，也是水量调配的终结分配（向田间配水）环节。依据田间供水网类型的不同，田间灌水装置可分为管道配水网灌水装置、明渠配水网灌水装置和自动地面灌水闸阀等3种类型。本书仅介绍明渠配水网灌水装置，其他两种类型可参考有关书目。

明渠配水网灌水装置主要有简易灌水装置和侧堰式配水灌水装置两大类。以下着重介绍田间简易灌水装置。一般常规沟灌、畦灌等地面灌常用的田间简易灌水装置，主要有挡水板、放水板、虹吸管和放水管等。

1. 挡水板

当毛渠下游不需要灌水时，为了截断其下游水流及壅高其上游水位，以控制进入输水沟或灌水沟（畦）的流量，在毛渠上常使用挡水板。有时在大的输水沟上，也采用挡水板。挡水板可用木板或木板外缘钉上铁板条做成，也可用薄铁板制作。其形状可以做成梯形或半圆形，如图4-42所示。

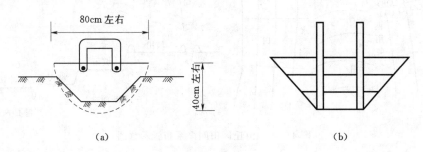

图4-42 挡水板
(a) 薄铁板挡水板；(b) 木挡水板

2. 放水板

在采用沟、畦灌方式灌水时，最简单的办法是在灌水沟、畦田头开口引水；停止灌水时，则用田内土堵塞。为了更好地控制进入灌水沟、畦中的流量，通常可使用放水板。

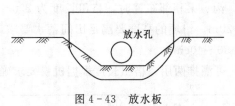

图4-43 放水板

放水板可用木板薄铁板制成，如图4-43所示。板的尺寸可按灌水沟断面或畦田放水口的尺寸确定。放水板中间开圆形或方形小孔，孔径的尺寸，对于沟灌，可视灌水沟流量确定。对于畦灌，孔径尺寸不仅决定于进入畦田的流量，还与畦田放水口的多少有关系。

放水板可有效地掌握灌水流量，其特点是搬运灵活，使用效率高。使用放水板时，可沿输水沟（或毛渠）堤岸在每一灌水沟或灌水畦田放水口处安设一个，并应注意以下两点：

（1）采用畦灌方式灌水时，放水板应安装在畦田放水口处，孔口下缘与畦田地面齐平，以免由孔口流出的水流冲刷田面。

（2）采用沟灌方式灌水时，放水板应安装在灌水沟口上，孔口下缘与灌水沟底齐平，以免冲刷沟底。

3. 虹吸管

为了便于控制进入畦田或灌水沟的水量，并提高灌水劳动生产率，以达到有效灌溉和节约用水的目的，可在畦田或灌水沟道安设放水管或虹吸管。

虹吸管可选用铁制管或塑料软管，灌水时，将管内充满水，用两手紧握两头，放在灌水沟或畦田首的输水沟或毛渠的土堤上，使一头插入输水沟或毛渠的水面下，另一头置于灌水沟或畦田中。这样，输水沟或毛渠内的水就会通过虹吸

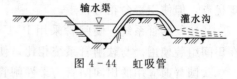

图 4 - 44　虹吸管

管流入灌水沟或畦田。停止灌水时，将虹吸管拿起，水即断流。

虹吸管使用灵活，进水量稳定，可以不在输水沟或毛渠土堤上扒口进行灌溉。虹吸管的布置形如图 4-44 所示。若采用塑料虹吸管放水，一个灌水员可同时管理 600 根虹吸管，使灌水生产率大大提高。不同水头压力、不同管径的虹吸管所通过的流量见表 4-19。

表 4 - 19　　　　　　　　　不同水头压力不同直径虹吸管的流量　　　　　　　　　单位：L/s

水头压力/cm	直径/cm					水头压力/cm	直径/cm				
	2.0	3.0	4.0	5.0	6.0		2.0	3.0	4.0	5.0	6.0
2.0	0.12	0.26	0.51	0.83	1.23	8.0	0.24	0.53	1.03	1.65	2.45
4.0	0.17	0.38	0.73	1.18	1.75	10.0	0.26	0.58	1.14	1.83	2.72
6.0	0.20	0.45	0.88	1.42	2.10						

4. 放水管

放水管是长 30～35cm、直径 3～5cm 的引水管，用铁皮管、竹管、木管、硬塑料管均可。放水管可埋设在灌水沟或灌水畦田首部输水沟或毛渠的小土堤内，两头分别伸进输水沟或毛渠和灌水沟或灌水畦田，水从输水沟或毛渠一端流入管内，再流入灌水沟或灌水畦。放水管的口径取决于需要供给灌水沟的流量大小及每个畦田所需要数目，通常每块畦田可安设 3～5 个放水管。

圆形断面不同直径放水管的流量参见表 4-20。其进水口应在水面以下 5cm 处，出水口则高于畦田或灌水沟中的水面。放水管的布置方式如图 4-45 所示。

表 4 - 20　　　　　　　　　圆形断面不同直径放水管的流量

直径/cm	1.5	2.0	2.5	3.0	4.0	5.0	5.5
流量/(L/s)	0.10	0.15	0.25	0.50	1.00	1.50	2.00

5. 田间闸管系统

田间闸管系统是可以移动的管道，管道上配置多个小闸门，通过调节闸门开度来控制

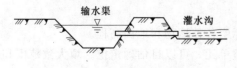

图 4-45　放水管的布置方式

进入畦（沟）的流量。管道上闸门配置间距可根据畦沟间距调整，并且闸门开度可以调节，用以控制进入畦（沟）的流量。田间闸管系统主要用于管道输水系统的配套，完成从管网出水口到畦

沟入口的配水，同时也适用具有一定水头的明渠。在国内外应用的闸管系统有软、硬闸管系统两种。

（1）软闸管系统。软闸管采用塑料、橡胶或帆布等材料制成。具有造价低、易于应用等优点，但使用寿命相对较短。

（2）硬闸管系统。硬闸管采用 PVC 管或铝管等，配有快速接头，可根据畦沟条件，在田间组装使用。与软闸管系统相比，使用寿命长，但造价相对较高。

我国普遍应用的田间闸管为柔性闸管。在实际应用中，田间闸管既可以替代土毛渠起到田间配水的作用，同时通过闸阀控制，还可以调节分配到畦（沟）的流量。田间应用表明，该项技术投资少、见效快、施工方便、使用简单，适合我国大田作物节水灌溉技术发展的需要，它的推广应用将会产生明显的经济效益和社会效益。

（六）土地平整

在实施地面灌溉的地区，为了保证灌溉质量，必须进行土地平整。通过平整土地，削高填低，连片成方，除改善灌排条件之外，还可改良土壤，扩大耕地面积，适应机械耕作需要。所以，平整土地是治水、改土、建设高产稳产农田的一项重要措施。

1. 土地平整工作应满足的要求

（1）田面平整，符合灌水技术要求。在实施沟、畦灌溉的旱作区，为了均匀地湿润土壤，必须具有平整的田面，而且沿灌水方向要有适宜的坡度，以利灌溉水流均匀推进。在种稻地区，要使格田范围内的田面基本水平。

（2）精心设计，合理分配土方，就近挖、填平衡，运输线路没有交叉和对流，使平整工程量最小，劳动生产率最高。

（3）应满足一定的平整精度。平整后的条田田面要求坡度均匀一致。一般畦灌地面高差应在 ±5cm 以内；水平畦灌地面高差应在 ±1.5cm 以内；沟灌地面高差应在 ±10cm 以内。

（4）注意保持土壤肥力。在挖、填土方时，要先移走表层熟土，完成设计的挖、填深度以后，再把熟土层归还地面，并适当增施有机肥料，做到当年施工、当年增产。

（5）改良土壤，扩大耕地。对质地黏重、容易板结的土壤，可进行掺砂改良。通过填平废沟、废塘，拉直沟、渠、田埂等措施，扩大耕地面积，改善耕作和水利条件。

根据以上要求进行土地平整工程的设计和施工。通常以条田或格田作为平整单元，测绘地形图，计算田面设计高程和各点的挖、填深度，确定土方分配方案和运输路线，有组织地进行施工，达到省劳力、速度快、效果好的目的。

2. 土地平整的规划步骤

（1）确定平整单元。根据地形条件和耕作、灌水要求，选定平整单元。在地形平坦的地区，可以把条田作为平整单元，以适应大型拖拉机的耕作要求；在地形变化复杂、调养较大的地区，可以把条田分为几个平整单元；水稻田常以一块格田或几块格田作为一个平整单元。

（2）测绘地形图。按平面单元测绘地形图，标明各种地物和地面高程。

（3）进行土地平整设计。对于面积较小的平整单元，可以目估确定挖、填大致范围和深度。如果平整单元高差较大或以条田作为平整单元时，就要进行土地平整设计，确定平整后的田面设计高程、挖填土方量、各点的挖填深度以及土方分配方案等，以便有计划、有组织地进行施工，达到省劳力、速度快、效果好的目的。

（4）组织施工。平整单元较小、土方量不大时，可以结合耕耙或取土修堤筑路、挖沟弃土等工作进行。如果高差较大或平整单元较大时，就要专门组织施工，利用农闲间隙突击进行，搞一片成一片。施工中，要按土地平整设计的土方分配方案运输，防止土方来回搬运，浪费劳力。

3. 农田土地平整方法

土地平整方法包括常规土地平整方法和激光控制平地技术。

（1）常规土地平整方法。常规土地平整方法又分为人工平地和机械平地两种。人工平地效率低，速度慢，适合于较小规模的平地作业。较大规模的土地平整通常采用机械化作业，我国应用最多的平地机械设备主要有推土机、铲运机和平地机等。机械平地不仅平地速度加快，而且在复种指数高的地区，尚有利于抓紧作物收、种之间的间隙，及时进行平整，同样可以保证平地质量，促进农业增产。

土地平整作业方法直接影响土地平整的质量和工效，是保证当年受益、当年作物增产的关键。对于地面高差不大的田块，平整土地方法可结合耕作，进行有计划地移高垫低，逐年平整达到平整要求为止。对于地面高差大，需要深挖厚垫的田块，通常采用倒槽平地法、抽槽平地法和全铲平地法三种方法进行平整。

1）倒槽平地法。倒槽平地法又称倒行子法，也称去生留熟法。倒槽平地法是在挖方地段，将挖方田块分成若干行，每行宽 1～2m，依设计地面高程先在第一行挖槽，深达设计地面高程以下约 30cm，将槽内土挖出并全部运至填方处，然后再挖松该行槽底生土，深约 30cm；随之将第二行表层 30cm 厚的表层熟土翻填铺于第一行槽内，并使其达到田面设计高程；再挖取第二行槽内熟土层以下的底土，运至填方处，如此用同样方法依次一槽一槽地进行平整。

倒槽平地法平地质量高，容易保留表土，平后地力均匀，平地结合深翻，有利于保证当年增产。另外，倒槽法工作面大，能多摆劳力进行平整，施工方便，不易产生窝工浪费。

2）抽槽平地法。抽槽平地法是在挖方地段取土的地块上，顺坡度方向每隔一定距离挖一条宽 1～2m 的土槽，挖取槽土深度依土方量平衡灵活掌握。一般应挖至设计地面高程线以下。先将挖出的表层熟土置于土梁上，然后再将槽内生土翻松并运至填土处；随后再在槽内搜根挖梁，刨松底土及槽两侧生土，填平抽槽，再将置于土梁上的熟土回填覆盖到槽内生土上。

抽槽平地法的主要优点是劳动组织管理方便，工效较高，可保留熟土 50% 以上。但缺点是合槽技术不易掌握，平地后常出现地力不均匀，影响作物生长和当年产量。

3）全铲平地法。全铲平地又称揭盖子，是将平整地块高出设计地面高程线以上的部分，不论生土和熟土，一次全部挖去，并移填至低处。

全铲平地法适用于机械平整，工效高，平整速度快。但平后土地生熟土混杂，地力不易恢复，容易造成减产。

（2）激光控制平地技术。激光平地技术是一种较先进的平地技术，既可实现农田精细平整，又能与现代大规模农业生产相适应，可为高效地面灌溉技术创造良好的基础条件。

1）系统组成。激光控制平地系统由激光发射器、激光接收器、激光控制器、液压控制器和平地铲五个基本部分构成，如图4-46示。

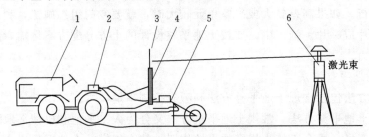

图4-46　激光平地系统工作原理图
1—拖拉机；2—控制器；3—接收器；4—桅杆；5—平地铲；6—发射器

2）工作原理。激光控制平地技术是利用激光作为非视觉操平控制手段，来控制液压平地机具刀口的升降，避免了常规平地设备因操作人员的目测判断带来的误差。激光平地系统利用激光发射器发出的旋转光束，在作业地块的定位高度上形成一个光平面，此光平面就是平地机组作业时平整土地的基准平面，光平面可以呈水平，也可以与水平呈一倾角（用于坡地平整作业）。激光接收器安装在靠近平地铲的桅杆上，从激光束到平地铲铲刃之间的这段固定距离即为标高定位测量的基准。当接收器检测到激光信号后，将其转换为相应的电信号，并不停地将电信号发送给控制箱。控制箱接收到标高变化的电信号后，进行自动修正，修正后的电信号控制液压控制阀，以改变液压油输向油缸的流向与流量，自动控制平地铲的高度，使之保持达到定位的标高平面，并随着拖拉机的前进进行平地作业。

3）激光控制平地作业的基本程序。

a. 建立激光控制面。首先根据被平整田块大小确定激光发射器的安放位置，如长度、宽度超过300m，激光器大致放在场地中间位置；如长度、宽度小于300m，则可安装于场地的周边。激光发射器位置确定后，将它安装在支撑的三脚架上，并按技术规范调整好激光发射器，把设计的坡度数字、转角等调到正确位置，把激光发射器的箭头调到指向主坡度方向，数码显示器按设计坡度调好数字，自动找平后，指示灯发出绿光，表示激光发射器正常，进入运行阶段，可以指导平地了。当有设计坡度时，激光束为斜直线红光束，即含有预定的坡降。激光的标高，应处在拖拉机平地机组最高点上方0.5～1m，以避免机组和操作人员遮挡住激光束。

b. 测量与设计。利用激光技术进行地面测量，一人操作发射器，配3～5人移动标尺。每个标尺高2m或3m，其上装有可上、下滑动的激光接收器，当发射器的红光束平射出照到接收器上时，正确位置绿灯亮，高地或低洼时黄灯亮。依次跑尺，每个地块按横列竖行排列，每测点间距为10～20m，特殊点段加密，顺序详细记录测定的测点方向和高低数据，绘制出地块的地形图。根据测量结果进行平地设计，确定平地设计相对高程。原则是通过选择适当的平地设计高程，使得平地作业中的挖方量与填方量基本相等。按照平地设计高程在田块内确定平地机械作业的基准点，亦即平地铲铲刃初始作业位置点。

c. 平整作业。接收器上有3个自上而下排列的电子眼，以铲刃初始作业位置为基准，调整激光接收器桅杆的高度，使激光器射出的激光束与接收器中间的电子眼对准（即绿灯亮时）。然后，将控制开关置于自动位置，就可以启动拖拉机平地机组开始平整作业。当平地铲低时，激光平面投射到上电子眼上，控制箱就会立刻自动将平地铲抬高，反之，投射到下电子眼上，平地铲降低。

d. 复测与评价。平整作业完成后，按平地前相同的网格形式进行地面高度点的复测，进而评价土地精平的作业效果。

激光平地整地技术不仅可以实现大片土地平整自动化，节约劳动力，减少农民劳动强度，而且可极大地提高农业水资源的利用效率和灌水均匀度，有利于农田耕作和农作物生长，提高农产品产量、减少肥料的流失，同时可提高机械化作业效率和效果。国外激光技术在农田土地平整方面的应用已得到普遍推广，我国也正在逐步推广。

三、灌溉渠道设计

灌溉渠道在实际工作中，由于受气候、水资源、农作物种植结构、作物长生阶段、工程管理水平以及工程完好率等诸多因素的影响，连续供水的渠道，在整个灌溉季节流量是变化的。在灌溉渠道设计时，要考虑流量变化对渠道的影响，尽量满足更多的用水条件变化要求。在实际工作中，是从变化的流量中取其典型流量作为设计依据的，这就是渠道的设计流量、加大流量、最小流量。

（一）灌溉渠道水量损失计算

渠道的水量损失包括渠道水面蒸发损失、渠床渗漏损失、闸门漏水和渠道退水等。通常水面蒸发损失一般不足渗漏损失水量的 5%，在渠道流量计算中常忽略不计。闸门漏水和渠道退水取决于工程质量和用水管理水平，可以通过加强灌区管理工作予以限制，在计算渠道流量时不予考虑。所以，渠床渗漏损失水量是主要损失量，为方便计算近似地看作总输水损失水量。

由于渠道在输水过程中有水量损失，就出现了净流量（Q_n）、毛流量（Q_g）和损失流量（Q_l）3 种流量，它们之间的关系为

$$Q_g = Q_n + Q_l \tag{4-33}$$

渗漏损失水量和渠床土壤性质、地下水埋藏深度和出流条件、渠道输水时间等因素有关。在已建成的灌区管理运用中，渗漏损失水量应通过实测确定。在灌溉工程规划设计工作中，常用经验公式或经验系数估算输水损失水量。

1. 用经验公式估算输水损失水量

（1）未衬砌渠道渗水不受地下水顶托影响条件下的水量损失。如图 4-47 所示，为未衬砌渠道渗水不受地下水顶托影响条件下渗流（自由渗流）情况，每千米渠道输水损失系数常用以下经验公式计算：

$$\sigma = \frac{A}{100 Q_n^m} \tag{4-34}$$

式中 σ——每千米渠道输水损失系数；

A——渠床土壤透水系数；

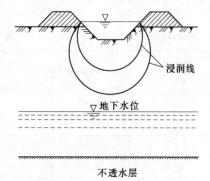

图 4-47 自由渗流示意图

m——渠床土壤透水指数；

Q_n——渠道净流量，m^3/s。

土壤透水系数 A 和透水指数 m 应根据实测资料分析确定，在缺乏实测资料的情况下，可采用表 4-21 中的数值。

表 4-21　　　　　　　　　　　土壤渗透系数参数表

渠 床 土 壤	透水性	A	m
重黏土及黏土	弱	0.7	0.3
重黏壤土	中下	1.3	0.35
中黏壤土	中等	1.9	0.5
轻黏壤土	中上	2.65	0.45
砂壤土及轻砂壤土	强	3.4	0.5

渠道输水损失流量按式（4-35）计算，即

$$Q_1 = \sigma L Q_n \tag{4-35}$$

式中　Q_1——渠道输水损失流量，m^3/s；

　　　L——渠道长度，km；

　　　σ——每千米渠道输水损失系数；

　　　Q_n——渠道净流量，m^3/s。

（2）未衬砌渠道渗水受地下水顶托影响条件下的水量损失。如灌区地下水位较高，渠道渗漏受地下水顶托影响，如图 4-48 所示。实际渗漏水量比计算结果要小。所以，损失流量需要修正，即

$$Q_1' = \gamma Q_1 \tag{4-36}$$

式中　Q_1'——有地下水顶托影响的渠道损失流量，m^3/s；

　　　γ——地下水顶托修正系数，查表4-22；

　　　Q_1——自由渗流条件下的渠道损失流量，m^3/s。

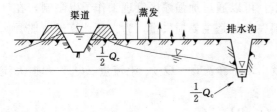

图 4-48　顶托渗流示意图

表 4-22　　　　　　　　　　　地下水顶托修正系数 γ

渠道流量 /(m^3/s)	地下水埋深/m					
	<3	3	5	7.5	10	15
0.3	0.82	—	—	—	—	—
1.0	0.63	0.79	—	—	—	—
3.0	0.50	0.63	0.82	—	—	0.94
10.0	0.41	0.50	0.65	0.79	0.91	0.84
20.0	0.36	0.45	0.57	0.71	0.82	0.73

渠道流量 /(m³/s)	地下水埋深/m					
	<3	3	5	7.5	10	15
30.0	0.35	0.42	0.54	0.66	0.77	
50.0	0.32	0.37	0.49	0.60	0.69	
100.0	0.28	0.33	0.42	0.52	0.58	

（3）衬砌渠道水量损失。上述自由渗流或顶托渗流条件下的损失水量都是根据渠床天然土壤透水性计算出来的。现在渠道要求进行衬砌处理，采取渠道衬砌护面防渗措施后，应采取防渗措施后的渗漏损失水量作为确定设计流量的根据。如无试验资料，可按式（4-37）或式（4-38）进行修正：

$$Q_1^n = \beta Q_1 \qquad (4-37)$$

或

$$Q_1^n = \beta Q_1' \qquad (4-38)$$

式中　Q_1^n——采取防渗措施后的渗漏损失流量，m³/s；

　　　β——采取防渗措施后渠床渗水量的折减系数，查表4-23；

　　其余符号意义同前。

表4-23　　　　　　　　　　渗水量折减系数 β

防　渗　措　施	β	备　　注
渠槽翻松夯实（厚度大于0.5m）	0.3~0.2	
渠槽原状土夯实（影响厚度0.4m）	0.7~0.5	
灰土夯实、三合土夯实	0.15~0.1	
混凝土护面	0.15~0.05	透水性很强的土壤，挂淤和夯实能使渗水量显著减少，可采取较小的 β 值
黏土护面	0.4~0.2	
人工夯填	0.7~0.5	
浆砌石	0.2~0.1	
塑料薄膜	0.1~0.05	

2. 用经验系数估算输水损失水量

总结已成灌区的水量量测资料，可以得到各条渠道的毛流量和净流量以及灌入农田的有效水量，经分析计算，可以得出以下几个反映水量损失情况的经验系数。

（1）渠道水利用系数。某渠道的净流量与毛流量的比值称为该渠道的渠道水利用系数，用符号 η_c 表示。

$$\eta_c = \frac{Q_n}{Q_g} \qquad (4-39)$$

式中　Q_n——渠道净流量，m³/s；

　　　Q_g——渠道毛流量，m³/s。

对任一渠道而言，从水源或上级渠道引入的流量就是它的毛流量，分配给下级各条渠道流量的总和就是它的净流量。

（2）渠系水利用系数。灌溉渠系的净流量与毛流量的比值称为渠系水利用系数，用符号 η_s 表示。农渠向田间供水的流量就是灌溉渠系的净流量，干渠或总干渠从水源引水的流量就是渠系的毛流量。渠系水利用系数的数值等于各级渠道水利用系数的乘积，即

$$\eta_s = \eta_干 \ \eta_支 \ \eta_斗 \ \eta_农 \qquad\qquad (4-40)$$

式中 $\eta_干$——干渠渠道水利用系数；

　　　$\eta_支$——支渠渠道水利用系数；

　　　$\eta_斗$——斗渠渠道水利用系数；

　　　$\eta_农$——农渠渠道水利用系数。

渠系水利用系数反映整个渠系的水量损失情况。它不仅反映出灌区的自然条件和工程技术状况，还反映出灌区的管理工作水平。提水灌区的渠系水利用系数稍高于自流灌区。渠系水利用系数要符合表 4-24 的规定要求。

表 4-24　　　　　　　　　　　　　　渠 系 水 利 用 系 数

灌区面积/万亩	>30	30～1	<1
渠系水利用系数	0.55	0.65	0.75

（3）田间水利用系数。田间水利用系数是实际灌入田间的有效水量（对旱作农田，指蓄存在计划湿润层中的灌溉水量；对水稻田，指蓄存在格田内的灌溉水量）和末级固定渠道（农渠）放出水量的比值，用符号 η_f 表示。

$$\eta_f = \frac{A_农 \ m_n}{W_{农净}} \qquad\qquad (4-41)$$

式中 $A_农$——农渠的灌溉面积，亩；

　　　m_n——净灌水定额，m^3/亩；

　　　$W_{农净}$——农渠供给田间的水量，m^3。

田间水利用系数是衡量田间工程状况和灌水技术水平的重要指标。旱作灌区田间水利用系数设计值不应低于 0.90；水稻灌区田间水利用系数设计值不应低于 0.95。

（4）灌溉水利用系数。灌溉水利用系数是实际灌入农田的有效水量和渠首引入水量的比值，用符号 η_0 表示。它是评价渠系工作状况、灌水技术水平和灌区管理水平的综合指标，可按式（4-42）计算：

$$\eta_0 = \frac{Am_n}{W_g} \qquad\qquad (4-42)$$

式中 A——某次灌水全灌区的灌溉面积，亩；

　　　m_n——净灌水定额，m^3/亩；

　　　W_g——某次灌水渠首引入的总水量，m^3。

以上这些经验系数的数值与灌区大小、渠床土质和防渗措施、渠道长度、田间工程状况、灌水技术水平以及管理工作水平等因素有关。在引用别的灌区的经验数据时，应注意这些条件要相近。

选定适当的经验系数之后，就可根据净流量计算相应的毛流量。

（二）渠道的工作制度

渠道的工作制度就是渠道的输水工作方式，分为续灌和轮灌两种。

1. 续灌

在一次灌水延续时间内，自始至终连续输水的渠道称为续灌渠道。这种输水工作方式称为续灌。

为了各用水单位受益均衡，避免因水量过分集中而造成灌水组织和生产安排的困难，一般灌溉面积在1万亩以上的灌区，干、支渠多采用续灌。

2. 轮灌

同一级渠道在一次灌水延续时间内轮流输水的工作方式称为轮灌。实行轮灌的渠道称为轮灌渠道。

实行轮灌时，缩短了各条渠道的输水时间，加大了输水流量，同时工作的渠道长度较短，从而减少了输水损失水量，有利于农业耕作和灌水工作的配合，有利于提高灌水工作效率。但是，因为轮灌加大了渠道的设计流量，也就增加了渠道的土方量和渠道建筑物的工程量。如果流量过分集中，还会造成劳力紧张，在干旱季节还会影响各用水单位的均衡受益。所以，一般较大的灌区，只在斗渠以下实行轮灌，支渠也可按轮灌方式设计。

实行轮灌时，渠道分组轮流输水，分组方式可归纳为以下两种：

（1）集中编组。将邻近的几条渠道编为一组，上级渠道按组轮流供水，如图4-49（a）所示。采用这种编组方式，上级渠道的工作长度较短，输水损失水量较小。但相邻几条渠道可能同属一个生产单位，会引起灌水工作紧张。

（2）插花编组。将同级渠道按编号的奇数或偶数分别编组，上级渠道按组轮流供水，如图4-49（b）所示。这种编组方式的优缺点恰好和集中编组的优缺点相反。

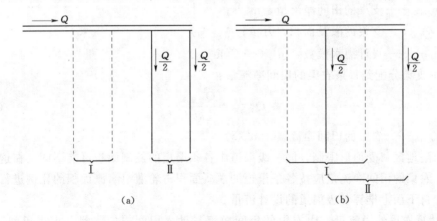

图4-49　轮灌组划分方式
(a) 集中编组；(b) 插花编组

实行轮灌时，无论采取哪种编组方式，轮灌组的数目都不宜太多，以免造成劳动力紧张，一般以2～3组为宜。划分轮灌组时，应使各组灌溉面积相近，以利配水。

（三）渠道设计流量推算

渠道设计流量是指在灌溉设计标准条件下，为满足灌溉用水要求，需要渠道输送的最大流量。通常是根据设计灌水模数（设计灌水率）和灌溉面积按照渠道工作制度进行确定的。

在渠道输水过程中，有水面蒸发、渠床渗漏、闸门漏水、渠尾退水等水量损失。需要渠道提供的灌溉流量称为渠道的净流量，计入水量损失后的流量称为渠道的毛流量，设计流量是渠道的毛流量，它是设计渠道断面和渠系建筑物尺寸的主要依据。

渠道的工作制度不同，设计流量的推算方法也不同，下面分别予以介绍。

1. 轮灌渠道设计流量的推算

因为轮灌渠道的输水时间小于灌水延续时间，所以不能直接根据设计灌水模数和灌溉面积自下而上地推算渠道设计流量。常用的方法是：根据轮灌组划分情况自上而下逐级分配末级续灌渠道（一般为支渠）的田间净流量，再自下而上逐级计入输水损失水量，推算各级渠道的设计流量。

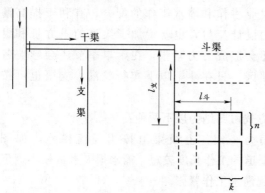

图 4-50　渠道轮灌示意图

（1）自上而下分配末级续灌渠道的田间净流量如图 4-50 所示。支渠为末级续灌渠道，斗、农渠的轮灌组划分方式为集中编组，同时工作的斗渠有 2 条，农渠有 4 条。为了使讨论具有普遍性，设同时工作的斗渠为 n 条，每条斗渠里同时工作的农渠为 k 条。

1）计算支渠的设计田间净流量。在支渠范围内，不考虑损失水量的设计田间净流量为

$$Q_{支田净} = A_支 q_设 \qquad (4-43)$$

式中　$Q_{支田净}$——支渠的田间净流量，$\mathrm{m^3/s}$；

　　　$A_支$——支渠的灌溉面积，万亩；

　　　$q_设$——设计灌水模数，$\mathrm{m^3/(s \cdot 万亩)}$。

2）由支渠分配到每条农渠的田间净流量：

$$Q_{农田净} = \frac{Q_{支田净}}{nk} \qquad (4-44)$$

式中　$Q_{农田净}$——农渠的田间净流量，$\mathrm{m^3/s}$。

在丘陵地区，受地形限制，同一级渠道中各条渠道的控制面积可能不同。在这种情况下，斗、农渠的田间净流量应按各条渠道的灌溉面积占轮灌组灌溉面积的比例进行分配。

（2）自下而上推算各级渠道的设计流量。

1）计算农渠的净流量。由农渠的田间净流量计入田间损失水量，求得田间毛流量，即农渠的净流量：

$$Q_{农净} = \frac{Q_{农田净}}{n_f} \qquad (4-45)$$

式中符号意义同前。

2）推算各级渠道的设计流量（毛流量）。根据农渠的净流量自下而上逐级计入渠道输水损失，得到各级渠道的毛流量，即设计流量。由于有两种估算渠道输水损失水量的方法，由净流量推算毛流量也就有两种方法。

a. 用经验公式估算输水损失的计算方法。根据渠道净流量、渠床土质和渠道长度用式（4-46）计算：

$$Q_g = Q_n(1 + \sigma L) \tag{4-46}$$

式中　Q_g——渠道的毛流量，m³/s；

　　　Q_n——渠道的净流量，m³/s；

　　　σ——每千米渠道损失水量与净流量比值；

　　　L——最下游一个轮灌组灌水时渠道的平均工作长度，km，计算农渠毛流量时，可取农渠长度的一半进行估算。

b. 用经济系数估算输水损失的计算方法。根据渠道的净流量和渠道水利用系数用式（4-47）计算渠道的毛流量：

$$Q_g = \frac{Q_n}{\eta_c} \tag{4-47}$$

在大、中型灌区，支渠数量较多，支渠以下的各级渠道实行轮灌。如果都按上述步骤逐条推算各条渠道的设计流量，工作量很大。为了简化计算，通常选择一条有代表性的典型支渠（作物种植、土壤性质、灌溉面积等影响渠道流量的主要因素具有代表性）按上述方法推算支斗农渠的设计流量，计算支渠范围内的灌溉水利用系数 $\eta_{支水}$，以此作为扩大指标，用式（4-48）计算其余支渠的设计流量：

$$Q_支 = \frac{qA_支}{\eta_{支水}} \tag{4-48}$$

同样，以典型支渠范围内各级渠道水利用系数作为扩大指标，可计算出其他支渠控制范围内的半农渠的设计流量。

2. 续灌渠道设计流量计算

续灌渠道一般为干、支渠道，渠道流量较大，上下游流量相差悬殊，这就要求分段推算设计流量，各渠段采用不同的断面。另外，各级续灌渠道的输水时间都等于灌区水延续时间，可以直接由下级渠道的毛流量推算上级渠道的毛流量。所以，续灌渠道设计流量的推算方法是自下而上逐级、逐段进行推算的。

由于渠道水利用系数的经验值是根据渠道全部长度的输水损失情况统计出来的，它反映出不同流量在不同渠段上运行时输水损失的综合情况，而不能代表某个具体渠段的水量损失情况。所以，在分段推算续灌渠道设计流量时，一般不用经济系数估算输水损失水量，而用经验公式估算。具体推算方法以图 4-51 所示为例说明如下。

图中表示的渠系有 1 条干渠和 4 条

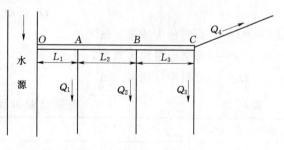

图 4-51　干渠流量推算图

支渠，各支渠的毛流量分别为 Q_1、Q_2、Q_3、Q_4，支渠取水口把干渠分成3段，各段长度分别为 L_1、L_2、L_3，各段的设计流量分别为 Q_{OA}、Q_{AB}、Q_{BC}，计算公式如下：

$$Q_{BC}=(Q_3+Q_4)(1+\sigma_3 L_3) \tag{4-49}$$

$$Q_{AB}=(Q_{BC}+Q_2)(1+\sigma_2 L_3) \tag{4-50}$$

$$Q_{OA}=(Q_{AB}+Q_1)(1+\sigma_1 L_1) \tag{4-51}$$

（四）渠道最小流量和加大流量的计算

在渠道设计中，除了按设计流量进行渠道断面尺寸计算外，还要考虑渠道时常会在小于设计流量或大于设计流量的情况下工作，为了使渠道适应所有的这些情况，就需要用最小流量和加大流量进行校核。通常情况下，续灌渠道应按设计流量、加大流量和最小流量进行水力计算，而轮灌渠道可只按设计流量进行水力计算。

1. 渠道最小流量的计算

渠道最小流量是指在灌溉设计标准条件下，渠道在工作过程中输送的最小流量。用修正灌水模数图上的最小灌水模数值和灌溉面积进行计算。计算的方法步骤和设计流量的计算方法相同，不再赘述。应用渠道最小流量可以核对下一级渠道的水位控制条件和确定修建节制闸的位置等，并用于校核不淤流速。

对于同一条渠道，其设计流量（$Q_{设}$）与最小流量（$Q_{最小}$）相差不要过大，否则在用水过程中，有可能因水位不够而造成引水困难。为了保证对下级渠道正常供水，续灌渠道的最小流量不宜小于设计流量的40%，相应的最小水深不宜小于设计水深的70%，在实际灌水中，如某次灌水定额过小，可适当缩短供水时间，集中供水，使流量大于或等于最小流量。

2. 渠道加大流量的计算

加大流量是指考虑到在灌溉工程运行过程中可能出现一些难以准确估计的附加流量，把设计流量适当放大后所得到的安全流量。简单地说，加大流量是渠道运行过程中可能出现的最大流量，它是设计渠堤堤顶高程和验算渠道的不冲流速依据。

在灌溉工程运行过程中，可能出现一些和设计情况不一致的变化，如扩大灌溉面积、改变作物种植计划等，要求增加供水量；或在工程事故排除之后，需要增加引水量，以弥补因事故影响而少引的水量；或在暴雨期间因降雨而增大渠道的输水流量。这些情况都要求在设计渠道和建筑物时留有余地，按加大流量校核其输水能力。

渠道加大流量的计算是以设计流量为基础，给设计流量乘以"加大系数"即得。按式（4-52）计算：

$$Q_j=jQ_d \tag{4-52}$$

式中　Q_j——渠道加大流量，m^3/s；

　　　　j——渠道流量加大系数，见表4-25，湿润地区可取小值，干旱地区可取大值；

　　　　Q_d——渠道设计流量，m^3/s。

表 4-25　　　　　　　　　渠 道 流 量 加 大 系 数

设计流量/(m^3/s)	<1	1~5	5~20	20~50	50~100	100~300	>300
流量加大系数 j	1.35~1.30	1.30~1.25	1.25~1.20	1.20~1.15	1.15~1.10	1.10~1.05	<1.05

轮灌渠道控制面积较小,轮灌组内各条渠道的输水时间和输水流量可以适当调剂,因此,轮灌渠道不考虑加大流量。在抽水灌区,渠首泵站设有备用机组时,干渠的加大流量按备用机组的抽水能力而定。

(五)灌溉渠道纵横断面设计

灌溉渠道的设计流量、最小流量和加大流量确定以后,就可据此设计渠道的纵横断面。设计流量是进行水力计算、确定渠道过水断面尺寸的主要依据。最小流量主要用来核对下级渠道的水位控制条件,判断当上级渠道输送最小流量时,下级渠道能否引足相应的最少流量。如果不能满足某条下级渠道的进水要求,就要在该分水口下游设节制闸,壅高水位,满足其取水要求。加大流量是确定渠道断面深度和堤顶高程的依据。

渠道断面设计应注意以下问题:

(1)渠道应有足够的输水能力,水流安全通畅。

(2)各级渠道之间和渠道分段之间以及重要建筑物上、下游水面平顺衔接。

(3)渠道纵向稳定:不发生冲刷也不发生淤积或冲淤平衡。

(4)渠道平面稳定:不发生左右摆动,两岸不会局部冲刷或淤积。

(5)占地少、工程量少,施工、运行、管理方便。

(6)有通航要求时,应符合航运部门的有关规定。

渠道纵断面和横断面的设计是互相联系、互为条件的。在设计实践中,不能把它们截然分开,而要通盘考虑、交替进行、反复调整,最后确定合理的设计方案。但为了叙述方便,还得把纵、横断面设计方法分别予以介绍。

1. 渠道纵、横断面设计原理

渠道纵、横断面设计相互联系,交叉进行,反复调整,才能得出合理的断面尺寸。

灌溉渠道一般都是正坡明渠。在渠首进水口和第一个分水口之间或在相邻两个分水口之间,如果忽略蒸发和渗漏损失,渠段内的流量是个常数。为了水流平顺和施工方便,在一个渠段内要采用同一个过水断面和同一个比降,渠床表面要具有相同的糙率。因此,渠道水深、过水断面面积和平均流速也就沿程不变。这就表明渠中水流在重力作用下运动,重力沿流动方向的分量与渠床的阻力平衡。这种水流状态称为明渠均匀流。在渠道建筑物附近,因阻力变化,水流不能保持均匀流状态,但影响范围很小,其影响结果在局部水头损失中考虑。因此,灌溉渠道可以按明渠均匀流公式设计。

明渠均匀流的基本公式为

$$V = C\sqrt{Ri} \qquad\qquad (4-53)$$

式中　V——渠道平均流速,m/s;

　　　C——谢才系数,$m^{0.3}/s$;

　　　R——水力半径,m;

　　　i——渠底比降。

谢才系数常用曼宁公式计算:

$$C = \frac{1}{n}R^{1/6} \qquad\qquad (4-54)$$

式中　n——渠床糙率系数。

而
$$Q = AC\sqrt{Ri} \qquad (4-55)$$

式中 Q——渠道设计流量，m^3/s；

A——渠道过水断面面积，m^2。

2. 梯形渠道横断面设计方法

设计渠道时要求工程量小，投资少，即在设计流量 Q、比降 i、糙率系数 n 值相同的条件下应使过水断面面积最小，或在过水断面面积 A、比降 i、糙率系数 n 值相同的条件下，使通过的流量 Q 最大。符合这些条件的断面称为水力最佳断面。从式（4-55）可以看出，当 A、n、i 一定时，水力半径最大或湿周最小的断面就是水力最佳断面。在各种几何图形中，以圆形断面的周界最小。所以半圆形断面是水力最佳断面。但天然土渠修成半圆形是很困难的，也是不稳定的，只能修成接近半圆的梯形断面。

（1）渠道设计的依据。渠道设计的依据除输水流量外，还有渠底比降、渠床糙率、渠道边坡系数、稳定渠床的宽深比以及渠道的不冲、不淤流速等。

1）渠底比降。在坡度均一的渠段内，两端渠底高差和渠段长度的比值称为渠底比降。比降选择是否合理关系工程造价和控制面积，应根据渠道沿线的地面坡度、下级渠道进水口的水位要求、渠床土质、水源含沙情况、渠道设计流量大小等因素，参考当地灌区管理运用经验，选择适宜的渠底比降。为了减少工程量，应尽可能选用和地面坡度相近的渠底比降。一般随着设计流量的逐级减小，渠底比降应逐级增大。干渠及较大支渠的上、下游流量相差很大时，可采用不同的比降，上游平缓，下游较陡。根据我国灌区建设经验，清水渠道易产生冲刷，比降宜缓，如漭史杭灌区输水渠道的比降为 $1/10000 \sim 1/28000$。浑水渠道容易淤积，比降应适当加大，如人民胜利渠灌区的渠底比降为 $1/1000 \sim 1/6000$；泾惠渠灌区的渠底比降为 $1/2000 \sim 1/5000$。抽水灌区的渠道应在满足泥沙不淤的条件下尽量选择平缓的比降，以减小提水扬程和灌溉成本。黄土地区从多泥沙河流引水的渠道，满足不淤条件的渠底比降可参考陕西省水利科学研究所的经验公式确定：

$$i = 0.275 n^2 \frac{(\rho_0 \omega)^{3/5}}{Q^{1/4}} \qquad (4-56)$$

式中 i——渠底比降；

ρ_0——水流的饱和挟沙量，kg/m^3；

ω——泥沙平均沉速，mm/s；

其余符号意义同前。

在设计工作中，可参考地面坡度和下级渠道的水位要求先初选一个比降，计算渠道的过水断面尺寸，再按不冲流速、不淤流速进行校核，如不满足要求，再修改比降，重新计算。

2）渠床糙率系数。渠床糙率系数 n 是反映渠床粗糙程度的技术参数。该值选择得是否切合实际，直接影响到设计成果的精度。如果 n 值选得太大，设计的渠道断面就偏大，不仅增加了工程量，而且会因实际水位低于设计水位而影响下级渠道的进水。如果 n 值取得太小，设计的渠道断面就偏小，输水能力不足，影响灌溉用水。糙率系数值的正确选择不仅要考虑渠床土质和施工质量，还要估计到建成后的管理养护情况。表 4-26 中的数值可供参考。

表 4 - 26　　　　　　　　　　　渠 床 糙 率 系 数 n

1. 土渠

流量范围 /(m³/s)	渠 槽 特 征	糙率系数 n	
		灌溉渠道	退泄水渠道
>20	平整顺直，养护良好	0.0200	0.0225
	平整顺直，养护一般	0.0225	0.0250
	渠床多石，杂草丛生，养护较差	0.0250	0.0275
1～20	平整顺直，养护良好	0.0225	0.0250
	平整顺直，养护一般	0.0250	0.0275
	渠床多石，杂草丛生，养护较差	0.0275	0.0300
<1	渠床弯曲，养护一般	0.0250	0.0275
	支渠以下的固定渠道	0.0275	0.0300
	渠床多石，杂草丛生，养护较差	0.0300	0.0350

2. 岩石渠槽

渠槽表面的特征	糙率系数 n
经过良好修整	0.025
经过中等修整、无凸出部分	0.030
经过中等修整、无凸出部分	0.033
未经修整、有凸出部分	0.0350～0.045

3. 防渗衬砌渠槽糙率

防渗衬砌结构类别及特征		糙率系数 n
黏土黏沙混合土 膨润混合土	平整顺直养护良好	0.0225
	平整顺直养护一般	0.0250
	平整顺直养护较差	0.0275
灰土、三合土、四合土	平整表面光滑	0.0150～0.0170
	平整表面较粗糙	0.0180～0.0200
水泥土	平整表面光滑	0.0140～0.0160
	平整表面较粗糙	0.0160～0.0180
砌石	浆砌料石石板	0.0150～0.0230
	浆砌块石	0.0200～0.0250
	干砌块石	0.0250～0.0330
	浆砌卵石	0.0230～0.0275
	干砌卵石，砌工良好	0.0250～0.0325
	干砌卵石，砌工一般	0.0275～0.0375
	干砌卵石，砌工粗糙	0.0325～0.0425
沥青混凝土	机械现场浇筑，表面光滑	0.0120～0.0140
	机械现场浇筑，表面粗糙	0.0150～0.0170
	预制板砌筑	0.0160～0.0180

防渗衬砌结构类别及特征		糙率系数 n
混凝土	抹光的水泥砂浆面	0.0120～0.0130
	金属模板浇筑，平整顺直，表面光滑	0.0120～0.0140
	刨光木模板浇筑，表面一般	0.0150
	表面粗糙，缝口不齐	0.0170
	修整及养护较差	0.0180
	预制板砌筑	0.0160～0.0180
	预制渠槽	0.0120～0.0160
	平整的喷浆面	0.0150～0.0160
	不平整的喷浆面	0.0170～0.0180
	波状断面的喷浆面	0.0180～0.0250

3）渠道的边坡系数。渠道的边坡系数 m 是渠道边坡倾斜程度的指标，其值等于边坡在水平方向的投影长度和在垂直方向投影长度的比值。m 值的大小关系到渠坡的稳定，要根据渠床土壤质地和渠道深度等条件选择适宜的数值。大型渠道的边坡系数应通过土工试验和稳定分析确定；中小型渠道的边坡系数根据经验选定，可参考表 4-27 和表 4-28。

表 4-27　　　　　　　　　　挖方渠道最小边坡系数

土　　质	渠道水深/m		
	<1	1～2	2～3
稍胶结的卵石	1.00	1.00	1.00
夹沙的卵石或砾石	1.25	1.50	1.50
黏土、重壤土	1.00	1.00	1.25
中壤土	1.25	1.25	1.50
轻壤土、砂壤土	1.50	1.50	1.75
砂土	1.75	2.00	2.25

表 4-28　　　　　　　　　　填方渠道最小边坡系数

土　　质	渠道水深/m					
	<1		1～2		2～3	
	内坡	外坡	内坡	外坡	内坡	外坡
黏土、重壤土	1.00	1.00	1.00	1.00	1.25	1.00
中壤土	1.25	1.00	1.25	1.00	1.50	1.25
轻壤土、砂壤土	1.50	1.25	1.50	1.25	1.75	1.50
砂土	1.75	1.50	2.00	1.75	2.25	2.00

4）渠道断面的宽深比。渠道断面的宽深比 a 是渠道底宽 b 和水深 h 的比值。宽深比对渠道工程量和渠床稳定有较大影响。

渠道宽深比的选择要考虑以下要求：

a. 工程量最小。在渠道比降和渠床糙率一定的条件下，通过设计流量所需要的最小过水断面称为水力最优断面，采用水力最优断面的宽深比可使渠道工程量最小。梯形渠道水力最优断面的宽深比按式（4-57）计算：

$$\alpha_0 = 2(\sqrt{1+m^2} - m) \tag{4-57}$$

式中　α_0——梯形渠道水力最优断面的宽深比；

　　　m——梯形渠道的边坡系数。

根据式（4-57）可算出不同边坡系数相应的水力最优断面的宽深比，见表4-29。

表 4-29 $m-\alpha_0$ 关 系 表

边坡系数 m	0	0.25	0.50	0.75	1.00	1.25	1.50	1.75	2.00	3.00
α_0	2.0	1.56	1.24	1.00	0.83	0.70	0.61	0.53	0.47	0.32

水力最优断面具有工程量最小的优点，小型渠道和石方渠道可以采用。对大型渠道来说，因为水力最优断面比较窄深，开挖深度大，可能受地下水影响，施工困难，劳动效率较低，而且渠道流速可能超过允许不冲流速，影响渠床稳定。所以，大型渠道常采用宽浅断面。可见，水力最优断面仅仅指输水能力最大的断面，不一定是最经济的断面，渠道设计断面的最佳形式还要根据渠床稳定要求、施工难易等因素确定。

b. 断面稳定。渠道断面过于窄深，容易产生冲刷；过于宽浅，又容易淤积，都会使渠床变形。稳定断面的宽深比应满足渠道不冲不淤要求，它与渠道流量、水流含沙情况、渠道比降等因素有关，应在总结当地已成渠道运行经验的基础上研究确定。比降小的渠道应选较小的宽深比，以增大水力半径，加快水流速度；比降大的渠道应选较大的宽深比，以减小流速，防止渠床冲刷。

国内外很多学者对灌溉渠道稳定断面的宽深比做了大量的研究工作，提出了许多经验公式，可供参考使用。

（a）深水渠道设计水深及宽深比，可按以下公式计算。

水深计算公式为

$$h = \beta Q^{1/3} \tag{4-58}$$

式中　β——系数，$\beta = 0.58 \sim 0.94$，一般可采用 0.76。

宽深比取值：

当 $Q \leqslant 1.5 \text{m}^3/\text{s}$ 时，有

$$\alpha = NQ^{1/10} - m \tag{4-59}$$

式中　N——系数，$N = 2.35 \sim 3.25$，黏性土渠道和刚性衬砌渠道取小值，沙性土渠道取大值；

　　　m——边坡系数。

当 $1.5 \text{m}^3/\text{s} < Q < 50 \text{m}^3/\text{s}$ 时，有

$$\alpha = NQ^{1/4} - m \tag{4-60}$$

式中　N——系数，$N = 1.8 \sim 3.4$，黏性土渠道和刚性衬砌渠道取小值，沙性土渠道取大值。

（b）苏联 C. A. 吉尔什坎公式：

$$\alpha = 3Q^{0.25} - m \tag{4-61}$$

（c）美国垦务局公式：

$$\alpha = 4 - m \tag{4-62}$$

（d）对于一般渠道，稳定渠槽平均情况符合下列关系式：

水深计算公式为

$$h = \beta Q^{1/3} \tag{4-63}$$

式中　β——系数，$\beta = 0.7 \sim 1.0$，一般可采用 0.85。

宽深比取值：

$$\alpha = NQ^{1/4} - m \tag{4-64}$$

式中　N——系数。

对于流量较小的渠道，稳定宽深比可参考采用表 4-30 所列数值。

表 4-30　　　　　　　　　　稳定渠槽宽深比参考值

流量/(m³/s)	<1	1～3	3～5	5～10	10～30	30～60
α	1～2	1～3	2～4	3～5	5～7	6～10

由于影响渠床稳定的因素很多，也很复杂，每个经验公式都是在一定地区的特定条件下产生的，都有一定的局限性。这些经验公式的计算结果只能作为设计的参考。

c. 有利通航。有通航要求的渠道，应根据船舶吃水深度、错船所需的水面宽度以及通航的流速要求等确定渠道的断面尺寸。

5）渠道的不冲不淤流速。在稳定渠道中，允许的最大平均流速为临界不冲流速，简称不冲流速，用 v_{cs} 表示；允许的最小平均流速称为临界不淤流速，简称不淤流速，用 v_{cd} 表示。为了维持渠床稳定，渠道通过设计流量时的平均流速（设计流速）v_d 应满足以下条件：

$$v_{cd} < v_d < v_{cs}$$

a. 渠道的不冲流速。水在渠道中流动时，具有一定的能量，这种能量随水流速度的增加而增加，当流速增加到一定程度时，渠床上的土粒就会随水流移动，土粒将要移动而尚未移动时的水流速度就是临界不冲流速（简称不冲流速）。

渠道不冲流速和渠床土壤性质、水流含沙情况、渠道断面水力要素等因素有关，具体数值要通过试验研究或总结已成渠道的运用经验而定。一般土渠的不冲流速为 0.6～0.9m/s。表 4-31、表 4-32 中的数值可供设计参考。

表 4-31　　　　　　　　　　土质渠床的不冲流速

土　　质	不冲流速/(m/s)	土　　质	不冲流速/(m/s)
轻壤土	0.60～0.80	重壤土	0.70～1.00
中壤土	0.65～0.85	黏土	0.75～0.95

注　1. 表中所列不冲流速值属于水力半径 $R = 1m$ 的情况，当 $R \neq 1.0m$ 时，表中所列数值乘以 R^a。指数 a 值依据下列情况采用：① 各种大小的砂、砾石和卵石及疏松的壤土、黏土 $a = 1/3 \sim 1/4$；②中等密实的和密实的砂壤土、壤土及黏土 $a = 1/4 \sim 1/5$。

　　2. 干容重为 $1.3 \sim 1.7t/m^3$。

表 4 - 32　　　　　　　　　　非黏性土渠道允许不冲流速　　　　　　　　　单位：m/s

土　质	粒　径/mm	水　深/m			
		0.4	1.0	2.0	≥3.0
淤泥	0.005～0.050	0.12～0.17	0.15～0.21	0.17～0.24	0.19～0.26
细砂	0.050～0.250	0.17～0.27	0.21～0.32	0.24～0.37	0.26～0.40
中砂	0.250～1.000	0.27～0.47	0.32～0.57	0.37～0.65	0.40～0.70
粗砂	1.000～2.500	0.47～0.53	0.57～0.65	0.65～0.75	0.70～0.80
细砾石	2.500～5.000	0.53～0.65	0.65～0.80	0.75～0.90	0.80～0.95
中砾石	5.000～10.000	0.65～0.80	0.80～1.00	0.90～1.10	0.95～1.20
大砾石	10.000～15.000	0.80～0.95	1.00～1.20	1.10～1.30	1.20～1.40
小卵石	15.000～25.000	0.95～1.20	1.20～1.40	1.30～1.60	1.40～1.80
中卵石	25.000～40.000	1.20～1.50	1.40～1.80	1.60～2.10	1.80～2.20
大卵石	40.000～75.000	1.50～2.00	1.80～2.40	2.10～2.80	2.20～3.00
小漂石	75.000～100.000	2.00～2.30	2.40～2.80	2.80～3.20	3.00～3.40
中漂石	100.000～150.000	2.30～2.80	2.80～3.40	3.20～3.90	3.40～4.20
大漂石	150.000～200.000	2.80～3.20	3.40～3.90	3.90～4.50	4.20～4.90
顽石	＞200.000	＞3.20	＞3.90	＞4.50	＞4.90

注　表中所列允许不冲流速值为水力半径 $R=1.0$m 时的情况；当 $R\neq1.0$m 时，表中所列数值应乘以 R^a，指数 a 值可采用 $a=1/3\sim1/5$。

土质渠道的不冲流速也可用 C. A. 吉尔什坎公式计算：

$$v_{cs}=KQ^{0.1} \tag{4-65}$$

式中　v_{cs}——渠道不冲流速，m/s；

　　　K——根据渠床土壤性质而定的耐冲系数，查表 4 - 33；

　　　Q——渠道的设计流量，m^3/s。

表 4 - 33　　　　　　　　　　渠床土壤耐冲系数 K 值

非黏聚性土	K	黏聚性土	K
中砂土	0.45～0.50	砂壤土	0.53
粗砂土	0.50～0.60	轻黏壤土	0.57
小砾石	0.60～0.75	中黏壤土	0.62
中砾石	0.75～0.90	重黏壤土	0.69
大砾石	0.90～1.00	黏土	0.75
小卵石	1.00～1.30	重黏土	0.85
中卵石	1.30～1.45		
大卵石	1.45～1.60		

有衬砌护面的渠道的不冲流速比土渠大得多，如混凝土护面的渠道允许最大流速可达 12m/s。但从渠床稳定考虑，仍应对衬砌渠道的允许最大流速限制在较小的数值，见表 4 - 34。美国垦务局建议：无钢筋的混凝土衬砌渠道的流速不应超过 2.5m/s，因为流速太大的水

流遇到裂缝或缝隙时，流速水头就转化为压力水头，会使衬砌层翘起和剥落。

表 4 - 34 衬砌渠道允许不冲流速表

防渗衬砌结构类别			允许不冲流速/(m/s)
土料	黏土、黏矿混合土		0.75~1.00
	灰土、三合土、四合土		<1.00
水泥土	现场填筑		<2.50
	预制铺砌		<2.00
砌石	干砌卵石（挂淤）		2.50~4.00
	浆料块石	单层	2.50~4.00
		双层	3.50~5.00
	浆砌料石		4.0~6.0
	浆砌石板		<2.50
膜料（土料保护层）	砂壤土、轻壤土		<0.45
	中壤土		<0.60
	重壤土		<0.65
	黏土		<0.70
	砂砾料		<0.90
沥青混凝土	现场浇筑		<3.00
	预制铺砌		<2.00
混凝土	现场浇筑		<8.00
	预制铺砌		<5.00
	喷射法施工		<10.00

注 表中土料类和膜料类（土料保护层）防渗衬砌结构允许不冲流速值为水力半径 $R=1.0$m 时的情况；当 $R\neq$ 1.0m 时，表中所列数值应乘以 R^a。指数 a 值可按下列情况采用：①疏松的土料或土料保护层，$a=1/3\sim1/4$；②中等密实和密实的土料或土料保护层，$a=1/4\sim1/5$。

石质渠道允许不冲流速可参考表 4 - 35。

表 4 - 35 石质渠道允许不冲流速表 单位：m/s

岩 性	水 深/m			
	0.4	1.0	2.0	3.0
砾岩、泥灰岩、页岩	2.0	2.5	3.0	3.5
石灰岩、致密的砾岩、砂岩、白云石灰岩	3.0	3.5	4.0	4.5
白云砂岩、致密的石灰岩、硅质石灰岩、大理岩	4.0	5.0	5.5	6.0
花岗岩、辉绿岩、玄武岩、安山岩、石英岩、斑岩	15.0	18.0	20.0	22.0

b. 渠道的不淤流速。渠道水流的挟沙能力随流速的减小而减小，当流速小到一定程度时，部分泥沙就开始在渠道内淤积。泥沙将要沉积而尚未沉积时的流速就是临界不淤流速。

渠道不淤流速主要取决于渠道含水情况和断面水力要素，应通过试验研究或总结实践经验而定。在缺乏实际研究成果时，可选用有关经验公式进行计算。这里，仅介绍黄河水利委员会科学研究所的不淤流速计算公式：

$$v_{cd} = C_0 Q^{0.5} \qquad (4-66)$$

式中 v_{cd}——渠道不淤流速，m/s；

C_0——不淤流速系数，随渠道流量和宽深比而变，见表 4-36；

Q——渠道的设计流量，m^3/s。

式（4-66）适用于黄河流域含水量为 $1.32\sim83.8kg/m^3$、加权平均泥沙沉降速度为 $0.0085\sim0.32m/s$ 的渠道。

表 4-36　　　　　　　　　　　　　不 淤 流 速 系 数 值

渠道流量和宽深比		C_0
$Q > 10m^3/s$		0.2
$Q = 5\sim10m^3/s$	$b/h \geqslant 20$	0.2
	$b/h < 20$	0.4
$Q < 5m^3/s$		0.4

（2）渠道水力计算。

1）一般断面的水力计算。渠道水力计算的任务是根据上述设计依据，确定渠道过水断面的水深 h 和底宽 b。但明渠均匀流计算公式（4-60）中，包含着 b 和 h 两个未知数，不能直接计算，可采用试算法。计算方法如下：

a. 假设 b、h 值。为了施工方便，底宽 b 应取整数。因此，一般先假设一个整数的 b 值，再选择适当的宽深比 α，用公式 $h = b/\alpha$ 计算相应的水深值。

b. 计算渠道过水断面的水力要素。根据假设的 b、h 值计算相应的过水断面面积 A、湿周 P、水力半径 R 和谢才系数 C，计算公式如下：

$$A = (b + mh)h \qquad (4-67)$$

$$P = b + 2h\sqrt{1+m^2} \qquad (4-68)$$

$$R = \frac{A}{P} \qquad (4-69)$$

由式（4-54）计算谢才系数：

$$C = \frac{1}{n}R^{1/6}$$

c. 计算渠道流量。由式（4-55）计算渠道流量：

$$Q = AC\sqrt{Ri}$$

d. 校核渠道输水能力。上面计算出来的渠道流量 $Q_{计算}$ 是假设的 b、h 值相应的输水能力，一般不等于渠道的设计流量 Q，通过试算，反复修改 b、h 值，直至渠道计算流量等于或接近渠道设计流量为止。要求误差不超过 5%，即设计渠道断面应满足的校核条件是：

$$\left| \frac{Q - Q_{计算}}{Q} \right| \leqslant 0.05 \qquad (4-70)$$

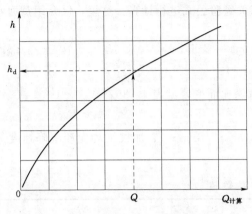

图 4-52 渠道的 h-$Q_{计算}$ 关系曲线

在试算过程中，如果计算流量和设计流量相差不大时，只需修改 h 值，再行计算；如二者相差很大时，就要修改 b、h 值，再行计算。为了减少重复次数，常用图解法配合：在底宽不变的条件下，用3次以上的试算结果绘制 h-$Q_{计算}$ 关系曲线，在曲线图上查出渠道设计流量 Q 相应的设计水深 h_d，如图 4-52 所示。

e. 校核渠道流速：

$$v_d = \frac{Q}{A} \qquad (4-71)$$

渠道的设计流速应满足前面提到的校核条件：

$$v_{cd} < v_d < v_{cs} \qquad (4-72)$$

如不满足流速校核条件，就要改变渠道的底宽 b 值和渠道断面的宽深比，重复以上计算步骤，直到既满足流量校核条件又满足流速校核条件为止。

【例 4-2】 某灌溉渠道采用梯形断面，设计流量 $Q=3.2\text{m}^3/\text{s}$，边坡系数 $m=1.5$，渠比降 $i=0.0005$，渠床糙率系数 $n=0.025$，渠道不冲流速 $v_{cs}=0.8\text{m/s}$，该渠道为清水渠道，无防淤要求，为了防止长草，最小允许流速为 0.4m/s。求渠道过水断面尺寸。

解： (1) 初设 $b=2\text{m}$，$h=1\text{m}$，作为第一次试算的断面尺寸。

(2) 计算渠道断面各水力要素：

$$A=(b+mh)h=(2+1.5\times1)\times1=3.5(\text{m}^2)$$

$$P=b+2h\sqrt{1+m^2}=2+2\times\sqrt{1+1.5^2}=5.61(\text{m})$$

$$R=\frac{A}{P}=\frac{3.5}{5.61}=0.624(\text{m})$$

$$C=\frac{1}{n}R^{1/6}=\frac{1}{0.025}\times0.624^{1/6}=36.98(\text{m}^{1/2}/\text{s})$$

(3) 计算渠道输水流量 $Q_{计算}$：

$$Q_{计算}=AC\sqrt{Ri}=3.5\times36.98\sqrt{0.624\times0.0005}=2.286(\text{m}^3/\text{s})$$

(4) 校核渠道输水能力：

$$\left|\frac{Q-Q_{计算}}{Q}\right|=\left|\frac{3.2-2.286}{3.2}\right|=0.286>0.05$$

从以上计算看出，流量校核不满足要求，需更换 h 值，重新计算。再假设 $h=1.1\text{m}$、1.15m、1.12m，按上述步骤进行计算，计算结果列入表 4-37。

按表 4-37 中的计算结果绘制 h-$Q_{计算}$ 关系曲线（图 4-53），从曲线上查得 $Q=3.2\text{m}^3/\text{s}$ 对应的 $h_d=1.185\text{m}$。

表 4-37　　　　　　　　　　　　　　　渠道过水断面水力要素

h/m	A/m^2	P/m	R/m	$C/(\text{m}^{1/2}/\text{s})$	$Q_{计算}/(\text{m}^3/\text{s})$
1.0	3.50	5.61	0.624	36.98	2.286
1.1	4.02	5.97	0.673	37.45	2.76
1.15	4.28	6.15	0.697	37.66	3.012
1.22	4.67	6.40	0.730	37.96	3.39

（5）校核渠道流速：

$$v_d = \frac{Q}{A} = \frac{3.2}{(2+1.5\times1.185)} = 0.715(\text{m/s})$$

因为，$0.8 > 0.715 > 0.4$，设计流速满足校核条件。

所以，渠道设计过水断面的尺寸为

$$b_d = 2.0\text{m}, \quad h_d = 1.185\text{m}$$

2）水力最优梯形断面的水力计算。采用水力最优梯形断面时，可按以下步骤直接求解：

a. 计算渠道的设计水深。由梯形渠道力最优断面的宽深比公式（4-62）和明渠均匀流量计算公式（4-60）推得水力最优断面的渠道设计水深为

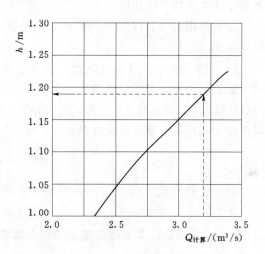

图 4-53　渠道的 h-$Q_{计算}$ 关系曲线

$$h_d = 1.189\left[\frac{nQ}{(2\sqrt{1+m^2}-m)\sqrt{i}}\right]^{3/8} \tag{4-73}$$

式中　h_d——渠道设计水深，m。

b. 计算渠道的设计底宽。

$$b_d = a_0 h_d \tag{4-74}$$

式中　b_d——渠道的设计底宽，m；

　　　a_0——梯形渠道断面的最优宽深比。

c. 校核渠道流速。流速计算和校核方法与采用一般断面时相同。如设计流速不满足校核条件时，说明不宜采用水力最优断面形式。

需要指出，前面几种渠道水力计算方法都是以渠道设计流速满足不冲和不淤流速为条件的，适用于清水渠道或含沙量不多的渠道断面设计。而对于从多沙河流引水的渠道，例如我国西北黄土地区从多沙河流引水的渠道，其设计情况要复杂得多。因为这些引水河流一般夏季水浑，冬季水清，一年中来水的含沙量变化很大；而且渠道含沙量很大时的允许不淤流速 v_{cd} 常大于渠道含沙量很小时的允许不冲流速 v_{cs}，所以，在确定这类渠道的设计流速 v_d 时，如果以夏季不淤为标准，即 $v_d \geqslant v_{cd}$，到了冬季，由于 $v_d > v_{cs}$，就会引起冲刷；同样，若以冬季不冲为标准，即 $v_d \leqslant v_{cs}$，到了夏季，就会发生淤积。要解决这个矛盾，可以设法使夏季的淤积量与冬季的冲刷量大致相等，也就是说，允许渠道有时冲

刷，有时淤积，但是在一定时期内（一年或若干年）渠道保持冲淤平衡，这就是冲淤平衡的渠道设计思想。

（3）渠道过水断面以上部分的有关尺寸。

1）渠道加大水深。渠道通过加大流量 Q_j 时的水深称为加大水深 h_j。计算加大水深时，渠道设计底宽 b_d 已经确定，明渠均匀流流量公式中只包含一个未知数，但因公式形式复杂，直接求解仍很困难。通常还是用试算法或查诺模图求加大水深，计算的方法步骤和求设计水深的方法相同。

如果采用水力最优断面，可近似地用式（4-77）直接求解，只需将公式的 h_d 和 Q 换成 h_j 和 Q_j。

2）安全超高。为了防止风浪引起渠水漫溢，保证渠道安全运行，挖方渠道的渠岸和填方渠道的堤顶应高于渠道的加大水位，要求高出的数值称为渠道的安全超高，通常用经验公式计算。《灌溉与排水工程设计标准》（GB 50288—2018）建议：1～3级渠道岸顶超高应按土石坝设计要求经论证确定。4级、5级渠道岸顶超高按式（4-75）计算：

$$\Delta h = \frac{1}{4} h_j + 0.2 \tag{4-75}$$

美国垦务局采用式（4-76）确定（供参考）：

$$\Delta h = \sqrt{Ch} \tag{4-76}$$

式中　C——系数，其值随着流量的增大而增大，$Q = 0.6 \sim 0.85 \mathrm{m^3/s}$，$C = 0.46 \sim 0.76$；

　　　h——设计水深，m。

3）堤顶宽度。为了便于管理和保证渠道安全运行，挖方渠道的渠岸和填方渠道的堤顶应有一定的宽度，以满足交通和渠道稳定的需要。渠岸和堤顶的宽度可按式（4-77）计算：

$$D = h_j + 0.3 \tag{4-77}$$

式中　D——渠岸或堤顶宽度，m；

　　　h_j——渠道的加大水深，m。

堤顶宽度应根据稳定分析、管理及交通要求确定，一般 $667 \mathrm{hm^2}$ 及以上灌区干、支渠堤顶宽度不应小于 2m，斗渠、农渠不宜小于 1m；$667 \mathrm{hm^2}$ 以下灌区可减小。渠道岸顶兼作交通道路时，其宽度应满足车辆通行要求。

3. 渠道横断面结构

由于渠道过水断面和渠道沿线地面的相对位置不同，渠道断面有挖方渠道断面、填方渠道断面和半挖半填断面三种形式，其结构各不相同。

（1）挖方渠道断面结构。对挖方渠道，为了防止坡面径流的侵蚀、渠坡坍塌以及便于施工和管理，除正确选择边坡系数外，当渠道挖深大于 5m 时，应每隔 3～5m 高度设置一道平台。第一级平台的高程和渠岸（顶）高程相同，平台宽度约 1～2m。如平台兼作道路，则按道路标准确定平台宽度。在平台内侧应设置集水沟，汇集坡面径流，并使之经过沉沙井和陡槽集中进入渠道，如图 4-54 所示。挖深大于 10m 时，不仅施工困难，边坡也不易稳定，应改用隧洞等。第一级平台以上的渠坡根据干土的抗剪强度而定，可尽量陡一些。

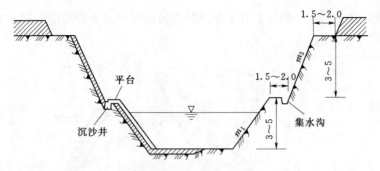

图 4-54　挖方渠道断面（单位：m）

（2）填方渠道断面结构。填方渠道易于溃决和滑坡，要认真选择内、外边坡系数。填方高度大于 3m 时，应通过稳定分析确定边坡系数，有时需在外坡脚处设置排水反滤体。填方高度很大时，需在外坡设置平台。位于不透水层上的填方渠道，当填方高度大于 5m

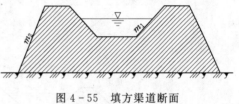

图 4-55　填方渠道断面
m_1—内边坡系数；m_2—外边坡系数

或高于两倍设计水深时，一般应在渠堤内加设纵横排水槽。填方渠道会发生沉陷，施工时应预留沉陷高度，一般增加设计填高的 10%。在渠底高程处，堤宽应等于 $(5\sim10)h$，根据土壤的透水性能而定，h 为渠道水深。填方渠道断面结构如图 4-55 所示。

（3）半挖半填渠道断面。半挖半填渠道断面的挖方部分可为筑堤提供土料，而填方部分则为挖方弃土提供场所。当挖方量等于填方量（考虑沉陷影响，外加 $10\%\sim30\%$ 的土方量）时，工程费用最少。挖填土方相等时的挖方深度口可按式（4-78）计算：

$$(b+m_1x)x=(1.1\sim1.3)\times2a\left(d+\frac{m_1+m_2}{2}\times a\right) \tag{4-78}$$

式中符号的含义如图 4-56 所示。系数 $1.1\sim1.3$ 是考虑土体沉陷而增加的填方量，砂质土取 1.1，壤土取 1.15，黏土取 1.2，黄土取 1.3。

为了保证渠道的安全稳定，半挖半填渠道堤底的宽度 B 应满足以下条件：

$$B\geqslant(5\sim10)(h-x) \tag{4-79}$$

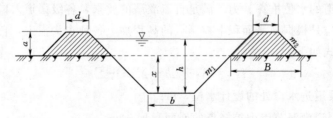

图 4-56　半挖半填渠道断面

（4）斜坡地带的半挖半填渠道断面（图 4-57）。山坡岩石风化严重时，渗漏严重，容易滑塌。目前，设计时常考虑将正常水位放在挖方断面以内，以增加稳定性，减少漏水。为防滑坡，做成阶梯状；设反滤层，防管涌、流土等渗透变形；为防止坡水入渠，做截流沟，距离渠肩 3～5m。斜坡上其他形式的渠道断面形式可参考图 4-58。

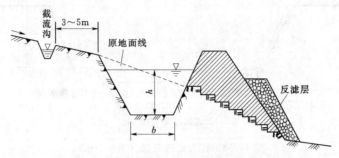

图 4-57 斜坡地带的半挖半填渠道断面

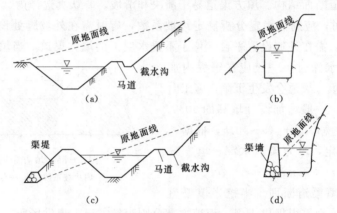

图 4-58 斜坡上其他形式的渠道断面形式
(a) 土基梯形挖方渠道；(b) 岩基矩形挖方渠道；(c) 土基梯形
半挖半填渠道；(d) 岩基矩形半挖半填渠道

4. 渠道的纵断面设计

灌溉渠道不仅要满足输送设计流量的要求，还要满足水位控制的要求。横断面设计通过水力计算确定了能通过设计流量的断面尺寸，满足了前一个要求。纵断面设计的任务是根据灌溉水位要求确定渠道的空间位置，先确定不同桩号处的设计水位高程，再根据设计水位确定渠底高程、堤顶高程、最小水位等。

(1) 灌溉渠道的水位推算。为了满足自流灌溉的要求，各级渠道入口处都应具有足够的水位。这个水位是根据灌溉面积上控制点的高程加上各种水头损失，自下而上逐级推算出来的。水位公式如下：

$$H_{进} = A_0 + \Delta h + \sum Li + \sum \psi \qquad (4-80)$$

式中　$H_{进}$——渠道进水口处的设计水位，m；

　　　A_0——渠道灌溉范围内控制点的地面高程，m；

　　　Δh——控制点地面与附近末级固定渠道设计水位的高差，一般取 0.1～0.2m；

　　　L——各级渠道的长度，m；

　　　i——渠道的比降；

　　　ψ——水流通过渠系建筑物的水头损失，m，可参考表 4-38 所列数值选用。

控制点是指较难灌到水的地面，在地形均匀变化的地区，控制点选择的原则是：如沿渠地面坡度大于渠道比降，渠道进水口附近的地面最难控制；反之，渠尾地面最难控制。

表 4－38　　　　　　　　　　　　渠道建筑物水头损失最小数值　　　　　　　　　　　　单位：m

渠　别	控制面积/万亩	进水闸	节制闸	渡槽	倒虹吸	公路桥
干渠	10～40	0.1～0.2	0.10	0.15	0.40	0.05
支渠	1～6	0.1～0.2	0.07	0.07	0.30	0.03
斗渠	0.3－0.4	0.05～0.15	0.05	0.05	0.20	0
农渠		0.05				

式（4－80）可用来推算任一条渠道进水口处的设计水位，推算不同渠道进水口设计水位时所用的控制点不一定相同，要在各条渠道控制的灌溉面积范围内选择相应的控制点。

（2）渠道纵断面图（图4－59）的绘制。渠道纵断面图包括：沿渠地面高程线、渠道设计水位线、渠道最低水位线、渠底高程线、堤顶高程线、分水口位置、渠道建筑物位置及其水头损失等。

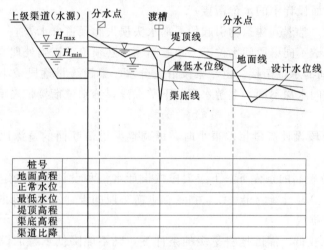

图 4－59　渠道纵断面图

渠道断面图按以下步骤绘制：

1）绘制地面高程线。在方格纸上建立直角坐标系，横坐标表示桩号，纵坐标表示高程。根据渠道中心线的水准测量成果（桩号和地面高程）按一定的比例点绘出地面高程线。

2）标绘分水口和建筑物的位置。在地面高程线的上方，用不同符号标出各分水口和建筑物的位置。

3）绘制渠道设计水位线。参照水源或上一级渠道的设计水位、沿渠地面坡度、各分水点的水位要求和渠道建筑物的水头损失，确定渠道的设计比降，绘出渠道的设计水位线。该设计比降作为横断面水力计算的依据。如横断面设计在先，绘制纵断面图时所确定的渠道设计比降应和横断面水力计算时所用的渠道比降一致，如两者相差较大，难以采用横断面水力计算所用比降时，应以纵断面图上的设计比降为准，重新设计横断面尺寸。所以，渠道的纵断面设计和横断面设计要交错进行，互为依据。

4）绘制渠底高程线。在渠道设计水位线以下，以渠道设计水深为间距，画设计水位线的平行线，该线就是渠底高程线。

5）绘制渠道最小水位线。从渠底线向上，以渠道最小水深（渠道设计断面通过最小流量时的水深）为间距，画渠底线的平行线，此即渠道最小水位线。

6）绘制堤顶高程线。从渠底线向上，以加大水深（渠道设计断面通过加大流量时的水深）与安全超高之和为间距，作渠底线的平行线，此即渠道的堤顶线。

7）标注桩号和高程。在渠道纵断面的下方画一表格（图4-59），把分水口和建筑物所在位置的桩号、地面高程线突变处的桩号和高程、设计水位线和渠底高程线突变处的桩号和高程以及相应的最低水位和堤顶高程，标注在表格内相应的位置上。桩号和高程必须写在表示该点位置的竖线的左侧，并应侧向写出。在高程突变处，要在竖线左、右两侧分别写出高、低两个高程。

8）标注渠道比降。在标注桩号和高程的表格底部，标出各渠段的比降。

到此，渠道纵断面图绘制完毕。

根据渠道纵、横断面图可以计算渠道的土方工程量，也可以进行施工放样。

（3）渠道纵断面设计中的水位衔接。

在渠道设计中，常遇到建筑物引起的局部水头损失和渠道分水处上、下级渠道水位要求不同以及上、下游不同渠段间水位不一致等问题，必须给予正确处理。

1）不同渠段间的水位衔接。由于渠段沿途分水，渠道流量逐段减小，在渠道设计中经常出现相邻渠段间水深不同，上游水深，下游水浅，给水位衔接带来困难。处理办法有以下三种：

a. 如果上、下段设计流量相差很小时，可调整渠道横断面的宽深比，在相邻两渠段间保持同一水深。

b. 在水源水位较高的条件下，下游渠段按设计水位和设计水深确定渠底高程，并向上游延伸，画出上游渠段新的渠底线，再根据上游渠段的设计水深和新的渠底线，画出上游渠段新的设计水位线。

c. 在水源水位较低、灌区地势平缓的条件下，既不能降低下游的设计水位高程，也不能抬高上游的设计水位高程时，不得不用抬高下游渠底高程的办法维持要求的设计水位。在上、下两渠段交界处渠底出现一个台阶，破坏了均匀流的条件，在台阶上游会引起泥沙淤积。这种做法应尽量避免。

2）建筑物前后的水位衔接。渠道上的交叉建筑物（渡槽、隧洞、倒虹吸等）一般都有阻水作用，会产生水头损失，在渠道纵断面设计时，必须予以充分考虑。如建筑物较短，可将进、出口的局部水头损失和沿程水头损失累加起来（通常采用经验数值），在建筑物的中心位置集中扣除。如建筑物较长，则应按建筑物的位置和长度分别扣除其进、出口的局部水头损失和沿程水头损失。

跌水上、下游水位相差较大，由下落的弧形水舌光滑连接。但在纵断面图上可以简化，只画出上、下游渠段的渠底和水位，在跌水所在位置处用垂线连接。

3）上、下级渠道的水位衔接。在渠道分水口处，上、下级渠道的水位应有一定的落差，以满足分水闸的局部水头损失。在渠道设计实践中通常采用的做法是：以设计水位为标准，上级渠道的设计水位高于下级渠道的设计水位，以此确定下级渠道的渠底高程。在这种设计条件下，当上级渠道输送最小流量时，相应的水位可能不满足下级渠道引取最小流量的要求。出现这种情况时，就要在上级渠道该分水口的下游修建节制闸，把上级渠道的最小水位从原来的 H_{min} 升高到 H'_{min}，使上、下级渠道的水位差等于分水闸的水头损失 ϕ，以满足下级渠道引取最小流量的要求，如图 4-60（a）所示。如果水源水位较高或上级渠道比降较大，也可以最小水位为配合标准，抬高上级渠道的最小水位，使上、下级渠道的最小水位差等于分水闸的水头损失 ϕ，以此确定上级渠道的渠底高程和设计水位，如图 4-60（b）所示。分水闸上游水位的升高可用两种方式来实现：

　　a. 抬高渠首水位，不变渠道比降。

　　b. 不变渠首水位，减缓上级渠道比降。

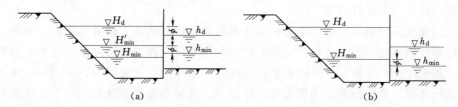

图 4-60　上、下级渠道水位衔接示意图
(a) 当上游渠道输送最小流量时；(b) 当水源水位较高或上级渠道比降较大时

　　这两种抬高上级渠道水位的措施可用如图 4-61 所示进一步说明，图中 H_1、H_2、H_3 分别代表支渠 1、2、3 进水口上游要求的最小水位；实线表示上级渠道原来的最小水位线，不能满足支渠 3 的引水要求；虚线表示改变渠道比降后的最小水位线；点画线表示抬高渠首水位后的最小水位线。第二种做法不需要修建节制闸，不产生渠道壅水和泥沙淤积，但要具有抬高渠首水位的条件。

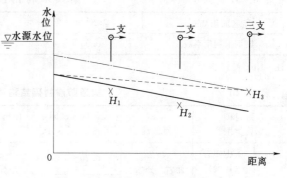

图 4-61　渠道最小水位调整方案

四、渠道防渗

（一）渠道防渗的意义

　　渠道渗漏水量占渠系损失水量的绝大部分，一般占渠首引入水量的 $30\%\sim50\%$，有的灌区高达 $60\%\sim70\%$。渠系水量损失不仅降低了渠系水利用系数，减少了灌溉面积，浪费了宝贵的水资源，而且会引起地下水位上升，导致农田渍害。在有盐碱化威胁的地区，会引起土壤次生盐渍化。水量损失还会增加灌溉成本和农民的水费负担，降低灌溉效益。为了减少渠道输水损失，提高渠系水利用系数，一方面要加强渠系工程配套和维修养护，实行科学的水量调配，不断提高灌区管理工作水平；另一方面要采取防渗工程措施，减少渠道渗漏水量。

渠道防渗工程措施有以下作用：

(1) 减少渠道渗漏损失，节省灌溉用水量，提高灌溉水的利用效率。

(2) 提高渠床的抗冲能力，防止渠坡坍塌，增加渠床的稳定性。

(3) 减小渠床糙率系数，加大渠道流速，提高渠道输水能力。

(4) 减少渠道渗漏对地下水的补给，有利于控制地下水位和防治土壤盐碱化。

(5) 防止渠道长草，减少泥沙淤积，节省工程维修费用。降低灌溉成本，提高灌溉效益。

(二) 渠道防渗衬砌结构适用条件

灌区设计应采取提高渠系水利用系数的措施，其设计值不应低于表 4-39 所列数值。渠系水利用系数不满足表 4-39 规定，以及水资源紧缺地区或有特殊要求的渠道，均应采取衬砌防渗措施。渠道衬砌结构的横断面应与渠道横断面相协调，4 级及 4 级以上渠道衬砌方案应经技术经济比较确定。

根据所使用的材料，渠道防渗可分为土料防渗、砌石防渗、混凝土防渗、沥青混凝土防渗、埋铺式膜料防渗等。各级渠道的衬砌结构可根据允许最大渗漏量、使用年限及适用条件等，按表 4-40 选用。渠道衬砌超高值在设计水位以上可采用 0.3～0.8m，并满足加大水位运行要求，兼作行洪用的傍山灌溉渠道时，其衬砌超高宜选高值；5 级渠道超高不应小于 0.1m。4 级及 4 级以上渠道的防渗衬砌结构厚度可按表 4-41 确定，5 级渠道可减小。渠道水流含推移质较多且粒径较大时，宜按表列数值加厚 10% 或 20%。

表 4-39   **渠 系 水 利 用 系 数**

灌区面积/hm²	≥20000	<20000，且≥667	<667
渠系水利用系数	0.55	0.65	0.75

注   1hm² = 15 亩。

表 4-40   **渠道防渗衬砌结构适用条件**

防渗衬砌结构类别		主要原材料	允许最大渗漏量/[m³/(m²·d)]	使用年限/a	适 用 条 件
砌石	干砌卵石（挂淤）	卵石、块石、料石、石板、砂、水泥等	0.20～0.40	25～40	抗冻、抗冲、耐磨和耐久性好，施工简便，但防渗效果一般不易保证。可用于石料来源丰富，有抗冻、抗冲、耐磨要求的各级渠道衬砌
	浆砌块石浆砌料石浆砌石板		0.09～0.25		
埋铺式膜料	土料保护层	膜料、土料、砂、石、水泥等	0.04～0.08	20～30	防渗效果好，重量轻，运输量小，当采用土料保护层时，造价较低，但占地多，允许流速小。可用于 4 级、5 级渠道衬砌；采用刚性保护层时，造价较高，可用于各级渠道衬砌
	刚性保护层				
沥青混凝土	现场浇筑	沥青、砂、石、矿粉等	0.04～0.14	20～30	防渗效果好，适应地基变形能力较强，造价与混凝土防渗衬砌结构相近。可用于有冻害地区且沥青料来源有保证的各级渠道衬砌
	预制铺砌				
混凝土	现场浇筑	砂、石、水泥、速凝剂等	0.04～0.14	30～50	防渗效果、抗冲性和耐久性好。可用于各类地区和各种运用条件下各级渠道衬砌；喷射法施工宜于岩基、风化岩以及深挖方或高填方渠道衬砌
	预制铺砌		0.06～0.17	20～30	
	喷射法施工		0.05～0.16	25～35	

表 4 - 41　　　　　　　　　**4 级及 4 级以上渠道防渗衬砌结构的适宜厚度**

防渗衬砌结构类别		适宜厚度/cm
砌石	浆砌卵石、干砌卵石（挂淤）	10～30
	浆砌块石	20～30
	浆砌料石	15～25
	浆砌石板	>3
埋铺式膜料（土料保护层）	塑料薄膜	0.02～0.06
	膜料下垫层（黏土、砂、灰土）	3～5
	膜料上土料保护层（夯实）	40～70
沥青混凝土	现场浇筑	5～10
	预制铺砌	5～8
混凝土	现场浇筑（未配置钢筋）	6～15
	现场浇筑（配置钢筋）	8～12
	预制铺砌	6～10
	喷射法施工	4～8

（三）渠道防渗衬砌工程措施

1. 土料防渗

土料防渗包括土料夯实、黏土护面、灰土护面和三合土护面等，下面介绍前两种。

（1）土料夯实。土料夯实防渗措施是用人工夯实或机械碾压方法增加土壤的密度，在渠床表面建立透水性很小的防渗层。这种方法具有投资少、施工简便等优点，其防渗效果与夯实程度及影响深度有关，当夯实影响深度为 30～40cm、土壤的干容重由原来的 1.3～1.4t/m³ 增加到 1.5t/m³ 以上时，渗漏损失可减少 70%～90%。原状土夯实层易受干裂、冻融影响和流水冲刷剥蚀破坏，夯实深度不能太小，一般不宜小于 30～40cm。渠道平均流速不宜大于 0.5m/s。如将渠床表面土壤挖松，然后分层夯实扰动土，防渗效果和耐久性都可以提高，但耐冲性仍差。夯实前必须清除渠床杂草并严格控制土料的含水量，以便提高夯实程度和防渗效果，这种防渗措施可用于小型渠道。土壤最优含水量参见表 4 - 42。

表 4 - 42　　　　　　　　　　**土壤最优含水量表（重量）**

土壤名称	砂壤土	轻黏壤土	黄土	中黏壤土	重黏壤土	黏土
最优含水量/%	12～15	15～17	19～21	21～23	22～25	25～28

（2）黏土护面。在渠床表面铺设一层黏土是减小强透水性土壤渗漏损失的有效措施之一，具有就地取材、施工方便、投资省、防渗效果好等优点。据试验，护面厚度 5～10cm时，可减少渗漏水量 70%～80%；护面厚度 10～15cm 时，可减少渗漏水量 90% 以上。黏土护面的主要缺点是抗冲能力低，渠道平均流速不能大于 0.7m/s；护面土易生杂草；渠道断水时易干裂。为克服这些缺点，可采取以下措施：

1）在黏土中加入掺合料。加入一定量的掺合料，有提高抗冲能力、减少干裂的作用。

陕西省宝鸡峡引渭灌区采用加沙（沙：土＝1：9）的办法，防止干裂，效果显著。有的地方还掺入砂和卵石，构成黏土混凝土护面〔黏土：砂：卵石＝1：(0.43～0.5)：(0.3～0.75)〕；有的在黏土中加入碎麦草。

2）加设保护层。设置保护层是保持黏土层防渗效果的有效措施。保护层可以采用砂、砾石或干砌片石（卵石）等，厚度一般为20～30cm，干砌片石（卵石）保护层应设置简单的反滤层，从而提高抗冲能力，防止干裂。

（3）灰土护面。灰土护面是采用石灰和黏土或黄土的拌和料夯实而成的防渗层。根据陕西省水利科学研究所试验，厚度40cm的灰土护面可减少渗漏水量的99％。石灰与土的配合比常用1：3～1：9。灰土护面的抗冲能力较强，但抗冻性差，多用于气候温和地区。

（4）三合土护面。用石灰、砂、黏土经均匀拌和后，夯实成渠道的防渗护面。石灰、砂、黏土的配合比常用1：1：3～1：1：6，厚度一般为10～20cm，性能和灰土相近，是中国南方各省常用的防渗措施。

土料防渗的缺点是冲淤流速难于控制、抗冻性较差、维修养护工程量大。随着渠道防渗工程技术的发展，各种防渗新材料和新技术的应用，传统的土料防渗措施使用得越来越少。

2．砌石防渗

砌石防渗具有就地取材、施工简单、抗冲、抗磨、耐久等优点。石料有卵石、块石、料石、石板等，砌筑方法有干砌和浆砌两种。

（1）块石衬砌防渗。衬砌的石料要质地坚硬、没有裂纹。块石宜上、下平整，无尖角薄边，块重不应小于20kg，若采用料石衬砌，料石外形宜方正，表面凹凸不应大于10mm。浆砌块石护面有护坡式和重力墙式两种，如图4-62所示。前者工程量小、投资少、应用较普遍；后者多用于容易滑坍的傍山渠段和石料比较丰富的地区，具有耐久、稳定和不易受冰冻影响等优点。

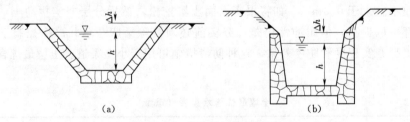

图4-62 浆砌块石渠道护面
(a) 梯形断面；(b) 渠坡为挡土墙式的断面

（2）卵石衬砌防渗。卵石衬砌也有浆砌和干砌两种。干砌卵石开始主要起防冲作用，使用一段时间后，卵石间的缝隙逐渐被泥沙充填，再经水中矿物盐类的硬化和凝聚作用，便形成了稳定的防渗层。卵石的长径不应小于20cm。卵石衬砌的施工应按先渠底、后渠坡的顺序铺砌卵石。这种防渗措施主要用于砂砾石或卵石丰富的新疆、甘肃、四川、青海等地。浆砌卵石衬砌渠道的剖面如图4-63所示。砌石用水泥砂浆（细粒混凝土）应符合下列规定：①强度等级应根据表4-43和砌石体的设计强度的要求确定，砂浆用水泥强度等级宜不低于 42.5 级，宜采用中粗砂；②拌合物的表观密度不宜小于 1900kg/m³；③稠度宜在 30～50mm 范围内选用，分层度应不大于 30mm。

具有抗冻要求时，经设计要求的冻融试验后，质量损失率不应大于 5%，抗压强度损失率不应大于 25%。

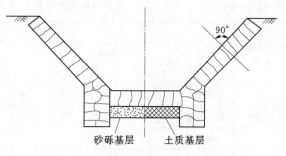

图 4-63　浆砌卵石渠道断面图

3. 混凝土衬砌防渗

混凝土衬砌的优点是：防渗效果好，一般能减少渗漏损失水量的 85%～90% 以上；糙率系数小，可提高渠道的输水能力、减小渠道的断面尺寸；不生杂草，减少淤积，便于养护管理；经久耐用，一般可用 40～50 年。其缺点是：一次性投资较大，需要大量水泥；在严寒地区容易冻裂。

表 4-43　　　　　　　　　　砂浆（细粒混凝土）的强度等级　　　　　　　　　　单位：MPa

防渗结构		砌筑砂浆		砌筑细粒混凝土		勾缝砂浆	
		温和地区	严寒和寒冷地区	温和地区	严寒和寒冷地区	温和地区	严寒和寒冷地区
砌石	料石	M7.5～M10	M10～M15	C25	C30	M10～M15	M15～M20
	块石（卵石）	M5～M7.5	M7.5～M10	C25	C30	M7.5～M10	M10～M15
	石板	M7.5～M10	M10～M15	—	—	M10～M15	M15～M20

注　砌筑细粒混凝土粗骨料的最大粒径不应大于 15mm，级配良好。

混凝土衬砌广泛采用板形结构，其截面形式有矩形、楔形、肋形、槽形等。按施工方式不同可分为现浇、预制装配和压力喷射 3 种。现浇方式优点是衬砌接缝少，与渠床结合好。预制装配方式的优点是受气候条件的影响小，混凝土质量易保证，并能减少施工与渠道引水的矛盾。现浇的半圆形和 U 形槽具有水力性能好、断面小、占地少、整体稳定性好，抗冻胀破坏性能好，节省材料等优点，适用于流量小于 10m³/s 的中小型渠道。现浇未配置钢筋时，适宜厚度 6～15cm，配置钢筋适宜厚度 8～12cm，混凝土预制铺砌适宜厚度 6～10cm。采用喷射法施工时，需要较多的施工设备，施工较繁杂，多用于岩基、风化岩基以及深挖方或高填方渠道衬砌适宜厚度 4～8cm。

混凝土衬砌层在施工时要预留伸缩缝，以适应温度变化、冻胀、基础不均匀沉陷等原因所引起的变形。缝中填料可采用沥青砂浆、聚氯乙烯胶泥和沥青油毡等。

现场浇筑混凝土板防渗衬砌结构，应每隔 3～5m 设一道横向伸缩缝和纵向伸缩缝；预制混凝土衬砌板应每隔 4～8m 设一道纵向伸缩缝，每隔 6～8m 设一道横向伸缩缝。伸缩缝宽度不宜小于 1.5cm，缝内应采用能适应结构变形、黏结力强、防渗性能良好的填料灌实，也可埋设止水材料。渠道防渗衬砌混凝土的性能应符合表 4-44 的要求。

4. 沥青混凝土防渗

沥青混凝土护面具有防渗效果好、耐久好、抗碱腐蚀能力强、造价低、施工简便、能适应地基较大不易变形等优点，但施工工艺较为复杂，耐冲性能差，长期受日光照射和氧

表 4 - 44　　　　　　　渠道衬砌混凝土最低强度和耐久性等级

化学侵蚀等级	混凝土性能	设 计 使 用 年 限								
		严寒地区			寒冷地区			温和地区（微冻地区）		
		50 年	30 年	20 年	50 年	30 年	20 年	50 年	30 年	20 年
无侵蚀	强度等级	C40	C35	C30	C30	C25	C25	C25	C25	C25
	抗冻等级	F300	F250	F200	F200	F150	F100	F100	F50	F50
	抗渗等级	≥W6			≥W6			≥W6		
轻度	强度等级	≥C45	C40	C35	C35	C30	C25	C25	C25	C25
	抗冻性能	F350	F300	F250	F250	F200	F150	F150	F100	F50
	抗渗等级	≥W6			≥W6			≥W6		
中度	强度等级	≥C45	≥C45	C40	C40	≥C35	C30	C30	C25	C25
	抗冻等级	F400	F350	F300	F300	F250	F200	F200	F150	F100
	抗渗等级	≥W6			≥W6			≥W6		
严重	强度等级	≥C45	≥C45	≥C45	≥C45	C40	C35	C35	C30	C25
	抗冻等级	F450	F400	F350	F350	F300	F250	F250	F200	F150
	抗渗等级	≥W8			≥W8			≥W8		

注 1. 强度等级的单位为 MPa；

2. 抗冻等级的单位为快速冻融循环次数；

3. 抗渗等级的单位为 0.1MPa；

4. 预制混凝土构件的最低强度等级要提高一个等级，但不低于 C35；

5. 氯化物环境下的混凝土性能应符合现行行业标准《水利水电工程合理使用年限及耐久性设计规范》（SL 654—2014）的规定。

化易老化，使用时间短。沥青混凝土可采用石油沥青或者聚合物改性沥青，其质量应符合表 4 - 45 与表 4 - 46 的规定，各项性能检测方法应按现行行业标准《水工沥青混凝土试验规程》（DL/T 5362—2018）和《公路工程沥青及沥青混合料试验规程》（JTG E20—2011）的规定执行。石油沥青的品种和标号应根据工程类别、结构性能要求、当地气温、运行条件和施工要求等进行选择。炎热地区或高寒地区可选择聚合物改性沥青。

表 4 - 45　　　　　　　　　石油沥青的质量要求

指 标	沥 青 标 号									
	90 号					70 号				50 号
针入度（25℃，5s，100g）（0.1mm）	80～100					60～80				40～60
适用的气候分区	1 - 1	1 - 2	1 - 3	2 - 2	2 - 3	1 - 3	1 - 4	2 - 2	2 - 3	2 - 4	1 - 4
针入度指数 PI	-1.5～+1.0									
软化点（R&B)/℃	≥45			≥44		≥46		≥45		≥49
60℃动力黏度/(Pa·s)	≥160			≥140		≥180		≥160		≥200
10℃延度/cm	≥45	≥30	≥20	≥30	≥20	≥20	≥15	≥25	≥20	≥15	≥15
含蜡量（蒸馏法）/%	≤2.2									

指 标	沥 青 标 号		
	90 号	70 号	50 号
闪点/℃	≥245	≥260	
溶解度/%	≥99.5		
密度（15℃）/(g/cm³)	实测记录		
薄膜烘箱试验（或旋转薄膜烘箱）后残留物			
质量变化/%	±0.8		
残留针入度比（25℃）/%	≥57	≥61	≥63
残留延度（10℃）/cm	≥8	≥6	≥4

表 4-46　　　　　　　　　　　聚合物改性沥青的技术要求

指 标	SBS 类（Ⅰ类）				SBR 类（Ⅱ类）			EVA、PE 类（Ⅲ类）			
	Ⅰ-A	Ⅰ-B	Ⅰ-C	Ⅰ-D	Ⅱ-A	Ⅱ-B	Ⅱ-C	Ⅲ-A	Ⅲ-B	Ⅲ-C	Ⅲ-D
针入度[25℃，5s(0.1mm)，100g]	>100	80~100	60~80	30~60	>100	80~100	60~80	>80	60~80	40~60	30~40
针入度指数 PI	≥-1.2	≥-0.8	≥-0.4	≥0	≥-1.0	≥-0.8	≥-0.6	≥-1.0	≥-0.8	≥-0.6	≥-0.4
延度（5℃，5cm/min）/cm	≥50	≥40	≥30	≥20	≥60	≥50	≥40	—			
软化点 $T_{R\&B}$/℃	≥45	≥50	≥55	≥60	≥45	≥48	≥50	≥48	≥52	≥56	≥60
运动黏度（135℃）/(Pa·s)	≤3										
闪点/℃	≥230				≥230			≥230			
溶解度/%	≥99				≥99			—			
弹性恢复（25℃）/%	≥55	≥60	≥65	≥75							
黏韧性/(N·m)	—				≥5						
韧性/(N·m)	—				≥2.5						
储存稳定性离析，48h软化点差/℃	≤2.5							无改性剂明显析出、凝聚			
薄膜烘箱试验（或旋转薄膜烘箱）后残留物											
质量变化/%	≤±1.0										
针入度比（25℃）/%	≥50	≥55	≥60	≥65	≥50	≥55	≥60	≥50	≥55	≥58	≥60
延度（5℃）/cm	≥30	≥25	≥20	≥15	≥30	≥20	≥10	—			

5. 埋铺式膜料

在渠床上铺设塑料薄膜可以有效地防止渠道渗漏，这种防渗措施具有重量轻、运输方便、施工简单、造价低、耐腐蚀、变形适应能力强、防渗效果好等优点。据试验资料统计，塑料薄膜防渗有效期可达 15～25 年。土工膜宜采用高密度聚乙烯、聚氯乙烯和复合土工膜等材料，不应掺加再生料或回收料。高密度聚乙烯、聚氯乙烯土工膜的厚度应不小于 0.5mm。高密度聚乙烯土工膜的性能指标及检验方法应符合现行国家标准《土工合成材料聚乙烯土工膜》（GB/T 17643—2011）的规定，聚氯乙烯土工膜的性能指标及检验方法应符合现行国家标准《高分子防水材料 第 1 部分：片材》（GB 18173.1—2012）的规定。复合土工膜的膜料有效厚度不应小于 0.5mm，性能指标及检验方法应符合现行国家标准《土工合成材料非织造复合土工膜》（GB/T 17642—2008）的规定。

铺设塑料薄膜之前，在挖方渠道的两侧肩部各做宽 20～30cm 的戗台，以铺压薄膜，在戗台外侧再挖一道深 30cm 的沟槽，将薄膜边缘埋入沟槽内，以防薄膜下滑。在填方渠道施工时，先填筑到薄膜铺设高度处，接着铺设薄膜，加设保护层，然后再继续向上铺筑渠堤。

（四）渠道衬砌冻胀破坏的防治

在季节性冻土地区，细粒土壤中的水分在冬季负温条件下结成冰晶，使土壤体积膨胀、地面隆起，这种现象称为土壤的冻胀。在渠道衬砌的条件下，因衬砌层约束了土壤的冻胀变形而产生了巨大的推力，称为冻胀力。衬砌层和冻土黏结在一起，还会产生切向冻胀力。在冻胀力的作用下，衬砌护面会遭受破坏。由于渠道断面各部位接受太阳辐射不均匀，各处温度就不同，土壤的冻深和冻胀量也不同，一般渠底和阴坡的冻胀量大于阳坡。渠床渗漏和地下水上升毛管水的补给影响，使渠床下部土壤的含水量高于上部，也增加了下部土壤的冻胀量。因而，渠道的冻胀破坏以渠底和渠坡下部最为严重。

渠道冻胀破坏的防治措施可归纳为以下两类。

1. 减轻土壤冻胀力的措施

（1）减少渠床土壤水分。规划渠道时，尽可能使渠底高出地下水位的距离不小于冻土层深度与上升毛管水强烈补给高度之和，并使渠线行经砂砾石等排水性能良好的地带。

（2）置换渠床土壤。用砂砾石置换冻胀性强的渠床土壤，置换深度随土壤性质和地下水补给条件而异，一般应大于冻土深度的 60%。

（3）避免渠道冬季输水。冬季停水日期应比气温稳定通过零度日的时间提前 7～10d。春季开始输水日期不应早于气温稳定通过零度日的时间，最好在冻胀变形恢复、衬砌层的裂缝基本闭合之后。

2. 增强衬砌结构抵抗和适应冻胀变形的措施

（1）在弱冻胀地区采用预制混凝土板衬砌渠道时，对冻胀变形有较好的适应性。采用现场浇筑混凝土板衬砌渠道时，应在渠坡下部和渠底中部设变形缝，以适应土壤的冻胀变形。

（2）寒冷地区 4 级及 4 级以上渠道宜采用弧形底梯形或弧形坡脚梯形断面；5 级渠道可采用 U 形渠道，以提高抵抗冻胀破坏的能力。

（3）在强冻胀地区，可采用沥青混凝土衬砌或采用沥青玻璃纤维布油毡等柔性膜料衬砌渠道或采用塑料薄膜与混凝土预制板复合衬砌结构形式，以适应土壤的冻胀变形。根据甘肃省试验资料，混凝土板下面含有一层膜料，渗漏损失约为未铺膜料的 1/5，可减少冻胀量 35%～55%。

（4）在防渗层下铺设保温层，增大热阻，以推迟基土的冻结，提高土中温度，减少冻结深度。可用于保湿的材料有炉渣、泡沫混凝土、玻璃纤维、土工织物、聚苯乙烯泡沫等。优点是自重轻、强度高、隔热性能好、运输施工方便，缺点是造价较高。

（5）寒冷地区和严寒地区的渠道设计还应符合现行国家标准《水工建筑物抗冰冻设计规范》（GB/T 50662—2011）。

第五章　喷　灌

第一节　概　述

喷灌是喷洒灌溉的简称，是利用专门设备将有压水流送到灌溉地段，通过喷头以均匀喷洒方式进行灌溉的方法。最初产生于 19 世纪末，在 1920 年以前主要用于喷灌草坪和公园以及少量的蔬菜、苗圃、果树。20 世纪 40 年代以后，喷灌真正用于大田灌溉，随之出现了射程远而结构简单的摇臂式喷头和薄壁铝管和合金管。从 20 世纪 50 年代以后开始陆续研制了许多移动管道的机械系统，如纵拖式、滚移式、时针式、绞盘式、平移式等。喷灌作为一种先进的灌水技术，已广泛运用于近代世界各国农业的生产中。我国自 20 世纪 50 年代开始，对喷灌技术进行了大量的试验研究与推广。随着水资源的日益紧缺，喷灌技术一定会对我国农业的发展起到巨大的促进作用。目前，喷灌技术不断提高机械化与自动化水平，注重节能，注重开发与利用新能源、新技术。

1. 喷灌的优点

(1) 节水。喷灌通常采用管道输水、配水，输水损失很小。喷灌是利用喷头直接将水比较均匀地喷洒到作业面上，田间各处的受水时间相同。只要设计正确和管理科学，可以不产生明显的深层渗漏和地面径流。灌水质量高，灌水均匀，其灌水均匀度可达 80%～90%。因此，喷灌的灌溉利用系数可以达到 0.8～0.85 以上，与地面灌溉相比可省水 30%～50%。

(2) 提高作物产量及品质。喷灌能适时适量进行灌溉，有效地调节土壤水分，使土壤中水、热、气、营养状况良好，增加空气的湿度，改善田间小气候，有利于作物的生长。作物品质好，一般可增产 10%～20% 以上。

(3) 适应性强。喷灌可用于各种土壤、各种作物及不同的生长阶段。喷灌对土地的平整性（复杂的岗地、缓坡地）、土壤质地、作物种类（大田作物、经济作物、蔬菜、草场等）等均可适应。

(4) 省工省地。由于喷灌系统的机械化程度高，可大大降低灌水的劳动强度。喷灌取消了输水渠道，免除了对渠道的整修、清淤、除草等工作。同时，对农田的田间工程要求较低，节省了土地平整的工作量。喷灌用管道输配水，节省了输水渠系，减少了工程占地，一般可提高土地利用率 7%～15%。

(5) 不破坏土壤团粒结构。喷灌时灌溉水以水滴的形式，像降雨一样湿润土壤，当喷灌强度小于土壤的允许喷灌强度时，不易形成地面积水，避免了土壤冲刷和土壤板结，不致破坏土壤的团粒结构，可减少蒸发，有利于为作物长生提供良好的环境。

(6) 可实现自动化。喷灌机械化程度高，大大减轻灌水的劳动强度，提高作业效率，免去年年修筑田埂和田间沟渠的重复劳动。

2. 喷灌的缺点

（1）喷灌受风的影响大。一般风力大于 3 级（3.4～5.4m/s）时，风会吹走大量水滴，漂移损失有时会超过 10%，不宜进行喷洒作业；风力过大还会改变水舌的形状和喷射距离，降低了喷灌的均匀度。另外，天气干燥时，蒸发损失大。尤其在干旱季节，空气相对湿度低，水滴在降落到地面之前可以蒸发掉 10%。

（2）设备投资大。喷灌系统工作压力较高，对设备的耐压要求也高。同时，还要配备加压设备，消耗一定的动力，能耗大，设备投资及运行费用较高。

（3）可能会出现土壤底层湿润不足的问题。长期采用喷灌方法灌水，如果喷灌强度过大，在土壤入渗能力低的情况下，会出现土壤表层很湿，但底层湿润不足的问题。采用低喷灌强度，并延长喷灌时间，可使灌溉水充分渗入下层土壤，且不产生地面积水和径流。

（4）移动式喷灌系统或半移动式喷灌系统中，由于需要在田间移动管道，虽然这样可以减少投资，但劳动强度大，又易损伤作物。

第二节　喷灌系统的组成与分类

一、喷灌系统的组成

喷灌系统是指自水源取水并加压后输送、分配到田间实行喷洒灌溉的系统。作为一项为农业生产服务的工程措施，喷灌系统主要由水源工程、首部装置、输配水管道系统和喷头等部分构成。如图 5-1 所示。

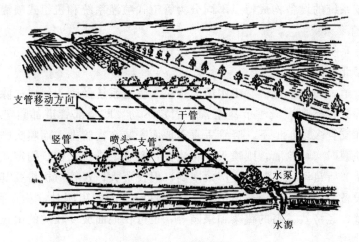

图 5-1　喷灌系统

（1）水源工程。包括河流、湖泊、水库和井泉水等都可以作为喷灌的水源，但须修建相应的水源工程。水源应有可靠的供水保证，同时，水源水质应满足灌溉水质标准的要求。

（2）水泵及配套动力机。喷灌需要使用有压力的水才能进行喷洒。通常是用水泵将水增压、输送到各级管道及各个喷头中，并通过喷头喷洒出来。在有电力供应的地方常用电动机作为水泵的动力机。在用电困难的地方可用柴油机、拖拉机或手扶拖拉机等作为水泵的动力机，动力机功率大小根据水泵的配套要求而定。

（3）管道系统及配件。管道系统一般包括干管、支管、竖管三级，若控制面积较大，可多于三级，可设有总干管、干管、支管、竖管等，相反可少于三级。其作用是将压力水输送并分配到田间喷头中去。干管和支管起输、配水作用，竖管安装在支管上，末端接喷头。管道系统中装有各种连接和控制的附属配件，包括各种闸阀（逆止阀、排水阀）、管件（如异径管、弯头、三通、四通、快速接头）、测量仪表（水表、压力表）及安全设施（如安全阀、空气阀）等，有时在干管或支管的上端还装有施肥装置。现代灌溉系统的管网多采用施工方便、水力学性能良好且不会锈蚀的塑料管道，如 PVC 管、PE 管等。

（4）喷头。喷头是将管道系统输送来的水喷射到空中，并形成水滴洒落在地面上，为作物提供水分的灌水器。喷头装在竖管上或直接安装于支管上，是喷灌系统中的关键设备。

（5）田间工程。移动式喷灌机在田间作业，需要在田间修建水渠和调节池及相应的建筑物，将灌溉水从水源引到田间，以满足喷灌的要求。

二、喷灌系统分类

喷灌系统是指自水源取水并加压后输送、分配到田间实行喷洒灌溉的系统。喷灌系统按系统获得压力的方式不同分为机压喷灌系统（指由水泵机组提供工作压力的喷灌系统，即靠动力机和水泵对灌溉水加压使系统获得工作压力）和自压喷灌系统（是指利用自然水头获得工作压力的灌溉系统）两种。按系统的喷洒特征不同分为定喷式喷灌系统（喷灌时管道与喷头位置相对地面保持不动）和行喷式喷灌系统（喷头在行走移动过程中进行喷洒作业）两种。按系统的设备构成特点不同分为管道式喷灌系统和机组式喷灌系统。

1. 管道式喷灌系统

管道式喷灌系统是指以各级管道为主体组成的喷灌系统，比较适用于水源较为紧缺，取水点少的中国北方地区。

（1）固定管道式喷灌系统。它由水源、水泵、管道系统及喷头组成。除喷头外喷灌系统的各个组成部分在整个灌溉季节甚至常年固定不动，即全部管道都固定不动的喷灌系统。一般干管和支管多埋于地下，竖管垂直于地面安装在支管上，而喷头则安装在固定的竖管上。如果喷灌时实行轮灌，则喷头可轮流在各竖管上进行工作。固定式喷灌系统操作管理方便，易于实行自动化控制，生产效率高，但投资大；竖管对机耕及其他农业操作有一定的影响。设备利用率低，一般适用于经济条件较好的城市园林、花卉和草地的灌溉，或灌水次数频繁、经济效益高的蔬菜和果园等，也可在地面坡度较陡的山丘和利用自然水头喷灌的地区使用。

（2）移动管道式喷灌系统。移动管道式喷灌系统是指全部管道可移动进行轮灌的喷灌系统，系统组成与固定式相同。除水源工程外，它的各个部分，如水泵、动力机、各级管道和喷头等都可拆卸移动。在多个田块之间轮流喷洒作业，在一块农田上作业完成后，可移到下一农田作业。因此系统的设备利用率高、管材用量少、投资小。但由于所有设备（特别是动力机和水泵）都要拆卸、搬运，劳动强度大，生产效率低，设备维修保养工作量大，有时还容易损伤作物，一般适用于经济较为落后的地区。

（3）半固定管道式喷灌系统。半固定管道式喷灌系统是指动力机、水泵和干管固定不动，而支管、喷头可移动的喷灌系统。半固定管道式喷灌系统组成与固定式相同。工作时，喷灌系统中部分设备（如支管、竖管和喷头等）可以拆卸移动，安装在不同的作业位置上轮流喷灌；而其他设备（如动力机、水泵及输水干管等）常年或整个灌溉季节固定不动。这种方式综合了固定管道式和移动管道式喷灌系统的优缺点，投资适中，操作和管理也较为方便，是目前国内使用较为普遍的一种管道式喷灌系统。

2. 机组式喷灌系统

机组式喷灌系统是将喷灌系统中有关部件组装成一体，组成可移动的机组进行作业。以喷灌机组为主体的喷灌系统，称为机组式喷灌系统。该系统具有集成度高、配套完整、机动性好、设备利用率高和生产效率高等优点，在农业机械化程度高的国家较多采用。机组式喷灌系统运行时需与水源和供水设施正确结合才能正常工作，大型机组对田间工程有较高的配套要求。故采用机组式喷灌系统除应做好喷灌机选型外，还应按喷灌机的使用要求做好田间配套工程的规划、设计和施工。

按喷灌机组的组成和移动方式的不同分为滚移式喷灌系统、绞盘式喷灌系统、纵拖式喷灌系统、时针式喷灌系统和平移式喷灌系统等。

（1）滚移式喷灌系统。其支管支承在直径为 $1\sim2m$ 左右的许多大轮子上，以管子本身作为轮轴，轮距一般为 $6\sim12m$，如图 5-2 所示。在一个位置喷完后，用动力机拖动将支管滚移到下一个位置再喷。这种系统适用于较平整的田块。

（2）绞盘式喷灌机。常用的有软管牵引绞盘式喷灌机和钢索牵引绞盘式喷灌机两种。前一种喷灌机一般包括绞盘车和喷头车两部分，如图 5-3 所示。绞盘车与喷头车之间也用高压半软管相连，软管直径多为 $50\sim125mm$，长约 $100\sim300m$。工作前先将喷头车拉到最远处然后通水，一边喷洒一边向后移动，移动是由水力驱动转动绞盘逐渐把半软管紧密而均匀地分层缠绕在绞盘上来实现的。钢索牵引绞盘式喷灌机则是由绞盘缠绕钢索来移动喷头车的。喷头车上一般只有一

图 5-2　滚移式喷灌系统

个大喷头，少数的也有带几个喷头。喷头射程一般为 $30\sim90m$，喷水量 $20\sim250m^3/h$，工作压力为 $4\sim8kg/cm^2$。喷头车移动速度一般为 $0.12\sim3m/min$，每一行程可喷灌 $14\sim60$ 亩，每一个机组控制 $200\sim1000$ 亩。

（3）纵拖式喷灌系统。其干管布置在喷灌田块的中间，而支管则由拖拉机或绞车纵向牵引越过干管到新的位置。这样任何一根支管都可以从干管的一边拖向另一边。干管上每隔一个组合间距就要装一个给水栓，先后给两侧的喷灌管道供水，支管可以是软管，也可以是有柔性接头的刚性管道，一般支管长度不超过 50m。

（4）时针式喷灌系统。时针式喷灌系统又称中心支轴式喷灌系统或圆周自动行走式喷灌系统，其结构如图 5-4 所示。在喷灌田块的中心有供水系统（给水栓或水井与泵站），其支管支承在可以自动行走的小车或支承架上，工作时支管就像时针一样不断围绕中心点

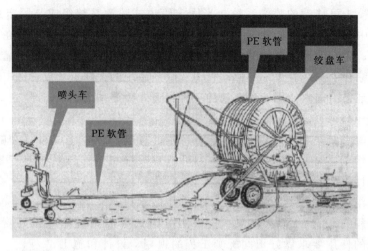

图 5-3　绞盘式喷灌机

旋转。常用的支管长 400～500m，根据轮灌需要，转一圈要 2～20d，可灌溉 800～1000亩，支管离地面 2～3m。这种系统的优点是：机械化和自动化程度高；可以不要人操作连续工作，生产效率高；并且支管上可以装很多喷头，喷洒范围互相重叠，提高了灌水均匀度，受风的影响小，也可以适应起伏的地形。但其最大缺点是灌溉面积是圆形的，之间有多处喷灌不到的地方，土地利用率低，且各腹架运移要求协调性高。

图 5-4　时针式中心支轴式喷灌系统

（5）平移式喷灌系统。是由若干个塔架支承一根很长的喷洒支管，一边行走一边喷洒，其结构如图 5-5 所示。但它的运动方式和中心支轴式不同，中心支轴式的支管是转动，而平移式的支管是横向平移，由垂直于支管的渠道或干管上的给水栓通过软管供水（当行走一定距离后改由下一个给水栓供水），这样喷灌面积是矩形的，便于和耕作相配合。平移式喷灌机与中心支轴式喷灌机相比有以下特点：①适于灌溉矩形地块，无地角不能灌的问题，土地利用率可高达 98%；②适于垄作和农机作业，轮迹线路可长期保留，没有妨碍农机作业的圆形轮沟，也不会积水；③灌水均匀度很高。各跨架控制面积相等，

图 5-5 平移式喷灌系统

喷头采用同一型号，无需加大末端喷头，沿管各点的喷灌强度一致，喷灌效率高；④同机长的平移式喷灌机比中心支轴式喷灌机的控制面积增大，单位面积上的投资和消耗材料指标降低，平移式喷灌机管路水头损失小，耗能省，便于加大机长；⑤综合利用性能更好，调速范围更宽，还可以喷农药。

平移式喷灌机的缺点主要是，喷洒时整机只能沿垂直支管方向作直线移动，而不能沿纵向移动，相邻塔架间也不能转动。为此，平移式喷灌机在运行中必须有导向设备。另外，平移式喷灌机取水的中心塔架是在不断移动的，因而取水点的位置也在不断变化。一般采用的方法是明渠取水和拖移的软管供水。

第三节 喷灌的主要技术指标

喷灌的技术指标主要有喷灌强度、喷灌均匀度和水滴打击强度。

1. 喷灌强度

喷灌强度就是单位时间内喷洒在单位面积土地上的水量，即单位时间内喷洒在灌溉土地上的水深，一般用 mm/min 或 mm/h 表示。由于喷洒时，水量分布常常是不均匀的，因此喷灌强度有点喷灌强度 ρ_i 和平均喷灌强度（面积和时间都平均）$\bar{\rho}$ 两种概念。

点喷灌强度 ρ_i 是指一定时间 Δt 内喷洒到某一点土壤表面的水深 Δh 与 Δt 的比值，即

$$\rho_i = \frac{\Delta h}{\Delta t} \tag{5-1}$$

平均喷灌强度 $\bar{\rho}$ 是指在一定喷灌面积上各点在单位时间内的喷灌水深的平均值。以平均灌水深 $\bar{h}$ 与相应时间 t 的比值表示：

$$\bar{\rho} = \frac{\bar{h}}{t} \tag{5-2}$$

单喷头全圆喷洒时的平均喷灌强度 $\bar{\rho}_全$ 可用式（5-3）计算：

$$\bar{\rho}_全 = \frac{1000q\eta}{A} \quad (\text{mm/h}) \tag{5-3}$$

式中　q——喷头的喷水量，m^3/s；

　　　A——在全圆转动时一个喷头的湿润面积，m^2；

　　　η——喷灌水的有效利用系数，即扣去喷灌水滴在空中的蒸发和漂移损失。

在喷灌系统中，各喷头的润湿面积有一定重叠，实际的喷灌强度要比上式计算的高一些。为准确起见，可以将有效湿润面积 $A_{有效}$ 来代替上式中的 A 值：

$$A_{有效}=ab \tag{5-4}$$

式中　a——在支管上喷头的间距；

　　　b——支管的间距。

在一般情况下，平均喷灌强度应与土壤透水性相适应，应使喷灌强度不超过土壤的入渗率（即渗吸速度），这样喷洒到土壤表面的水才能及时渗入水中，而不会在地表形成积水和径流。

表 5-1 及表 5-2 为各类土壤的允许喷灌强度值，在喷灌系统设计时可参考使用。在斜坡地上，随着地面坡度的增大，土壤的吸水能力将降低，产生地面冲蚀的危险性增加。因此在坡地上喷灌需降低喷灌强度。

表 5-1　　　各类土壤的允许喷灌强度值

土壤类别	允许喷灌强度/(mm/h)
砂土	20
砂壤土	15
壤土	12
壤黏土	10
黏土	8

表 5-2　　　坡地允许喷灌强度降低值

地面坡度/%	允许喷灌强度降低值/(mm/h)
5~8	20
9~12	40
13~20	60
>20	75

注　有良好覆盖时，表中数值可提高 20%。

测定喷灌强度一般是与喷灌均匀度试验结合进行的。具体方法是在喷头的润湿面积内均匀地布置一定数量的雨量筒，喷洒一定时间后，测量量雨筒中的水量。量雨筒所在点的喷灌强度用式（5-5）计算。

$$\rho_i=\frac{10W}{t\omega} \quad (mm/min) \tag{5-5}$$

式中　W——量雨筒承接的水量，cm^3；

　　　t——试验持续时间，min；

　　　ω——量雨筒上部开敞口面积，cm^2。

而喷灌面积上的平均强度为

$$\bar{\rho}=\frac{\sum\rho_i}{n} \tag{5-6}$$

式中　n——量雨筒的数目。

2. 喷灌均匀度

喷灌均匀度是指在喷灌面积上喷洒水量分布的均匀程度，它是衡量喷灌质量好坏的主要指标之一。它与喷头结构、工作压力、喷头布置形式、喷头间距、喷头转速的均匀性、竖管的倾斜度、地面坡度和风速、风向等因素有关。喷灌均匀度常用喷灌均匀系数和水量分布图表征。

（1）喷灌均匀系数，即

$$C_u = 100\left(1.0 - \frac{|\Delta h|}{h}\right) \quad (\%) \tag{5-7}$$

式中　C_u——喷灌均匀系数；

h——整个喷灌面积上喷洒水深的平均值，mm；

Δh——喷洒水深的平均离差，mm。

喷灌均匀系数在设计中，可通过控制喷头的组合间距、喷头的喷洒水量分布及喷头工作压力来实现。

如果在喷灌面积上的水量分布得越均匀，那么 Δh 值越小，亦即 C_u 值越大。

喷灌均匀系数一般均指一个喷灌系统的喷灌均匀系数。单个喷头的喷灌均匀系数是没有意义的，这是因为单个喷头的控制面积是有限的，要进行大面积灌溉必然要由若干个喷头组合起来形成一个喷灌系统。单个喷头在正常压力下工作时，一般都是靠近喷头部分湿润较多，边缘部分不足。这样当几个喷头在一起时，湿润面积有一定重叠，就可以使土壤湿润得比较均匀。为了便于测定，常取 4 个或几个喷头布置成矩形、方形或三角形，测定它们之间所包围面积的喷灌均匀系数，这一数值基本上可以代表在平坦地区无风情况下喷灌系统的喷灌均匀系数。在工程设计中，定喷式喷灌系统不应低于 0.75；行喷式喷灌系统不应低于 0.85。

（2）水量分布图指喷洒范围内的等水量图。用这种图来衡量喷灌均匀度比较准确、直观，它和地形图一样标示出喷洒水量在整个喷洒面积内的分布情况，但是没有指标，不便于比较。一般常用此法表示单个喷头的水量分布情况，如图 5-6 所示。也可以绘制几个喷头组合的水量分布图或喷灌系统的水量分布图。

3. 水滴打击强度

喷头喷洒出来的水滴对作物的影响，可用水滴打击强度来衡量。水滴打击强度也就是单位喷洒面积内水滴对作物和土壤的打击动能。它与水滴的大小、降落速度及密集程度有关。但目前尚无合适的方法来测量水滴打击强度。因此，实践中常用水滴直径的大小和雾化指标来间接反映水滴打击强度。

（1）水滴直径。水滴直径是指落在地面或作物叶面上的水滴直径。水滴太大，容易破坏土壤表层的团粒结构并形成板结，甚至会打伤作物的幼苗，或把土溅到作物叶面

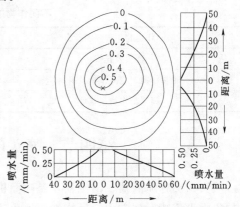

图 5-6　喷头水量分布图与径向水量分布曲线
×—喷头位置

上；水滴太小，在空中蒸发损失大，受风力的影响大。因此要根据灌溉作物、土壤性质选择适当的水滴直径。

测定水滴直径的方法很多，但都不甚理想。过去我国较多采用滤纸法，就是将涂有色粉（曙光红和滑石粉混合而得）的滤纸，固定在水滴接收盒中，活门快速启闭，瞬时接收若干水滴。待滤纸干后，量取滤纸上水痕色斑直径，再根据事先测定的色斑直径与水滴直径关系曲线或经验公式求出水滴直径。

水痕色斑直径 D 与水滴直径 δ 关系式一般如下：

$$\delta = aD^b \tag{5-8}$$

式中　a——常数，因不同的滤纸而异，一般为 0.33～0.444；

　　　b——指数，对于同一种滤纸是一个常数，一般为 0.667～0.725。

滤纸法量取色斑直径的工作量大，因此对于大量测量则要用面粉法，就是用一个直径为 20cm、深 2cm 的装满新鲜干面粉的盘子代替滤纸来接收水滴，然后在 40℃温度下烘 24h，再进行筛分。由于水滴形成的面粉团与水滴的直径有一定的关系，只要知道了面粉团直径的分布就可以知道水滴直径的分布情况。

从一个喷头喷出来的水滴大小不一，一般近处小水滴多些，远处大水滴多些。因此应在离喷头不同的距离 3～5mm 处测量水滴直径，并求出平均值。一般要求平均直径不超过 1～3mm。

（2）雾化指标。雾化指标是指喷头的工作压力与主喷嘴直径之比。它是用来表征一个喷头水舌粉碎程度的指标，可用下列公式计算：

$$W_h = h_p / d \tag{5-9}$$

式中　W_h——喷灌的雾化指标；

　　　h_p——喷头工作压力水头，m；

　　　d——喷头主喷嘴直径，m。

W_h 值越大，说明雾化程度越高，水滴直径越小，打击程度也越小。但 W_h 值过大，水量损失急剧增加，能源浪费较大，对节水不利。实践中，可按表 5-3 选用。

表 5-3　　　　　　　　　　不同作物的适宜雾化指标

作 物 种 类	h_p/d
蔬菜及花卉	4000～5000
粮食作物、经济作物及果树	3000～4000
饲草料作物、草坪	2000～3000

第四节　喷头的种类及工作原理

喷头，又称喷灌器、喷洒器，是喷灌机与喷灌系统的主要组成部分。它的作用是将有压的集中水流喷射到空中，散成细小的水滴并均匀地散布在它所控制的灌溉面积上。因此喷头的结构形式及其制造质量的好坏直接影响喷灌的质量。

喷头的种类很多。按其工作压力及控制范围大小可分为低压喷头（或称近射程喷头）、中压喷头（或称中射程喷头）和高压喷头（或称远射程喷头）。这种分类目前还没有明确的划分界限，但大致可以按表 5-4 所列的范围分类。用得最多的是中射程喷头，这是由于它消耗的功率小而比较容易得到较好的喷灌质量。

表 5 - 4　　　　　　　　　　　　　　喷头按工作压力与射程分类表

类　　　别	工作压力/kPa	射程/m	流量/(m³/h)	特点及应用范围
低压喷头 （近射程喷头）	＜200	＜15.5	＜2.5	射程近，水滴打击强度小，主要用于苗圃、菜地、温室、草坪、园林、自压喷灌的低压区或行喷机组式喷灌机
中压喷头 （中射程喷头）	200～500	15.5～42	2.5～32	喷灌强度适中，适用范围广，果园、草地、菜地、大田及各类经济作物均可使用
高压喷头 （远射程喷头）	＞500	＞42	＞32	喷洒范围大，但水滴打击强度大，多用于喷洒质量要求不高的大田作物和草原牧草等

喷头按照结构型式与水流形状可以分为旋转式、固定式和孔管式 3 种。

1. 旋转式喷头

旋转式喷头是目前使用得最普遍的一种喷头形式。一般由喷嘴、喷管、粉碎机构、转动机构、扇形机构、弯头、空心轴、轴套等部分组成。压力水流通过喷管及喷嘴形成一股集中水舌射出。由于水舌内存在涡流又在空气阻力及粉碎机构（粉碎螺钉、粉碎针或叶轮）的作用下水舌被粉碎成细小的水滴，并且转动机构使喷管和喷嘴围绕竖轴缓慢旋转，这样水滴就会均匀地喷洒在喷头的四周，形成一个半径等于喷头射程的圆形或扇形湿润面积。

旋转式喷头由于水流集中，所以射得远（可以达 80m 以上），是中射程和远射程喷头的基本形式。目前我国在农业上应用的喷头基本上都是这种形式。

转动机构和扇形机构是旋转式喷头的重要组成部分，因此常根据转动机构的特点对旋转式喷头进行分类。常用的形式有摇臂式、叶轮式、反作用式等。又可以根据是否装有扇形机构（亦即是否能作扇形喷灌）而分成全圆转动的喷头和可以进行扇形喷灌的喷头两大类。在平坦地区的固定式系统，一般用全圆周转动的喷头就可以了。而在山坡地上和移动式系统及半固定系统以及有风时喷灌，则要求作扇形喷灌，以保证喷灌质量和留出干燥的退路。

摇臂式喷头的转动机构是一个装有弹簧的摇臂。在摇臂的前端有一个偏流板和一个勺形导水片，喷灌前偏流板和导水片是置于喷嘴的正前方，当开始喷灌时水舌通过偏流板或直接冲到导水片上，并从侧面喷出，由于水流的冲击力使摇臂转动 60°～120°并把摇臂弹簧扭紧，然后在弹簧力作用下摇臂又回位，使偏流板和导水片进入水舌，在摇臂惯性力和水舌对偏流板的切向附加力的作用下，敲击喷体（即喷管、喷嘴、弯头等组成的一个可以转动的整体）使喷管转动 3°～5°，于是又进入第二个循环（每个循环周期为 0.2～2.0s 不等），如此周期往复就使喷头不断旋转，其结构形式如图 5 - 7 和图 5 - 8 所示。

摇臂式喷头的缺点是：在有风与安装不水平（或竖管倾斜）的情况下旋转速度不均匀，喷管从斜面向下旋转时（或顺风）转得较快，而从斜面向上旋转（或逆风）则转动得比较慢，这样两侧的喷灌强度就不一样，严重影响了喷灌均匀性。但是它结构简单，便于推广，在一般情况下，尤其是在固定式系统上使用的中射程喷头运转比较可靠，因此现在这种喷头使用得最普遍。

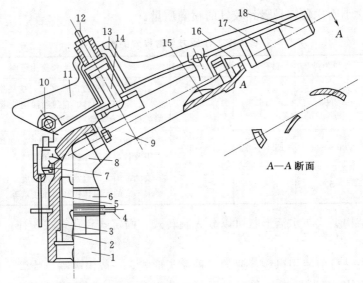

图 5-7 单喷嘴带换向机构的摇臂式喷头结构图

1—套轴；2—减磨密封圈；3—空心轴；4—限位环；5—防砂弹簧；6—弹簧罩；7—扇形机构；
8—弯头；9—喷管；10—反转钩；11—摇臂；12—摇臂调位螺钉；13—摇臂弹簧；
14—摇臂轴；15—稳流器；16—喷嘴；17—偏流板；18—导流板

2. 固定式喷头

固定式喷头也称为漫射式喷头或散水式喷头。它的特点是在喷灌过程中所有部件相对于竖管是固定不动的，而水流是在全圆周或部分圆周（扇形）同时向四周散开。和旋转式喷头比较，其水流分散，喷得不远，所以这一种喷头射程短（5～10m），喷灌强度大（15mm/h 以上），多数喷头的水量分布不均匀，近处喷灌强度比平均喷灌强度高得多，因此其使用范围受到很大的限制。但其结构简单，没有旋转部分，所以工作可靠，而且一般工作压力较低，常被用于公园、菜地和自动行走的大型喷灌机上。按其结构形式可以分为折射式、缝隙式和离心式 3 种。

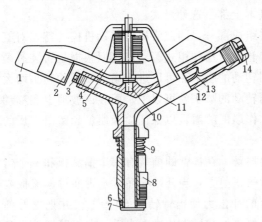

图 5-8 双喷嘴摇臂式结构图

1—导水板；2—挡水板；3—小喷嘴；4—摇臂；5—摇臂弹簧；6—三层垫圈；7—空心轴；8—轴套；9—防砂弹簧；10—摇臂轴；11—摇臂垫圈；12—大喷管；13—整流器；14—大喷嘴

（1）折射式喷头一般由喷嘴、折射锥和支架组成，如图 5-9 所示。水流由喷嘴垂直向上喷出，遇到折射锥即被击散成薄水层沿四周射出，在空气阻力作用下即形成细小水滴散落在四周地面上。

（2）缝隙式喷头结构如图 5-10 所示，在管端开出一定形状的缝隙，使水流能均匀地散成细小的水滴，缝隙与水平面成 30°角，使水舌喷得较远。其工作可靠性比折射式喷头要差，因为缝隙易被污物堵塞，所以对水质要求较高，水在进入喷头之前要经过认真过

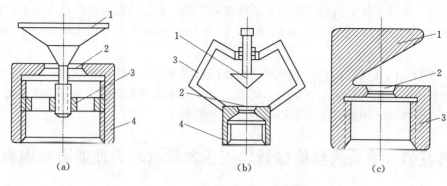

图 5-9 折射式喷头结构图

(a) 内支架式；(b) 外支架式；(c) 整体式

1—折射锥；2—喷嘴；3—支架；4—管接头

滤。但是这种喷头结构简单，制作方便，一般用于扇形喷灌。

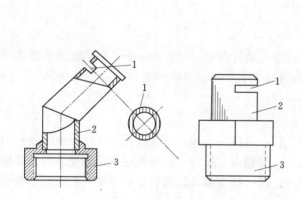

图 5-10 两种缝隙式喷头结构图

1—缝隙；2—喷体；3—管接头

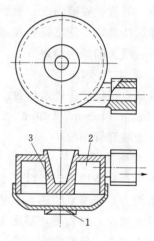

图 5-11 离心式喷头

1—喷嘴；2—蜗壳；3—锥形轴

（3）离心式喷头由喷管和带喷嘴的蜗形外壳构成，如图 5-11 所示。工作时水流沿切线方向进入蜗壳，使水流绕垂直轴旋转，这样经过喷嘴射出的水膜，同时具有离心速度和圆周速度，所以水膜离开喷嘴后就向四周散开，在空气阻力作用下，水膜被粉碎成水滴散落在喷头的四周。

3. 孔管式喷头

该喷头由一根或几根较小直径的管子组成，在管子的顶部分布有一些小喷水孔，喷水孔直径仅为 1～2mm。有的孔管是一排小孔，水流是朝一个方向喷出，如图 5-12 所示，并装有

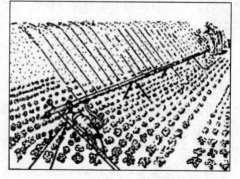

图 5-12 单列孔管式喷头示意图

自动摆动器，使管子往复摆动，喷洒管子两侧的土地；也有的孔管有几排小孔，以保证管子两侧都能灌到，这样就不要自动摆动器，结构比较简单，要求的工作压力低（100～200kPa）。

孔管式喷头的共同缺点是：①喷灌强度较高；②水舌细小受风影响大；③由于工作压力低，支管上实际压力受地形起伏的影响大，通常只能用于平坦的土地；④孔口太小，堵塞问题也非常严重，因此其使用范围受到很大的限制。

第五节 喷头的结构参数、工作参数及水力性能影响因素

一个好的喷头的标准是：①结构简单，工作可靠；②能满足喷灌的主要灌水质量指标的要求，也就是喷灌强度小于土壤允许喷灌强度，水滴直径细和喷洒均匀度高；③在同样工作压力、同样流量下射程最远。在喷头的设计和应用中，应全面考虑各方面的要求，不可片面追求射程远而忽视喷灌的灌水质量。为了能正确使用喷头，就需要了解影响主要水力参数（射程、喷灌强度、喷洒均匀度和水滴直径）的因素，以便在实践中根据需要调节或选择这些参数，使之符合规划设计的要求。

一、喷头的结构参数

1. 进口直径 D

进口直径指喷头进水口过水流道或空心轴的直径，单位为 mm。常见的喷头进水口直径有 10mm、15mm、20mm、30mm、40mm、50mm、60mm、80mm、100mm 等几种。通常与安装竖管相配。

2. 喷嘴直径 d

喷嘴直径指喷头出水口最小截面直径，单位为 mm。喷嘴直径反映喷头在一定压力下的过水能力，喷嘴直径越大，喷水量大，射程大，压力一定时雾化指标较差。反之喷嘴越小，喷水量小，射程近，雾化指标较高。同一喷头嘴径加大，流量增加，喷头前的管道内水头损失增大，导致喷头工作压力下降，射程减小。所以在一定流量情况下，喷嘴直径存在一个合理的范围。

3. 喷射仰角 α

喷射仰角指喷射水流刚离开喷嘴时，与水平面所成的交角。在压力和流量相同的情况下，喷头射程和喷洒水量的分布在很大程度上取决于喷射仰角。适宜的喷射仰角能获得最大射程，降低喷灌强度和增大支管间距，提高喷头适用范围，减少管道系统投资。

二、喷头的工作参数

1. 喷头的工作压力

喷头的工作压力是指喷头进水口的水流压力。一般在喷头进口前 20cm 处的竖管上安装压力表测量，它是使喷头能正常工作的压力。有时为了评价喷嘴性能的好坏而使用喷嘴压力，它是指喷嘴出口处的水流总压力，可由喷头工作压力减去喷头内过流部件的水力损失得到。

对于一个喷头，其工作压力又可分为起始工作压力、设计工作压力、最高工作压力。起始工作压力就是使喷头正常工作的最低水压，如果喷头进口处水压低于此值，则喷头不

能正常工作。设计工作压力是喷头达到最佳工作状态时的水压，在这一压力下，喷头的各种性能配合最好。最高工作压力是喷头正常工作时的最高水压，如果喷头进口处水压大于此值，则喷头不能正常工作。由此可见，在喷灌系统的规划设计中，必须通过计算使整个系统所有竖管末端的实际水压都等于或接近设计工作压力，避免竖管末端的实际水压超出起始工作压力和最高工作压力的范围。当然，在选择喷头时应使起始工作压力和最高工作压力之间有较大的范围，以便增加喷头的适应性。实践中要求，任何喷头的实际工作压力不得低于设计喷头工作压力的90%。

2. 喷头流量

喷头流量又称喷水量，是指喷头单位时间内喷出的水量，单位是 m^3/h 或 L/s。影响喷头流量的主要因素是工作压力和喷嘴直径。

3. 射程

射程指无风条件下，喷灌正常工作时，喷洒有效湿润范围的半径（m）。在喷头试验中指喷灌强度为 $0.3mm/h$（$q<250L/h$ 的喷头为 $0.15mm/h$）的点到喷头旋转中心水平距离的平均值。

喷头的射程主要决定于工作压力和流量，但其影响因素很多，诸如喷射仰角、喷嘴形状、喷体结构、稳流器、旋转速度、粉碎机构、风速风向等。

（1）工作压力 H 和喷嘴直径 d（流量 Q）。根据实验结果，当喷射仰角为 $30°$ 时喷嘴压力、喷嘴直径与射程的关系如图 5-13 所示。每根曲线代表喷嘴直径一定时喷嘴压力与射程的关系。从图中可以看出，当喷嘴直径一定时，射程随着压力的加大而增长，开始时增长得快，而后逐渐变缓，到一定极限值则停止增长，不同喷嘴直径的压力与射程关系由不同曲线表示，在同一个压力下，喷嘴直径越大，射程也就越大。

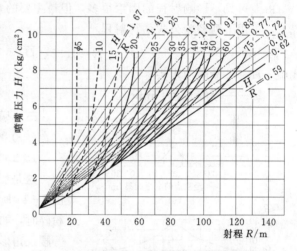

图 5-13 喷嘴压力、喷嘴直径与射程关系曲线

从水力学知道，喷嘴的流量可按式（5-10）计算：

$$q=\mu f\sqrt{2gH} \qquad (5-10)$$

式中 μ——流量系数，取 $0.85\sim0.95$；

f——喷嘴过水面积，m^2，对于圆形喷嘴 $f=\pi d^2/4$，d 为喷嘴直径；

H——喷嘴前的水头，m，等于喷头工作压力减去喷头内的水头损失。

这样在工作压力一定时，对于相同的喷嘴直径，其流量也就是相同的，所以喷嘴的大小也就反映了流量的大小。从以上讨论中，可以看出为了增加射程，仅仅加大工作压力或仅仅加大喷嘴直径（亦即相当于加大流量）都得不到理想的结果，而且考虑到一个喷头消耗的功率 $N=1000qH/(102\times3600)$（kW）［式中 $q(m^3/s)$、$H(m)$ 符号意义同前］，所以在一定功率下，只有在工作压力和流量（可反映为喷嘴直径）有正确比例时才能获得最远的射程。同时还应考虑水滴直径应符合农作物的要求。

（2）喷射仰角 α。有资料证明，当 $\alpha=28°\sim32°$ 时射程最远，因此通常喷射仰角都采用 $\alpha=30°$，对于某些特殊用途的喷头仰角可小些，例如果园树下喷灌和防霜冻喷灌常用低仰角的喷头。仰角 $\alpha=4°\sim13°$ 的喷头称为低仰角喷头。

（3）转速。当喷头以每转 $2\sim3min$ 的转速旋转时，射程减小 $10\%\sim15\%$。射程越大，减小的百分数也就越大。因此在设计和使用喷头时要使喷头转速不要太快；转速太慢又会使水舌的雨幕范围之内的实际喷灌强度远大于平均喷灌强度，而造成局部的积水和径流。中射程喷头一般每转需要 $1\sim3min$，远射程喷头最好每转 $3\sim5min$。

（4）水舌的性状。要使水舌射程远，其关键是要使从喷嘴喷出来时的水舌密实（即掺气少），表面光滑，而且水舌内的水流紊动少。为达到这些要求，除了喷嘴加工尽量光滑之外，更重要的是在喷嘴之前的水流应当经过整直，使水流平稳，大部分流速都平行于水舌轴线。

有时为了减小水滴直径，常在喷嘴前加粉碎针，这样就会把水舌划破，提早掺气，加快水舌的粉碎过程，但同时又严重影响喷头的射程。因此，要求水滴细和要求射程远两者是有矛盾的。

由上可见，影响射程的因素很多，但最主要的是工作压力和喷嘴直径，因此在一般情况下，可用下列经验公式估算射程：

$$R=1.35\sqrt{dH}\quad(m)\qquad\qquad(5-11)$$

式中　H——喷嘴前水头，m；

　　　d——喷嘴直径，mm。

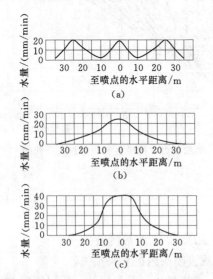

图 5-14　在不同条件下单个喷头的
水量分布曲线（喷头在 0 位置）
(a) 压力过低；(b) 压力适中；
(c) 压力过高

三、喷头水力性能的影响因素

（一）喷灌水量分布的影响因素

1. 工作压力 H

这是影响喷灌水量分布的最主要因素，从如图 5-14 所示中可以看出：对于单喷嘴的喷头不加粉碎时，如果压力适中，水量分布曲线近似于一个等腰三角形；当压力过低时，由于水舌粉碎不足，水量大部分集中在远处，中间水量少，成"轮胎形"分布；当压力过高时，由于水舌过度粉碎，大部分水滴都射得不远，因此近处水量集中，远处水量不足。所以，喷灌系统中，设计喷头工作压力均应在该喷头所规定的压力范围内，任何喷头的实际工作压力不得低于设计喷头工作压力的 90%。

2. 喷头的布置形式和间距

喷头的布置形式和间距将直接影响喷灌系统的水量分布。合理的布置形式和间距可通过实验或计算求得。

3. 风向风力

风对水量分布产生很大影响。例如在风的影响下，喷头附近水量高度集中，湿润面积由圆形变成椭圆形，湿润面积缩小，均匀系数降低；而且因逆风减少的射程要比顺风增加的射程大。因此在布置喷头时，应适当密一些以抵消风的影响。

（二）水滴直径的影响因素

从一个喷头喷洒出来的水滴大小不一，这种水滴群的粒径分布，主要决定于工作压力和喷嘴直径，也受粉碎机构、喷嘴形状、摇臂敲击频率和转速的影响。

几种不同喷嘴直径的平均水滴直径和喷头压力之间的关系如图5-15所示，当喷头的喷嘴直径不变时，平均水滴直径随着压力的提高而迅速减小。对于同一个压力，喷嘴直径越大，平均水滴直径就越大。

由于测量水滴粒径分布比较麻烦，因此有时采用下列经验公式来粗略地评价一个喷头水滴粒径分布的优劣：

$$p_d = \frac{H}{1000d} \qquad (5-12)$$

式中　H——喷头工作水头，m水柱；

　　　d——喷嘴直径，mm。

一般认为当 $p_d = 1.5 \sim 3.5$ 时，喷头的水滴粒径分布是合乎要求的。

当掌握了上述参数之间的关系后，在使用喷

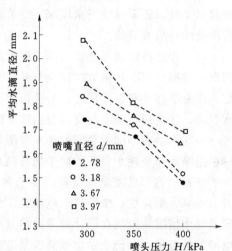

图5-15　几种不同喷嘴直径的平均水滴直径和喷头压力之间的关系

头时，就可以灵活地采用或改变某些参数以符合生产的需要，例如在作物的幼苗期需要水滴细小，就可加大喷头压力，或改用小喷嘴使水滴直径变小；而在喷头间距较宽时，就可加大压力或加大喷嘴以增加喷头的射程。

第六节　喷灌系统规划设计

喷灌系统规划设计的内容一般包括勘测调查、喷灌系统选型和田间规划以及水力计算和结构设计等。

一、基本资料的调查

基本资料的调查如下。

（1）地形资料。最好能获得全灌区 1/500～1/1000 的地形图，地形图上应标明行政区划、灌区范围以及现有水利设施、道路的布局等。

以此了解水源情况，确定灌区部位、范围、水泵位置及高程，设计管路或渠道网以及道路的布局和尺寸，按合理的耕作方向，拟定喷灌系统的作业方式等。

（2）气象资料。主要收集气温、地温、降雨和风速风向等与喷灌有密切关系的农业气象资料。气温和降雨主要作为确定作物需水量和制定灌溉制度依据，而风速风向则是确定支管布置方向和确定喷灌系统有效工作时间所必需的。所以，气象资料主要用于分析确定喷灌任务、喷灌制度、喷灌的作业方法、田间喷灌网的合理布局。

（3）土壤资料。一般应了解土壤的质地、土层厚度、土壤田间持水量和土壤渗吸速度等。土壤的持水能力和透水性是确定喷灌水量和喷灌强度的重要依据。喷灌系统的组合喷灌强度应该小于土壤入渗强度。

（4）水文及水文地质资料。主要包括水源的历年水量、水位及变化特征以及水温和水质（含盐量、含沙量和污染情况）等，分析可供水量和保证率。平原地区采用地下水作为喷灌水源时，还要对地下水埋深、允许地下水位下降速度及相应的允许开采水量等资料进行准确的分析或试验。

（5）作物种植情况及群众高产灌水经验。必须了解灌区内各种作物的种植结构、轮作情况、种植密度、种植方向以及与开展喷灌有关的农业种植、耕作的现状与存在问题，确定主要喷灌作物和喷灌任务，并要重点了解各种作物现行的灌溉制度以及当地群众高产灌水经验，作为拟定喷灌制度（包括喷灌时间、次数、每次喷水量和总用水量）的依据。

不同作物在不同生育期的耗水量随各生育阶段中耗水和气候条件不同而有差别，设计时采用喷灌作物耗水最旺时期平均日耗水量（以 mm/d 计）。

（6）动力和机械设备资料。要了解当地有关喷头、管材、工程材料、动力及机械设备（水泵、拖拉机、柴油机、电动机、变压器、汽油机等）的数量、规格、价格、供应情况及使用情况，以便在设计时考虑尽量利用现有设备。了解电力供应情况、电费和可取得电源的最近地点，便于制定预算以及进行经济比较。

（7）其他资料。喷灌区所在地的农业区划、水利规划、现有劳动力耕种技术水平、社会经济状况、当地群众的年平均收入、管理体制等。

二、喷灌系统规划

1. 喷灌系统形式

根据当地地形情况、作物种类、经济及设备条件，考虑各种形式喷灌系统的特点，选定灌溉系统形式。在喷灌次数多、经济价值高的作物种植区（如蔬菜区），可多采用固定式喷灌系统；大田作物喷灌次数少，宜多采用移动式和半固定式喷灌系统，以提高设备利用率；在有自然水头的地方，尽量选用自压喷灌系统，以降低动力设备的投资和运行费用；在地形坡度太陡的丘陵山区，移动喷灌设备困难，可优先考虑采用固定式喷灌系统。

2. 喷头组合方式

影响喷灌灌水质量的主要技术参数有：喷头水量分布图形、喷头沿支管的间距、支管间距（即喷头沿干管方向的间距）、喷头组合方式（矩形或三角形）和支管方向等。经常把前两项统称为喷头组合形式。喷头组合形式的确定是喷灌系统设计的关键步骤。当前普遍采用的确定喷头组合间距的方法有如下几种。

（1）几何组合法。这是在苏联和欧洲普遍采用的确定喷头组合间距的方法，也是我国喷灌发展初期普遍采用的方法，其基本特点是要求喷灌系统内的所有面积必须完全被喷头的湿润面积所覆盖，也就是说不能有漏喷现象。加之考虑到经济因素，为了要使单位面积的造价尽量低，就要使喷头间距尽可能地大。所以基本上是布置成对角线方向两个喷头的湿润圆相切，对于不同的喷洒方式（全圆或扇形）及组合方式，按照几何作图的方法就不

难求出各自的支管间距和喷头间距，见图
5-16和表5-5。这些间距均以喷头射程（湿
润半径）乘以一个数来表示。但是由于喷头内
的水流紊动、水泵工作不稳定、管道阻力变化
和空气流或风等因素的影响，喷头射程是不稳
定的，是不断变化的，有时波动还是比较大
的，因此用这种方法设计出来的系统仍然有发
生漏喷的可能性。针对该问题我们曾对此进行
了修正，提出了修正几何组合法。

（2）修正几何组合法。在几何组合法中的
喷头射程没有一个明确的定义，可以是最大射
程，也可以是有效射程，为了避免任意性，可
以用一个有明确定义的设计射程代替最大射
程 R。

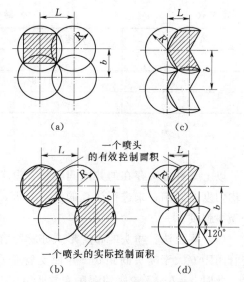

图 5-16　喷头组合形式

(a) 正方形布置；(b) 正三角形布置；
(c) 矩形布置；(d) 三角形布置

设计射程的定义如下：

$$R_设 = KR \qquad (5-13)$$

式中　$R_设$——喷头的设计射程，m；

　　　K——系数，是根据喷灌系统形式、当地的风速、动力的可靠程度等来确定的一
　　　　　个常数，一般取 $0.7 \sim 0.9$。对于固定式系统，由于竖管装好后就无法移
　　　　　动，如有空白就无法补救，故可以考虑采用 0.8；对于多风地区，可采用
　　　　　0.7，也可以通过试验确定 K 值的大小，但 K 值一定不能采用 1.0，否则
　　　　　将无法保证喷灌质量；

　　　R——喷头的射程（或称最大射程），m。

表 5-5　　　　　不同喷头组合形式的支管间距、喷头间距和有效控制面积表

喷洒方式	组合方式	支管间距 b	喷头间距 L	有效控制面积	图形编号
全圆	正方形	1.42R	1.42R	$2R^2$	(a)
	正三角形	1.5R	1.73R	$2.6R^2$	(b)
扇形	矩形	1.73R	R	$1.73R^2$	(c)
	三角形	1.865R	R	$1.865R^2$	(d)

这种方法的特点在于不仅要求所有面积必须完全被喷头的湿润面积所覆盖，而且还要
有一定的重叠，这样就可以保证即使有外来因素（如风压、水压等）的影响也不至于发生
漏喷。该方法的优点在于简单易行，而且有较明显的图像，在不规则的组合情况下（如不
规则的田块、田边地角等）易于进行喷点的布置。其缺点在于没有足够的经验时，不易确
定恰当的 K 系数，另外也没有考虑均匀系数的要求。

（3）经验系数法。根据国内的试验资料归纳，提出了一些经验系数，见表5-6。这
系数适用整个 PY_1 系列的喷头，均能获得80%以上的均匀系数，而且其他类似喷头亦可
参考此表布置。则喷头间距 a 和支管间距 b 可按式（5-14）计算：

表 5-6 经 验 系 数 表

风力等级	风速/(km/h)	K_a	k_b
1	1.11~5.4	1	1.3
2	5.8~11.9	1.0~0.80	1.30~1.20
3	12.2~19.4	0.80~0.60	1.10~1.00

$$\begin{cases} a = K_a R \\ b = k_b R \end{cases} \tag{5-14}$$

以上 3 种方法存在的共同问题是：没考虑不同的单喷头水量分布图形对组合以后的组合均匀度的影响；未进行认真的经济分析，有时并不是最经济的；没有同时考虑土壤的允许喷灌强度。

（4）规范法。喷头的布置形式亦称组合形式有多种多样，在矩形布置时，应尽可能使支管间距 b 大于喷头间距 a，并使支管垂直风向布置。当风向多变时，应采用正方形布置，此时 $a=b$。不论采用哪种布置形式，其组合间距都必须满足规定的喷灌强度及喷灌均匀度的要求，并做到经济合理，我国《喷灌工程技术规范》（GB/T 50085—2007）规定的满足喷灌均匀度要求的组合间距见表 5-7。

表 5-7 喷 头 组 合 间 距 表

设计风速/(m/s)	组 合 间 距	
	垂直风向	平行风向
0.3~1.6	(1.1~1)R	1.3R
1.6~3.4	(1~0.8)R	(1.3~1.1)R
3.4~5.4	(0.8~0.6)R	(1.1~1)R

注 1. R 为喷头射程。
2. 在每一档风速中可按内插法取值。
3. 在风向多变采用等间距组合时，应选用垂直风向栏的数值。
4. 表中风速是指地面以上 10m 高度处的风速。

根据设计风速，可从表 5-7 中找到满足均匀要求的两项最大值，即垂直风向的最大间距射程比和平行风向的最大风向射程比。如支管垂直风向布置，沿支管的喷头间距 a 与风向垂直，选用的间距射程比 K_a 应不大于表 5-7 中垂直风向一列查得的数值，而支管间距选用的 k_b 应不大于平行风向一列中查得的数值，当选定间距射程比后，便可按式（5-14）计算喷头间距和支管间距。

喷头组合方式是矩形的好还是三角形的好，目前还没有定论，只是用在几何组合法或修正组合法时三角形布置的喷灌系统要比矩形的经济一些。因为正三角形布置时的单喷头有效控制面积是正方形的 1.3 倍，对于同样的面积就可以少布置一些喷点，支管间距也可大一些，但需满足表 5-7 的规定。

3. 管道系统的布置

固定式、半固定式喷灌系统，视灌溉面积大小对管道进行分级。面积较小时一般布置成干管和支管两级。面积大时管道可布置成干管、分干管、支管 3 级或总干管、干管、分干管和支管 4 级等多级，但支管是田间末级管道，支管上安装喷头。对管道的布置应考虑以下原则：

（1）管线纵剖面应力求平顺，减少折点，管道总长短，降低造价、运行费用。

（2）干管应沿主坡方向布置，一般支管应垂直于干管。在平坦地区，支管布置应尽量与耕作方向一致，以减少竖管对机耕的影响。在山丘区，支管应顺等高线布置，干管垂直等高线布置。

（3）支管上各喷头的工作压力要接近一致，或在允许的误差范围内。一般要求喷头间的出流量差值不大于 10%，即要求同一条支管上各喷头间工作的压力差不大于 20%（20%原则），以保证喷灌质量。下坡时可缩小管径，上坡时管道不宜太长。如果支管能取得适当的坡度，使地形落差抵消支管的摩阻损失，则可增加支管长度，但需经水力计算确定。

（4）管道布置应考虑各用水单位的要求，方便管理，有利于组织轮灌和迅速分散水量，有利于管理。抽水站应尽量布置在喷灌系统的中心，以减少各级输水管道的水头损失。

（5）在经常有风的地区，支管布置应与主风向垂直，喷灌时可加密喷头间距，以补偿由于风而造成喷头横向射程的缩短。

（6）管道布置应充分考虑地块形状，力求使支管长度一致，规格统一。各级管道应有利于水锤的防护。

4. 管材的选择

可用于喷灌的管道种类很多，应该根据喷灌区的具体情况，如地质、地形、气候、运输、供应以及使用环境和工作压力等条件，结合各种管材的特性及适用条件进行选择。对于地埋固定管道，可选用钢筋混凝土管、钢丝网水泥管、石棉水泥管、铸铁管和硬塑料管。用于喷灌地埋管道的塑料管，最好选用硬聚氯乙烯管（UPVC 管）。对于口径 150mm以上的地埋管道，硬聚氯乙烯管在性能价格比上的优势下降，应通过技术经济分析选择合适的管材。对于地面移动管道，则应优先采用带有快速接头的薄壁铝合金管。塑料管经常暴露在阳光下使用，易老化，缩短使用寿命，因此，地面移动管最好不采用塑料管。

三、拟定喷灌工作制度

1. 设计灌水定额（m）

作物的最大灌水定额可按下式计算：

$$m_s = 0.1h(\beta_1 - \beta_2) \tag{5-15}$$

或

$$m_s = 0.1\gamma h(\beta_1' - \beta_2') \tag{5-16}$$

式中　m_s——最大灌水定额，mm；

　　h——计划湿润层深度，cm；

　　β_1——适宜土壤含水量上限，体积百分比；

　　β_2——适宜土壤含水量下限，体积百分比；

　　γ——土壤容重，g/cm³；

　　β_1'——适宜土壤含水量上限，重量百分比；

　　β_2'——适宜土壤含水量下限，重量百分比。

设计灌水定额 m 应根据作物的实际需水要求和试验资料按式（5-17）计算：

$$m \leqslant m_s \tag{5-17}$$

2. 设计灌水周期 $T_设$

在喷灌系统规划设计中，主要是确定作物耗水最旺时期的允许最大间隔时间（两次灌水的间隔时间），即设计灌水周期（以天计），它可用式（5-18）计算：

$$T_设 = \frac{m}{e} \tag{5-18}$$

式中 e——作物日蒸发蒸腾量，取设计代表年灌水高峰期平均值，mm/d。

3. 一个工作位置的灌水时间 t

$$t = \frac{mab}{1000q\eta_p} \tag{5-19}$$

式中 t——一个工作位置的灌水时间，h；

m——设计灌水定额，mm；

a——喷头布置间距，m；

b——支管布置间距，m；

q——喷头设计流量，m^3/h；

η_p——田间喷洒水利用系数，根据气候条件可在下列范围内选取：风速低于 3.4m/s，$\eta_p = 0.8 \sim 0.9$；风速为 $3.4 \sim 5.4m/s$，$\eta_p = 0.7 \sim 0.8$。湿润地区取大值，干旱地区取小值。

4. 计算同时工作的喷头数和支管数

（1）同时工作的喷头数（$N_喷头$）可按式（5-20）计算：

$$N_喷头 = \frac{A}{ab} / \frac{T_设 C}{t} \tag{5-20}$$

式中 A——整个喷灌系统的面积，m^2；

C——设计日灌水时间，参考表 5-8。

表 5-8　　　　　　　　　　设计日灌水时间　　　　　　　　单位：h

喷灌系统类型	固定管道式			半固定管道式	移动管道式	定喷机组式	行喷机组式
	农作物	园林	运动场				
设计日灌水时间	12~20	6~12	1~4	12~18	12~16	12~18	14~21

（2）同时工作的支管数（$N_支$）。

$$N_支 = \frac{N_喷头}{n_喷头} \tag{5-21}$$

式中 $n_喷头$——一根支管上的喷头数。

如果计算出的 $N_支$ 不是整数，则应考虑减少同时工作的喷头数或适当调整支管的长度。

5. 确定支管轮灌方式

支管轮灌方式，对于半固定系统也就是支管的移动方式。支管轮灌方式不同，干管中通过的流量也不同，适当选择轮灌方式，可以减小一部分干管的管径，降低投资。例如：有两根支管同时工作时，可以有 3 个方案：

（1）两根支管从地块的一头齐头并进，如图 5-17（a）、（b）所示，干管从头到尾的最大流量都等于整个系统的全部流量（两根支管流量之和）。

（2）两根支管由地块两端向中间交叉前进，如图 5-17（c）所示。

（3）两根支管由地块中间向两端交叉前进，如图 5-17（d）所示。

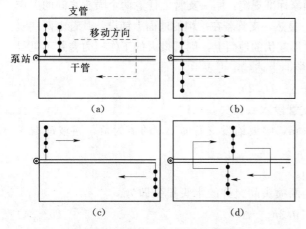

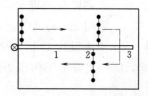

图 5-17 两根支管同时工作的支管移动方案　　　图 5-18 3 根支管同时工作的支管移动方式

后两种方案，只有前半根干管通过的最大流量等于整个系统的全部流量，而后半根干管通过的最大流量只等于整个系统的一半（等于一根支管的流量），显然我们应当采用后两种方案。当 3 根支管同时工作时，每根支管分别负责 1/3 面积的方案较为有利，如图 5-18 所示，这样只有 1/3 的干管的最大流量等于全部流量，1/3 的干管（1～2 段）的最大流量等于两根支管的流量，最末的 1/3 干管（2～3 段）的最大流量只等于一根支管的流量。

四、管道系统的水力计算

1. 管道流量计算

当轮灌编组和轮灌顺序确定之后，各级管道在每一轮灌组进行喷洒时所通过的流量即可知道。通常选用同一级管道在各轮灌组中可能通过的最大流量，作为本级管道的设计流量；若某一级管道，其最大流量通过的时间占管道总过水时间的比例甚小，也可选取一个出现次数较多的次大流量作为管道的设计流量。同一级管道的不同管段通过的最大流量不同时，可分段确定设计流量。

喷灌系统设计流量应按下式计算：

$$Q = \sum_{i=1}^{n_p} q_p / \eta_G \qquad (5-22)$$

式中　Q——喷灌系统设计流量，m^3/h；

q_p——设计工作压力下的喷头流量，m^3/h；

n_p——同时工作的喷头数目；

η_G——管道系统水利用系数，取 0.95～0.98。

2. 管径的选择

（1）支管管径的选择。支管是指直接安装竖管和喷头的管道。支管管径的选择主要依据喷洒均匀的原则。管径选得越大，支管运行时的水头损失就越小，同一支管上各喷头的实际工作压力和喷水量就越接近，喷洒均匀度就越接近设计状况。但这样增大了支管的投资，对移动支管来说还增加了拆装、搬移的劳动强度。管径选得小，支管投资减少，移动作业的劳动强度降低，但由于运行时支管内水头损失增大，同一支管上各喷头的实际工作压力和喷水量差别增大，结果造成田面上各处受水量不一致。国家标准规定：同一支管上任意两个喷头之间的工作压力差应在喷头设计工作压力的 20% 以内。显然，支管若在平坦的地面上铺设，其首末两端喷头间的工作压力差应最大。若支管铺设在地形起伏的地面上，则其最大的工作压力差并不见得发生在首末喷头之间。考虑高程差 Δz 的影响时上述规定可表示为

$$h_w + \Delta z \leqslant 0.2 h_p \tag{5-23}$$

式中　h_w——同一支管上任意两喷头间支管段水头损失，m；

　　　Δz——该两喷头的进水口高程差，m，顺坡铺设支管时 Δz 的值为负，逆坡铺设支管时 Δz 的值为正；

　　　h_p——喷头设计工作压力水头，m。

因此，同一支管上工作压力差最大的两喷头间允许的水头损失即为

$$h_w \leqslant 0.2 h_p - \Delta z \tag{5-24}$$

从式（5-24）可以看出：逆坡铺设支管时，允许的 h_w 值小，即选用的支管管径应大些；顺坡铺设支管时，因 Δz 值本身为负值，其允许的 h_w 值可以比 $0.2 h_w$ 大些，也就是说支管顺坡铺设时，因地形坡降弥补了支管内的部分水力坡降，选用的支管管径可适当小些。

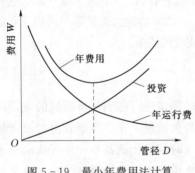

图 5-19　最小年费用法计算经济管径示意图

确定支管管径时，首先按现有管材规格，根据管道流量大小初选管径，然后按水力计算方法，计算支管上任意两喷头间的工作压力水头差，符合或接近允许值时的初选管径可以作为支管设计管径。

（2）支管以上各级管径的选择。一般情况下，这些管道的管径是在满足下一级管道流量和压力的前提下按费用最小的原则选择的。管道的费用常用年费用来表示。随着管径的增大，管道的折旧费将随之增高，而管道的年运行费随之降低。因此，客观上必定有一种管径，会使上述两种费用之和为最低，这种管径就是要选择的管径，称为经济管径。经济管径中对应的流速称为经济流速。图 5-19 为最小年费用法计算经济管径示意图。

初步规划设计时，还可按经验公式进行计算：

$Q < 120 \text{m}^3/\text{s}$ 时　　　　　　　　$D = 13\sqrt{Q}$　　　　　　　　　　(5-25)

$Q \geqslant 120 \text{m}^3/\text{s}$ 时　　　　　　　　$D = 11.5\sqrt{Q}$　　　　　　　　　(5-26)

式中　Q——管道设计流量，m^3/s；

　　　D——管道内径，mm。

应该指出的是，由于喷灌系统年工作小时数少，而所占投资比例又大，因此一般在喷灌所需压力能得到满足的情况下，选用尽可能小的管径是经济的，但管中流速应控制在

2.5～3.0m/s。

3. 水力计算

喷灌管道系统的水力计算主要是计算管道的沿程水头损失以及弯头、三通、闸阀等的局部水头损失，其目的是合理选定各级管道的管径和确定系统设计扬程。

（1）沿程水头损失计算。不考虑多孔出流情况下的喷灌管道的沿程水头损失可采用式（5-27）计算：

$$h_f = fL \frac{Q^m}{d^b} \tag{5-27}$$

式中　h_f——沿程水头损失，m；

　　　f——摩擦系数，与管材有关；

　　　L——管道长度，m；

　　　Q——流量，m^3/h；

　　　d——管道内径，mm；

　　　m——与管材有关的流量指数；

　　　b——与管材有关的管径指数。

各种管材的沿程水头损失计算参数见表5-9。

表5-9　　　　　　　　　　摩擦系数、流量指数、管径指数表

管道种类		$h_f = f \dfrac{LQ^m}{d^b}$			
		f（Q以m^3/s计，d以m计）	f（Q以m^3/h计，d以mm计）	m	b
塑料硬管		0.000915	0.948×10^5	1.77	4.77
铝管或铝合金管		0.000800	0.861×10^5	1.74	4.74
石棉水泥管		0.000118	1.455×10^5	1.85	4.89
旧钢管、旧铸铁管		0.00179	6.25×10^5	1.9	5.31
钢筋混凝土管	$n=0.013$	0.00174	1.312×10^6	2	5.33
	$n=0.014$	0.00201	1.516×10^6	2	5.33
	$n=0.015$	0.00232	1.749×10^6	2	5.33
	$n=0.017$	0.00297	2.240×10^6	2	5.33

注　n为糙率系数。

喷灌系统中，经常遇到多出口管道，如图5-20所示，如支管上每隔一定距离就有一个喷头，就要分出一个喷头的流量，使支管上的流量逐段减少，沿程水头损失应分段计算。为了简化起见，多口出流管道沿程水头损失近似计算方法：首先按管道内流量不变求出沿程水头损失，然后再乘以多口系数，即可近似得到多口出流管道沿程水头损失，即

$$H_f = Fh_f \tag{5-28}$$

多口系统 F 可按式（5-29）近似计算：

$$F = \frac{N\left(\dfrac{1}{m+1} + \dfrac{1}{2N} + \dfrac{\sqrt{m-1}}{6N^2}\right) - 1 - X}{N-1+X} \tag{5-29}$$

式中 N——出流孔口数；

$\quad\quad m$——流量指数，查表5-9得到；

$\quad\quad X$——多孔管首孔位置系数，即多孔管入口至第一个出流孔管口的距离与各出流孔口间距之比；通常 X 有两种情况，即 $X=1$ 或 $X=0.5$。

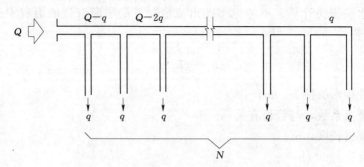

图5-20 等距等流量多出口管道示意图

（2）局部水头损失计算。由于水流边界突然变形促使水流运动状态紊乱，从而引起水流内部摩擦而消耗机械能，造成管道的局部水头损失。管道的局部水头损失可以采用下面的公式计算：

$$h_{\mathrm{j}}=\xi\,\frac{v^2}{2g} \tag{5-30}$$

式中 h_{j}——局部水头损失，m；

$\quad\quad \xi$——局部阻力系数；

$\quad\quad v$——管道内水流的流速，m/s。

管道总水头损失等于沿程损失和局部水头损失之和。

（3）喷灌系统设计水头计算。喷灌系统的设计水头应按式（5-31）计算：

$$H=Z_{\mathrm{d}}-Z_{\mathrm{s}}+h_{\mathrm{s}}+h_{\mathrm{p}}+\sum h_{\mathrm{f}}+\sum h_{\mathrm{j}} \tag{5-31}$$

式中 H——喷灌系统设计水头，m；

$\quad\quad Z_{\mathrm{d}}$——典型喷点的地面高程，m；

$\quad\quad Z_{\mathrm{s}}$——水源水面高程，m；

$\quad\quad h_{\mathrm{s}}$——典型喷点的竖管高度，m；

$\quad\quad h_{\mathrm{p}}$——典型喷点喷头的工作压力水头，m；

$\quad\quad \sum h_{\mathrm{f}}$——由水泵进水管至典型喷点喷头进口处之间管道的沿程水头损失，m；

$\quad\quad \sum h_{\mathrm{j}}$——由水泵进水管到典型喷点喷头进口处之间管道的局部水头损失，m。

自压喷灌支管首端的设计水头，应根据灌区或压力区最不利的灌水情况，按式（5-32）计算：

$$H_{\mathrm{s}}=Z_{\mathrm{d}}-Z_{\mathrm{z}}+h_{\mathrm{s}}+h_{\mathrm{p}}+h_{\mathrm{fz}}+h_{\mathrm{jz}} \tag{5-32}$$

式中 H_{s}——自压喷灌支管首端的设计水头，m；

$\quad\quad Z_{\mathrm{z}}$——支管首端的地面高程，m；

$\quad\quad h_{\mathrm{fz}}$——支管的沿程水头损失，m；

$\quad\quad h_{\mathrm{jz}}$——支管的局部水头损失，m。

第六章 局 部 灌 溉

第一节 微 灌

微灌是微水灌溉的简称，它是利用专门设备按照作物需水要求，将有压水流变成细小水流或水滴，湿润根区土壤的灌水方法。微灌包括滴灌、微喷灌、涌泉灌（或小管出流灌）等。微灌可将作物生长所需的水和养分以较小的流量均匀、准确地直接输送到作物根部附近的土壤表面或土层，使作物根部的土壤长期保持在最佳水、肥、气状态的灌水方法。微灌的特点是灌水流量小，一次灌水延续时间长、周期短，需要的工作压力较低，能够较精确地控制灌水量，把水和养分直接输送到作物根部附近的土壤中，满足作物生长发育之需要。

一、微灌的优缺点

1. 优点

（1）省水。由于微灌系统全部由管道输水，可以严格控制灌水量，灌水流量很小，而且仅湿润作物根区附近土壤，灌水均匀，减少损失，所以能大量减少土壤蒸发和杂草对土壤水分的消耗，完全避免深层渗漏，也不会产生地表流失和被风吹失。因此，具有显著的节水效果，一般比地面灌溉省水 50%～70%；在透水性强、保水能力差的土壤中省水效果更为显著。与喷灌相比，不受风的影响，减少了漂移损失，可省水 15%～20%。

（2）节能。微灌的灌水器均在低压下运行，一般工作压力仅 50～150kPa，比喷灌低得多；又比地面灌溉灌水量小，水的利用率高，故在井灌区和提水灌区可显著降低能耗。

（3）灌水均匀。微灌系统能够有效地控制田间的灌溉水量，因而灌水均匀性好，均匀系数一般可达 0.8～0.9。

（4）增产。微灌仅局部湿润土壤，不破坏土壤结构，不致使土壤表层板结，使土壤始终保持疏松、多孔相通气的良好状况，并可结合灌水施肥，使土壤内的水、肥、气、热状况得到有效的调节，为作物生长提供了良好的环境条件，保持和提高了土壤肥力。采用微灌，粮食作物一般增产 10%～30%，经济作物一般增产 20%～50%，蔬菜一般增产 30%～50%。

（5）对土壤和地形的适应性强。微灌为压力管道输水，能适应各种复杂地形，尤其适宜在山丘坡地进行自流灌溉的地方发展；可根据不同的土壤入渗速度来调整控制灌水流量的大小，所以能适应各种土质。

（6）可以结合灌水进行施肥、打药。微灌系统通过各级管道将灌溉水灌到作物根区土壤的同时，可以将稀释后的化肥一同施入田间；如果采用的是微喷灌，可以利用喷灌系统进行喷药。

（7）省工省地。微灌实现了灌溉机械化和自动化的操作管理，可以减轻灌水的劳动强度，节省大量劳动力。可以减少杂草生长的环境，节省田间管理的工时。据初步统计，微灌可节省用工25%～40%。微灌的输水管道多埋设在地下，减少了灌溉渠道所占的耕地。据统计，采用微灌后，土地利用率一般可以提高7%～10%。

（8）微灌可以根据土壤的质地和透水性能来调整灌水量和灌水强度，因此不破坏土壤团粒结构，不会产生地表冲刷和土、肥流失现象，不会产生深层渗漏。

2. 缺点

微灌灌水器堵塞问题一直没有得到彻底解决。微灌的灌水器出水孔很小（如滴头、微喷头），很容易被水中杂质、土壤颗粒堵塞。因此，微灌对水质要求高，必须经过过滤才能使用。灌水器堵塞是影响微灌技术推广的主要问题，应搞好设备设施的配套研制，提高微灌灌水器使用寿命，并进行水源水质分析与处理装置设施及方法的研究；进行微灌系统施用化肥药液装置使用方法的研究以及安全装置和调压装置的研究。与其他灌溉方法相比，不具有防干热风，调节田间小气候的作用，对于黏质土壤，因灌水时间较长，根系区土壤水分长期保持高含水量状态，作物根部易生病害；另外土壤长期定点灌水会使土壤湿润区与干燥区的交界处盐分聚积，有可能产生土壤次生盐渍化，对作物生长不利。微灌系统投资较大。

二、微灌系统的组成

微灌系统是由水源、首部枢纽、输配水管道和微灌灌水器及各压力控制部件、量测仪表等组成的灌溉系统，如图6-1所示。

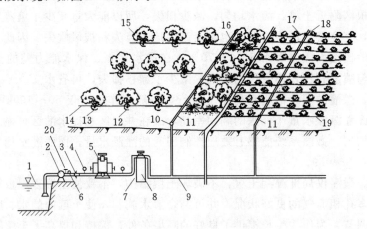

图6-1 微灌系统组成示意图

1—水源；2—水泵机组；3—流量计；4—压力表；5—化肥罐；6—逆止阀；7—冲洗阀；8—过滤器；
9—干管；10—流量调节器；11—支管；12—滴头；13—分水毛管；14—毛管；15—果树；
16—微喷头；17—条播作物；18—水阻管；19—滴灌管；20—闸阀

（1）水源。主要包括地面水源（河、湖、渠、山塘、水库、蓄水池）、地下水源等均可作为微灌的水源。能满足灌溉需水量要求，离灌区较近，微灌水质应符合现行的国家标准《农田灌溉水质标准》（GB 5084—2021）的有关规定。含污物、杂质和泥沙大的水源以及其他不适合微灌水质要求的水源，应进行净化处理。灌水器水质评价见表6-1，并应根据分析结果作相应的水质处理。

表 6-1 灌水器水质评价指标

水质分析指标	单 位	堵 塞 的 可 能 性		
		低	中	高
悬浮固体物	mg/L	<50	50~100	>100
硬度	mg/L	<150	150~300	>300
不溶固体	mg/L	<500	500~2000	>2000
pH 值	—	5.5~7.0	7.0~8.0	>8.0
Fe 含量	mg/L	<0.1	0.1~1.5	>1.5
Mn 含量	mg/L	<0.1	0.1~1.5	>1.5
H$_2$S 含量	mg/L	<0.1	0.1~1.0	—
油	—	不能含有油		

（2）首部枢纽通常由加压设备、控制阀门、过滤器、施肥装置、测量和保护设备等组成，如水泵、动力机、过滤器、止回阀、排气阀、压力表、水表和施肥器等，是全系统的控制中心。过滤器包括网式过滤器（金属或塑料）、叠片过滤器、离心过滤器、砂石过滤器等，常用的是网式过滤器（金属或塑料）、叠片过滤器。一般滴灌需选用 120 目以上过滤器，微喷选用 100 目以上过滤器。施肥器一般有压差式施肥器、文丘里施肥器、水驱动自动肥料配比机等，常用的是压差式施肥器、文丘里施肥器，有条件的可选用水驱动自动肥料配比机。

（3）输配水管网一般分干、支、毛三级管道，干、支管承担输配水任务，通常埋在地下，毛管承担田间输配水和灌水任务，可埋入地下也可放在地面，视具体情况和需要确定。

（4）灌水器有滴头、微喷头、涌水器和滴灌带等多种形式，可置于地表也可埋入地下。其相应的灌水方法称滴灌、微喷灌和涌泉灌溉。灌水器可直接安装在毛管上或通过细小直径的微管与毛管相连接。灌溉水流经过灌水器灌到作物根区的土壤中或作物的叶片上。

三、微灌设备

微灌系统的主要设备包括灌水器、管道及管件、过滤器、施肥（农药）装置等。

1. 灌水器

灌水器的作用是把末级管道中的压力水流均匀地灌到作物根区的土壤中或作物的叶片上，以满足作物对水分的需求。灌水器的质量直接关系灌水质量和微灌系统的工作可靠性，因此，对灌水器的制造或选择均要求较高。其主要要求：①出水流量小，一般要求工作水头为 5~15m，过水流道直径或孔径为 0.3~2.0mm，出水流量在 240L/h 以下；②出水均匀而稳定；③抗堵塞性能好；④制造精度高，偏差小；⑤结构简单，便于制造，便于装卸和清洗；⑥坚固耐用，价格低廉等。

微灌中常用的灌水器类型主要有滴头、滴灌管（带）、微喷头和涌泉灌灌水器等。

（1）滴头。滴头是将微灌管道中的有压水流变为水滴状或细小水流状的关键设备，按其结构特点的不同，分为以下几种类型：

1）管式滴头，也称长流道式滴头。按其与毛管的连接方式不同分为管间式和管上式两种。管间式滴头两端与毛管相连，滴头本身形成毛管的一部分，如图 6-2（a）所示，装有这种形式的滴头的毛管便于移动，移动时不易损坏滴头。管上式又称为侧向安装滴头，滴头的进水口在毛管管壁上。滴头可直接附在毛管上［图 6-2（b）］，也可以通过小管接出一定距离。水流通过长流道消能，在出水口以水滴状流出。为提高其消能和抗堵塞性能，流道可改内螺纹结构为迷宫式结构。

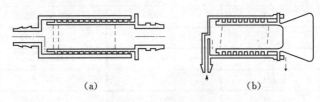

图 6-2 管式滴头

2）孔口式滴头（图 6-3）属短流道滴头。当毛管中压力水流经过孔口和离开孔口并碰到孔顶被折射时，其能量将大为消耗，而成为水滴状或细流状进入土壤。这种滴头结构简单，安装方便，工作可靠，价格便宜，适于推广。

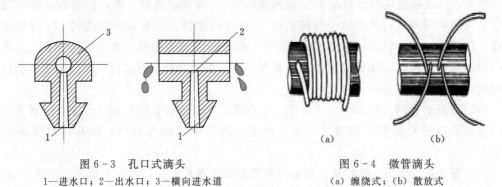

图 6-3 孔口式滴头　　　　　　图 6-4 微管滴头
1—进水口；2—出水口；3—横向进水道　　（a）缠绕式；（b）散放式

3）微管滴头（图 6-4）属长流道滴头，是把直径为 0.8～1.5mm 的塑料管插入毛管，水在微管流动中消能，并以水滴状或细流状出流。微管可缠绕在毛管上，也可散放，可根据工作水头调节微管的长度，以达到均匀灌水的目的。但安装微管质量不易保证，易脱落丢失，堵塞后不易被发现，维修更困难。

4）压力补偿式滴头（图 6-5）。压力补偿式滴头是利用水流压力对滴头内弹性片的作用，使滴头的出水孔口的过水断面的大小发生变化，当水的压力较大时，滴头内的弹性片使滴头的出水孔口变小，当水的压力较小时，滴头内的弹性片使滴头的出水孔口变大，从而使滴头的出水流量保持稳定。

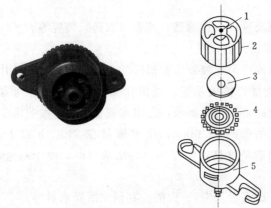

图 6-5 压力补偿式滴头
1—出水口；2—罩盖；3—弹性橡胶垫；
4—旋转流盘；5—底座

（2）滴灌管（带）。在生产毛管的过程中，将滴头和毛管做成一体，这种自带滴头的毛管称为滴灌管或滴灌带。按滴灌管的结构不同，分为以下类型：

1）双腔毛管。又称滴灌带，由内、外两个腔组成，内腔起输水作用，外腔只起配水作用，如图6-6所示。一般内腔壁上开直径为0.5~0.75mm、距离为0.5~3.5m的出水孔，外腔壁上的配水孔直径一般与出水孔径相同。配水孔数目一般为出水孔数目的4~10倍。

近年来又有一种边缝式薄膜毛管滴头，如图6-7所示。压力水通过毛管，再经过其边缝上的微细通道滴入土壤。

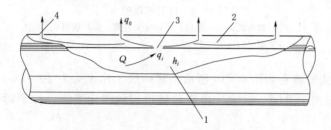

图6-6 双腔毛管
1—内管腔；2—外管腔；3—出水孔；4—配水孔

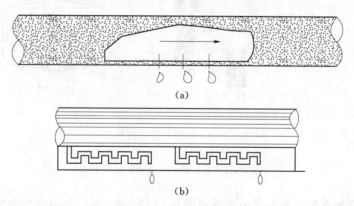

(a)

(b)

图6-7 边缝式薄膜毛管滴头
(a) 多孔透水毛管；(b) 薄壁滴灌带

2）内镶式滴灌管（带）。内镶式滴灌管（带）如图6-8所示，它是在滴灌毛管制造过程中，将预先做好的滴头直接镶嵌在毛管内。内镶式滴灌管中的滴头分片式和管式两种。

（3）微喷头。微喷头是将微灌管道中的有压水流像降雨一样喷洒成细小雨滴的灌水器。按其结构和喷洒方式不同分以下几种：

1）折射式微喷头，有单向和双向、束射和散射等形式，如图6-9所示。其进口直径为2.8mm，喷水孔为1.0mm。它结构简单，价格便宜，适用于灌溉果园、温室和花卉等。

图6-8 内镶式滴灌管（带）

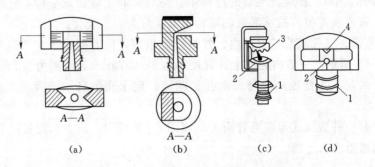

图 6-9 折射式微喷头

(a) 双向式；(b) 单向式；(c) 束射式；(d) 散射式

1—带螺纹的接头；2—喷水口；3—分水齿；4—散水锥

2）射流旋转式微喷头如图 6-10 所示。其一般工作水头为 10～15m，有效湿润半径为 1.5～3.0m。适用于果园、温室、苗圃和城市园林绿化灌溉，特别适用于全园喷洒灌溉密植作物。

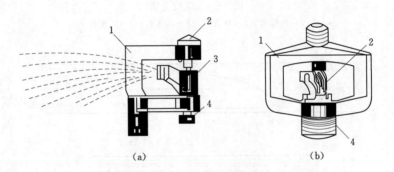

图 6-10 射流旋转式微喷头

(a) LWP 两用微喷头；(b) W2 型微喷头

1—支架；2—散水锥；3—旋转臂；4—接头

（4）涌泉灌灌水器。涌泉灌灌水器如图 6-11 所示，它是将内径细小的出水管直接插入毛管的内壁做成的。这种灌水器的孔口大，结构简单，不易被堵塞。它的工作水头也比较低，适用于果树灌溉。

2. 管道及管件

微灌系统的管道必须能承受一定的内水压力，具有较强的耐腐蚀抗老化能力，保证安全输水与配水，并便于运输和安装。我国微灌管材多用掺炭黑的高压低密度聚乙烯半柔性管，一般毛管内径为 10～15mm。内径 65mm 以上时也可用聚氯乙烯等其他管材。管道附件指用于连接组装管网的部件，简称管件，主要有接头、弯头、三通、四通和堵头等，其结构应达到连接牢固、密封性好，并便于运输和安装等要求。

3. 过滤器

微灌系统对水质的净化处理要求十分严格，其净化设备与设施主要有拦污栅（筛、

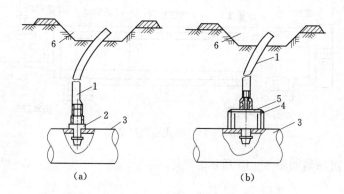

图 6-11　涌泉灌灌水器

(a) 无稳流器的涌泉灌灌水器；(b) 有稳流器的涌泉灌灌水器

1—小管；2—接头；3—毛管；4—稳流器；5—胶片；6—渗水沟

网)、沉淀池和过滤器等，选用何种设备要根据水质的具体情况决定。拦污栅、沉淀池用于水源工程。过滤器主要有：

(1) 旋流式水砂分离器，又称离心式或涡流式过滤器，如图 6-12 所示。

(2) 砂过滤器，属介质过滤器，如图 6-13 所示。

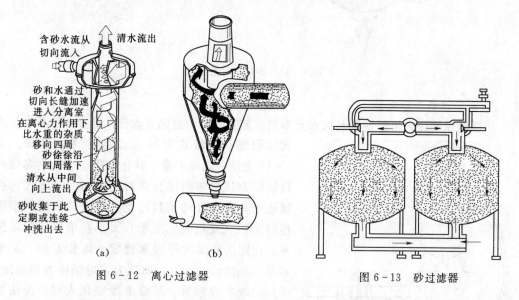

图 6-12　离心过滤器

图 6-13　砂过滤器

(3) 滤网过滤器等装置。滤网过滤器简单，造价低，应用较广泛。它的种类较多，有立式与卧式，塑料和金属，人工清洗与自动清洗，以及封闭式和开敞式等形式。主过滤器的滤网要用不锈钢丝制作，在支、毛管上的微型过滤器网也可用铜丝网或尼龙网制作。滤网的孔径应为所使用的灌水器孔径的 1/7~1/10，滤网的有效过水面积即滤网的净面积之和应大于 2.5 倍出水管的过水面积。主要适用于过滤水中粉粒、砂和水藻，也可过滤少量有机杂质，但有机杂质含量过高和藻类过多时则过滤效果较差。图 6-14 为卧式滤网过滤器。

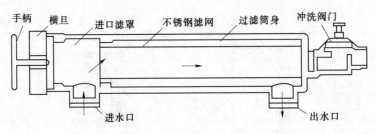

图 6-14 卧式滤网过滤器

（4）叠片式过滤器如图 6-15 所示。

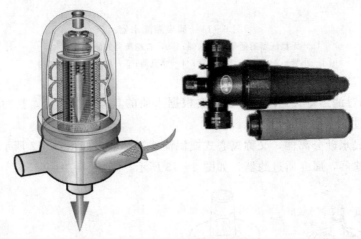

图 6-15 叠片式过滤器

4. 施肥（农药）装置

向微灌系统注入可溶性肥料或农药溶液的装置，称为施肥（农药）装置，主要有压差式施肥罐、开敞式肥料桶及各种注入泵等。图 6-16 为压差式施肥罐。其化肥罐应选用耐腐蚀和抗压能力强的塑料或金属材料制造。封闭式化肥罐还应具有良好的密封性能，罐内容积应依微灌控制面积（或轮灌区面积）大小及单位面积施肥量、化肥溶液浓度等因素确定。该装置加工制造容易，造价低，不需外加动力，但罐体容积有限，添加溶液次数频繁，溶液浓度变化大时，无法调节控制。另外，还有文丘里注入器，如图 6-17 所示。文丘里注入器与储液箱配套组成一套施肥装置，利用文丘里管或射流器产生的局部负压，将肥料原液或 pH 值调节液吸入灌溉水管中。它构造简单，造价低廉，使用方便。如图 6-18 所示，为

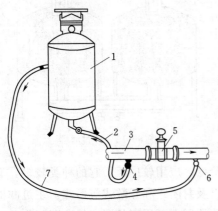

图 6-16 压差式施肥罐

1—储液罐；2—进水管；3—输水管；4—阀门；
5—调压阀门；6—供肥管阀门；7—供肥管

注射泵注入法，主要适用于小型灌溉系统向管道中注入肥料或农药。根据驱动水泵的动力来源可分为水驱动和机械驱动两种形式。该装置的优点是肥液浓度稳定不变，施肥质量

好，效率高。

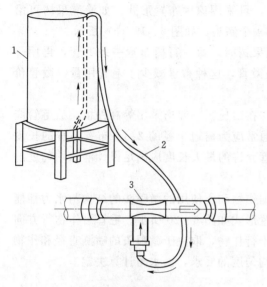

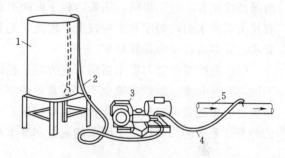

图 6-17 文丘里注入器
1—开敞式化肥罐；2—输液管；3—文丘里注入器

图 6-18 注射泵
1—化肥桶；2—输液管；3—活塞泵；4—输肥管；5—输水管

四、微灌系统的规划布置

微灌工程规划应符合当地水资源开发利用、农村水利、农业发展及园林绿地等规划要求，并与灌排设施、道路、林带、供电等系统建设和土地整理规划、农业结构调整及环境保护等规划相协调。平原区灌溉面积大于 $100hm^2$、山丘区灌溉面积大于 $50hm^2$ 的微灌工程，应分为规划阶段和设计阶段进行。微灌系统通常是在比例尺 1/500～1/1000 的地形图上进行初步布置，然后再到现场与实际地形进行对照修正。

1. 首部枢纽位置的选择

一般首部枢纽均与水源工程相结合，其位置应以投资少、管理方便为原则进行选定。若水源距灌区较远，首部枢纽可单独布置在灌区附近或灌区中心，以缩短输水干管的长度。

2. 毛管和灌水器的布置方案

毛管宜顺植物种植行布置。

（1）滴灌毛管与灌水器的布置方案。

1）单行毛管直线布置。毛管顺作物行方向布置，一行作物布置一条毛管，滴头安装在毛管上，主要适用于窄行密植作物，如蔬菜和幼树等，如图 6-19（a）所示。

2）单行毛管带环状管布置。成龄果树滴灌可沿一行树布置一条输水毛管，然后再围绕每棵树布置一根环状灌水管，并在其上安装 4～6 个滴头。这种布置灌水均度高，但增

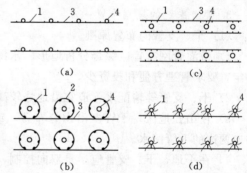

图 6-19 滴灌毛管和灌水器布置形式
（a）单行毛管直线布置；（b）单行毛管带环状管布置；
（c）双行毛管平行布置；（d）单行毛管带微管布置
1—灌水器；2—绕树环状管；3—毛管；4—果树或作物

3）双行毛管平行布置。当滴灌高大作物时，可采用该种布置形式。如滴灌果树可沿树两侧布置两条毛管，每株树的两边各安装2～4个滴头，如图6-19（c）所示。

4）单行毛管带微管布置。当使用微管滴灌果树时，每一行树布置一条毛管，再用一段分水管与毛管连接，在分水管上安装4～6条微管，这种布置减少了毛管用量，微管价低，故可相应降低投资，如图6-19（d）所示。

以上各种布置，毛管均沿作物行方向布置。在山丘区一般均采用等高种植，故毛管应沿等高线布置。对于果树，滴头与树干的距离通常应为树冠半径的2/3。布置毛管的长度直接关系灌水的均匀度和工程投资。因此，毛管允许的最大长度应满足设计灌水均匀度的要求，并需通过水力计算确定。

（2）微喷灌毛管与灌水器的布置方案。根据作物和所使用的微喷头的结构与水力性能不同，毛管和灌水器的布置也不同，常见的布置形式如图6-20所示。毛管沿作物行方向布置，一条毛管可控制一行作物，也可控制若干行作物，取决于微喷头的喷洒直径和作物的种类。毛管的长度取决于喷头的流量和灌水均匀度的要求，由水力计算决定。

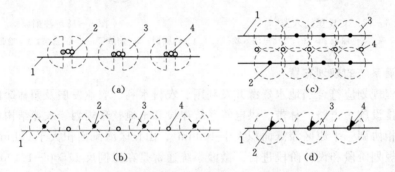

图6-20　微喷灌毛管和灌水器布置形式
（a）单向微喷头局部喷洒；（b）双向微喷头局部喷洒；（c）全圆微喷头
全圆喷洒；（d）全圆微喷头局部喷洒
1—毛管；2—微喷头；3—喷洒湿润区；4—果树

3. 管道系统的规划布置

（1）干、支管的布置原则。

1）微灌管网布置应综合分析地形、水源、植物、管理、维护等因素，通过方案比较确定，要求管理方便和投资少。

2）干、支管等输配水管道宜沿地势较高位置布置；支管宜垂直于植物种植行布置。

3）在山丘地区，干管多沿山脊布置，或沿等高线布置。支管则尽量垂直于等高线，并向两边的毛管配水。

4）在平地，干、支管应尽量双向控制，在其两侧布置下级管道，以节省管材。

（2）田间管网布置。田间管网布置一般相对固定，这是因为经过合理划分的每一地块上，地块面积、地形地势、毛管长度等的变化范围较小，作物种植方向固定，可供选择的余地不多。但设计时仍需认真分析，从几种方案中优选。田间管网设计可概括出常用的七种形式，如图6-21～图6-27所示。

1) 形式一，如图 6-21 所示。毛管平行主干管 AB，主干管 A 输送 100% 的流量，主干管 B 输送 50% 的流量，地块 1 和地块 3，地块 2 和地块 4 同时灌溉（也可 1 和 4，2 和 3 同时灌溉），分两个轮灌组。

2) 形式二，如图 6-22 所示。毛管垂直主干管 A 布置，主干管 A 输送 100% 的流量，干管 B_1 和 B_2 输送 50% 的流量，地块 1 和 2，地块 3 和 4（也可 1 和 4，2 和 3）同时灌溉，分两个轮灌组。

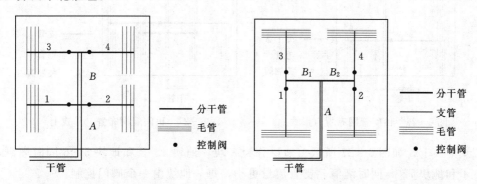

图 6-21 田间管网布置（形式一）   图 6-22 田间管网布置（形式二）

3) 形式三，如图 6-23 所示。毛管垂直干管 A，阀置于中央，控制干管 C 和 B，而地块 1 和 3，地块 2 和 4 同时灌溉，分两个轮灌组。干管 AC 和 AB 输送 100% 的流量。

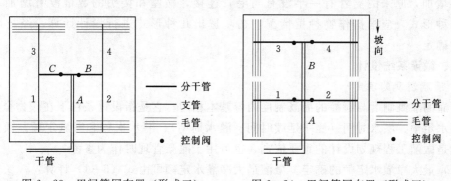

图 6-23 田间管网布置（形式三）   图 6-24 田间管网布置（形式四）

4) 形式四，如图 6-24 所示。干管 AB 逆坡，支管与坡向平行，毛管长度在逆坡时减小，在顺坡时增加，可根据支管 1 和 2 的位置和干管 B 的长度变化划分地块 1、2、3、4，大小不变。两个轮灌组可以是地块 1 和 3，地块 2 和 4；也可以是地块 1 和 4，地块 2 和 3。

5) 形式五，如图 6-25 所示。干管 AB 平行于等高线，支管 1、2、3 和 4 保持在原来的位置。地块 1 和 3 面积增加，地块 2 和 4 面积减小。为保持流量均匀，两个轮灌组宜为地块 1 和 4，地块 2 和 3。

6) 形式六，如图 6-26 所示。干管 AB 与最大

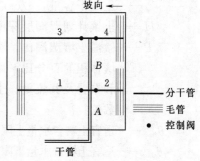

图 6-25 田间管网布置（形式五）

223

坡向斜交，支管和干管均逆坡布置，毛管在顺坡时加长，逆坡时减短。地块 1 和 3 面积增加，地块 2 和 4 面积减少；地块 1 和 4 同时灌溉，地块 2 和 3 同时灌溉。

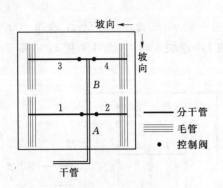

图 6-26 田间管网布置（形式六）

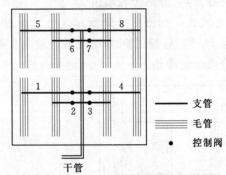

图 6-27 田间管网布置（形式七）

7）形式七，如图 6-27 所示。地块分为 8 块，地块 1、2 和地块 5、6 同时灌溉，地块 3、4 和地块 7、8 同时灌溉，支管流量更小，每一地块由一个阀门控制。

分成几个小的地块轮灌有两种办法：① 将支管增加一倍，因而单根毛管长度减少 1/2。但这种方法一般不采用，因为这样会增加一倍的鞍座和接头，运行时很繁琐；② 利用原来的支管控制本地块的较远部分，而较近部分用另外支管控制，相应阀的用量也将增加，原来的支管有一半没有与毛管连接，鞍座和接头的数量没有增加。究竟采用何种形式，应根据作物种植情况，初步选出几种形式进行设计计算，经技术经济比较后确定。

五、微灌系统设计

1. 灌溉制度的确定

微灌的灌溉制度与喷灌的灌溉制度内容基本相同，它是指设计条件下在作物全生育期内的灌水定额、灌水时间（灌水延续时间、灌水周期）、灌水次数和灌溉定额。微灌的灌溉制度是微灌工程规划设计的重要依据，也可用于灌溉管理时作为参考。

（1）最大净灌水定额的确定。微灌最大净灌水定额可由式（6-1）计算：

$$m_{\max} = \gamma H P (\theta_{\max} - \theta_{\min}) \tag{6-1}$$

式中　$m_{\max}$——最大净灌水定额，mm；

　　　γ——土壤干容重，g/cm³；

　　　H——土壤计划湿润层深度，mm；

　　　P——微灌土壤湿润比，%，指微灌计划湿润的土壤体积占灌溉计划湿润层总土壤体积的百分比，影响它的因素较多，如毛管的布置形式，灌水器的类型和布置及其流量、土壤和作物的种类等，计算时可参考采用表 6-2 中的数值；

　　　$\theta_{\max}$——适宜土壤含水量上限（占干土重量的百分比），取田间持水量的 80%～100%；

　　　$\theta_{\min}$——适宜土壤含水量下限（占干土重量的百分比），取田间持水量的 60%～80%。

（2）设计灌水周期的确定。两次灌水的间隔时间又称灌水周期，取决于作物、水源和管理状况。灌水周期可用式（6-2）计算：

表 6-2　　　　　　微灌设计土壤湿润比的参考值　　　　　　%

植物种类	滴灌、涌泉灌	微喷灌	植物种类	滴灌、涌泉灌	微喷灌
果树	30～40	40～60	人工灌木林	30～40	—
乔木	25～30	40～60	蔬菜	60～90	70～100
葡萄、瓜类	30～50	40～70	小麦等密植作物	90～100	—
草灌木（天然的）	—	100	马铃薯、甜菜、棉花、玉米	60～70	—
人工牧草	60～70	—	甘蔗	60～80	

注　干旱地区宜取上限值。

$$T_{\max} = m_{\max}/e \qquad (6-2)$$

式中　$T_{\max}$——最大灌水周期，d；

$\quad\quad m_{\max}$——设计灌水定额，mm；

$\quad\quad e$——设计耗水强度（作物日需水量，又称需水强度），mm/d，其数值大小与作物有关，与设计地区的气象条件有关，计算时可参考表 6-3 中的数值选取。

表 6-3　　　　　　作物日需水量 e 的参考值　　　　　　单位：mm/d

植物种类	滴灌	微喷灌	植物种类	滴灌	微喷灌
葡萄、树、瓜类	3～7	4～8	蔬菜（保护地）	2～4	—
粮、棉、油等植物	4～7	—	蔬菜（露地）	4～7	5～8
冷季型草坪	—	5～8	人工种植的紫花苜蓿	5～7	—
暖季型草坪	—	3～5	人工种植的青贮玉米	5～9	—

注　1. 干旱地区宜取上限值。

2. 对于在灌溉季节敞开棚膜的保护地，应按露地选取设计耗水强度值。

3. 葡萄、树等选用涌泉灌时，设计耗水强度可参照滴灌选择。

4. 人工种植的紫花苜蓿和青贮玉米设计耗水强度参考值适用于内蒙古、新疆干旱和极度干旱地区。

取设计灌水周期 $T \leqslant T_{\max}$。

（3）设计灌水定额确定。

$$m_{\mathrm{d}} = Te \qquad (6-3)$$

$$m' = \frac{m_{\mathrm{d}}}{\eta} \qquad (6-4)$$

式中　m_{d}——设计净灌水定额，mm；

$\quad\quad m'$——设计毛灌水定额，mm。

（4）一次灌水延续时间的确定。

$$t = m' S_{\mathrm{e}} S_{\mathrm{r}} / \eta\, q \qquad (6-5)$$

式中　t——一次灌水延续时间，h；

$\quad\quad S_{\mathrm{e}}$——灌水器间距，m；

S_r——毛管间距，m；

q——灌水器设计流量，L/h；

η——微灌灌溉水利用系数，滴灌不应低于 0.9，微喷灌、涌泉灌不应低于 0.85。

对于成龄果树滴灌，一棵树安装 n 个滴头灌溉时，则

$$t = m' S_t S_l / nq \qquad (6-6)$$

式中 S_t、S_l——果树的株距和行距，m；

其余符号意义同前。

2. 微灌系统工作制度的确定

微灌系统工作制度主要有续灌和轮灌两种。不同的工作制度要求系统的流量不同，因而工程费用也不同。确定工作制度时，应根据作物种类、水源条件和经济状况等因素合理选定。

(1) 续灌。续灌是对系统所属管道同时供水的一种工作制度。其优点是灌溉供水时间短，灌水及时，也有利于其他农事活动的安排。缺点是使供水系统的结构尺寸和工程规模增大，投资增加；设备的利用率低；在水源水量有限的情况下可能使微灌工程的灌溉面积减小。

(2) 轮灌。对于较大的微灌工程系统，为了减少工程投资，提高设备利用率，在水源水量有限的情况下增加微灌工程的灌溉面积，通常采用支管轮灌的工作制度。支管轮灌即是将支管分成若干组，干管轮流向各组支管供水，而支管对其所属的毛管则一般采用续灌的工作方式。若灌水期间干管轮流向各组支管供水，同一轮灌组内各支管同时灌水，这种轮灌方式称为分组集中轮灌；若灌水期间干管同时向每个轮灌组中的部分支管供水，同一轮灌组内各支管间按一定顺序灌水，这种轮灌方式称为分组插花轮灌。

1) 划分轮灌组的原则。

a. 为使微灌系统工作流量尽量稳定，在分组集中轮灌情况下，各轮灌组的控制面积应尽可能相等或相近，在分组插花轮灌情况下，插花轮灌的面积应尽可能相等或相近。

b. 划分的轮灌组应尽量使田间管理方便，尽量减少各用水户之间的用水矛盾。

c. 使工程投资和运行费用最省。

2) 轮灌组数的确定。无论是分组集中轮灌或是分组插花轮灌，整个微灌区完成一次灌水的时间不能超过作物允许的灌水周期，因此，微灌系统的轮灌组数目可按式 (6-7) 确定：

$$N \leqslant \frac{CT}{t} \qquad (6-7)$$

式中 N——作物（或灌溉用水户）允许的轮灌组最大数目，取整数；

C——微灌系统每天运行的小时数，一般为 $12 \sim 20h$，对于固定式系统应不低于 16h；

T——灌水周期，d；

t——与设计净灌水定额相应的灌水延续时间，h。

3. 微灌系统流量计算

(1) 一条毛管的进口流量：

$$Q_{毛} = \sum_{i=1}^{n} q_i \qquad (6-8)$$

式中 $Q_{毛}$——毛管进口流量，L/h；

    q_i——第 i 个灌水器或出水口的流量，L/h；

    n——毛管上灌水器或出水口的数目。

（2）支管流量确定。支管的流量计算一般可按支管所属各毛管间进行续灌来考虑，这种情况下，任一支管段的流量应等于该支管段同时供水各毛管的流量之和。支管首端的流量为

$$Q_{支} = \sum_{i=1}^{n} Q_{毛i} \qquad (6-9)$$

式中 $Q_{支}$——支管首端的流量，L/h；

    $Q_{毛i}$——第 i 个毛管首端的流量，L/h；

    n——支管上安装毛管的数目。

（3）干管各段的流量计算。干管流量需分段推算。续灌情况下，任一干管段的流量应等于该干管段同时供水各支管的流量之和；轮灌情况下，同一干管段对不同轮灌组供水时，各组流量可能不相同，此时应选择各组流量的最大值作为干管段的设计流量。

4. 管道系统设计

（1）干管设计。干管是指从水源向田间支、毛管输送灌溉水的管道。干管的管径一般较大，灌溉地块较大时，还可分为总干管和各级分干管。干管设计的主要任务是根据轮灌组确定的系统流量选择适当的管材和管道直径。

1）干管管材的选择。微灌系统干管一般都选用塑料管材，可选用的管材有聚氯乙烯（PVC）管、聚乙烯（PE）管和聚丙烯（PP）管。干管管材的选择应考虑以下因素：

a. 根据系统压力，选用不同压力等级的塑料管。塑料管道的压力等级分为 0.25MPa、0.40MPa、0.63MPa、1.00MPa 和 1.25MPa。不同材质的塑料管的抗拉强度不同，因此同一压力等级，不同材质塑料管的壁厚也不相同。对于较大的灌溉工程或地形变化较大的山丘区灌溉工程，由于系统压力变化较大，应根据不同的压力分区选用不同压力等级的管材。

对于压力不大于 0.63MPa 的管道，以上 3 种塑料管均可使用，压力大于 0.63MPa 的管道，推荐使用聚氯乙烯（PVC）管材。

b. 考虑系统的安装以及管件的配套情况选用不同的塑料管材。聚氯乙烯（PVC）管材可选用扩口粘接和胶圈密封方式进行连接；高密度聚乙烯（HDPE）和聚丙烯（PP）管材，由于没有粘接材料，只能采用热熔对接或电熔连接，习惯采用的承插法连接方式其抗压能力较低，一般只在工作压力较低的情况使用；低密度聚乙烯（LDPE）管材只能使用专用管材进行连接。管道直径小于 20mm 时，可使用内插式密封管件，管道直径大于 20mm 时，由于施工安装和密封方面的问题，一般不选用内插式密封管件，而使用组合密封式管件。由于大口径密封式管件，结构复杂，体积和重量较大，价格相对较高，因而微灌中常用的低密度聚乙烯管材口径一般在 63mm 以下。

c. 考虑市场价格和运输距离选择适当的管材。塑料管道体积较大，重量轻，因而运输费用相对较大，在选择管材时，应就近选择适当管材，以降低费用。

2）干管管径的选择。干管的管径选择与投资造价及运行费用等密切相关。管径选择较大，其水头损失较小，所需水泵扬程降低，运行费用减少，但管网投资相应提高。管径选择较小，其水头损失较大，所需水泵扬程较大，运行费用增加，但管网的投资可减小。由于微灌系统年运行时数较少，运行费用相对较低，一般情况下，应根据系统的压力分区以及可选水泵的情况综合考虑，通过技术经济比较来选择干管直径。

（2）支管设计。微灌系统的支管是指连接干管与毛管的管道，它的作用是将干管中的水输送并分配给毛管，支管也是多孔出流管道，但其中的流量和管径要比毛管大得多，为降低工程造价，支管的管径可以逐渐变小，但变径的次数不宜过多，一般可变径2～3次。为了便于支管道的冲洗，最小支管径不应小于最大管径的一半。

微灌支管的管材，一般用掺炭黑的高压低密度聚乙烯半柔性管，管中的流速通常控制在2m/s之内。

支管的设计任务包括确定管径、管道长度及支管进口处的工作压力等。规划阶段选择的管道布置方案、管径和管道长度，要通过水力计算才能最后确定。

（3）毛管设计。微灌系统的毛管是指安装有灌水器的灌水管道，毛管从支管取水，再通过灌水器将灌溉水均匀地分配到作物的根部。毛管直径一般为10～25mm，一般采用耐老化的低密度或中密度聚乙烯管。由于微灌工程中毛管的用量相对较大，为降低工程造价，一般希望选用直径较小的毛管，滴灌工程中最常用的毛管直径为10～16mm。一般选用同一直径的毛管，中间不变径。

毛管设计的任务主要是确定灌水器的类型、毛管的直径和毛管的长度。对于一体化的滴灌毛管，可直接参照生产厂家提供的毛管技术参数进行选定；对于选用单个灌水器组装的灌水毛管，规划阶段选择的毛管直径和毛管长度，须在满足均匀灌水情况下经过水力计算最后确定。

5. 微灌系统的水力计算

微灌系统水力计算的任务是，在设计流量已确定的情况下，初选管径，计算各级管道水头损失，并在满足灌水器工作压力和设计灌水均匀度要求的前提下，合理确定各级管道的直径和长度，以及各级管道进口处的压力控制装置等。

微灌系统的干管主要作为输水管道，而支管属于多口分流管，管道中的水流是沿程变化的，故应按多口出流计算，其计算沿程水头损失的方法可参照喷灌管道水力计算部分。管道局部水头损失一般按沿程水头损失的10%～20%估算。管道总水头损失是沿程水头损失与局部水头损失之和。

为了实现均匀灌水，要求微灌单元内任意两个灌水器（滴头、微喷头等）的水头偏差不得大于灌水器工作压力的20%，相应的微灌单元（通常为一条支管所控制的面积）内灌水器（滴头、微喷头等）的流量差不超过10%，确保灌水均匀。

根据水力计算结果，最终确定各级管道的布置方案、管径、管长、流量和工作压力。

（1）管道沿程水头损失计算。管道系统的水力计算主要是计算管道的沿程水头损失以及弯头、三通、闸阀等的局部水头损失，其目的是合理选定各级管道的管径和确定系统设计扬程。不考虑多孔出流情况下的喷灌管道的沿程水头损失可采用式（6-10）计算：

$$h_f = fL \frac{Q^m}{d^b} \qquad\qquad (6-10)$$

式中 h_f——沿程水头损失，m；

f——摩擦系数，与管材有关；

L——管道长度，m；

Q——流量，L/h；

d——管道内径，mm；

m——与管材有关的流量指数；

b——与管材有关的管径指数。

各种管材摩擦系数、流量指数、管径指数可按表 6-4 选用。

表 6-4 **摩擦系数、流量指数、管径指数表**

管 材			摩擦系数	流量指数	管径指数
硬塑料管			0.464	1.770	4.770
微灌用聚乙烯管	$D>8$mm		0.505	1.750	4.750
	$D\leqslant8$mm	$Re>2320$	0.595	1.690	4.690
		$Re\leqslant2320$	1.750	1.000	4.000

注 1. D 为管道内径，Re 为雷诺数；

2. 微灌用聚乙烯管的摩擦系数值相应于水温 10℃，其他温度时应修正。

微灌系统中，支、毛管为等距、等量分流且末端无出流的多孔管道时，其沿程水头损失可近似按下式计算：

$$H_f = Fh_f \qquad\qquad (6-11)$$

式中 H_f——等距、等量分流多孔管沿程水头损失，m；

F——多口系数。

（2）局部水头损失计算。管道的局部水头损失可以采用下面的公式计算，当参数缺乏时，局部水头损失也可按沿程水头损失的一定比值估算，支管、毛管宜为 0.1～0.2。

$$h_j = \xi \frac{v^2}{2g} \qquad\qquad (6-12)$$

式中 h_j——局部水头损失，m；

ξ——局部阻力系数；

v——管道内水流的流速，m/s。

管道总水头损失等于沿程损失和局部水头损失之和。

6. 微灌系统设计水头

应在最不利轮灌组条件下，按式（6-13）计算：

$$H = Z_p - Z_b + h_0 + \sum h_f + \sum h_j \qquad\qquad (6-13)$$

式中 H——微灌系统设计水头，m；

Z_p——典型灌水小区管网进口的高程，m；

Z_b——水源的设计水位，m；

h_0——典型灌水小区进口设计水头，m；

$\sum h_f$——系统进口至典型灌水小区进口的管道沿程水头损失（含首部枢纽沿程水头损失），m；

$\sum h_j$——系统进口至典型灌水小区进口的管道与设备局部水头损失（含首部枢纽局部水头损失），m。

微灌管网应进行节点压力均衡计算，需要时，还应进行水锤压力验算及防护措施确定。

第二节 渗 灌

渗灌又称地下灌溉或浸润灌溉（如图6-28所示），是利用地下管道将灌溉水输入田间一定深度的渗水管道或鼠洞内，借助土壤毛细管作用湿润土壤的灌水方法。将滴灌管埋在地下作为渗灌管使用时，又称为地下滴灌。

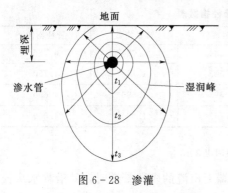

图6-28 渗灌

一、渗灌的优缺点

1. 优点

（1）灌水后土壤仍保持疏松状态，不破坏土壤结构，不产生土壤表面板结，为作物能提供良好的土壤水分状况；

（2）地表土壤湿度低，可减少地面蒸发；

（3）灌水量省，灌水效率高；

（4）能减少杂草生长和植物病虫害；

（5）渗灌系统流量小，压力低，故可减少动力消耗，节约能源；

（6）管道埋入地下，可减少占地，便于交通和田间作业，可同时进行灌水和农事活动。

2. 缺点

（1）表层土壤湿度较差，不利于作物种子发芽和幼苗生长，也不利于浅根作物生长；

（2）管理维修困难，一旦管道堵塞或破坏，难以检查和修理；

（3）易产生深层渗漏，特别对透水性较强的轻质土壤，更容易产生渗漏损失。

应加强专用渗管及配件设备研制和渗管主要技术参数及工艺攻关问题。具体包括用塑料管打孔的孔径及工艺工具、孔距及孔径的合理组合、1m流量确定、渗灌管进口工作压力的确定、渗灌管管径及变径管组合、渗灌管间距的确定、渗灌管的适宜埋深及防止渗漏措施、渗灌管堵塞机理与防治及延长使用寿命的研究。

二、渗灌系统的组成

1. 渗灌系统的组成

渗灌系统一般由水源工程、首部枢纽、输水部分和渗水器4部分组成。其水源工程和首部枢纽基本上与微灌系统的相似。输水部分的作用是，与水源工程相连接，并将灌溉水输送到田间的渗水器，它的结构可以采用明渠，也可以采用暗渠或地埋暗管。渗水器埋设在地下，是渗灌系统的主要灌水部件。

按向渗水器供水方式的不同，可把渗水器划分为有压和无压两种形式。在有压情况下，渗水器内充满水，呈压力流状态。灌溉水通过有压渗水器进入土壤，不完全依靠土壤的吸水作用，而主要是依赖渗水器中的压力水头（0.2～0.5m 以上）向土层内扩散，其湿润范围较大。在无压情况下，渗水器中水深一般为其管径的 1/2～1/3，呈明渠水流状态，灌溉水向土壤中扩散主要靠土壤毛细管作用和土壤与作物根系的吸水能力，湿润范围较小。

2. 渗水器的种类

渗水器种类繁多，有陶土管、灰土管、瓦管、混凝土管和塑料管等，利用管壁的透水孔和管道接缝缝隙渗水，也可制作成多孔透水管。

采用塑料管作地下渗水管，可降低造价，并便于机械施工。塑料渗水管出水孔可在塑料管生产过程中直接加工成形，管径一般为 2～6cm。近年来又有用塑料加发泡剂和成型剂混合后挤出成型的渗水管，其管壁上形成有无数个泡状微孔，当系统供水时，水沿泡孔状的管壁渗出或沿管壁均匀流出极细的水流进入土壤。还有利用废旧轮胎回收的橡胶和特殊的添加剂，经特殊加工工艺制成的新型渗水管，其管壁上分布有许多看不见的透水微孔，在 0.1～0.2MPa 压力下，水便从透水微孔中渗出（俗称发汗），湿润周围土壤。也有用波纹塑料管和滴灌毛管埋在地下作渗灌管进行渗灌试验的，效果也都比较好。

三、渗灌的技术要素

渗灌的技术要素主要包括管道的埋设深度（简称"埋深"）、灌水定额、工作压力以及间距、长度和坡度等。

1. 渗水管的埋深

渗水管的埋深主要取决于土壤性质、作物种类和耕作情况及冻土层深度等因素，应使灌溉水能借毛细管作用上升湿润表层土壤，而深层渗漏又最小。不同土质的渗水管适宜埋深不同，壤土为 50cm，黏土为 45cm，砂土为 40cm。依各种作物根系的要求，棉花主根系分布在 45～65cm，故渗水管埋深以 40cm 为宜；葡萄和果树等根系分布较深，渗水管宜埋深为 40～50cm。依机耕要求，渗水管埋深一般应在 40cm 以下，以免被深耕机具工作时破坏。

2. 渗灌的灌水定额

渗灌的灌水定额主要取决于土壤性质和计划湿润土层深度，一般应使相邻两条渗水管间的土层得到足够的湿润，而又不发生深层渗漏为准。

3. 渗水管的工作压力

渗水管有压供水时，管道长度和间距大，土壤湿润速度快，管理方便。因此，一般都采用有压供水方式，但压力不可过大，以免引起深层渗漏或水流溢出地面。一般渗水管的工作压力（压力水头）以控制在 0.4～0.2m 为宜。

4. 渗水管的间距

渗水管的间距主要取决于作物行距、土质和供水压力，也与管径和埋深有关，并应满足土壤湿润均匀的要求，对密植作物应使相邻两条渗水管道的湿润曲线有一定的重叠。一般砂性土中的管距较小，大约为 1.5m；壤土和黏性土中的管距较大，一般为 2.0m 左右。有压渗水管间距可达 2～4m，无压渗水管间距一般为 2～3m。若渗水管下有不透水层时，管距可加大。管径大，供水流量大时，管距亦应加大。

5. 渗水管的长度和坡度

适宜的渗水管长度应使渗水管首尾两端土壤湿润均匀，而渗漏损失最小。它与渗水管的坡度、供水压力、流量大小和渗水情况等有关。目前我国采用的渗水管长度，无压供水时为 50～80m，有压供水时为 80～120m。

渗水管的坡度应基本上与地面坡度保持一致。无压供水时适宜的渗水管坡度为 0.001～0.004；有压供水时，要视地面坡度而定，但要保证沿渗水管长度上各点的土壤湿润均匀，且各点的水流不致溢出地面。

第三节 覆 膜 灌 溉

一、地膜覆盖保墒技术

（一）地膜覆盖技术的产生和发展

塑料薄膜地面覆盖，简称地膜覆盖，是利用厚度为 0.01～0.02mm 聚乙烯或聚氯乙烯薄膜覆盖于地表面或近地面表层的一种栽培方式。它是当代农业生产中比较简单有效的节水、增产措施，已被很多国家广泛应用。日本首先于 1948 年开始对地膜覆盖栽培技术进行研究，1955 年开始在全国推广这一技术。法国、意大利、美国、苏联 20 世纪 60 年代开始应用。我国则于 1979 年由日本引进，现已在我国北方大面积推广应用。尤其在干旱地区的棉花、瓜果和蔬菜等经济作物的种植，都基本采用了地膜覆盖栽培技术。这是一项成功的农业增产技术，是我国六五期间在农业科技战线上应用作物种类多、适用范围广、增产幅度大的一项重大科技成果。粮食作物地膜覆盖栽培普遍增产 30％左右，经济作物增产达 20％～60％。地膜覆盖能改善作物耕层水、肥、气、热和生物等诸因素的关系，为作物生长发育创造良好的生态环境，已成为干旱地区农业节水增产的一项重要措施。由于覆盖增产的效益显著，因此除早春覆盖外，夏、秋季节也进行覆盖。保护地为了减少环境湿度，也不断地应用地膜覆盖技术。

（二）地膜覆盖的主要作用

1. 提高地温

土壤水分蒸发需要消耗热能，带走土体的热量，水的汽化热约为 2.5J/kg，即蒸发 1kg 水大约需要消耗 2.5J 的热能。地膜覆盖可抑制土壤水分蒸发，从而减少热量消耗。在北方和南方高寒地区，春季覆盖地膜，可提高地温 2～4℃，增加作物生长期的积温，促苗早发，延长作物生长时间。

2. 保墒与提墒

地膜覆盖的阻隔作用，使土壤水分垂直蒸发受到阻挡，迫使水分作横向蒸发和放射性蒸发（向开孔处移动），这样土壤水分的蒸发速度相对减缓，总蒸发量大幅度下降。同时，地膜覆盖后，切断了水分与大气交换通道，使大部分水分在膜下循环，因而土壤水分能较长时间储存于土壤中，这样就提高了土壤水分的利用率。这种作用的大小与覆盖度的大小密切相关，覆盖度越大，保墒效果越好。

在自然状况下，当土壤中无重力水存在时，出于土壤热梯度差的存在，使深层水分不断向上移动，并渐渐蒸发。地膜覆盖后，加大了热梯度的差异，促使水分上移量增加。又因土壤水分受地膜阻隔而不能散失于大气，就必然在膜下进行"小循环"，即凝结（液化）—汽化—凝结—汽化，这种能使下层土壤水分向上层移动的作用，称为提墒。提墒会促使耕层以下的水分向耕层转移，使耕层土壤水分增加 1%～4%。土壤深层水分逐渐向上层集积。在干旱地区，覆盖地膜后全生长期可节约用水 150～220mm。

地膜的相对不透水性对土壤虽然起了保墒作用，但也阻隔了雨水直接渗入土壤。一般来讲，地膜覆盖的农田降水径流量比露地土壤增高 10%左右，并且随地膜覆盖度的增加而增大。所以，在生产应用时，要根据农田坡度，通过覆盖度来协调径流与土壤渗水的矛盾，覆盖度一般不宜超过 80%。同时，地膜覆盖的方式多为条带状，两地膜之间有一定的露地面积。在这一部分土壤上，可用土垒横坡拦截雨水，使水慢慢渗入土壤，协调渗水与径流的矛盾；也可在露地部分覆盖秸秆，既可协调土壤温度，也可减少径流，增强土壤渗水。

3. 改善土壤理化性状

土壤表面覆盖地膜可防止雨滴的冲击。雨滴冲击可造成土壤表面板结，尤其是结构不良的土壤，几乎每一次降雨后，为不使土壤板结，都要进行中耕松土。这不仅增加了农业的投资，而且频繁的耕作和人、畜、机械的踏压必将破坏土壤结构。

地膜覆盖后即使土壤表面受到速度 9m/s 的雨滴冲击也无妨，因膜下的耕作层能较长期地保持整地时的疏松状态，有效地防止板结，有利于土壤水、气、热的协调，促进根系的发育，保护根系正常生长，增强根系的活力。

地膜覆盖减少了机械耕作及人、畜、田间作业的碾压和践踏，并且地膜覆盖下的土壤，因受增温和降温过程的影响，使水汽膨缩运动加剧。增温时，土壤颗粒间的水汽产生膨胀，致使颗粒间孔隙变大；降温时，又在收缩后的空隙内充满水汽，如此反复膨胀与收缩，必然有利于土壤疏松，容重减少，空隙度增大。

地膜覆盖可保墒增温，促进土壤中的有机质分解转化，增加土壤速效养分供给，有利于作物根系发育。

4. 提高光合作用

地膜覆盖可提高地面气温，增加地面的反射光和散射光，改善作物群体光热条件，提高下部叶片光合作用强度，为早熟、高产、优质创造了条件。

5. 减少耕层土壤盐分

地膜覆盖一方面阻止了土壤水分的垂直蒸发，另一方面由于膜内积存较多的热量，使土壤表层水分积集量加大，形成水蒸气从而抑制了盐分上升。据山西高粱地覆膜试验，覆膜区 0～5cm 土壤含盐量为 0.046%，不覆膜区为 0.204%，前者盐分比后者下降了77.4%。在 5～10cm 和 10～20cm 的土层中，覆膜区土壤含盐量则分别下降了 77.7%和 83.4%。

（三）地膜覆盖技术要点

1. 高垄栽培

传统的平畦或低畦覆盖地膜效应较差，对提高覆膜质量、防风、保苗、早熟高产都不利，因此地膜覆盖一般采用高垄或高畦覆膜栽培。高垄或高畦一般做成圆头形，地膜易与垄表面密贴，盖严压实，防风抗风，受光量大，蓄热多，增温快，地温高，土壤疏松透气，水、气、热、肥协调，为种子萌发、幼苗发根生长提供优越的条件。高垄地膜覆盖，土壤温度梯度加大，能促进土壤深层水分沿毛细管上升，供植物吸收利用，温暖湿润的土壤环境，加速了微生物的活性和土壤营养的矿化与释放进程。关于畦或垄的高度，因土坡质地和作物种类而有所不同。一般条件下，高 10～15cm 为宜。畦或垄过高则影响淌水，不利于水分横向渗透。

2. 选用早熟优质高产品种

地膜覆盖的综合环境生态效应能使多种农作物的生育期提前 10～20d。如以早熟、高效益为主要目的的各种蔬菜、西瓜、甜瓜、甜玉米等，地膜覆盖后会取得更加早熟的效果；改用中晚熟良种，使成熟期提前并获高产；以高产优质为栽培目的的棉花、玉米等，地膜覆盖后，提前有效生育期，由于增加了总积温和有效积温量，不仅能获得高产、优质，而且能为当地更换中晚熟高产良种提供必要的栽培条件。

3. 覆膜

覆膜的质量是地膜覆盖栽培增产大小的关键。畦沟或垄沟一般不覆盖地膜，留做接纳雨水和追肥、浇水等行间作业。铺膜前可喷除草剂消灭杂草。覆膜方式有两种：

（1）先覆膜后播种。是在整完地的基础上先覆膜，盖膜后再播种。这种方式的优点是能够按照覆盖栽培的要求严格操作，技术环节能得到保证，出苗后不需破膜放苗，不怕高温烫苗，有利于发挥地膜前期增温、保温、保墒等作用。缺点是插后播种孔遇雨容易板结，出苗缓慢，人工点播较费工，并且常因播种深浅不一、覆土不均匀，往往出苗不整齐或者缺苗断垄。

（2）先播种后覆膜。是在做好畦的基础上，先进行播种，然后覆盖地膜。这种方式的优点是能够保证播种时间的土壤水分，利于出苗，种子接触土壤紧密，播种时进度快，省工，利于机械化播种、覆膜。而且还可避免土壤遇雨板结而影响出苗。缺点是出苗后放苗和围土比较费工，放苗不及时容易出现烫苗。

以上两种方式各有利弊，应根据各地的劳力、气候、土壤等条件灵活掌握。

4. 水分管理

地膜覆盖能有效抑制土壤水分蒸发，是以保水为中心的抗旱保墒措施。地膜覆盖的水分管理特点是农作物生育前期要适当控水，保湿、蹲苗、促根下扎，为整个生育期健壮生长打好基础；生育中后期，作物植株高大，叶片繁密，蒸腾量加大，生长发育迅速，此时应及时灌水并结合追肥。地膜覆盖后，水分自毛细管上升到地表，田地膜阻隔多集中在地表面，地表以下常处于缺水状态，所以要根据土壤实际墒情和作物长相及时灌水。

在农作物整个生长期内，地膜覆盖栽培的浇水量一般要比露地减少 1/3 左右。由于地膜覆盖保持了土壤水分，作物生长期的浇水时间应适当推迟，浇水间隔时间应延长。中后期因枝叶繁茂，叶面蒸腾量大，耗水量加大，因此，要适当多浇灌水。浇灌水的方法是在沟中淌水，使水从膜下流入，也可从定植孔往下浇水。

5. 其他注意事项

（1）覆膜作物根系多分布于表层，对水肥较敏感，要加强水肥管理，防止早衰；

（2）作物生育阶段提早，田间管理措施也要相应提前；

（3）揭膜时间应根据作物的要求和南北方气候条件而定，南方春季气温回升快，多雨可早揭膜，而北方低温少雨地区则晚揭膜，甚至全生长期覆盖；

（4）作物收获后，应将残膜捡净，以免污染农田。

（四）覆膜保墒新技术

1. 秋覆膜技术

秋覆膜技术是秋季覆膜春季播种技术的简称。即在当年秋季或冬前雨后土壤含水量最高时，抢墒覆膜，第二年春季再种植作物的一项抗旱节水技术。秋覆膜技术以秋雨春用、春墒秋保为目的。秋覆膜与春覆膜种植相比，延长了地膜覆盖时间，保持了土壤水分，具有蓄秋墒、抗春旱、提地温和增强作物逆境成苗、促进增产增收等多种功效，是西北干旱地区一项十分有效的抗旱节水种植新技术。

2. 早春覆膜抗旱技术

早春覆膜抗旱技术是在当年春季 3 月上中旬，土壤解冻后，利用农闲季节，抢墒覆膜保墒，适期播种作物的一项抗旱种植技术。该技术与春覆膜种植相比，有以下 3 个方面的显著效果：

（1）增温。早春覆膜比播期覆膜早近 1 个月的时间，土壤增温快，积温增加多。

（2）增墒。早春覆在土壤化冻后立即覆膜，保住了土壤水分，减少了解冻至播期土壤水分的蒸发散失，同时把土壤深层水提到了耕层，为播种创造了良好的墒情条件。

（3）增产。早春覆膜比播期覆膜平均增产 10%～12%，水分利用率提高 5%～7%。

3. 地膜周年覆盖保水集水栽培技术

该技术要点是，在汛期结束、秋种之前进行深耕地，一次施足两季所需的全部肥料。整地后立即起高垄，喷除草剂，覆盖地膜。秋种时在垄沟内播种两行小麦，春天在垄上播种经济作物（如花生等），麦收时高留茬，麦收后灭茬盖沟。下一轮秋种时，实行沟垄换茬轮作。该项技术非常适合我国旱农地区。

周年覆盖栽培技术，在不增加成本的基础上，由于秋覆膜比春覆膜提早 6 个月盖膜且覆盖率达 75%以上，垄与沟形成一个小型集流区，使垄面降水向沟内集中，变无效雨为有效雨，小雨变大雨，减少水分蒸发 30%～50%，年集雨节水达 240mm，起到伏水春用、春旱秋抗的作用；同时，对于防止土壤板结、提高土壤养分供应、抑制盐分上升等也有明显作用。据潍坊市农技站试验，此种方法小麦平均增产 30%，套种的地膜花生增产15%～30%。

4. 全膜双垄沟播技术

双垄面全膜覆盖集雨沟播种植技术是在起垄时形成两个大小弓形垄面，小垄宽 40cm、高 15cm，大垄宽 70～80cm、高 10cm，大小垄中间为播种沟，起垄后用 120～130cm、厚度为 0.008cm 地膜全地面覆盖，膜间不留空隙，沟内按株距打孔点播，大小垄面形成微型集雨面，充分接纳降水和保墒。

该技术主要优点：一是起垄覆膜后形成集雨面和种植沟，使垄沟两部分降水叠加于种植沟，使微雨变成大雨，就地从种植孔渗入作物根部，使作物种植区水分增加一半以上；二是全面覆盖地面，切断了土壤与大气的交换通道，最大限度地抑制了土壤表面水分的无效蒸发损失，从而降低了土壤蒸发量，将降水保蓄在土壤中，供作物生长利用，达到雨水高效利用的目的；三是由于全膜覆盖，白天地面升温快，晚间温度下降缓慢，适宜幼苗前期对温度高的需求，使玉米出苗早、苗齐、苗壮，出苗后生长迅速，生育进程加快，前期比常规覆膜生育期提前一个生育进程。

全膜双垄沟播技术，同普通的地膜覆盖相比，在覆盖方式上由半膜覆盖变为全膜覆盖，在种植方式上由平铺穴播变为沟垄种植，在覆盖时间上由播种时覆膜变为秋覆膜或顶凌覆膜，从而形成了集地膜集雨、覆盖抑蒸、垄沟种植为一体的抗旱保墒新技术。该技术在我国北方干旱地区具有很大的推广价值。

二、覆膜灌溉类型及技术特点

覆膜灌溉技术是伴随地膜覆盖保墒技术发展，结合传统地面沟灌、畦灌所发展的新型地面节水灌水技术。包括膜侧沟灌、膜下沟灌和膜上灌等类型。

（一）膜侧沟灌

地膜覆盖的传统灌溉方法是膜侧沟灌技术，如图6-29所示。膜侧沟灌是指在灌水沟

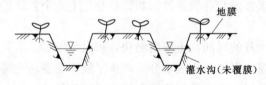

图6-29　膜侧沟灌

垄背部位铺膜，灌水沟仍裸露，灌溉水流在膜侧的灌水沟中流动，并通过膜侧入渗到作物根系区的土壤内。膜侧沟灌灌水技术要素与传统的沟灌相同。这种灌水技术适合于垄背窄膜覆盖，一般膜宽70～90cm。膜侧沟灌技术主要用于条播作物和蔬菜。该技术虽说能增加垄背部位种植作物根系的土壤温度和湿度，但灌水均匀度和田间水有效利用率与传统沟灌基本相同，没有多大改进，且裸沟土壤水分蒸发量较大。

（二）膜下沟灌

在两行作物之间的灌水沟上覆盖一层塑料薄膜，在膜下架设竹皮或钢丝小拱，沟中浇水，形成封闭的灌水沟。其优点是简便易行，投入少，节水效果比较显著，比传统畦灌节水30％左右，减少病虫害，节省用药费用，增产超过10％，操作简单，是目前大棚、日光温室主要应用的方法，而且应用面积也相当大。其入沟流量、灌水技术要素、田间水有效利用率和灌水均匀度与传统的沟灌相同。

膜下沟灌的技术根据种植习惯，可选用以下方式：

（1）起垄栽培，一般垄高10～15cm。每垄的畦面上可以种植两行蔬菜，两行之间留一个浅沟，把膜铺在畦面上，两边压紧，浇水在膜下的浅沟内走水。把植株定植在垄上。另一种垄栽方式是每垄栽一行，这时可以把膜覆盖在两个垄上，灌溉时在膜下的垄沟内走水。

（2）挖定植沟栽培。在定植沟内栽两行蔬菜，定植后把膜铺在定植沟上，以后在膜下浇水。

无论以上哪种盖膜方式，都要选择好膜的宽度。

（三）膜上灌

膜上灌也称膜孔灌溉，是在膜侧灌溉的基础上，改垄背铺膜为沟（畦）中铺膜，使灌溉水流在膜上流动，通过作物放苗孔或专用灌水孔渗入到作物根部的土壤中。实践证明，膜上灌是一种投资少、节水增产效果好、简便易行的节水灌溉新技术。

1. 开沟扶埂膜上灌

开沟扶埂膜上灌是膜上灌最早的应用形式之一，如图 6-30 所示。它是在铺好地膜的膜床两侧用开沟器开沟，并在膜侧堆出小土埂，以避免水流流到地膜以外去。一般畦长为 80～

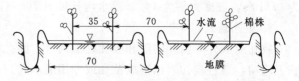

图 6-30　开沟扶埂膜上灌（单位：cm）

120m，单宽入膜流量 0.6～1.0L/s，埂高 10～15cm，沟深 35～45cm。这种类型因膜床土埂低矮，膜床上的水流容易穿透土埂或漫过土埂进入灌水沟内，所以推广中采用较少。

2. 打埂膜上灌

打埂膜上灌技术是将原来使用的铺膜机前的平土板，改装成打埂器，刮出地表 5～8cm 厚的土层，在畦田侧向构筑成高 20～30cm 的畦埂。其畦田宽 0.9～3.5m，膜宽 0.7～1.8m。根据作物栽培的需要，铺膜形式可分为单膜（图 6-31）或双膜（图 6-32）。对于单膜，膜两侧各有 10cm 宽渗水带；对于双膜，中间或膜两边各有 10cm 宽的渗水带。这种膜上灌技术，畦面低于原田面，灌溉时水不易外溢和穿透畦埂，故入膜流量可加大到 5L/s 以上。膜缝渗水带可以补充供水不足。目前这种膜上灌形式应用较多，主要用于棉花和小麦田上。双膜或宽膜的膜畦灌溉，要求田面平整程度较高，以增加横向和纵向的灌水均匀度。

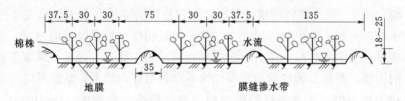

图 6-31　打埂膜上灌（单膜）（单位：cm）

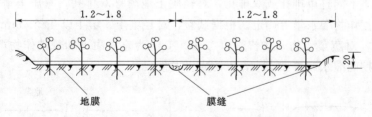

图 6-32　打埂膜上灌（双膜）（单位：cm）

此外，还有一种浅沟膜上灌，它是在麦田套种棉花并铺膜的一种膜上灌形式。这种膜上灌技术在确定地膜宽度时，要根据麦棉套种所采用的种植方式和行距大小确定，同时还应加上两边膜侧各留出的 5cm 宽度，以作为用土压膜之用，如图 6-33 所示。如河南商丘地区试验田麦棉套种膜上灌采用的"三一式套种法"，即种植三行小麦，一行棉花，1m 一条带，小麦行距 0.33m，棉花播种采用点播，株距 0.5m，每穴双株，膜宽 35cm，播种时铺膜，膜边则用土压实，并将土堆成小垄 5～8cm 高，小麦收割后，再培土至垄高 10～15cm，这就形成了以塑料薄膜为底的输水和渗水垄沟。这种膜上灌的适宜入膜流量为 0.6L/s，坡度大约为 1%，灌水沟长度以 70～100m 比较适宜。

3. 膜孔灌溉

膜孔灌溉分为膜孔沟灌和膜孔畦灌两种。膜孔灌溉也称膜孔渗灌，它是指灌溉水流在膜上流动，通过膜孔（作物放苗孔或专用灌水孔）渗入到作物根部土壤中的灌溉方法。该灌水技术无膜缝和膜侧旁渗。

膜孔畦灌（图 6-34）的地膜两侧必须翘起 5cm 高，并嵌入土埂中。膜畦宽度根据地膜和种植作物的要求确定，双行种植一般采用宽 70～90cm 的地膜；3 行或 4 行种植一般采用 180cm 宽的地膜。作物需水完全依靠放苗孔和增加的渗水孔供给，入膜流量为 1～3L/s。该灌溉方法增加了灌水均匀度，节水效果好。膜孔畦灌一般适合棉花、玉米和高粱等条播作物。

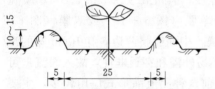

图 6-33 以塑料薄膜为底的输水沟
（单位：cm）

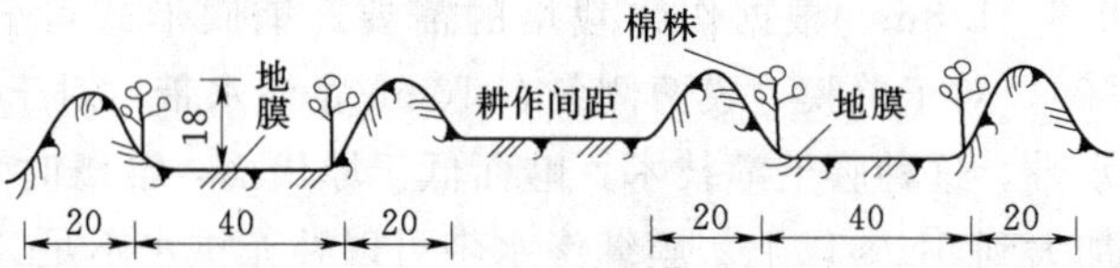

图 6-34 膜孔畦灌（单位：cm）

膜孔沟灌（图 6-35）是将地膜铺在沟底，作物禾苗种植在垄上，水流通过沟中地膜上的专用灌水孔渗入到土壤中，再通过毛细管作用浸润作物根系附近的土壤。这种技术对随水传播的病害有一定的防治作用。膜孔沟灌特别适用于甜瓜、西瓜、辣椒等易受水土传染病害威胁的作物。果树、葡萄和葫芦等作物可以种植在沟坡上，水流可以通过种在沟坡上的放苗孔浸润到土壤。灌水沟规格依作物而异。蔬菜一般沟深 30～40cm，沟距 80～120cm；西瓜和甜瓜的沟深为 40～50cm，上口宽 80～100cm，沟距 350～400cm。专用灌水孔可根据土质不同打单排孔或双排孔，对轻质土地膜打双排孔，重质土地膜打单排孔。孔径和孔距根据作物灌水量等确定。根据试验，对轻壤土、壤土以孔径 5mm、孔距 20cm 的单排孔为宜。对蔬菜作物入沟流量以 1～1.5L/s 为宜。甜瓜和辣椒作物严禁在高温季节和中午高温期间灌水或灌满沟水，以防病害发生。

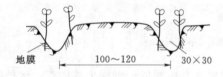

图 6-35 膜孔沟灌（单位：cm）

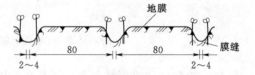

图 6-36 膜缝沟灌（单位：cm）

4. 膜缝灌

膜缝灌有以下几种类型。

（1）膜缝沟灌（图 6-36）。是对膜侧沟灌进行改进，将地膜铺在沟坡上，沟底两膜相会处留有 2～4cm 的窄缝，通过放苗孔和膜缝向作物供水。膜缝沟灌的沟长为 50m 左右。这种方法减少了垄背杂草和土壤水分的蒸发，多用于蔬菜，其节水增产效果都很好。

（2）膜缝（孔）畦灌（图 6-37）。是在畦田田面上铺两幅地膜，畦田宽度为稍大于 2 倍的地膜宽度，两幅地膜间留有 2～4cm 的窄缝。水流在膜上流动，通过膜缝和放苗孔向作物供水。入膜流量为 3～5L/s，畦长以 30～50m 为宜，要求土地平整。

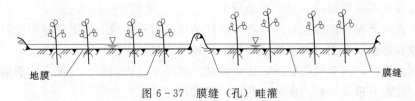

图 6-37 膜缝（孔）畦灌

（3）细流膜缝灌。是在普通地膜种植下，利用第一次灌水前追肥的机会，用机械将作物行间地膜轻轻划破，形成一条膜缝，并通过机械再将膜缝压成一条 U 形小沟。灌水时将水放入 U 形小沟内，水在沟中流动，同时渗入到土中，浸润作物，达到灌溉目的。它类似于膜缝沟灌，但入沟流量很小，一般流量控制在 0.5L/s 为宜，所以它又类似细流沟灌。细流膜缝沟灌适用于 1％以上的大坡度地形区。

5. 温室涌流膜孔沟灌

温室涌流膜孔沟灌系统（图 6-38）是由蓄水池、倒虹吸控制装置、多孔分水软管和膜孔沟灌组成的半自动化温室灌溉系统。其原理是灌溉小水流由进水口（一般是自来水）流到蓄水池中，当蓄水池的水面超过倒虹吸管时，倒虹吸管自动将蓄水池的水流输送到多孔出流配水管中，水流再通过多孔均匀出流软管均匀流到温室膜孔沟灌的每条灌水沟中。该系统不仅可以进行间歇灌溉，而且还可以进行施肥灌溉和温水灌溉，以提高地温和减少温室的空气湿度，并促进提高作物产量和防治病害的发生。该系统主要用于温室条播作物和花卉的灌溉，还可以用于基质无土栽培的营养液灌溉上。

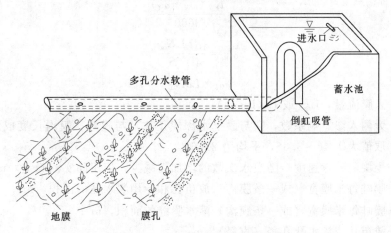

图 6-38 温室涌流膜孔沟灌系统

三、膜上灌技术要素

膜上灌是覆膜灌溉的主要类型，目前膜上灌技术多采用膜孔沟（畦）灌的形式。

（一）膜孔沟（畦）灌的技术要求

膜孔沟（畦）灌属于局部浸润灌溉，其主要的技术要求有以下几个方面：

（1）平整土地是保证膜孔灌水均匀、提高灌溉质量、节约灌溉用水的基本条件。因此，在播种和铺膜以前必须进行精细的平整土地工作，并清除树根和碎石，以免刺破塑料地膜。

（2）播前喷洒除草剂，防止生长杂草。

（3）膜孔灌溉需要铺膜、筑埂，在有条件的地区可采用膜上灌播种铺膜机，一次完成开畦、铺膜和播种；在北方井灌地区多用人工铺膜、筑埂。

（4）在灌溉时，还要加强管理，注意沟畦首尾灌水是否均匀、有无深层渗漏和尾部废泄水现象；控制好进入沟畦的流量，防止串灌和漫灌。

（5）膜孔沟畦一般要求地面有一定坡度，水流在坡度均匀的膜上流动，边流动边从放苗孔和增加的灌水孔渗入水量。沿程的入渗水量和灌水均匀程度与放苗孔和灌水孔的数目、孔口面积、土壤性质等有很大关系。因此，要根据具体情况在塑料地膜上适时适量地增加一些渗水孔，以保证首尾灌水均匀。

（二）膜孔沟（畦）灌的技术要素

为保证作物根系区土层中具有足够的渗水量，以满足作物生长对水分的需要，就必须根据不同的地形坡度、各种土质的膜孔渗吸速度和田间持水率等因素来确定膜孔沟（畦）灌溉的技术要素。其技术要素主要包括入膜流量、放水时间、改水成数、开孔（缝）率、膜孔布置形式和灌水历时等。

1. 入膜流量

入膜流量是指单位时间内进入膜沟或膜畦首端的水量。入膜流量的大小主要根据膜孔（缝）面积、土壤入渗速度、膜沟（畦）长度、地面坡度等确定。一般应根据田间实验资料确定入沟（畦）流量。无实测资料时，也可采用下式计算：

$$q = \frac{Kf(\overline{\omega}_k + \overline{\omega}_f)}{3600} \tag{6-14}$$

$$\overline{\omega}_k = \frac{\pi d^2}{4} \frac{LN_k}{S} \tag{6-15}$$

$$\overline{\omega}_f = LbN_f \tag{6-16}$$

式中　q——入膜流量，L/s 或 L/(h·m)；

K——旁侧入渗影响系数，它与膜上水深成正比，与膜畦、膜沟长度成反比，一般取值为 1.46～3.86，平均为 2.66；

f——土壤的入渗速度，随灌水次数的增加而减少，依田间实测确定，mm/h；

$\overline{\omega}_k$——膜畦每米膜宽（或一条膜沟）放苗孔和专用灌水孔的面积，m^2；

$\overline{\omega}_f$——膜畦每米膜宽（或一条膜沟）灌水膜缝的面积，m^2；

d——放苗孔或灌水孔孔径（直径），m；

L——膜沟（畦）长度，m；

N_k——膜畦每米膜宽（或一条膜沟）孔口排数；

S——沿膜畦、膜沟长度方向的膜孔间距，m；

b——膜缝宽度，m；

N_f——膜畦每米膜宽（或一条膜沟）的膜缝数量。

2. 放水时间

膜孔（缝）畦灌放水时间按下式计算：

$$t = \frac{mL}{3600q} \tag{6-17}$$

式中　t——膜孔（缝）畦灌放水时间，h；

　　　m——毛灌水定额，mm；

　　　L——膜畦长度，m；

　　　q——膜孔（缝）畦灌入膜流量，L/(s·m)。

膜孔（缝）沟灌放水时间按式（6-18）计算：

$$t = \frac{mLB}{3600q} \tag{6-18}$$

式中　t——膜孔（缝）沟灌放水时间，h；

　　　m——毛灌水定额，mm；

　　　L——膜畦长度，m；

　　　q——膜孔（缝）沟灌入膜流量，L/(s·m)。

3. 改水成数

一般对于坡度较平坦的膜孔（缝）灌改水成数为十成，对坡度较大的膜孔（缝）灌要考虑取改水成数为八成或九成。一般膜孔（缝）畦灌改水成数不小于七成，膜孔（缝）沟灌改水成数不小于八成。若有些膜孔（缝）灌溉达不到灌水定额时，则要考虑允许尾部泄水以延长灌水历时。

4. 开孔（缝）率

开孔（缝）率的多少直接影响灌水定额的大小，随着开孔（缝）率的增加，灌水定额也在增加，但当开孔（缝）率增加到一定程度时，灌水定额增加缓慢，逐渐接近于同等条件下的露地灌水定额。适宜的开孔（缝）率宜选 3%～5%，地面坡度大时取小值，坡度小时取大值。

5. 膜沟（畦）规格

膜沟（畦）宽度主要根据栽培作物的行距和薄膜宽度、耕作机具等要求确定。目前棉花和小麦的膜孔沟（畦）灌分单膜和双膜，地膜宽度一般为 120～180cm。畦宽一般不宜超过 4m，畦长宜选 40～240m。膜孔（缝）沟灌灌水沟形状与规格同沟灌，沟长不宜大于 300m。

膜孔沟（畦）灌的灌水质量主要用灌水均匀度和田间水有效利用率进行评价。由于膜孔沟（畦）灌的水流是通过膜孔渗入到作物根部的土壤中，与传统沟（畦）灌相比，降低了土壤的入渗强度和地面糙率，使水流的行进速度增加，减少了深层渗漏损失。根据试验研究表明，地面糙率系数随单位面积的孔口面积（开孔率）减少而减少。在地面坡度和灌水流量一定的情况下，膜孔沟（畦）灌的灌水均匀度是随开孔率的减小而增加。在地势平坦和无尾部泄水的情况下，其田间有效利用率可大大提高。孔口处覆土和不覆土，对孔口入渗也有很大影响，因此，在膜孔沟（畦）灌时要考虑膜孔的开孔率和膜孔覆土与不覆土对灌溉入渗的影响。

（三）膜孔（缝）灌技术应注意的问题

（1）膜孔（缝）灌是低灌水定额的局部灌溉，由于入渗强度的降低，灌溉时要特别注意满足灌水定额的要求。

（2）由于膜孔（缝）灌减少了作物棵间土壤蒸发，因此不能采用传统的灌溉制度，应根据实际土壤含水率，确定节水型的优化灌溉制度。

（3）膜孔（缝）灌溉改变了一些传统的作物栽培技术措施，因此要采取合理的施肥措施，以解决作物后期的需肥问题。

（4）膜孔（缝）宽畦灌时，必须做到田间横向要平整、纵向比要均匀，这样才能提高膜孔（缝）灌溉质量。

（5）目前农户灌溉配水，多为大水定时灌溉，一渠水限定时间灌完一户的田地，农户在指定的时间内，都力争多灌些。而膜孔（缝）灌溉是小水渗灌，渗水时间短则不能浸润足够的土壤，因此需要继续试验研究适合当地的膜孔（缝）灌溉配水制度。

（6）实行膜上灌以后揭膜回收只能在收获以后进行，由于浇水以后膜面上有淤泥覆盖，部分膜被埋入，造成地膜回收困难，少部分地膜残留在土壤中，对土壤造成污染。因此，应尽量采用可自行降解的地膜。另外，作物收割后，应及时回收残膜。

四、膜上灌技术应用效果

地膜覆盖灌溉的实质，是在地膜覆盖栽培技术基础上，不再另外增加投资，而利用地膜防渗并输送灌溉水流，同时又通过放苗孔，专门灌水孔或地膜幅间的窄缝等向土壤内渗水，以适时适量地供给作物所需要的水量，从而达到节水增产的目的。

如前节所述，在地膜覆盖灌水中，目前推广应用最普遍的类型是膜上灌水技术，尤其是膜孔沟灌和膜孔畦灌，其节水增产效果更为显著。膜上灌技术的突出效果主要表现在以下几个方面。

1. 节水效果突出

根据对膜孔沟灌的试验研究和对其他膜上灌技术的调查分析，与传统的地面沟（畦）灌技术相比较，一般可节水 30%～50%，最高可达 70%，节水效果显著。膜上灌之所以能节约灌溉水量，其主要原因如下：

（1）膜上灌的灌溉水是通过膜孔或膜缝渗入作物根系区土壤内的。因此，它的湿润范围仅局限在根系区域，其他部位仍处于原土壤水分状态。据测定，膜上灌的施水面积一般仅为传统沟（畦）灌灌水面积（为全部湿润灌溉）的 2%～3%，这样，灌溉水就被作物充分而有效地利用，所以水的利用率相当高。

（2）由于膜上灌水流是在膜上流动，于是就降低了沟（畦）田面上的糙率，促使膜上水流推进速度加快，从而减少了深层渗漏水量；铺膜还完全阻止了作物植株之间的土壤蒸发损失，增强了土壤的保墒作用。所以，膜上灌比传统沟（畦）灌及膜侧沟灌的田间水有效利用率高，在同样自然条件和农业生产条件下，作物的灌水定额和灌溉定额都有较大的减少。例如，新疆巴州尉力县棉花膜上灌示范田，灌溉定额仅 $62.5 \mathrm{m}^3/$亩，灌水 3 次，分别为 $22.4 \mathrm{m}^3/$亩、$22.1 \mathrm{m}^3/$亩和 $18.0 \mathrm{m}^3/$亩，而采用常规沟灌，灌溉定额为 $104.7 \mathrm{m}^3/$亩，两者相比，膜上灌每亩节水 $42.2 \mathrm{m}^3$，节水 40.3%。

2. 灌水质量明显提高

根据试验与调查研究，膜上灌与传统沟（畦）灌相比较。其灌水质量的提高主要表现在以下两个方面：

（1）在灌水均匀度方面。膜上灌不仅可以提高地膜覆盖沿沟（畦）长度纵方向的灌水均匀度和湿润土壤的均匀度，同时也可以提高地膜沟（畦）横断面方向上的灌水均匀度和湿润土壤的均匀度，这是因为膜上灌可以通过增开或封堵灌水孔的方法来消除沟（畦）首尾或其他部位处进水量的大小，以调整和控制灌水孔数目对灌水均匀度的影响。

（2）在土壤结构方面。由于膜上灌水流是在地膜上流动或存储，因此不会冲刷膜下土壤表面，也不会破坏土壤结构；而通过放苗孔和灌水孔向土壤内渗水，就又可以保持土坡疏松，不致使土壤产生板结。据观测，膜上灌灌水四次后测得的土壤干容重为 1.49 g/cm^2，比第一次灌水前测得的土壤干容重 $1.41g/cm^3$，仅增加不到 6%，而传统地面沟（畦）灌灌溉后土壤干容重达到 $1.6g/cm^3$，比灌前增加了 14%。

3. 作物生态环境得到改善

地膜覆盖栽培技术与膜上灌灌水技术相结合，改变了传统的农业栽培技术和耕作方式，也改善了田间土壤水、肥、气、热等土壤肥力状况的作物生态环境。

膜上灌对作物生态环境的影响主要表现在地膜的增湿热效应。由于作物生育期内田面均被地膜覆盖，膜下土壤白天积蓄热量，晚上则散热较少，而膜下的土壤水分又增大了土壤的热容量。因此，导致地温提高而且还相当稳定。据观测，采用膜上灌可以使作物苗期地温平均提高 1~1.5℃，作物全生育期的土壤积温也有增加，从而促进了作物根系对养分的吸收和作物的生长发育，并使作物提前成熟。一般粮棉等大田作物可提前 7~15d 成熟，蔬菜可提前上市，如辣椒可提前 20d 左右上市。

此外，膜上灌不会冲刷表土，又减少了深层渗漏，从而就可以大大减少土壤肥料的流失。再加上土壤结构疏松，保持有良好的土壤通气性。因此，采用膜上灌水技术为提高土壤肥力创造了有利条件。

4. 增产效益显著

由于膜上灌是通过膜孔（缝）等进行灌溉的，容易按照作物需水规律适时适量地进行灌水，为作物提供了适宜的土壤水分条件，并改善了作物的水、肥、气、热的供应和生态环境，从而促使作物出苗率高，根系发育健壮，生长发育良好，增产效果显著。例如，新疆尉犁县膜上灌棉花，在同样条件下单产皮棉为 112.78kg/亩，常规沟灌皮棉则为 107.29kg/亩，增产 5.12%；而且霜前花增加 15%。新疆昌吉市玉米膜上灌为 725kg/亩，常规沟灌玉米为 447.5kg/亩，增产了 62.01%。新疆乌鲁木齐河灌溉站膜上灌啤酒花亩产 873kg/亩，比常规灌溉增产 22kg/亩。新疆乌鲁木齐县安宁渠灌区膜上灌豆荚比常规灌溉豆荚增产 200kg/亩以上，辣椒增产达 1000kg/亩以上。

第七章 管道输水灌溉

由水泵加压或自然落差形成的有压水流，通过管道输送到田间给水装置，田间采用地面灌溉的工程，称为管道输水灌溉工程。其管道设计工作压力一般不宜超过1.0MPa。管道输水灌溉简称"管灌"，是近年来在我国迅速发展起来的一种节水型地面灌溉技术，是以管道代替渠道输配水的一种工程形式。灌水时通过压力管道系统，把水输送到田间，灌溉农田，以满足作物的需水要求。因此，在输、配水上，它是以管网来代替明渠输配水系统的一种农田水利工程形式，而在田间灌水上，通常采用畦灌、沟灌、"小白龙"灌溉等灌水方法。目前主要用于输配水系统层次少（一级或二级）的小型灌区（特别是井灌区），也可用于输配水系统层次多的大型灌区的田间配水系统。

一、管道输水灌溉系统的组成与类型

1. 管道输水灌溉系统组成

管道输水灌溉系统（图7-1）是指通过管道将水从水源输送到田间进行灌溉的各级管道及附属设施组成的系统，根据各部分承担的功能不同，主要由水源（如机井等）、首部枢纽、输水系统、田间灌水系统、附属建筑物和装置等部分组成。

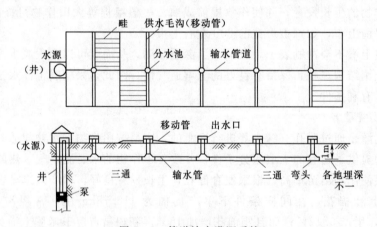

图 7-1 管道输水灌溉系统

（1）水源。管道输水灌溉的水源主要有井、泉、河、渠、水库、湖泊、塘坝以及渠沟等。水源的水质要符合灌溉用水要求。与明渠灌水系统比较，管道输水灌溉系统更应注意水质，水中不得含有大量污脏、杂草和泥沙等易于堵塞管网的物质。目前我国管道输水灌溉系统以平原井灌区为重点，水质较好，但引河、渠水时，要特别注意沉沙和排淤问题。在自流灌区或大中型抽水灌区以及灌溉水中含有大量杂质的地区建设管道输水灌溉系统，引水取水必须设置拦污栅、沉淀池或水质净化处理等设施。

（2）首部枢纽。首部枢纽的作用是从水源取水，并进行处理，使水量、水压、水质3

个方面符合管道系统与灌溉的要求。在水源有自然落差的地方，应尽量选用自压管灌系统形式，以节省投资；无自然落差的地方，为使灌溉水具有一定压力，一般是用水泵机组（包括水泵、动力机、传动设备）来加压。可根据用水量和扬程的大小，选择适宜的水泵类型和型号。如离心泵、潜水泵、深井泵等。用于同水泵配套的动力设备有电动机与内燃机（包括柴油机和汽油机），应按照已选择的水泵型号及铭牌规定的功率选配。为使水质能达到要求，含有大量杂质、污物的灌区，须设置拦污栅、沉淀地或水质净化处理等设施。为使用水更合理，还应设量水设施。

（3）输水系统。输水系统是由输水管道、管件（三通、四通、弯头和变径接头等）连接成的输水通道。在灌溉面积较大的灌区，输配水管网主要由干管、支管等多级管道组成；在灌溉面积较小的灌区，一般只有单级管道输水和灌水。输水管道按材料不同主要有混凝土管、缸瓦管、水泥砂土管、石棉水泥管、塑料管和一些当地材料等。输配水管网的最末一级管道，可采用固定式地埋管，也可采用地面移动管道。地面移动管道管材目前我国主要选用薄塑软管、涂塑布管，也有采用造价较高的硬塑管、锦纶管、尼龙管和铝合金管等管材。

（4）田间灌水系统。管道输水灌溉系统的田间灌水系统可采用以下 4 种形式：

1）采用田间灌水管网输水和配水，应用地面移动管道来代替田间毛渠和输水垄沟，并运用退管灌法在农田内进行灌水，即俗称"小白龙"灌溉。这种方式输水损失最小，可避免田间灌水时灌溉水的浪费，而且管理运用方便，也不占地，不影响耕作和田间管理。但需要人工拖动管道。

2）田间输水垄沟部分采用地面移动管道输、配水，而农田内部灌水时仍采用常规畦、沟灌等地面灌水方法。因无需购置大量的田间灌地用软管，因此投资可大为减少。田间移动管可用闸孔管道、虹吸管或一般引水管等，向畦、沟放水或配水。

3）采用田间输水垄沟输水和配水，并在农田内部应用常规畦、沟灌等地面灌水方法进行灌水。这种方式仍要产生部分田间输配水损失，不可避免地还要产生田间灌水的无益损耗和浪费，劳动强度大，田间灌水工作也困难，而且输水沟还要占用农田。

4）田间输水垄沟采用地面移动管道输、配水或直接采用田间输水垄沟输水和配水，而农田内部采用波涌流灌溉，波涌流灌溉可采用人工方式，也可采用自动涌流灌溉装置，提高田间水利用率。

（5）附属建筑物和装置。由于管道输水灌溉系统一般都有 2～3 级地埋固定管道，因此必须设置各种类型的管道输水灌溉系统建筑物或装置。依建筑物或装置在管道输水灌溉系统中所发挥的作用不同，可把它们划分为以下 9 种类型：

1）引水取水枢纽建筑物：包括进水闸门或闸阀、拦污栅、沉淀池或其他净化处理建筑物等；

2）分水配水建筑物：包括干管向支管、支管向各农管分水配水用的闸门或闸阀；

3）控制建筑物：如各级管道上为控制水位或流量所设置的闸门或阀门；

4）量测建筑物：包括量测管道流量和水量的装置或水表，量测水压的压力表等；

5）保护装置：为防止水泵突然关闭或其他事故等发生水击或水压过高或产生负压等致使管道变形、弯曲、破裂、吸扁等现象，以及为管道开始进水时向外排气，泄水时向内补气等，通常均需在管道首部或管道适当位置处设置通气孔和排气阀、减压装置或安全阀等；

6）泄退水建筑物：为防止管道在冬季被冻裂，而在冬季结冻前将管道内余水退净泄空所设置的闸门或阀门；

7）交叉建筑物：管道若与路、渠、沟等建筑物相交叉，则需设置虹吸管、倒虹吸管或有压涵管等；

8）田间出水口和给水栓：由地埋输配水暗管向田间畦、沟配水的给水装置，灌溉水流出地面处应设置竖管、出水口；如能连接下一级田间移动管道的，则称给水栓；

9）管道附件及连通建筑物：管道附件主要采用三通、四通、变径接头、同径接头以及为连通管道所需设置的井式建筑物；

10）自动波涌流灌溉装置。

2. 管道输水灌溉系统类型

（1）根据各组成部分的可移动程度分类。

1）固定式管道输水灌溉系统。管道输水灌溉系统的所有各组成部分在整个灌溉季节，甚至常年都固定不动，水借助输水系统进行农田灌溉，该系统的各级管道通常为地埋管。固定式管道输水灌溉系统只能固定在一处使用，故需要管材量大，设备利用率低，单位面积投资高但使用方便。可用于经济发展水平较高，灌水频繁、价值高的作物的灌溉。

2）移动式管道输水灌溉系统。除水源外，引水取水枢纽和各级管道等各组成部分均可移动。它们可在灌溉季节中轮流在不同地块上使用，非灌溉季节时则集中收藏保管。设备利用率高，单位面积投资低，效益较高，适应性较强，使用灵活方便，但劳动强度大，若管理运用不当，设备易损坏。其管道多采用地面移动管道。

3）半固定式管道输水灌溉系统，又称半移动式管道输水灌溉系统。系统的组成一部分固定，一部分是可移动的。常见的是系统的引水取水枢纽和干管或干、支管为固定的地埋暗管；而末级其他管道如配水管道，支管、农管或仅农管可移动。这种系统具有固定式和移动式两类管道输水灌溉系统的特点，是目前渠灌区管道输水灌溉系统使用最广泛的类型。由于其枢纽和干管笨重，固定它们可以减低移动的劳动强度，而配水管道一般较轻，但所占投资比例较大，所以使其移动相对劳动强度不大，又可节省投资。

（2）按获得压力的来源分类。根据管网中水压力提供方式的不同，管道输水灌溉系统可分为3种类型：

1）机压管道输水灌溉系统。当水源的水面高程低于灌区的地面高程，或虽略高一些但不足以提供灌区进行灌溉所需要的压力时，可通过水泵加压获得管道输水灌溉所需要的压力，实现管网配水和田间灌水，称为机压管灌系统。机压管灌系统由于增设了提水加压设备，致使工程造价提高，而且，需要给水泵机组提供动力，需消耗能量，故运行管理费用较高。井灌区和提水灌区的管道输水灌溉系统常采用此种类型。

2）自压管道输水灌溉系统。当灌区有较高位置的水源（如水库、塘坝、渠道、蓄水池等）时，即水源的水面高程高于灌区地面高程，则可利用地形落差所形成的自然水头，用压力管道引到灌区，获得管道输水灌溉所需要的压力，实现管网配水和田间灌水，称为自压管灌系统。自压管灌系统不用加压设备，工程投资少，见效快，节省能源，运行成本低，特别适宜在引水自流灌区、水库自流灌区和大型提水灌区内田间工程应用。在有地形条件可利用的地方均应首先考虑采用自压式管道输水灌溉系统。

3）机压提水自压管道输水灌溉系统。水源水面高程较低，电力供应与作物需水时间不能统一时，为了避开用电高峰期，或因水源来水与作物需水时间不能统一，需要集蓄水量，常在灌区的上部修建蓄水池，用电低谷或下部水源有水时，用水泵将水提至蓄水池内集蓄，作物灌溉时，利用上部蓄水池中的水进行自压管灌，称为机压提水自压管灌系统。该种方式适用于缺水或电力紧张的山丘区灌区。

（3）按管网布置形式不同分类。管网的基本形状有环状和树枝状两种：

1）环状管网：某一级管网形成环状，如图 7-2 所示，这样可以使管网压力分布均匀，保证率较高，在环状管道有部分损坏时，管网大部分仍可正常供水。但一般情况下会增加管道的总长度而使投资增加。

2）树枝状管网：管网的基本形状常用树枝状管网，管网逐级向下分枝配水，呈树枝的形状，如图 7-3 所示。管网中，如果上一级管道损坏，则所有下级管道将无法供水。但这种管网的管道总长度一般较短，因此现在大多数管道输水灌溉系统常采用这种管网。

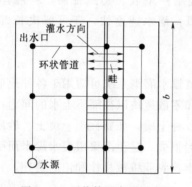

图 7-2 环状管网布置示意图

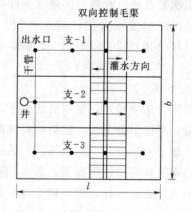

图 7-3 树枝状管网布置示意图

目前，我国单井、群井汇流灌区和规模小的提水灌区及部分小型塘坝自流灌区多采用移动式管道输水灌溉系统，其管网采用一级或两级地面移动的塑料软管或硬管。面积较大的群井联用灌区、抽水灌区以及水库灌区与自流灌区主要采用半固定式管道输水灌溉系统，其固定管道多为地埋暗管，田间灌水则采用地面移动软管。

二、管道输水灌溉的优点

1. 节水

管道输水系统可以减少渗漏和蒸发损失，提高水的有效利用率。试验资料表明，采用管道输水，管道水的利用系数达 0.95～0.98。各地井灌区管道输水灌溉的实践表明，一般可比土渠输水节约水量 30% 左右，是一项有效的节水灌溉工程措施。

2. 输水快和省时、省力、节能

管道输水灌溉是在一定压力下进行的，一般比土渠输水流速大、输水快，供水及时，有利于提高灌水效率，适时供水，节约灌水劳力。用管道输水灌溉，比土渠输水多消耗一定能耗，但通过节水，提高水的有效利用率所减少的能耗，一般可节省能耗 20%～25%。如山东省龙口市某井灌区 490 亩，渠灌时轮灌周期为 15～20d，改用管道后，减至 7～10d，时间缩短近一半。再如某机井灌区进行对比试验，土渠灌溉 6 亩小麦，平均亩次耗电 10.5kW·h，改用软管灌溉后，耗电只有 5.8kW·h。据各地经验，一般可节省能耗 30%左右。

3. 减少土渠占地

以管代渠一般可比土渠减少占地 7%～13%左右，提高了土地利用率，对于我国土地资源紧缺、人均占有耕地不足 1.5 亩的现实来说，这是一个很大的社会和经济效益，其意义极为深远。同时，由于节水，可以大大扩大有效灌溉面积，对于水资源紧缺地区，特别是华北地区会产生很大的社会效益和经济效益。

4. 灌水及时促进增产增收

管道输水灌溉，输水速度快，缩短灌水周期和灌水时间，供水及时，故有利于适时适量及时灌水，更适宜作物用水需要；由于软管灌溉灌水均匀，可大量减少深层渗漏，避免水、肥流失，有利于作物吸收利用；同时，管灌减少了水量损失，不但可扩大灌溉面积或者增加灌水次数，还可改善田间灌水条件，从而有效地满足了作物生长的用水需要，促进作物增产，提高单位水量的产量、产值，实现增产增收。实践证明，一般年份可增产 15%，干旱年份增产 20%以上。管道输水灌溉，灌水速度快，还可解决长畦灌水难的问题。

5. 适应性强

由于采用管道化输水，使用灵活方便，管道输水灌溉系统可适用于各种地形，可以穿越沟路林渠，可以上坡下沟，能解决局部高地和零散地块以往灌不上水的问题；可适用于各种作物，如小麦、玉米、水稻等；可适用于各种土壤，如黏性土、壤土、砂质土等，如盐碱地区，在工程完好的情况下，基本没有渗漏损失，避免因渠道浸水渗水而引起的盐渍化和冷浸田等问题；另外，管道埋于地下，不影响农业机械耕作和田间管理，并减少了对交通的影响。

另外，采用管道输水，还便于管理便于机耕。

三、管道输水灌溉技术的发展

(一) 国外管灌技术发展概况

近些年来，世界上许多国家都在积极研究和推广管灌技术，把对灌区的技术改造、技术更新列为灌溉排水工作的重点，许多国家由明渠灌溉向管灌发展，采用田间输水暗管或地面移动软管灌溉系统，取得了显著的节水、节能效果。

美国早在 20 世纪 20 年代就在加利福尼亚州的图尔洛克灌区应用管道输水灌溉技术来代替地面明渠系统，主要做法是采用地面闸管系统和地下管道阀门系统。据美国 12 个州的统计，到 1984 年管道输水灌溉面积已发展到 646 万 hm^2，接近 12 个州地面灌溉面积的 50%。管网系统中，地下部分一般采用素混凝土地埋暗管阀门系统，地面移动管道通常采用改性聚乙烯软管或铝管的闸管系统，并采用快速接头与固定管道出水口连接。闸管一侧开有与灌水沟相对应的孔口，装有可控制流量的小阀门。混凝土管道一般采用现场浇筑。用于地面闸管系统的铝管，直径一般有 127mm、152mm、203mm 和 254mm 等，每节长

6m 或 9m，管壁厚 1.295mm。

再如苏联时期管灌发展速度较快，典型的（相当于农渠一级的）管网系统采用固定式的石棉水泥管或塑料硬管等地埋暗管，从架空的 U 形槽的斗渠通过虹吸管或管式放水口引水；毛渠利用移动式的或在灌溉季节固定的薄壁钢管、铝合金管或尼龙布涂橡胶的软管作为输水管道；输水垄沟则采用尼龙布涂橡胶的软管代替，软管上按沟距设置放水孔，用橡胶活塞开关控制用水。发展趋势是尽量采用地下固定式管道代替移动式软管；尽量采用耐久性能好的石棉水泥管、混凝土管和金属管（铝合金或薄壁钢）代替寿命较短的管。

日本灌溉输水系统已由部分管道输水向多级组合的完整的管道输水系统发展。目前，全国已有 30％左右的农田实现地下管道灌排，且管网的自动、半自动给水控制设备较完善，自动化程度较高。

以色列为干旱半干旱地区，有 300 万亩灌溉土地，90％以上实现了管道化，水的有效利用系数很高，全国主要水系已连接成统一水网。全国输水系统 1953 年开工，1964 年完工的。每年从北部太巴列湖抽水 3.2 亿 m^3，通过 2.7m 的大直径压力管道，以 $20m^3/s$ 的流量输送到以色列的南部。把各种地表水、地下水和回收水互相连通，实现了综合调节用水。1979 年，以色列灌溉用水量为 13.27 亿 m^3，灌溉面积为 348 万亩，每亩灌溉用水量仅 $381m^3$，是灌溉用水量最少的国家之一。

澳大利亚南部伦马克灌区，1975 年已改明渠为暗管，干、支管采用直径 1880mm 和 680mm 的钢筋混凝土管，其他各级管道采用直径 200～600mm 的石棉水泥管，节水 33％，减少年运行费 22％。

德国 1980 年设计出了"WARNOW-80"管道输水灌溉系统，试制生产出了"EDD"管道。罗马尼亚、保加利亚、匈牙利等国已普遍推广应用管道输水灌溉技术，管道输水灌溉系统的自动化程度已相当高。

（二）我国管道输水灌溉技术的发展

我国很早以前就运用了管道输水灌溉技术，但集中连片使用是在 20 世纪 50 年代以后，而地面软管输水灌溉技术（俗称"小白龙"）是 1979 年从国外引进的新技术。如江苏无锡的"三暗"工程（暗灌、暗降、暗排），从 1965 年开始试验，至 1987 年已建成灰土地埋暗管 3150km，管道输水灌溉面积 4 万 hm^2，占全县灌溉面积的 74.8％；河南温县在 20 世纪 70 年代，全县在 10 多万亩的井灌区实现了输水管道化。软管输水灌溉技术，在黑龙江省和山东省等地先后试验应用，这种地面移动式软管，在一些地区的临时抗旱中曾得到较大面积的推广应用，发挥了巨大作用。

进入 20 世纪七八十年代以来，我国北方一些地区连年干旱，地面与地下水资源日益紧张，水的供需矛盾日益突出，管道输水灌溉技术是一项行之有效的重要节水措施，因此，这项节水技术得到飞速发展。管道输水灌溉技术在我国"七五"期间被列入重点科技攻关项目，管道管材及配套装置的研制取得了一些成果；随着信息技术及计算机技术的发展，已研制出了基于计算机自动控制系统的管道灌溉技术。平原井灌区、渠灌区和提水灌区的管道输水灌溉技术得以广泛应用，推广面积约 520 万 hm^2。之后以井灌区为重点的管道输水灌溉技术得到迅速推广和应用。为了提高田间水利用率，田间可采用软管输水，尾端射流式灌水的"小白龙"灌溉方式。其特点是输水损失小，但灌水均匀度差、对畦田土壤冲刷严重、拖折磨损造成软管使用寿命降低，劳动强度大。为了实现定位供水、防止软管拖折磨损、减小劳动强度，采用软管分段灌溉，即灌溉时从末端逐段地向首端灌溉，从而实现逐个畦田放水灌溉模式，使灌水均匀度、灌溉水利用系数得到了提高。2003 年年底，全国管道输水灌溉面积达 448 万 hm²，覆盖全国 25 个省（自治区、直辖市），山东、河北、河南、山西 4 省管道输水灌溉面积占全国管道灌溉面积的 79.5%。到 2015 年年底，我国管道输水灌溉面积达 1.34 亿亩（891 万 hm²），管道灌溉技术在实践中得到了广泛的推广应用。由于管道灌溉系统投资省、节水效率高，经过多年的发展，已由北方旱作区向南方水田区、由井灌区向提水灌区、由平原区向丘陵山区发展，该技术发展方兴未艾，为缓解我国缺水地区农业用水矛盾、实现广大灌区农业可持续发展发挥了十分重要的作用。

四、管道输水灌溉工程规划设计

工程规划应收集掌握规划区地理位置、水文气象、水文地质、土壤、农业生产、社会经济以及地形地貌、工程现状等资料，了解当地水利工程运行管理水平，听取用户对管线布置、运行管理等方面的意愿，了解当地农业区划，合理进行水资源评价，做到工程规划与当地农田水利基本建设总体规划相适应，应将水源、泵站、输水管道系统及田间灌排工程作为一个整体统一规划，要做到技术先进、经济合理，做到因地制宜、统筹兼顾；规划中应进行多方案的技术经济比较，选择投资省、效益高、节水、节能、省地及便于管理的方案，并保证水资源可持续利用山区、丘陵地区宜利用地形落差自压输水。对灌溉面积较小，地形、水源及环境条件比较简单的灌区，可将规划、设计合并成一个阶段进行。

（一）管道输水灌溉系统的规划布置

1. 管道输水灌溉系统规划布置的基本任务

（1）论证工程的必要性和可行性。在收集、勘测大量基本资料的基础上，根据当地的自然条件、社会经济状况等灌区基本情况和特点的基础上，综合分析，制定发展管道输水灌溉技术的必要性和可行性，即分析它在技术上是否可行，经济上是否合理，确定规划原则和主要内容。

（2）拟定工程规模和布置方案。根据可利用的水、土资源和农业种植情况，进行水量平衡计算，通过技术论证和水力计算，确定管道输水灌溉系统工程规模和系统控制范围；选择规划设计参数以及设备、材料等，提出不同的规划布置方案。

（3）工程投资预算与效益分析。通过对几种规划布置方案的比较，以建设高产、优质和高效农业为最终目的，改善农业生产条件，来选定最佳管道输水灌溉系统规划布置方案。计算系统所需设备、材料、用工、投资等技术经济指标，估算出整个项目的工程数量、投资（包括工程设备、器材、劳务等费用），以及工程效益和还本年限。

（4）提出规划报告或扩大初步设计。一般包括如下内容：资料依据，可行性论证，规划布置方案，工程概算，经济效益，完成年限与分期实施计划以及必要的附图与附表等。

管道输水灌溉系统规划与其他灌溉系统规划一样，是农田灌溉工程的重要工作，必须认真做好。

2. 管道输水灌溉系统布设的基本原则

影响灌溉管道系统布置的因素有：水源与灌区的相对位置、灌区的面积大小、形状和地形、作物的分布、耕作方向等。所以，系统规划应因地制宜，合理布局，便于运行管理，费用最省，效益最大，实现综合节水，在规划布设管道输水灌溉系统时，一般应遵循如下基本原则：

（1）低压管道输水灌溉系统的布设应与水源、道路、林带、供电、通信、生活供水、居民点的规划等系统线路和排水等紧密结合，统筹安排，并尽量充分利用当地已有的水利设施及其他工程设施。

（2）低压管道输水灌溉系统布局应注意行政区划，有利于管理运用，方便系统检查和维修，保证输水、配水和灌水的安全叮靠。

（3）管道系统类型及管网布置形式应根据水源位置、地形、地貌和田间灌溉型式等合理确定。

（4）管道布置应与地形坡度相适应。在平坦地形区，干管或支管宜垂直于等高线布置；山丘区，干管宜垂直于等高线布置，支管宜平行于等高线布置。当地形复杂需要改变管道纵坡时，管道最大纵坡不宜超过 1：15，且倾角应小于土壤的内摩擦角，并在其拐弯处或直管段长度超过 30m 时设置镇墩。

（5）管道布置宜平行于沟、渠、路，应避开填方区和可能产生滑坡或受山洪威胁的地带。田间末级管道和地面移动软管的布设方向应与作物种植方向或耕作方向及地形坡度相适应。支管走向宜平行于作物种植行方向。平原区支管间距宜为 50～150m，单向灌水时取小值，双向灌水时取大值；山丘区可依据实际情况适当减少。

（6）管道级数应根据系统控制灌溉面积、地形条件等因素确定。土壤渗透性强的宜增设田间地面移动管道；山丘区的田间地面移动管道宜布置在同一级梯田上。田间固定管道长度宜为 90～180m/hm^2；山丘区可依据实际情况适当增加。

（7）在山丘区，大中型自流灌区和抽水灌区内部以及一切有可能利用地形坡度提供自然水头的地方，应首先考虑布设自压式低压管道输水灌溉系统。

（8）管道系统宜采用单水源系统布置。当采用多水源汇流管道系统时，应经技术经济论证。小水源（如单井、小型抽水灌区等）应选用布设全移动式低压管管道输水灌溉系统。群井联用的井灌区和大的抽水灌区及自流灌区宜布设固定式低压管管道输水灌溉系统。

（9）输水管网的布设应力求管线平顺，无过多的转折和起伏，管线平直，管线总长度最短，控制面积最大，以减少投资，尽量避免逆坡布置。当转弯部分采用圆弧连接时，其弯曲半径不宜小于 130 倍的管外径；当采用直线段渐近弯道时，每段水流的折转角不应大于 5°，且渐近弯道半径不宜小于 10 倍的管外径。当管道穿越铁路、公路或构筑物时，应采取保护措施；当管道铺设在松软基础或有可能发生不均匀沉陷的地段时，应对管道基础进行处理或增设支墩。

（10）田间给水栓或出水口的间距应依据现行农村生产管理体制相结合，以方便用户使用和实行轮灌。给水装置间距应根据畦田规格确定，宜为 40～80m；经济作物取小值，粮食作物取大值。

（11）根据当地的交通、能源、材料供应等条件及经济、技术、劳力等情况，因地制宜地选择管材。

（12）管道系统首部及干支管进口应安装控制和量水设施；管道最高处、管道起伏的高处、顺坡管道节制阀下游、逆坡管道节制阀上游、逆止阀的上游、压力池放水阀的下游以及可能出现负压的其他部位应设置进排气阀；管道低处、管道起伏的低处应设置排水泄空装置；寒冷地区应采用防冻害措施。管道埋深应大于冻土层深度，且不应小于700mm。

3. 基本资料的调查

规划设计是不可缺少的一项前期工作，而正确的规划设计又依赖于基本资料，基本资料的收集及有关技术参数的选用，是搞好工程系统规划的前提。所以，必须深入调查，搜集有关基本资料，要求做到准确可靠，必要时应对有关数据进行观测、试验和分析论证。

（1）地形地貌。地形资料是确定输水管道布设，以及泵站扬程、机泵安装高程等参数的依据，地形地貌可进行实地测绘，也可应用已有的航测农田基本建设图作为规划参考。灌溉面积大于或等于333hm^2，在规划阶段应有1/5000～1/10000地形图；灌溉面积小于333hm^{2}的工程规划宜用1/2000～1/5000地形图。

在地形图上应标出行政区划、灌区位置及控制范围边界线，以及耕地、村庄、沟渠、道路、林带、池塘、井、河流、泵站、高（低）压输电线路等。

（2）气象。管道输水灌溉工程规划中需要的气象资料有：

1）温度。年、月、旬平均气温、平均最低和平均最高气温。

2）风速。2m高处月或旬平均风速和夜晚平均风速（可将气象站一般风速资料数据乘以0.75、即得2m高处的风速）。

3）湿度。月、旬平均相对湿度或平均水汽压。

4）日照。按月或旬统计日照小时数（取月或旬天数平均值）。

5）气压。月或旬平均气压。

6）无霜期。始、终日期。

7）降水。年、月平均降水量，旱、涝灾情特点。

8）蒸发。年、月平均蒸发量，最大蒸发量出现时间。

9）地温。土壤冻结时间及开始解冻时间，冻土层深度。

这些资料是计算作物需水量、拟定灌溉制度和确定地埋管埋深的依据。

（3）水源。灌溉水源为地下水时，要摸清其水文地质状况，如含水层厚度及埋藏深度、地下水位变化、流向、补给条件、给水度、渗透系数、影响半径和水力梯度、单位降深、涌水量等有关资料。

灌溉水源为地表水时，应收集当地或相关水文测站平水年、中等干旱年、丰水年的水量及年内分配，即上述各典型年的流量过程线、水位过程线、水位流量关系曲线，及年内含砂量的分配等资料。

灌溉水源为小型水库时，应收集典型年的逐月逐旬流量、水位-容积曲线、设计年的洪水流量过程线等。

水质要符合我国农田灌溉用水水质标准。

（4）土壤。为编制作物灌溉制度、在规划区土壤普查资料的基础上，主要核实土壤质地、土壤重度、土壤田间持水量等几项内容。土壤质地指土壤的机械组成，即按各种不同的粒径的矿物质在土壤中所占的比例来进行分类，土壤的分类请参阅《土壤学与农作学》；

在实践中,也可采用简易的野外手测法判定。

(5) 工程地质。对于骨干管线和蓄水工程,可能碰到复杂的地质条件,对此,需进行实地调查和必要的勘探,掌握实际资料,以便采取相应的工程措施。

(6) 土地利用现状。

1) 规划区耕地面积、林果面积、滩涂和盐碱地面积、荒地面积、池塘水面面积及其他用地等项数量及分布。

2) 作物种类、播种面积、种植比例。

(7) 水利工程设施状况。规划区内的灌、排工程及设备。

(8) 农业技术措施。主要包括作物种类、种植面积、复种指数、耕作制度、产量等情况,这是拟定规划设计和运用管理方案的基本资料。

(9) 社会经济。主要内容包括:灌区的行政区划、人口、劳力、人均占有耕地,作物产量,工、农、林、牧、副业生产水平、人均收入、分配与积累,乡镇企业规划需水量,建筑材料的来源、价格及运输状况,现有机泵、管材等设备状况及能源状况等。

4. 水源分析与供需水量计算

(1) 灌溉设计保证率。灌溉设计保证率是指该工程在长期使用中,灌溉用水得到保证的年数占总年数的百分数,灌溉设计保证率的确定,应根据当地自然条件和经济条件确定,且不宜低于 50%。

(2) 管灌灌溉制度。管道输水灌溉制度在内容上与渠灌和喷灌一样,但各项指标不同。其确定方法也包括调查总结群众丰产经验、灌溉试验和按水量平衡原理进行计算 3 种方法。由于各地区不仅气候、土壤等自然条件不同,而且农业技术措施和水源情况也有很大差异,所以,要根据当地条件通过调查分析确定。

(3) 水源分析。管道输水灌溉工程规划中进行水源分析的目的,是为准确掌握不同设计保证率年份水源可供开采的水量、水位变化、水质等情况,为工程设计提供依据。

管道输水灌溉符合灌溉水质标准。据渠灌区研究资料认为,用含有平均粒径为0.028mm(其中粒径0.025mm 的占47%,小于0.01mm 的占9%),含量大于6%(重量比)的水灌溉农田,对玉米、棉花等作物生长不利。从管道输水防淤角度要求,粒径大于0.15mm 的泥沙不允许进入管道,泥沙含量不得大于 10kg/m³。

供水量的计算,通常是根据规划区的来水资料进行频率计算,选择与灌溉设计标准相应的年份为设计代表年进行的。

1) 地下水可开采量。地下水可开采量根据水文地质资料分析计算,单井出水量应根据抽水试验资料确定。在平原井灌区内发展"管灌",以开采潜层地下水为主、其地下水的来源主要有 3 部分。可根据当地水文地质资料分析计算地下水量。

a. 降雨入渗量。

$$W_1 = 0.001\alpha PA \qquad (7-1)$$

式中 0.001——换算系数;

  α——入渗系数、从当地水文地质资料中查选;

  P——设计年降水量,mm;

A——补给面积，m^2。

b. 侧向补给量。

$$W_2 = 365Kh_{含}LJ \quad (m^3/a) \tag{7-2}$$

式中 K——含水层渗透系数，m/d；

$h_{含}$——补给区中地下水含水层厚度，m；

L——补给区周边长度，m；

J——补给区内地下水坡度。

c. 灌溉回归水量。

$$W_3 = \beta MA \tag{7-3}$$

式中 β——灌溉回归系数，从当地水文地质资料中查选；

M——灌溉定额，$m^3/亩$，由灌溉试验资料提供；

A——灌溉面积，m^2。

2）河（渠）水供给量。首先根据河流水文测站提供的水文资料，进行频率分析与计算后，求出设计年的河流来水量，结合流域规划确定"管灌"引水流量和引水时段。

3）库塘引水量。根据设计年降水量 P 及库（塘坝）坝址以上的集雨面积 A_r 可供"管灌"引用的库容调蓄的水量 W，按式（7-4）计算：

$$W = 1000\eta_{蓄}fPA_r \quad (m^3/a) \tag{7-4}$$

式中 W——调蓄水量，m^3；

$\eta_{蓄}$——考虑蒸发和渗漏后的蓄水有效利用系数，$\eta_{蓄} = 0.6 - 0.7$；

f——径流系数；

P——设计年降雨量，mm；

A_r——水库、塘坝、坝址以上集雨面积，km^2。

对于较大水库灌溉区，应根据总体规划分级核实水量。

（4）灌溉用水量分析与计算。在灌溉设计年内，为保证作物各生育期需水要求，除该时段的降水供给水量外尚有部分亏缺水量，需灌溉补给，这部分亏缺水量为净灌溉用水量。考虑各级输水损失及田间损失、要求水源提供的水量为毛灌溉水量，按下式计算：

$$M_g = 0.667(E - P_e)A/\eta_{水} \tag{7-5}$$

式中 M_g——毛灌溉水量，$m^3/亩$；

E——作物需水量，mm；

A——灌溉面积，亩；

$\eta_{水}$——灌溉水利用系数；

P_e——有效降水量，mm。

由灌溉用水量可计算出灌溉流量，即管道系统输水流量，它是管道布置、水力计算及结构设计的重要依据。

（5）供需水量平衡分析与计算。供需水量平衡分析与计算是灌溉工程规划设计院中的重要内容，其目的在于：科学地确定灌区面积及管道输水工程的规模；确定作物种植结构及其种植比例；为合理开发利用水资源提供依据；应采用长系列资料进行水量供需平衡分析，确定灌溉设计保证率下的可供水量和需水量；无长系列资料时，可选用典型年计算可供水量和需水量。确保在同一灌溉设计年内的供水量与需水量平衡，若出现需水量大于供水量时，应提出补源措施或调整灌溉面积或调整种植结构。

5. 管道输水灌溉系统的布设形式

(1) 地埋暗管固定管网的布设形式。根据水源位置、控制范围、地面坡度、田块形状和作物种植方向等条件，田间固定管道长度，宜为 $90\sim180\text{m/hm}^2$。山丘区可依据实际情况适当增加管道级数，应根据系统灌溉面积（或流量）和经济条件等因素确定。旱作物区，当系统流量小于 $30\text{m}^3/\text{h}$ 时，可采用一级固定管道；系统流量在 $30\sim60\text{m}^3/\text{h}$ 时，可采用干管、支管两级固定管道；系统流量大于 $60\text{m}^3/\text{h}$，可采用两级或多级固定管道；同时，宜增设地面移动管道。水田区，可采用两级或多级固定管道。末级固定管道走向宜垂直于作物种植方向，间距平原区宜采用 $50\sim150\text{m}$，单向灌水时取较小值，双向灌水时取较大值。山丘区可依据实际情况适当减小。管道埋深应大于冻土层深度且不应小于 70mm。地埋固定管网一般可布设成树枝状、环状两种类型。

1) 树枝状管网。树枝状管网由干、支或干、支、农管组成，并均呈树枝状布置。其特点是：管线总长度较短，构造简单，投资较低，但管网内的压力不均匀，各条管道间的水量不能互相调剂。

a. 水源位于田块一侧。当控制面积较小，地块为长方形时，树枝状管网可布置成"一"字形（图 7-4）、T 形（图 7-5）和 L 形（图 7-6），这 3 种布置形式主要适用于控制面积较小的井灌区，一般井的出水量为 $20\sim40\text{m}^3/\text{h}$，控制面积 $3.33\sim6.67\text{hm}^2$（50～100 亩），田块的长宽比（l/b）$\leqslant3$ 的情况，多用地面移动软管输水和浇地，管径大致为 100mm 左右，长度不超过 400m。

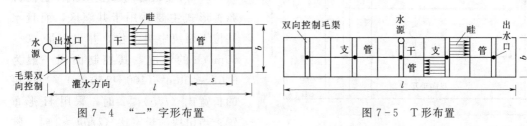

图 7-4　"一"字形布置　　　　　　　　　　图 7-5　T 形布置

当控制面积较大，地块近似正方形，作物种植方向与灌水方向相同或不相同时可布置成梳齿形（图 7-7）或鱼骨形（图 7-8）。对于井灌区，这两种布置形式主要适用于井水量 $60\sim100\text{m}^3/\text{h}$、控制面积 $10\sim20\text{hm}^2$（150～300 亩）、块的长宽比（l/b）约为 1 的情况。在这种情况下，常采用一级地埋暗管输水和一级地面移动软管输、灌水。地埋暗管多采用硬塑料管、内光外波纹塑料管和当地材料管，管径约为 100～200mm，管长

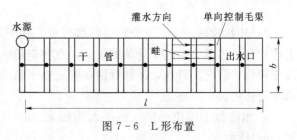

图 7-6　L 形布置

依需要而定，一般输水距离都不超过 1.0km。地面移动软管主要使用薄膜塑料软管和涂塑布管，管径 50~100mm，长度大都不超过灌水畦、沟长度。对于渠灌区，常为多级半固定式或固定式管道输水灌溉系统，其控制面积可达上千亩，干管流量一般约在 0.4m³/s 以下，管径在 300~600mm 之间，长度可达 2.0km 以上，支管流量一般为 0.15m³/s 左右，管径 150~250mm 左右，管长一般为 400~1000m。农管一般为最末一级地埋暗管，其流量一般为 50~100L/s，管径100mm 左右，管长即支管间距约 200~400m，农管间距即灌水沟畦长度，一般为 70~200m。大管径（300mm 以上）地埋暗管管材常用现浇或预制素混凝土管，300mm 以下管径的常用管材有硬塑料管、石棉水泥管、素混凝土管、内光外波纹塑料管以及当地材料管等。一般要求农管（或支管）采用同一管径，干管或支管可分段变径，以节省投资；但变径不宜超过 3 种，以方便管理。

图 7-7　梳齿形布置

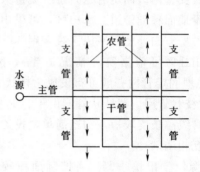

图 7-8　鱼骨形布置

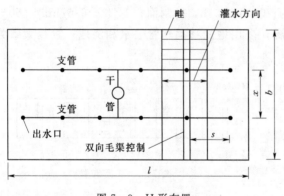

图 7-9　H 形布置

b. 水源位于田块中央。常采用 H 形（图 7-9）和长"一"字形（图 7-10）树枝状管网布置形式。这两种布置形式主要适用于井灌区，而且水井位于田块中央部位，井出水量 40~60m³/h 的情况，其控制面积一般为 6.67~10hm²（100~150 亩）。当田块的长宽比（l/b）≤2 时，采用 H 形布置；当田块的长宽比（l/b）＞2 时，常采用长"一"字形布置。

2）环状管网。干、支管均呈环状布置。其突出特点是，供水安全可靠，管网内水压力较均匀，各条管道间水量调配灵活，有利于随机用水，但管线总长度较长，投资一般均高于树枝状管网。目前，环状管网在管道输水灌溉系统中应用很少，仅在个别单井灌区试点示范使用。

a. 水源位于田块一侧、控制面积较大（10~20hm²）的环状管网布置形式如图 7-11（a）所示。

b. 水源位于田块中间、控制面积约 6~10hm² 田块长宽比≤2 的环状管网布置形式如图 7-11（b）所示。

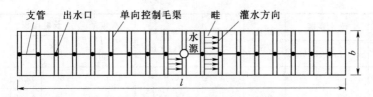

图 7-10　长"一"字形布置

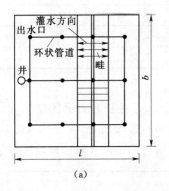

（a）

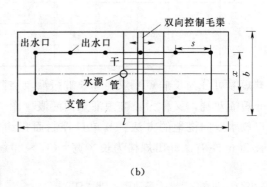

（b）

图 7-11　环状管网布置

（2）地面移动管网的布设。地面移动管网一般只有一级或两级，其管材通常由移动软管、移动硬管、软管硬管联合运用 3 种。常见的布设形式及其相应的使用方法有 3 种。

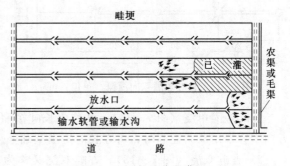

图 7-12　长畦分段灌溉

1）长畦短灌。又称为长畦分段灌，是将一条长畦分为若干短段，从而形成没有横向畦埂的短畦，用软管或纵向输水沟自上而下或自下而上分段进行畦灌的灌水方法，如图 7-12 所示。其畦长可达 200m 以上，畦宽可为 5～10m。长畦短灌法灌水技术要素参见表 7-1。

表 7-1　　　　　　　　　　长畦短灌法灌水技术要素表

序号	输水沟或灌水管流量/(L/s)	灌水定额		畦长/m	畦宽/m	单宽流量/[L/(s·m)]	单畦灌水时间/min	长畦面积		分段长×段数/(m×段)
		m^3/hm^2	cm					m^2	hm^2	
1	15	600	6	200	3	5.00	40.0	600	0.06	50×4
					4	3.75	53.3	800	0.08	40×5
					5	3.00	66.7	1000	0.1	35×6
2	17	600	6	200	3	5.67	35.0	600	0.06	65×3
					4	4.25	47.0	800	0.08	50×4
					5	3.40	58.8	1000	0.1	40×5

序号	输水沟或灌水管流量/(L/s)	灌水定额		畦长/m	畦宽/m	单宽流量/[L/(s·m)]	单畦灌水时间/min	长畦面积		分段长×段数/(m×段)
		m³/hm²	cm					m²	hm²	
3	20	600	6	200	3	6.67	30.0	600	0.06	65×3
					4	5.00	40.0	800	0.08	50×4
					5	4.00	50.0	1000	0.1	40×5
4	23	600	6	200	3	7.67	26.1	600	0.06	70×3
					4	5.75	34.8	800	0.08	65×3
					5	4.60	43.5	1000	0.1	50×4

长畦短灌可分为长畦短灌双浇和长畦短灌单浇两种：

长畦短灌双浇，又称为长畦短灌双向灌溉（图7-13）是在长畦短灌的基础上，由一个出水口放水双向浇地的方法。其单口控制面积约 0.006～0.012hm²（0.09～0.18 亩），移动管长 20m 左右。畦田规格为长×宽＝(15～20)m×(4～6)m，且要求地面坡度平缓。

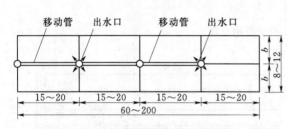

图 7-13 长畦短灌双向灌溉（单位：m）

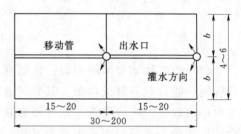

图 7-14 长畦短灌单浇（单位：m）

长畦短灌单浇（图7-14），又称为长畦短灌单向灌溉，它用于地面坡度较陡，灌水方向不宜采用双向控制时，可在长畦短灌基础上采用单向控制灌溉。

2）方畦双浇（图7-15）。方畦双浇又称为方畦双向灌溉，主要在畦田长宽比约为 1（或 0.6～1.0）时采用。移动管长不宜大于 10m，畦长亦不宜大于 10m。

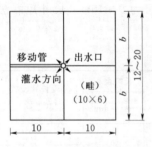

图 7-15 方畦双浇
（单位：m）

3）移动闸管。移动闸管是在移动管（软管或硬管）上开孔，孔上设有控制闸门，以调节放水孔的出水流量大小。移动闸管可直接与井泵出水管口相连接，也可与固定地埋暗管上的给水栓相连接，闸管顺畦长方向放置，闸管上孔闸的间距视灌水畦、沟的布置而定，闸管长度不宜大于 20m。使用时操作闸门，直接向畦块配水，畦田规格及灌水方法均与移动管网相同。

（3）半固定式管网布置。半固定式管道系统的布置和移动式管道的布置大致相同。三级（或两级）布置时，干管和支管是固定的，末级管是移动的软管。如为三级布置，支管间距一般为300m左右。每隔50m左右设一给水栓，用以连接移动软管。半固定式管道的浇地方法与移动式软管的浇地方法相同。平原井灌区半固定式管网布置大多数采取树状网或环状网，两者各有优点，需因地制宜地通过技术比较来确定，树状网布置因机井在地块内位置的不同及地块形状、面积的不同可布置成"一"字形、梳齿形、H形（亦称工字形）或鱼骨形（非字形）等，见固定管网布置图。

6. 管网优化设计及管径优选

管网优化设计主要是优化管网布置并进行各级管道管径的选择。管网布置要素（包括各级管道的位置、走向、间距、条数、长度、分水口个数及位置、出水口个数及田间分布等）及各级管道的管径是优化分析的决策因素。

影响管网系统费用的主要因素是管网系统的形式（固定式、半固定式、移动式）、布置方式（管道走向、间距……）、管材及管径等。管网系统投资由基建投资和运行管理费用两部分组成。当管网系统布置形式和管材一定时，管径增大，一般情况下基建投资增大，但水头损失减少，能耗费用降低，从而减少了运行费用。反之，减少管径，基建投资减少，但水头损失增加，能耗费用增大，相应增加了运行管理费用。因此，在各级管道管径的多种组合中，必有一种最优管径的组合，使总投资最低。

优化设计是分析社会投入及产出大小的一种手段，可以采用不同的经济指标作为优化分析的目标。例如，在费用一定的条件下效益最大，或在经济效益一定的前提下投资最少，经济效益与费用比最大。考虑到当前水利工程的效益受许多随机因素的影响，逐年产值难以预测，故将达到设计要求条件下的工程年效益作为常量考虑，而以年费用（包括工程投资和运行管理费）最小作为优化分析的目标。

优化管网布置及优化各级管道的管径是管网优化的两个相互联系的部分。对于小型灌区，例如单井控制面积不大的管道输水灌溉系统，对两部分分别优化和统一优化，其结果差别不大。对控制面积大的渠灌区，管道输水灌溉系统应统一进行管网优化布置和管径优选，否则，其优化结果将相差很大。

管网优化理论方法基本上有线性规划法、非线性规划法、动态规划法等，以非线性规划法常用，并已有计算机软件可供使用。

管网优化多以年费用最小为分析目标，目标函数为

$$F_{\min}=\frac{C}{T}+F_y \tag{7-6}$$

约束条件：

(1) 工作压力约束：$H_{\min}\leqslant H_i\leqslant H_{\max}$；

(2) 流速约束：$V_{\min}\leqslant V_i\leqslant V_{\max}$；

(3) 管径约束：$d_{\min}\leqslant d_i\leqslant d_{\max}$；对于树枝状管网，要求 $d_1\geqslant d_2\geqslant d_3\geqslant\cdots\geqslant d_n$；

(4) 流量约束：$Q_i\leqslant Q_{\max}$；

(5) 井灌区和抽水灌区尚有水泵工作点约束：$H_{\max}-H_{\min}\leqslant\Delta H$；

(6) 基础建设投资约束，不得超过规定的亩投资指标值。

式中 F——管网年费用折算值，元；

          C——管网基建投资，元；

          T——管网折旧年限，年，参照《水利经济计算规范》确定；

          F_y——管网年管理运行费，元；

H_{max}——管网允许的最大工作压力，m，取决于管材的承压能力；

H_{min}——管网允许的最小工作压力，m，取决于最末级管道上最不利的出水口或给水栓所需要的压力水头，一般取 $H_{min} = 0.3 \sim 0.5m$；

ΔH——水泵工作点约束压力，m，一般要求应在水泵的高效区内；

V_{max}——管网允许的最大流速，m/s，取决于管材种类；

V_{min}——管网允许的最小流速，为防止管道淤积，一般取 $V_{min} = 0.4m/s$；

d_{min}、d_{max}——管网各级管道所选用的管径，必须在已有生产的管径规格范围内，mm；

d_1、d_2、d_3、$\cdots$、d_n——树枝状管网的干管或支管分段变径的管径，管径应由大向小变化，以节省投资；

Q_{max}——水源所提供的最大工作流量，m^3/s；

H_i、V_i、d_i、Q_i——管网某处的设计工作压力、设计流速、管径和流量。

7. 管道种类与管件

管道是灌溉管道系统的主要组成部分，需要量大，占投资比重大，它直接影响工程质量和造价，对工程投资大小和效益能否正常发挥起着决定性的作用。管道输水灌溉工程所用管材应根据工程特性，通过技术经济比较进行选择。为方便施工、管理等，同一区域宜选用同一种管材；如果管线复杂或前后段压力相差 1 倍时，可根据不同条件分段选择不同材质的管材。一般条件下，当管径小于或等于 400mm 时，宜选用塑料管；当管径大于 400mm 时，宜选用混凝土管、钢筋混凝土管、玻璃钢管、球墨铸铁管等。当不具备地埋条件而需要明铺时，宜选用球黑铸铁管、钢管或钢筋混凝土管。同时，管材、管件以及附属设备之间的连接应方便可靠；连接件的公称压力不应小于所选管材的公称压力，且其规格尺寸及偏差应满足连接密封要求。为了搞好灌溉管道系统的规划设计。一定要了解各种管道的性能、规格与适用条件等。

（1）固定管道。

1）塑料管。塑料管是由不同种类的树脂掺入稳定剂、添加剂和润滑剂等挤出成型的。目前管道输水灌溉系统中使用的国家标准塑料管主要有聚氯乙烯管（PVC）、聚乙烯管（PE）和改性聚丙烯管（PP）等，聚氯乙烯双壁波纹管具有内壁光滑、外壁波纹的双层结构特点，不仅保持了普通塑料硬管的输水性能，而且还具有优异的物理力学性能，特别是在平均壁厚减薄到 1.4mm 左右时，仍有较高的扁平刚度和承受外载的能力，是一种较为理想的低压管道输水灌溉系统管材。其规格、公称压力和壁厚的关系见有关资料。

上述管材所用塑料均为热塑性塑料，这种塑料在一定温度范围内可以软化，冷却后又能固化成一定形状，这个过程还可反复进行多次。塑料管的优点是：重量轻，便于搬运，施工容易，能适应一定的不均匀沉陷；内壁光滑、耐腐蚀，输水阻力小，水头损失小；施工安装方便等。缺点是存在老化脆裂问题，随着温度的升降变形大，但埋在地下可减缓老化，可延长使用寿命。塑料管的连接形式分为刚性接头和柔性接头，刚性接头有法兰连接、承插连接、黏接和焊接等；柔性接头多为铸铁管套橡胶圈止水的承插式接头。当聚氯乙烯管直径小于 200mm 时，宜采用黏接剂承插连接；当直径大于或等于 200mm 时，宜采用橡胶圈承插连接。

在选用时要对管材的外观进行检查，如管材内外壁应光滑、平整、不允许有气泡、裂隙、显著的波纹、凹陷、杂质、颜色不均及分解变色线等。管道输水灌溉工程所用硬聚氯乙烯管应符合 GB/T 10002.1、GB/T 13664 和 QB/T 1916 的规定，聚乙烯管应符合 GB/T 13663 的规定，加筋聚乙烯管应符合 GB/T 23241 的规定。

2）混凝土管。混凝土管是用混凝土或钢筋混凝土制作的管子，可分为素混凝土管、普通钢筋混凝土管、自应力钢筋混凝土管和预应力混凝土管四种。自应力钢筋混凝土管和预应力钢筋混凝土管，都是在混凝土浇制过程中，使钢筋受到一定拉力，从而使其在工作压力范围内不会产生裂缝。自应力钢筋混凝土管是用自应力水泥和砂、石、钢筋等材料制成，可承受较大的内压力和外压。预应力钢筋混凝土管用机械的方法对纵向和环向钢筋施加预应力。

混凝土管的优点：比铸铁管节省钢材，不易腐蚀，经久耐用，其使用寿命比铸铁管长，一般可使用 70 年以上；长时间输水，内壁不结污垢，管道输水能力不变；采用承插式柔性接头，安装简便，性能良好。缺点：质脆，较重，给搬运带来一定困难，运输时需包扎、垫地、轻装，以免受损伤。

按混凝土管内径的不同，可分为小直径管（内径 400mm 以下）、中直径管（400～1400mm）和大直径管（1400mm 以上）。按管子承受水压能力的不同，可分为低压管和压力管，压力管的工作压力一般有 0.4MPa、0.6MPa、0.8MPa、1.0MPa、1.2MPa 等。混凝土管的外观、规格尺寸及力学性能应符合下列要求：

a. 制管用混凝土强度等级不应低于 C20，强度检测应按 GB/T 11837 的规定进行；管体的抗渗性能检测应按 GB/T 4084 的规定进行，试验水压应大于管道系统工作压力的 2 倍。

b. 管内壁应光滑，内外壁应无裂缝；公称直径小于 300mm 的混凝土管内径允许偏差为 ±3mm，壁厚允许偏差为 ±2mm；公称直径大于或等于 300mm 的混凝土管内径允许偏差为 +6mm、-8mm，壁厚允许偏差为 +8mm、-3mm。

3）钢管。钢管的优点是能承受动荷载和较高的工作压力，一般耐压都大于 1.0MPa，与铸铁管相比，管壁较薄，重量轻，韧性强，管段长，接口少，不易断裂，节省材料，连接简单，铺设简便；缺点是价格高，使用寿命较短，约为铸铁管的一半，常年输水的钢管使用年限一般不超过 20 年。由于易腐蚀，埋设在地下时，钢管表面应涂有良好的防腐层。钢管一般用于裸露的管道或穿越公路的管道。常用的钢管有无缝钢管（热轧和冷拔）、焊接钢管和水煤气管等。水煤气管分不镀锌管（黑管）和镀锌管，带螺纹管和不带螺纹管，钢管一般用焊接、法兰连接或螺纹连接。

4）铸铁管。铸铁管的优点是工作可靠使用寿命长，安装施工容易，一般耐压可达 1MPa。缺点是性脆，管壁厚，重量大，消耗材料多（比钢管多用 1.5～2.5 倍的材料）。每根管子长度仅为钢管的 1/3～1/4，故接头多，增加施工工作量长期输水后，由于内壁锈蚀，产生锈瘤，内径变小，阻力加大，过水能力降低，一般使用 30 年后就要陆续更换。

铸铁管按照加工方法和接头形式不同，分为铸铁承插直管、砂型离心铸铁管和铸铁法兰直管；按照承受压力大小，又分为高压管（工作压力 750～1000kPa）、普压管（工作压力 450～750kPa）、低压管（工作压力小于等于 450kPa）；铸铁管的接口有法兰接口和承插接口两种，一般明设管道采用法兰接口埋设地下时用承插接口。

管道输水灌溉工程宜采用 C25 级或 C20 级的球墨铸铁管。球墨铸铁管是铸铁管的一种，质量上要求铸铁管的球化等级控制为 1～3 级，具有铁的本质、钢的性能，机械性能良好，防腐性能优异、延展性能好，密封效果好，安装简易。在中低压管网（一般用于6MPa 以下），球墨铸铁管具有运行安全可靠，破损率低，施工维修方便、快捷，防腐性能优异等。球墨铸铁管一般不使用在高压管网（6MPa 以上）。球墨铸铁管由于管体相对笨重，安装时必须动用机械。若打压测试后出现漏水，必须把所有管道全部挖出，把管道吊起至能放进卡箍的高度，安装上卡箍阻止漏水。

球墨铸铁管及管件的表面不应有裂纹、重皮，承、插口密封工作面不应有连续的轴向沟纹，不应有影响产品性能的缺陷和表面损伤。

（2）地面移动管材。地面移动管材有软管和硬管两类。软管管材主要使用塑料软管（亦称薄塑软管）和涂塑软管。硬管管材多用塑料硬管。

1）塑料软管主要有低密度聚乙烯软管、线性低密度聚乙烯软管、锦纶塑料软管、维纶塑料软管 4 种。锦纶、维纶塑料软管，管壁较厚（2.0～2.2mm），管径较小（一般在90mm 以下），爆破压力较高（一般均在 0.5MPa 以上），相应造价也较高，管道输水灌溉系统中不多用，管道输水灌溉系统中以线性低密度聚乙烯软管（即改性聚乙烯软管）应用较普遍。

2）涂塑软管以布基、两面涂聚氯乙烯，并复合薄膜粘接成管。其特点是价格低，使用方便，易于修补，质软易弯曲，低温时不发硬，且耐磨损。目前生产的产品规格有 $\phi40$、$\phi50$、$\phi65$、$\phi80$、$\phi100$、$\phi125$、$\phi150$ 和 $\phi200$ 等。工作压力一般为 1～300kPa。涂塑软管应符合 JB/T 8512—2014 的规定。

（3）管件。管件是根据需要将管道连接成完整管路系统的连接件。管件主要包括弯头、三通、四通、异径管、乙字管、短管和堵头等，可用混凝土、塑料、钢、铸铁等材料制成。

1）弯头。又称弯管，是转弯或改变坡度时使用的。一般按转角中心角的大小分类，常用的有 90°、45°、22.5°和 11.5°等。

2）三通和四通。主要用于上一级管道与下一级管道的连接，对于单向分支的用三通（又称丁字管）；对于双向分支的用四通（又称十字管）。

3）异径管。又称为渐缩管（或渐放管）或大小头，用来连接不同管径的直管段，一般是以其前后管径数值来命名的。

4）乙字管。形状如"乙"字，用于连接两根轴线平行而又不在同一条直线上的管道，这只有在管道安装尺寸要求非常严格时才使用。

5）短管。是用于连接具有不同形式的管接头的直线管段。

6）堵头。用于封闭管道的末端，其形式对于小口径管子可用螺丝封闭，大管可用盖板式堵头，需要经常取下的堵头可用快速接头连接。

（二）管道流量计算

1. 灌水定额和灌水周期

农作物的设计灌溉制度是指符合设计标准的代表年的灌溉制度，是确定管道设计流量的主要依据，可根据当地或附近地区试验资料或农民群众的多年灌溉经验分析制定。目前常按水量平衡原理方法制定。

作物的灌水定额和灌水周期随年份和生育阶段不同而不同。在管道设计中，应选择符合设计代表年的最大灌水定额和灌水周期作为设计依据。灌水周期指某次灌水后适宜土壤含水率上限消耗至下限所维持的天数。设计净灌水定额应根据当地灌溉试验资料确定，无资料地区可参考邻近地区试验资料确定，也可按式（7-7）或式（7-8）计算：

$$m = 0.1\gamma_s h(\beta_1 - \beta_2) \tag{7-7}$$

或
$$m = 0.1h(\beta_1' - \beta_2') \tag{7-8}$$

式中　m——设计净灌水定额，mm；

γ_s——计划湿润层土壤干容重，g/cm³；

h——土壤计划湿润层深度，宜根据当地试验资料确定。无资料时，粮食、棉花、油料作物宜取 40～60cm，蔬菜宜取 20～30cm，果树宜取 80～100cm；

β_1——土壤适宜含水量（重量含水量）上限，可取田间持水量的 0.85～0.95，粮食、棉花、油料作物和果树宜取小值，蔬菜和保护地作物宜取大值；

β_2——土壤适宜含水量（重量含水量）下限，可取田间持水量的 0.60～0.70，粮食、棉花、油料作物和果树宜取小值，蔬菜和保护地作物宜取大值；

β_1'——土壤适宜含水量（体积含水量）上限；

β_2'——土壤适宜含水量（体积含水量）下限。

设计灌水周期应根据当地灌溉试验资料确定。无资料试验时，可参考邻近地区试验资料确定，也可按式（7-9）计算：

$$T_0 = \frac{m}{E_d}, T \leqslant T_0 \tag{7-9}$$

式中　T_0——计算灌水周期，d；

T——设计灌水周期，d；

E_d——灌溉控制区内作物最大日需水量，mm/d，参见表 7-2。

表 7-2　　　　　　　　　　　　设 计 耗 水 强 度　　　　　　　　　　单位：mm/d

作　物	耗水强度	作　物	耗水强度
果树	5～7	蔬菜（露地）	6～8
葡萄、瓜类	4～7	粮食、棉花作物	6～8
蔬菜（保护地）	3～4	油料作物	5～7

一个给水装置的灌水时间宜按式（7-10）计算：

$$t = \frac{mab}{1000q\eta_t} \tag{7-10}$$

式中　t——给水装置的灌水延续时间，h；

a——支管布置间距，m；

b——给水装置布置间距，m；

q——给水装置设计流量，m³/h；

η_t——田间灌溉水利用系数。

给水装置一天工作的数量宜按式（7-11）计算：

$$n_d = \frac{t_d}{t}$$ （7-11）

式中 n_d——给水装置一天工作的数量，个；

t_d——系统日工作小时数，h/d。

灌溉系统同时工作给水装置数宜按式（7-12）计算：

$$n_g = \frac{N_g}{n_d T}$$ （7-12）

式中 n_g——灌溉系统同时工作给水装置数，个；

N_g——灌溉系统布设的给水装置总数，个。

2. 设计流量确定

管道输水灌溉设计流量是指灌水时期管道所需通过的最大流量，它由水源条件、作物灌溉制度、管道工作制度、灌溉面积、作物种植结构等因素综合考虑确定，它是管网布置、管径选择、管材强度复核、管道水力学计算等的主要依据。灌区设计流量用式（7-13）计算：

$$Q_0 = \sum_1^k \left(\frac{\alpha_i m_i}{T_i} \right) \frac{A}{t_d \eta}$$ （7-13）

式中 Q_0——灌溉系统设计流量，m^3/h；

α_i——灌水高峰期第 i 种作物的种植比例；

m_i——灌水高峰期第 i 种作物的灌水定额，m^3/hm^2；

T_i——灌水高峰期第 i 种作物的一次灌水延续时间，d；

A——设计灌溉面积，hm^2；

η——灌溉水利用系数；

k——灌水高峰期同时灌水的作物种类数，个；

t_d——日工作小时数。

系统水力设计时应使同时工作各给水栓的流量满足式（7-14）要求。

$$Q_{min} \geqslant 0.75 Q_{max}$$ （7-14）

式中 Q_{min}——同时工作各给水栓中的最小流量，m^3/h；

Q_{max}——同时工作各给水栓中的最大流量，m^3/h。

3. 不同工作制度下各级管道设计流量的推算

管道系统中各级管道设计流量的推算，比灌溉渠道系统中各级渠道设计流量的推算要简单得多，主要是因为管道系统中可以不考虑沿程的流量损失，所以在续灌时，就等于下一级管道流量之和，而在轮灌时，就等于同时工作的下一级管道流量之和的最大值。

管道系统的工作制度常见的主要有续灌方式、轮灌方式两种。

（1）续灌方式。就是上一级管道同时向所有下一级管道配水，如果在干管这一级进行续灌，那么干管和所有支管都同时过水，连续工作。这样所有管道过水时间也就等于灌水时间。续灌的特点是下一级管道的设计流量小、工作时间长。

（2）轮灌方式。即上一级管道按预先划分好的轮灌组分组向下一级管道配水，而轮灌管道在灌水时期是轮流工作的。轮灌一般有集中轮灌和分组轮灌两种，各级流量的推算方法和渠道系统相似，由下至上逐级推算，只是管道系统在正常工作情况下没有输水损失。

轮灌组的划分及灌水的先后次序直接影响到上一级管道的投资。例如，当一组为两根支管时，可以有两个方案：

1）两根支管从地块的一头一起向同一方向灌溉，如图 7－16（a）、（b）所示，这样干管从头到尾都要通过全部流量（等于两根支管流量之和）。

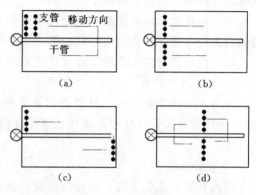

2）两根支管由地块中间向两端交叉前进，如图 7－16（c）所示；或由地块中间的两端交叉前进，如图 7－16（d）所示。这样只有前半根干管通过全部流量，而后半根干管始终只要通过一半流量（等于一根支管的流量），显然如采用第二方案干管半段管径可缩一半，就可节约干管的投资。

图 7－16 轮灌方式

轮灌方式比较适合于灌溉系统面积不大，灌区内用水单位少，各用水单位作物种植比较单一的情况。

（三）管道水力计算

管道同高、中压管道相比，在设计要求上不同，尤其技术参数有较大差异。

1. 管径选取

管道是管道输水灌溉系统的重要组成部分，其投资占有相当大的比例，管径大，投资大，但管道水头损失小，运行管理费少；而管径小，投资少，但运行管理费用高，所以，必须认真对待。在规划设计时，为了简便计算，可采用经验公式法初步确定管径：

$$D = 1.13 \sqrt{\frac{Q}{v}} \qquad\qquad (7-15)$$

式中　D——管道内径，m；

　　　　Q——管道设计流量，m³/s；

　　　　v——管道适宜流速，m/s。

需要说明的是，当管道设计流量一定时，选取的管道适宜流速对管径影响很大，适宜流速又称经济流速，目前在管道输水灌溉系统设计中，适宜流速的确定尚需进一步研究。管道的流速值与管径、材料、动力等因素有关，一般凭经验选取，多数情况下，控制在0.5～1.8m/s，以不产生淤积和不发生水击限定条件。各种管材的适宜流速选取可参考表7－3。如在设计时，采用的流速大于表中上限值，必须进行水锤计算，符合要求方可采用；如若流速小于表中下限值时，应满足不淤积的要求。

表 7 - 3　　　　　　　　　　低压管道输水适宜流速

管材	塑料管	金属泥管	混凝土管	薄膜管	水泥砂管	地面移动软管
适宜流速/(m/s)	1.0～1.5	1.5～2.0	0.5～1.0	0.5～1.2	0.4～0.8	0.4～0.8

允许设计流速确定宜满足下列要求：

（1）在设计流量下，管内最小流速不宜低于 0.3m/s；当配水管网兼有施肥或施药任务时，管内最小流速不宜低于 0.6m/s。

（2）自压管道输水灌溉系统设计流速不宜大于 2.5m/s；当采用较大流速时，应对管道倾斜部位水流惯性作用力和弯曲部位水流轴向推力进行分析。

（3）机压管道输水灌溉系统设计流速不宜大于 2.0m/s。

2. 管道水力计算

管道水力计算的任务是计算管道水头损失（包括沿程水头损失与局部水头损头两部分），为计算系统设计扬程，选择水泵提供依据，具体计算方法请参照喷灌管道系统的水力计算。

3. 设计水头

给水装置的工作水头，应按试验或厂家提供的资料确定，无资料时可按 2.0m 选用。管道系统设计工作水头，应按式（7-16）计算：

$$H_0 = Z_2 - Z_1 + \Delta Z + \sum h_f + \sum h_j + h_0 \qquad (7-16)$$

式中　H_0——管道系统设计工作水头，m；

　　　Z_1——管道系统进口高程，m；

　　　Z_2——参考点的地面高程，m，在平原地区，参考点一般为距水源最远的给水水装置的位置；

　　　ΔZ——参考点处给水装置出口中心线与地面的高差，m，给水栓出口中心线的高程应为其控制的田间最高地面高程加 0.15m；

　　　$\sum h_j$——管道系统进口至参考点给水装置的管路局部水头损失，m；

　　　$\sum h_f$——管道系统进口至参考点给水装置的管路沿程水头损失，m；

　　　h_0——给水栓工作水头，m。

灌溉系统水泵的设计扬程，应按式（7-17）计算：

$$H_P = H_0 + Z_0 - Z_d + \sum h_{f,0} + \sum h_{j,0} \qquad (7-17)$$

式中　H_P——灌溉系统水泵的设计扬程，m；

　　　H_0——管道系统设计工作水头，m；

　　　Z_0——管道系统进口高程，m；

　　　Z_d——泵站前池水位或机井动水位，m；

　　　$\sum h_{f,0}$——水泵吸水管进口至管道系统进口之间的管道沿程水头损失，m；

　　　$\sum h_{j,0}$——水泵吸水管进口至管道系统进口之间的管道局部水头损失，m。

水泵运行的扬程（流量）范围，应通过水泵工作点计算确定；并使其位于水泵高效区内。必要时可采用变频调速供水技术。需要时应进行水锤压力验算及防护措施确定。

五、管道输水灌溉系统建筑物的布设

在井灌区，若采用移动软管式管道输水灌溉系统，一般只有 1～2 级地面移动软管，无需布设建筑物，只要配备相应的管件即可；若采用半固定式管道输水灌溉系统，也只布设一级地埋暗管，再布设必要数量的给水栓和出水口即可满足输水和灌水要求。而在渠灌区，通常控制面积较大，需布设 2～3 级地埋暗管，故必须设置各种类型的附属建筑物。

1. 渠灌区管道输水灌溉系统的引取水枢纽布设

渠灌区的管道输水灌溉系统需从支、斗渠或农渠上引水。其渠、管的连接方式和各种设施的布置均取决于地形条件和水流特性（如水头、流量、含沙量等）以及水质情况。通常管道与明渠的连接均需设置进水闸门，其后应布设沉淀池，闸门进口尚需安装拦污栅，并应在适当位置处设置量水设备。

2. 渠灌区管道输水灌溉系统的分、配水控制和泄水建筑物的布设

在各级地埋暗管首、尾和控制管道内水压、流量处均应布设闸板门或闸阀，以利分水、配水、泄水及控制调节管道内的水压或流量。采用自来水管网中的闸阀，造价过高，连接安装麻烦。最好采用闸板形式，起闭灵活方便，造价低，装配容易。

3. 量测建筑物的布设

管道输水灌溉系统中，通常都采用压力表量测管道内的水压，压力表应安装在各级管道首部进水口后为宜。

在井灌区，管道输水灌溉系统流量不大，可选用流量表或旋翼式自来水表。在渠灌区，各级管道流量较大，如仍采用自来水表，既造价高，又会因渠水含沙量大，还含有其他杂质，而使水表失效。采用闸板式圆缺孔板量水装置或配合分流式量水计则量水精度更高，价格低，加工安装简易，使用维护均很方便。如用于量水，应装在各级管道首部进水闸门下游，以节流板位置为准，要求上游直管段需要有 10～15 倍管道内径的长度，下游应有 5～10 倍管道内径的长度。

4. 给水装置的布设

给水装置是管道输水灌溉系统由地埋暗管向田间灌水、供水的主要装置，给水装置应按灌溉面积均衡布设，并根据作物种类确定布置密度，每个给水装置灌溉面积宜为 $0.25～0.60 \text{hm}^2$，经济作物取小值，粮食作物取大值，田间配套地面移动管道时，可扩大至 1hm^2。

出水口和给水栓的结构类型很多，选用时应因地制宜，依据其技术性能、造价和在田间工作的适应性，并结合当地的经济条件和加工能力等，综合考虑确定，一般要求：结构简单，坚固耐用；密封性能好，关闭时不渗水，不漏水；水力性能好，局部水头损失小；整体性能好，开关方便，容易装卸；功能多，除供水外，尽可能具有进排气，消除水锤、真空等功能，以保证管路安全运行，造价低。根据止水原理，出水口和给水栓可分为外力止水式、内水压式和栓塞止水式等三大类型。

5. 管道安全装置的布设

为防止管道进气、排气不及时或操作运用不当，以及井灌区泵不按规程操作或突然停电等原因而发生事故，甚至使管道破裂，必须在管道上设置安全保护装置。目前在管道输水灌溉系统中使用的安全保护装置主要有球阀型进排气装置、平板型进排气装置、单流门进排气阀和安全阀 4 种。它们一般应装设在管道首部或管线较高处。

第八章 田 间 排 水

农田水分过多，会造成洪、涝和渍害，影响作物正常生长，导致作物减产甚至绝收。在北方地区，农田水分过多还会造成严重的土壤盐渍化。为了调节农田水分状况，给作物创造良好的生长环境，不仅要有完整的灌溉系统，而且还需要完整的排水系统。

田间排水主要是排除地面多余的水，降低地下水位，达到除涝、防渍、防止土壤盐渍化、改良盐碱土、调节土壤水分状况，以适应农业稳产、高产和土壤改良的要求。田间排水可归结为过湿地排水和盐碱地排水两大类。过湿地排水的任务是排除农田中多余的水分，要求在一定的时间内排除过多的地表水，降低过高的地下水位，使土壤具有适宜的水汽比例，达到除涝、防渍、改良沼泽地的目的。盐碱地排水的任务是控制地下水位，及时排除过多的地表水和地下水，防止盐分在土壤表面聚集，使盐碱地得到改良。总之，农田排水就是为作物正常生长创造良好的水土环境。

第一节 农田渍涝原因、排水标准与方法

洪、涝、渍、土壤盐碱化是农田常见的几种自然灾害。洪灾是指因降雨过多，大量地面径流得不到及时宣泄，致使农田被淹没造成的灾害；涝灾是因当地降雨过多，地面径流不能及时排出而形成田面积水，使农作物受淹，称为涝或内涝，农作物由于受涝而造成的减产或失收则称为涝灾。这种排水田面积水的排水称为除涝排水，又称排地面水。渍害是由于雨后坡度较小的地区和低洼地，在排除地面积水以后，地下水位过高，根系活动层土壤含水率太大，通气不良，作物根系呼吸困难，甚至在缺氧情况下产生有毒物质，造成作物减产，甚至死亡，防止渍害的排水称为防渍排水。涝灾与渍害往往是相伴发生且密切相关的。农田渍涝是指农田发生的渍害和涝灾。农业生产中，渍涝灾害是较常发生而且受灾范围较广，对作物危害较大的一类自然灾害，是农田排水所要研究解决的主要问题。土壤盐碱化主要发生在我国干旱半干旱地区，当地下水位过高，地下水矿化度也较高，由于潜水蒸发强度大，地下水借土壤毛细管作用上升地表，水分蒸发后，盐分留在土壤表层，造成土壤盐碱化。冷浸田是指由于地表水、地下水和冷泉水的浸入，长期受冷水浸泡，形成"冷、烂、毒、酸、蚌"的冷水田、烂泥田、锈水田等。由此可见，无论是消除或减轻洪、涝、渍等自然灾害，还是改造盐碱、冷浸等低产田，都必须搞好排水工程建设。

一、农田的涝渍成因

1. 农田受涝原因及其危害

促成涝灾的原因很多，既有自然原因，也有人为因素，其中降雨量集中、地形平坦低洼、天然排水条件差、人工排水措施不健全等是发生涝灾的主要原因，可简化为两个：一是来水过多，二是排水不良。

过多的来水有以下几部分：①当地暴雨形成的地面积水；②以地面径流的形式流入本地区的外来水，例如从邻近高地流入的地面径流，由承泄区（江、河、湖、海）倒灌入侵的来水；③灌区灌溉多余水量以及盐碱土冲洗水量等。

至于排水不良的原因，一般可归结为以下几方面。

（1）承泄区和排水出口方面的问题：①承泄区水位（又称外水位）高于排水区内的渍涝水位（即内水位）；②承泄区水位虽然低于内水位，但水位差较小；③排水出口断面狭窄或堵塞；④排水闸宽度和排水泵站装机容量不足等。

（2）排水区内部原因：①排水地区的地形过于平坦或比较复杂；②土壤透水性差；③排水系统不配套或排水沟排水能力不足或工程老化；④有些地区由于利用排水沟道蓄水灌溉，造成沟道阻塞，以致降低和失去排水作用；⑤田间排水沟的沟深间距没有达到规定的标准；⑥地区内部缺乏必要的滞涝河湖容积等。

（3）管理方面的问题。排水管理体制不合理，排水系统管理不善等，在不同程度上限制了排水工程作用的发挥，引起地区排水不良。

作物生长过程中要求土层中的水、肥、气、热具有适当的比例，以满足作物根系呼吸、新陈代谢以及养分和热量等方面的需求。但在田面积水的情况下，由于水分的入渗，作物根系层中的土层含水量大量增加，土壤孔隙中的空气被排出，造成根系呼吸所需氧气减少，水、肥、气、热的关系失调，当田面淹水时间较长，土壤含水量达到饱和时，土壤孔隙中的空气全被挤出，作物在缺氧或无氧条件下进行呼吸时产生的乙醇，可使作物中毒而死亡。作物受淹的成灾程度，与作物的淹水时间和淹水深度密切相关，其规律是，淹水时间越长，淹水深度越深，作物的受灾程度越大，直至作物淹死失收。因此，作物的允许淹水历时和淹水深度是农田排水规划的重要依据，农田排水工程应能在作物允许的耐淹限度内，把某一设计标准下的暴雨产生的地面径流及时排出，免使作物受涝成灾。

农田受涝成灾的灾情，常用受涝面积的大小和作物受灾减产的程度两种指标进行表示，但还没有统一规定的标准，各地用法不一，采用受涝面积作指标时，是以成灾农田面积数或成灾面积所占的百分数表示灾情的轻重；以作物减产程度作指标时，则用作物因灾减产的成数作为灾情轻重的衡量依据。以作物减产程度作灾情指标时，有分为三级表示的，也有按两级表示的。分三级表示时，一般以减产一至三成为轻灾，四至七成为重灾，八成以上为特重灾；分两级表示时，则常以减产四成或四成以下为轻灾，五成或五成以上为重灾。减产成数是以正常情况下的估计产量为依据的。如江苏省气象台以成灾面积百分数为依据拟定的涝年（3—11月）标准为：受涝面积20%以上为重涝年，20%以下为轻涝年。此外，还有以连续降雨日数、降雨总量和单日最大降雨量为指标，分别拟定出本省的春涝、夏涝、秋涝的灾情标准。河南省人民胜利渠灌区按减产成数制定的涝级为：减产成数大于五成为大涝，减产三至五成为中涝，减产三成以下为小涝。

在对灌区或排水地区进行深入的调查研究后，就有可能针对渍涝原因提出比较合理的排水规划，其主要内容一般包括：①布置防洪堤线；②划分排水片，如按地形、水文条件和现有水利设施等将排水区划分为高排区和低排区、自排区和抽排区等；③选择排水承泄区；④规划布置排水系统，包括截流沟（又称撇洪沟）、滞涝区、排水闸、排水泵站以及各级排水沟等，并通过水文水利计算确定它们的规模；⑤协调各地区、各单位之间的排水要求和预估排水效果。

2. 渍害产生的原因及其危害

渍害是指作物根系活动层中的土壤含水量过大，长期超过作物正常生长的允许限度，使土层中的水、肥、气、热关系失调，生态环境恶化，导致作物生长发育受到抑制的一种灾害现象。渍害轻则造成作物减产，重则可能导致作物死亡失收。

农田渍害产生的原因很多，各地不尽一样，既有不利的自然因素，如降雨量多，降雨时间长，地下水补给来源大，水位高，地势低平，排水不畅，土质黏重透水性小等；也有不合理的人类活动因素，如灌溉用水量过大，水分大量补给地下水，使地下水位上升过高，长期超过作物允许的高度，或由于蓄水不当，造成水量下渗补给，使地下水位大幅度升高；还有以地下径流形式流入本地区的外来水，例如来自地区周边的渗透水和承压地下水等。这些不同形式、不同数量的涝渍水源，都可导致不同性质和不同程度的涝渍灾害。由自然因素引起的渍害称为原生渍害；而由不当人类活动因素引起的渍害则称作次生渍害。通常，渍害的发生大都是在多种因素综合作用下形成的。长江中、下游地区的三麦和棉花等作物较常发生渍害，究其原因，主要是由于连续降雨时间长，雨量多，地势低平，排水出流条件差，地下水位长期过高，近地表有透水性很弱的犁底层或黏土层，形成上层滞水，使作物根系层的土壤含水量长期超出作物允许的数值而形成。

渍害常与洪、涝、土壤盐碱化等灾害相伴发生，对作物危害的性质和产生的原因也与涝灾很相似，都是由于农田水分过多所造成的。但渍害地面一般不出现积水现象，只是土壤含水量过大，严重的有时也可能达到饱和，对作物的伤害不如涝灾来的明显和快速，所以往往不被重视，对作物造成很大灾害。防治渍害的有效措施是进行田间排水，根据渍害产生的原因，防渍田内排水工程应能有效地控制地下水位，使地下水位经常控制在适合作物生长的深度范围内，排除根系层中过多的土壤水分，使土层保持适宜的含水率，为作物生长创造良好的条件。

二、田间排水标准

农田排水根据防治灾害的要求有排涝、治渍和防治土壤盐碱化之分，所以治理区的排水设计标准应据此选定。农田排水标准的确定，虽然主要与作物、土壤、水文地质和气候等因素有关，但也受农业生产水平和经济条件的制约，因为排水标准直接关系排水工程量、减灾程度和经济效益。

（一）排涝标准

治理雨涝成灾的排涝工程设计标准，一般有 3 种表示方法：

（1）暴雨重现期。暴雨重现期这种表达方式除明确指出重现期的暴雨外，还规定在这种暴雨发生时作物不允许受涝。即当实际发生暴雨不超过设计暴雨时，农田的淹水深度、历时应不超过农作物正常生长所允许的耐淹水深和历时。这种概念能够较全面地反映治理区设计标准的有关因素。

（2）排涝保证率。排涝保证率是指治理工程实施后作物能正常生长的年数与全系列总年数之比（经验保证率）。实际应用时，先假定在不同的工程规模下分别进行全系列的排涝演算，求出各种规模下作物能正常生长的经验保证率。然后选择经验保证率与治理设计保证率相一致的工程规模，作为设计采用值。这种方法能综合反映雨量、水位及其他有关因素在时间、地点和数量上的组合情况，比较符合实际。但要具有相当长的降雨、水位等资料，且计算比较复杂，除大型的重要治理区外，一般较少采用。

（3）典型年。以防治某一涝情的典型年作为设计排涝标准。这种表达方式能反映涝灾的实际情况，概念比较明确、具体，不因资料加长而改变结果。

《农田排水工程技术规范》（SL/T 4—2020）采用我国使用最普遍的第一种表示方法，即按治理区发生一定重现的暴雨时农田不受涝为准。当实际发生的暴雨不超过设计暴雨时，农田的淹水深度和淹水历时应不超过农作物正常生长允许的耐淹深度和耐淹历时。因此，排涝标准的设计暴雨重现期，应根据排水区的自然条件、涝灾的严重程度及影响大小等因素经技术经济论证确定，一般可采用5～10年。经济条件较好或有特殊要求的地区，可适当提高标准；经济条件较差的地区，可分期达到标准。

排涝标准是确定除涝工程规模的重要依据，标准确定合理与否将直接影响排水工程投资效益及社会效益。设计暴雨历时和排出时间应根据排涝面积、地面坡度、植被条件、暴雨特性和暴雨量、河网和湖泊的调蓄情况，以及农作物耐淹水深和耐淹历时等条件，经论证确定。旱作区可采用1～3d暴雨从作物受淹起1～3d排除至田面无积水；稻作区可采用1～3d暴雨3～5d排至耐淹水深；牧草区可采用1～3d暴雨5～7d排至耐淹水深。

作物受涝的减产情况以及作物允许的淹水历时和淹水深度，与作物的种类及其生育阶段等因素有关。对于不同淹水历时和淹水深度条件下引起的作物减产情况，目前还较缺乏系统的调查试验资料。表8-1所示的几种主要农作物的耐淹水深和耐淹历时资料，可作为农田排水规划参考。

表 8-1   几种主要农作物的耐淹水深和耐淹历时

作物种类	生育期	耐淹水深/cm	耐淹历时/d
棉花	苗蕾期	5～10	2～3
	开花结铃期	5～10	1～2
玉米	苗期—拔节期	2～5	1
	抽雄吐丝期	8～12	1～1.5
	灌浆成熟期	10～15	2～3
甘薯	全生育期	7～10	2～3
春谷	苗期—拔节期	3～5	1～2
	孕穗期	5～10	1～2
	成熟期	10～15	2～3
高粱	苗期	3～5	2～3
	孕穗期	10～15	5～7
	灌浆期	15～20	6～10
	成熟期	15～20	10～20
大豆	出苗—分枝期	5～10	2
	开花期	10～15	2～3
小麦	拔节—成熟期	8～12	3～4

作物种类	生育期	耐淹水深/cm	耐淹历时/d
油菜	开花结荚期	5～10	1～1.5
水稻（中稻）	分蘖期	株高的 2/3	3～5
	拔节孕穗期	株高的 2/3	2～4
	抽穗开花期	株高的 2/3	2～3
	灌浆乳熟期	株高的 2/3	4～6

注 淹水深度较大时相应的耐淹历时较短（取较小值），淹水深度较小则相应的耐淹历时较长（取较大值）。北方地区的农作物习惯于干旱条件，耐淹水深取较小值，南方地区取较大值。

　　具有调蓄容积的排水系统，可根据调蓄容积的大小采用较长历时的设计暴雨或一定间歇期的前后两次暴雨作为设计标准；排空调蓄容积的时间，可根据当地暴雨特征，统计分析两次暴雨的间歇天数确定，一般可采用 7～15d。《农田排水工程技术规范》（SL/T 4—2020）采用的我国各地区设计排涝标准见表 8-2。

表 8-2　　　　　　　　　　　　　　　　**各地区设计排涝标准**

地 区	设计暴雨 重现期/a	设计暴雨和排涝天数
天津郊县（区）	10	1d暴雨2d排出
河南安阳、信阳地区	3～5	3d暴雨1～2d排出（旱作区）
河北白洋淀地区	5	1d暴雨3d排出
辽宁中部平原区	5～10	3d暴雨3d排至作物允许滞蓄水深
陕西交口灌区	10	1d暴雨1d排出
黑龙江三江平原	5～10	1d暴雨2d排出
吉林丰满以下第二松花江流域	5～10	1d暴雨1～2d排出
湖北平原湖区	10	1d暴雨3d排至作物允许滞蓄水深
湖南洞庭湖区	10	3d暴雨3d排至作物允许滞蓄水深
广东珠江三角洲	10	1d暴雨3d排至作物允许滞蓄水深
广西平原区	10	1d暴雨3d排至作物允许滞蓄水深
浙江杭嘉湖区	10	1d或3d暴雨分别2d或4d排至作物允许滞蓄水深
江西鄱阳湖区	5～10	3d暴雨3～5d排至作物允许滞蓄水深
江苏水稻圩区	10～20	24h暴雨雨后1d排至作物允许滞蓄水深
安徽巢湖、芜湖、安庆地区	5～10	3d暴雨3d排至作物允许滞蓄水深
福建闽江、九龙江下游地区	5～10	3d暴雨3d排至作物允许滞蓄水深
上海郊县（区）	10～20	1d暴雨1～2d排出（蔬菜田当日排出）

　　农作物的耐淹水深和耐淹历时因农作物种类、生育阶段、土壤性质、气候条件等不同而变化，是一个动态指标。棉花、小麦、春谷等作物耐淹能力较差，地面积水一般在10cm 以下，耐淹历时 1～2d，一般在田面积水 10cm 的情况下，淹水一天就会引起减产，受淹 6～7d 以上将会导致死亡；一般旱作物耐淹水深 10～15cm，耐淹历时 2～3d。从作

物的生育阶段来看，耐淹能力随作物的生长发育而有所加强。作物的允许淹水时间还与当时的气候条件有关，一般情况是气温较高的晴天作物耐淹时间较短，气温较低的阴天，允许的淹水时间可以长些。农田排水规划中常以主要作物的允许淹水时间作为排水历时，进行排水的设计流量的计算。水稻虽宜于水田中生长，但若田面水层长期过深，则不利于水稻的生长，会引起减产甚至死亡。江苏里下河地区，在水稻分蘖期进行过淹水深度和淹水时间的调查试验，淹水程度对水稻产量影响如图 8-1 所示。

　　鉴于我国目前还没有系统的农作物耐淹试验资料可供应用，因此各种农作物的耐淹水深和耐淹历时应根据各地实际调查和科学试验资料分析确定。无调查或试验资料时，可按表 8-1 选取。

　　（二）治渍排水标准

　　农作物排渍标准包括设计排渍深度、耐渍深度、耐渍时间。农作物的设计排渍深度是指控制农作物不受渍害的农田地下水排降深度，通常是将排水区地下水位在降雨后一定时间内排降到农作物耐渍深度以下，以消除由于水分过多或水稻田土壤通气不良所产生的渍害。农作物的耐渍深度是指农作物在不同生育阶段要求保持一定的地下水适宜埋藏深度，即土壤中水分和空气状况适宜于农作物根系生长（有利于农作物增产）的地下

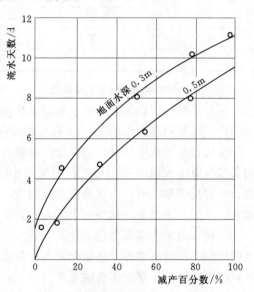

图 8-1　江苏省里下河地区水稻分蘖期淹水
天数与产量关系

水深度。当地下水位经常维持在农作物的耐渍深度时，则农作物不受渍害。农作物的耐渍时间指在作物生长期间，允许地下水短期升至耐渍深度以上以不危害作物正常生长为限度的持续时间。

　　由于农作物的耐渍深度和耐渍时间因农作物种类、生育阶段、土壤性质、气候条件以及采取的农业技术措施等不同而变化，是一个动态指标。因此，各种农作物的耐渍深度和耐渍时间应根据当地或邻近地区作物种植经验的实地调查或试验资料，并考虑到一些动态因素的影响分析确定。无试验资料或调查资料时，旱田设计排渍深度可取 0.8～1.3m，水稻田设计排渍深度可取 0.4～0.6m；旱作物耐渍深度可取 0.3～0.6m，耐渍时间 3～4d。水稻田适宜日渗漏量可取 2～8mm/d（黏性土取较小值，砂性土取较大值）。

　　有渍害的旱作区，农作物生长期地下水位应以设计排渍深度作为控制标准，但在设计暴雨形成的地面水排除后，应在旱作物耐渍时间内将地下水位降至耐渍深度。水稻区应能在晒田期内 3～5d 将地下水位降至设计排渍深度。土壤渗漏量过小的水稻田，应采取地下水排水措施使其淹水期的渗漏量达到适宜标准。适于使用农业机械作业的设计排渍深度，应根据各地区农业机械耕作的具体要求确定，一般可采用 0.6～0.8m。表 8-3 列出的几种主要农作物排渍标准，可供无试验调查资料时参考选用。

表 8-3 几种主要农作物的排渍标准

农作物	生育阶段	设计排渍深度/m	耐渍深度/m	耐渍时间/d
棉花	开花、结铃	1.0～1.2	0.4～0.5	3～4
玉米	抽穗、灌浆	1.0～1.2	0.4～0.5	3～4
甘薯	—	0.9～1.1	0.5～0.6	7～8
小麦	生长前期、后期	0.8～1.0	0.5～0.6	3～4
大豆	开花	0.8～1.0	0.3～0.4	10～12
高粱	开花	0.8～1.0	0.3～0.4	12～15
水稻	晒田	0.4～0.6		

（三）防治土壤盐碱化排水标准

在干旱半干旱地区常存在土壤盐碱化问题。作物根系层中的盐分主要是随着水分而运动的，在蒸发和蒸腾作用下，由于土壤的毛管作用，地下水中的盐分会随着水分而上升，水分自地表蒸发或植株蒸腾后，盐分则留在土壤表层。而在一定条件下，根系层水分蒸发和蒸腾与地下水埋深密切相关。埋深越小，地下水面以上土壤含水量越高，蒸发能力越强，特别是干旱季节，土壤蒸发强度越大，表层积盐越快，越容易形成土壤盐碱化。通过排水，降低地下水位，减少潜水蒸发，是解决盐碱灾害的一种有效措施。

改良和防治土壤次生盐碱化，水利方面的措施主要是建立良好的排水系统。除执行以上的排涝、排渍标准外，还必须要求在返盐季节前将地下水位控制在临界深度以下，从而达到改良和防治土壤次生盐碱化的目的。在我国，防治盐碱化通常以地下水临界深度为工程设计标准，但由于土壤盐分和地下水位是经常变动的，所以有些国家不用临界深度做设计标准，而利用灌溉淋盐和排水排盐的功能进行排水设计。故当采取小于地下水临界深度设计时，应通过水盐平衡论证确定。

地下水位临界深度是指为了保证不引起耕作层土壤盐碱化所要求保持的地下水最小埋藏深度。控制地下水位的临界深度主要与当地土壤性质、地下水矿化度及作物根系活动层深度等因素有关。因此，控制地下水位的临界深度值应根据各地区试验或调查资料确定。表 8-4 所列地下水临界深度值，可供无试验或调查资料时参考选用。

表 8-4 地下水临界深度 单位：m

土 质	地下水矿化度/(g/L)			
	<2	2～5	>5～10	>10
砂壤土、轻壤土	1.8～2.1	2.1～2.3	2.3～2.6	2.6～2.8
中壤土	1.5～1.7	1.7～1.9	1.8～2.0	2.0～2.2
重壤土、黏土	1.0～1.2	1.1～1.3	1.2～1.4	1.3～1.5

注 蒸发强烈地区宜取较大值，反之宜取较小值。

在地下水由高水位降至临界深度的过程中，因地下水的蒸发积盐，可能使根层的土壤含盐量超过作物的耐盐能力，为防止此情况的发生，必须确定适宜的排水时间。在我国一般采用 8～15d 将灌溉或降雨引起升高的地下水位降至临界深度，并达到以下要求：

（1）在预防盐碱化地区，应保证农作物各生育期的根层土壤含盐量不超过其耐盐能力。

（2）在冲洗改良盐碱土地区，应满足设计土层深度内达到脱盐要求。

三、田间排水方法

针对农田排水所要解决的问题（如除涝防渍、防碱洗碱、截渗排水、沼泽地改良等）及涝、渍、盐碱的成因，综合治理区自然条件和社会经济状况，需因地制宜确定排水方式。目前，我国在生产上采用较多的排水措施，按照不同的分类方法，我国各地区或治理区的农田排水方式归纳以下几种。

按排水任务不同，分为汛期排水和日常排水。汛期排水（主指排涝）是为了避免耕地因受涝水的侵入而被淹没；日常排水（排渍）则是为了控制治理区的地卜水位和排除过多的土壤水分。两者排水任务虽然不同，但目的都是保障农、林、牧业的生产，在进行排水分区及规划布置排水系统时，应同时满足这两方面的要求。

按排水出口与承泄区的水位情况，分为自流排水和抽水排水。当承泄区的水位低于排水干沟出口水位时，一般采用自流排水；若排水出口设计水位低于容泄区同期或同频率水位，或受下一级排水沟水位顶托而不能自流排水时，采取抽水排水或抽排与滞蓄相结合的除涝排水方式；如果仅有部分时间不能自流排水时，可采用自流与抽排结合的排水方式。

按排水时水流流动的方向，田间排水可分为水平（沟道）排水和垂直（或竖井）排水两种形式。对于主要由降雨和灌溉渗水成涝的地区，常采用水平排水方式。水平排水又可分为明沟和暗管两种；如由于因地下水而致渍涝，则应考虑采用竖井排水方式；对于旱涝碱兼治地区，如地下水质和含水层出水条件较好，若把灌溉和排水结合起来，又称为井灌井排，配合田间排涝明沟，形成垂直与水平相结合的排水系统。

按截流方式不同，分为地面截流沟（有些地区称撇洪沟）和地下截流沟排水两种，对于由外区流入排水区的地面水或地下水以及其他特殊地形条件下形成的涝渍，可分别采用地面或地下截流沟排水的方式。

第二节　田间排水工程规划

田间排水工程（又称田间排水网）是指未达固定排水沟道（农沟）控制的田块范围内所有田间排水设施（明沟或暗管）的总称。田间排水工程是灌区农田排水的基础，也是农田排水理论研究的对象。田间排水工程与灌区各级骨干排水沟道及其建筑物组成完整的排水系统，完成灌区的除涝、防渍、防治土壤盐碱化等各种排水任务。田间排水工程的主要任务在于汇集田间过多的地面或地下水分，向骨干沟道输送，然后再排到容泄区，起到调节农田水分状况、改善土壤肥力和改良土壤的作用，为作物创造良好的生长条件。

一、田间明沟排水工程规划

明沟排水，就是在地面上挖沟或者利用天然沟道形成一个完整的地面排水系统，把地上、地下和土壤中多余的水排走，既要能加速排出地面水，又要能在一定程度上降低地下水位，保证农作物的正常生长。

按照排水任务的不同，明沟排水也可分为除涝、防渍和防止土壤盐碱化等三种明沟排水系统。它的作用：一是直接从土壤和地下水中排出由灌溉、降水和冲洗时所淋洗出的盐分；二是降低地下水位，把盐碱化地区的地下水位控制到不致使土壤继续盐碱化的深度，消除使土壤继续盐渍化的潜在威胁，防止土壤次生盐渍化；三是排涝，在盐渍化碱土上可以较快地终止土壤的沼泽化，并改善土壤的理化性状，调节土壤水、肥、气、热状态，增进地力，为提高农作物产量创造条件。因此，明沟排水不仅是改良盐碱土的先决条件，而且也是防止次生盐渍化的关键措施。明沟排水的特点是排水速度快（尤其是排地面水）、排水效果好，但明沟排水工程量大、地面建筑物多、占地面积大、沟坡易坍塌且不易保持稳定，同时不利于交通和机械化耕作等特点。

（一）田间明沟排水工程布置

明沟排水系统的布置，应与灌溉渠道系统相对应，可依干沟、支沟、斗沟、农沟顺序设置固定沟道，根据排水区的形状和面积大小以及负担的任务，沟道的级数也可适当增减。平原地区条田的尺寸和形状，直接影响着机械化作业效率。所以它的长度和宽度必须满足机耕、机播和机械收割的要求。在我国北方地区规划布置时首先要考虑除涝、防渍和改良盐碱地的要求。易遭受渍害及土壤盐碱化的地区，条田应采用较小的田面宽度。北方平原地区的条田长度一般约为 $400\sim800$m，宽度在满足除涝、防渍和改碱要求的前提下，按当地实际的农业机械宽度的倍数来定。

由于各地区的自然条件不同，田间排水系统的组成和布置也有很大差别，必须根据具体情况，因地制宜进行规划布置。现在平原和圩区常见的田间排水系统布置形式介绍如下：

（1）排灌相邻布置。在单一坡向地形，灌排一致的地区，灌溉渠道和排水沟一般是相邻布置。如图 4-37（b）所示。在易旱易涝（如重质土壤）地区，要求控制地下水位的排水沟间距较小。除排水农沟外，田间内部尚需设置有 $1\sim2$ 级排水沟。在要求控制地下水位的末级排水沟间距为 $100\sim150$m 时，则在田间可以仅设毛沟，田间灌排渠系的布置如图 8-2（a）所示。农沟及毛沟均应起控制地下水位的作用，毛沟深度一般至少 $1.0\sim1.0$m，农沟则应为 $1.2\sim1.5$m 以上。由于田块为排水毛沟分割，条田宽度减少，机耕时拖拉机开行方向应平行毛沟。为了加速地面径流的排除，毛沟应大致平行等高线布置。如要求的末级排水沟间距为 $30\sim50$m，则在农田内部采用两级排水沟（毛沟、小沟），此时灌排渠系如图 8-2（b）所示。末级田间排水沟应大致平行等高线布置，以利于地表径流的排出。如末级排水沟要求的深度较大，不便机耕，有条件的地区应采用暗管排水系统。

（2）排灌相间布置。在地形平坦或有一定波浪状微起伏的地区，灌排渠道布置在高处，向两侧灌水，排水沟布置在低处，承受两侧来水，如图 4-37（a）所示。

（3）排灌两用布置。在沿江滨湖的圩垸水稻地区为了节省土地和工程量，常把末级固定排水沟和末级固定灌溉渠道合为一条。北方地区也有这么布置的。在易旱易涝易碱地区，如防止土壤次生盐碱化的任务由斗、支沟负担，则田间渠系仅负担灌溉和除涝的任务。在地下水埋深较大，无控制地下水位和防渍要求，或虽有控制地下水位的任务，但由于土质较轻，要求排水沟间距在 $200\sim300$m 时，排除地面水和控制地下水的排水农沟可以结合使用。在这种情况下，农田内部的排水沟主要起除涝（排除地面水）作用，田间灌排渠系可以全部（即毛渠、输水垄沟）或部分（即输水垄沟）结合使用，其布置形式分别如图 8-3（a）、（b）所示。实践证明，这种布置形式不利于控制地下水位，特别是在低

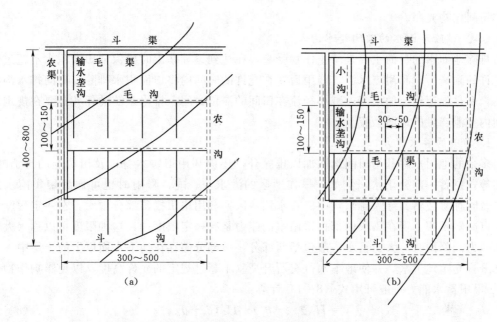

图 8-2 易旱易涝地区田间渠系布置示意图（单位：m）

(a) 排水沟间距为 100～150mm；(b) 排水沟间距为 30～50mm

洼易涝盐碱地区，地下水位降不到临界深度以下，往往会招致次生盐渍化。这种形式一般不宜采用。

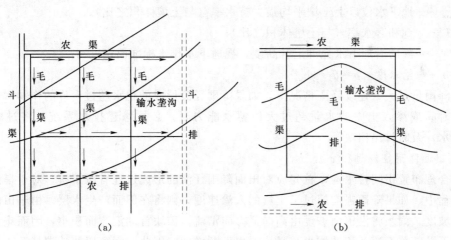

图 8-3 灌排两用田间渠系布置示意图

（a）毛渠输水垄沟灌排两用的田间渠系；（b）仅输水沟灌排两用的田间渠系

（4）沟、渠、路、林的配置形式。田间排水系统布置涉及灌溉、交通、林网、输电线路以及居民点等整体规划布局，必须因地制宜，抓住主要矛盾，全面规划，统筹安排。例如地势低洼的平原地区，主要矛盾是排涝，必须首先考虑排水系统的布置，以排水系统为基础，再结合布置灌溉系统、农村道路和林网等。同时要注意少占耕地和节省工程量。沟、渠、路、林配置应做到有利于排灌，有利于机耕，有利于运输，有利于田间管理，不影响田间作物光照。

（二）排除地面水的田间排水沟

排除地面水的目的主要是防止作物受淹，在达到设计暴雨时要保证田面积水不超过作物允许的耐淹历时和耐淹水深，降雨后要在允许的时间内将田面积水排除。田间排水沟的作用，就是加速径流的出流，减小径流在田间的滞留时间。排水系统的任务是要在规定的时间内宣泄产生的地面径流量。

1. 旱田的蓄水能力

多余的地面水除利用田间沟网加以排除外，还应利用田块本身以及田块上的沟、畦、格田等，拦蓄一部分雨水，例如，旱作地区的灌水沟、畦，降雨时也可作为聚集雨水之用，暂时存蓄或将其导入排水沟中。在水稻地区，利用格田拦蓄部分雨水，在一定程度上也可以减轻涝灾。但在田块内部拦蓄雨水的能力是有一定限度的，这种限度可以称为大田蓄水能力。降雨时，大田蓄水一般包括两部分：一部分储存在地下水面以上的土层中；另一部分补充了地下水，并使地下水位有所升高（不超过规定的允许高度，以免影响作物生长）。旱田蓄水能力一般可用式（8-1）计算：

$$V = H(\theta_{max} - \theta_0) + H_1(\theta_s - \theta_{max}) \tag{8-1}$$

或
$$V = H(\theta_{max} - \theta_0) + \mu H_1$$

式中　V——大田蓄水能力，m；

　　　H——降雨前地下水埋深，m；

　　　θ_0——降雨前地下水位以上土层平均体积含水率；

　　　θ_{max}——地下水位以上土壤平均最大持水率（与土壤体积之比）；

　　　θ_s——饱和含水率（与土壤体积之比）；

　　　H_1——降雨后地下水允许上升高度，视地下水排水标准而定，m；

　　　μ——给水度，$\mu = \theta_s - \theta_{max}$。

在降雨量过大或连续降雨情况下，如果降雨径流形成的积水超过允许的作物耐淹深度和持续时间或渗入土中的水量超过大田蓄水能力时，必须修建排水系统，将过多的雨水（涝水）及时排出田块。

2. 田面降雨径流过程分析

要合理布置田间排水沟，首先应对田面降雨径流的形成过程有所了解。对于旱田，在降雨过程中，如果降雨强度超过了土壤的入渗速度，则将在田面产生水层。由于田面具有一定的坡度，雨水将沿田面坡度由高向低方向汇流，田块首端汇流面积小，因而淹水层厚度小，下游随着汇流面积的增大，径流量也不断增加。因此，距离田块首端越远，形成的水层厚度越大。在地面作物覆盖、耕作方法、地面平整情况和地面坡降相同的情况下，田块越长，田块末端淹水的深度越大，淹水历时也越长，这对作物的生长是不利的。在降雨停止后，排除这一层水所需要的时间也越久，下端水层越厚，亦即淹水历时也越长。要保证作物能正常生长，必须开挖田间排水沟，缩短集流时间和集流长度，以减少淹水深度和淹水时间。排水沟的间距直接影响到田面淹水深度和淹水时间，排水沟间距越小，亦即水流长度越短，淹水深度越小，淹水历时越短，如图8-4所示。增开中间的田间排水沟，不仅减少了田块尾端水层深度，同时也缩短了淹水时间，可以发挥排水沟对地面水层的调节作用。根据山东省齐河观测资料，在田间排水沟（垂直于农沟）的深度为 0.8～1.0m，间距分别为 30m、50m、100m、400m 时，地面淹水时间见表 8-5。田间排水工程可以缩短淹水时间，从而也可以减少地面水渗入地下水的量，也有利于防止农田受渍。

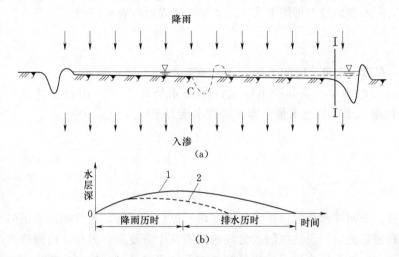

图 8-4 排水沟对田面水层的调节作用

(a) 排水示意图；(b) 排水过程

1—开挖排水沟 C 以前 I—I 断面处排水过程式；2—开挖排水沟 C 以后 I—I 断面处排水过程式

表 8-5 山东省齐河县不同沟距与田面淹水时间表

（降雨量 116mm，降雨历时 4h，土壤为重壤和黏土）

田间排水沟间距/m	30	50	100	400
田面淹水时间	3～4h	5～6h	10～12h	3～4d

3. 田间排水沟间距

田间排水沟的沟深和间距之间有着非常密切的联系，相互影响，合理地分析确定沟深和间距是田间排水规划的主要任务之一，具有重要的实际意义。农沟是最末一级固定排水沟道，也是田间排水工程的组成部分，如果布置过密，虽然排水效果好，但田块分割过小，机耕不便，占地过多；相反，如排水沟的间距过大，则达不到除涝排水要求，影响作物正常生长。排水沟的间距（如不考虑机耕及其他方面的要求）与降雨时的田面水层形成过程以及允许的淹水深度和淹水历时有密切关系。因此，田间排水沟的计算主要是合理确定农沟沟深和间距，沟深的间距应能满足田间排水的要求。排水任务不同的田间排水，对沟深、间距的要求不尽一样。下面分别对除涝田间排水以控制地下水位的田间排水沟深及间距的计算作一介绍。

关于各种作物的允许淹水深度和淹水历时已在第一节中介绍，但对允许淹水历时还需进一步说明。在设计排水沟间距时，一般是以作物允许淹水历时作为主要参数之一，但作物淹水历时必须以雨水渗入田间的限度（即大田蓄水能力 y）加以校核。如果根据大田蓄水能力确定的允许淹水历时小于作物允许淹水历时，则在设计排水沟间距时，应采用根据大田蓄水能力确定的允许淹水历时为依据。

在第一章已述及，土壤渗吸速度的变化过程可用下式表示：

$$i = \frac{i_1}{t^a}$$

在时间 t 内入渗总量 I 可用下式（以水层深度表示）表示：

$$I = \frac{i_1}{1-a} t^{1-a} \tag{8-2}$$

式中　i_1——在第一个单位时间末的土壤入渗速度。

如果降雨历时为 t，降雨停止后允许的淹水历时为 T，则根据式（8-2），在时间 $(t+T)$ 内渗入土层的总水量（即大田蓄水能力 V）为

$$i_0 (t+T)^{1-a} \leqslant V$$

即

$$t + T \leqslant \left(\frac{V}{i_0} \right)^{\frac{1}{1-a}} \tag{8-3}$$

由上可见，田间排水沟的间距与田面降雨径流形成过程、允许的淹水历时和旱田蓄水能力等因素有密切关系，而这些因素之间的关系又十分复杂。另外，田间排水沟间距除满足除涝排水要求以外，还应根据机耕及其他方面的要求，进行综合分析确定。我国北方地区农沟一般间距多为 150～200m，毛沟间距为 30～50m。天津、河北地区农沟间距一般采用 200～400m，沟深 2～3m，底宽 1～2m。南方地区末级排水沟间距多为 100～200m。单纯排除地面水的排水沟沟深视排水流量而定，一般不超过 0.8～1.0m。兼有控制地下水位作用的明沟，其深度则视防渍和防盐要求而定。表 8-6 为一般排水沟沟道规格，表 8-7 为江苏、安徽等地最末一级固定排水沟采用的数值，可供参考。

表 8-6　　　　　　　　　一般排水沟沟道规格

沟道名称	沟深/m	沟距/m	沟道名称	沟深/m	沟距/m
支沟	2.0～2.5	1000～5000	行沟	0.8～1.0	50～100
斗沟	1.5～2.0	300～1000	腰沟	0.5～0.8	30～50
农沟	1.0～1.5	100～300			

表 8-7　　　　　　　江苏、安徽等地最末一级固定排水沟规格

地　区	间距/m	沟深/m	底宽/m
徐淮平原	100～200	2	1～2
南通、太湖平原	200	2	1
安徽固镇	150	1.5	1

（三）控制地下水位的田间排水沟

地下水位高是产生渍害的主要原因，对地下水矿化度较大的灌区，高地下水位也是产生土壤盐碱化的重要原因。因此，在地下水位较高或有盐碱化威胁的灌区，必须修建控制地下水位的田间排水沟，以便降低地下水位，防止因灌溉、降雨和冲洗引起地下水位的上升，造成渍害或土壤盐碱化。排水沟既要能加速排除地面水，又要能降低地下水位，保证农作物的正常生长。

1. 排水沟对地下水位的调控作用

引起地下水上升的主要水量来源于降雨、灌溉（特别是种植水稻和采用不良的灌水技术）、冲洗、河渠的渗漏等。其中，降雨入渗是引起地下水位上升的最普遍的原因。降雨时渗入地下的水量，一部分蓄存在原地下水位以上的土层中，另一部分将透过土层补给地下水，引起水位的上升。地下水位上升过程如图 8-5 中的 abc 所示。在田间排水工程修建前，雨停后水位的回落主要依靠地下水的蒸发。由于蒸发强度随着地下水位的下降而逐渐减弱，因而由蒸发而引起的地下水位下降速度也随地下水埋深的加大而减弱。在地下水位达到一定深度后，水位下降将十分缓慢。在无排水设施的条件下，农田地下水回落过程将如图 8-5 中的 cde 所示。在建有田间排水工程的条件下，降雨过程中入渗水量的一部分将自排水沟排走，因而地下水上升高度将较无排水工程时为小，如图 8-5 中的 $ab'c'$ 所示。越靠近排水沟，对地下水位的控制作用越显著，地下水位越接近沟中水位；距沟越远，控制作用相对减弱，因而两沟中间一点形成地下水位最高点，如图 8-6 所示。雨停以后由于排水沟和蒸发的双重作用，地下水位迅速降低，两沟中间一点水位降落过程如图 8-5 中 $c'd'e'$ 所示。综上所述，田间排水沟在降雨过程中可以减少地下水位的上升，雨停后又可以加速地下水排除和地下水位的回落，因而对于控制地下水位可以起到重要作用。

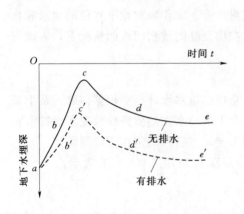

图 8-5 地下水位变化过程示意图

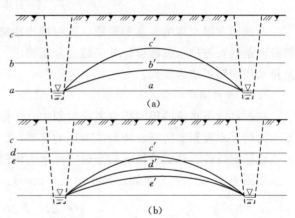

图 8-6 排水沟对地下水位的控制作用示意图

（a）地下水位上升过程；（b）地下水位下降过程

a、b、c—无排水时地下水位上升过程；c、d、e—无排水时地下水位下降过程；a、b'、c'—有排水时地下水位上升过程；c'、d'、e'—有排水时地下水位下降过程

2. 控制地下水位要求的排水沟深度和间距的关系

在一定的排水沟深的条件下，要求的排水沟间距与土层的导压系数 $a = \dfrac{k\overline{H}}{\mu}$（$k$ 为土壤的渗透系数，$\overline{H}$ 为含水层平均厚度，μ 为土壤的给水度）有着十分密切的关系。a 值越大，排水沟（管）的间距可越大，亦即土壤渗透系数越大，含水层厚度越大，土壤给水度越小，满足一定地下水位控制要求的排水沟间距可越大；反之，土壤渗水性越差（土壤越黏重），含水层厚度越小，土壤给水度越大，排水沟间距越小。在满足一定排水要求的排

水沟深度和间距之间存在着密切的关系。

在同一排水沟深度的情况下，排水沟的间距越小，地下水下降速度越快，在一定时间内地下水的下降值越大；反之，排水沟的间距越大，地下水下降越慢，在规定时间内地下水的下降值也越小。在同一排水沟间距的情况下，沟深越大，地下水下降越快；反之，沟深越小，地下水下降越慢。在允许的时间内要求达到的地下水埋藏深度 ΔH 一定时，排水沟的间距 L_1 越大，需要的深度 D_1 也越大；反之，排水沟的间距 L_2 越小，要求的深度也越小，如图 8-7 所示。

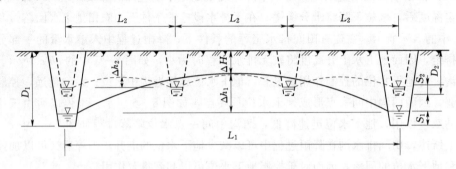

图 8-7 明沟排水示意图

末级固定排水沟的深度和间距，应根据当地机耕作业、农作物对地下水位的要求和自然经济条件，按排水标准设计并经综合分析确定。在增设临时浅密明沟的情况下，末级固定排水沟间距可适当加大。

3. 排水沟深度确定

在控制地下水位的田间排水系统规划中，一般是依据排水设计标准根据作物正常生长要求的地下水埋深或防渍、防治盐碱地的需要，结合土壤与水文地质条件情况考虑排水农沟边坡稳定条件、施工难易等初步确定排水农沟的深度，然后再确定相应的间距。

如图 8-7 所示，末级固定排水沟道（农沟）的深度 D 可用式（8-4）表示：

$$D = \Delta H + \Delta h + S \tag{8-4}$$

式中　ΔH——作物要求的地下水埋深，m；

　　　　Δh——当两沟之间的中心点地下水位已降至 ΔH 时，地下水位与沟水位之差。此值视农田土质与沟的间距而定，一般为 0.2～0.3m；

　　　　S——排水农沟中的水深，排地下水时沟内水深很浅，一般取 0.1～0.2m。

4. 排水沟的间距

排水沟的间距一般应依据排水设计标准，并应结合排水区的土壤与水文地质条件、灌排渠沟布置形式等因素通过专门的试验或参照当地或相似地区的资料和实践经验加以确定。用于排渍和防治土壤盐碱化的末级固定排水沟深度和间距，宜通过田间试验确定，也可通过《灌溉与排水工程设计标准》（GB 50288—2018）按附录 G 所列公式进行计算，并经综合分析确定。无试验资料时可按表 8-8 确定。在盐碱化地区，排水沟的深度和间距，不仅要满足控制和降低地下水位的要求，而且要能达到脱盐和改良盐碱土的预期效果。根据各地经验，末级固定排水沟的沟深与间距关系见表 8-9，可供黄淮海平原北部地区参考。在冲洗改良阶段，为了加速土壤脱盐，可采用深浅沟相结合的办法。在深沟控制地段，加设深 1m 左右的临时性浅沟（毛排），待土壤脱盐后再行填平。根据山东打渔张灌区六户试验站资料，在砂性壤土地区，排水毛沟的间距可采用 150m，在壤土黏重地区可采用 100m。表 8-10 为水稻区控制地下水位的沟深和间距资料，可供参考。

表 8-8　　　　　　　　　　　　　末级固定排水沟深度和间距　　　　　　　　　　　　单位：m

末级固定排水沟深度	排水沟间距		
	黏土、重壤土	中壤土	轻壤土、砂壤土
0.8~1.3	15~30	30~50	50~70
1.3~1.5	30~50	50~70	70~100
1.5~1.8	50~70	70~100	100~150
1.8~2.3	70~100	100~150	—

表 8-9　　　　　　　　　　盐碱化地区末级固定排水沟深度和间距　　　　　　　　　单位：m

排水沟	黏 质 土				轻 质 土			
沟深	1.2	1.4	1.6	1.8	2.1	2.3	2.5	3.0
间距	160~200	220~260	280~320	340~380	300~340	360~400	420~470	580~630

表 8-10　　　　　　　　　　　水稻区控制地下水位的沟深和间距　　　　　　　　　　单位：m

土质	晒田期控制地下水位埋深	沟深	间距
黏土	0.45~0.55	0.8~1.2	50~60
土壤	0.45~0.55	0.8~1.2	60~70
砂土	0.45~0.55	0.8~1.2	70~80

5. 在缺乏实测和调查资料情况下，排水沟的间距公式计算方法

不透水层的埋深不同，其计算方法也有差别。下面按不透水层位于有限深度和无限深度时的两种情况进行介绍。

（1）不透水层位于有限深度时。

1）地下水运动基本方程的推导。图 8-8 为不透水层在有限深度时的排水情况示意图。在图 8-8 中，取距原点为 x 及 $x+dx$ 的 Ⅰ—Ⅰ、Ⅱ—Ⅱ 两个断面之间的地段 dx 进行分析。设通过 Ⅰ—Ⅰ 断面单位宽度（垂直纸面）的流量为 q；降雨入渗强度为 ε，则通过 Ⅱ—Ⅱ 断面的单宽流量为 $q+\dfrac{\partial q}{\partial x}dx$。在 dt 时间内，自 dx 地段流走的总水量为 $q+\dfrac{\partial q}{\partial x}dxdt$，渗入 dx 地段的总水量为 $\varepsilon dxdt$。当蒸发可忽略不计时，在 dt 时间内，地下水位自 H 上升至 $H+\dfrac{\partial H}{\partial t}dt$。地下水位上升 $\dfrac{\partial H}{\partial t}dt$ 时，在土壤中增加的存蓄的水量为 $\mu\dfrac{\partial H}{\partial t}dxdt$（其中 μ 为未饱和土壤的孔隙率），根据水量平衡原理，在 dt 时间内增加的水量应与地下水位上升所需水量相等，即

$$\left(\varepsilon-\frac{\partial q}{\partial x}\right)dxdt=\mu\frac{\partial q}{\partial t}dxdt$$

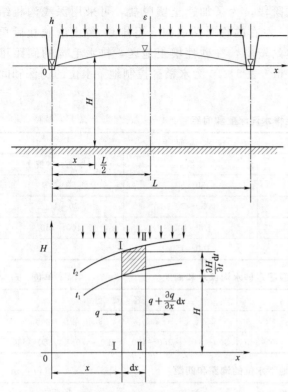

图 8-8 不透水层在有限深度时的排水示意图

或
$$-\frac{1}{\mu}\frac{\partial q}{\partial x}+\frac{\varepsilon}{\mu}=\frac{\partial H}{\partial t}$$

根据达西定律，通过任一断面的流量为

$$q=-kH\frac{\partial H}{\partial x}$$

$$\frac{1}{\mu}\frac{\partial\left(kH\dfrac{\partial H}{\partial x}\right)}{\partial x}+\frac{\varepsilon}{\mu}=\frac{\partial H}{\partial t}$$

由于在一般情况下，地下水位的变化远较地下水深 H 小，式中 H 可用平均水深 $\overline{H}$ 代替，则上式可以换写成式（8-5）形式。该式即为地下水运动基本方程（即在均匀土质条件下的地下水不恒定流的一般方程）：

$$a\frac{\partial^2 H}{\partial x^2}+\frac{\varepsilon}{\mu}=\frac{\partial H}{\partial t} \qquad (8-5)$$

式中　a——导压系数（或水位传导系数）。

2）恒定流计算公式。在雨季连续降雨时，由降雨入渗补给地下水的水量如果与排水沟排出水量相等，则该时的地下水位达到稳定，即地下水位将不随时间而变化，此时，排水沟间距应按恒定流公式计算，则式（8-5）可以改写成：

$$\frac{k\overline{H}}{\mu}\frac{\mathrm{d}^2 H}{\mathrm{d}x^2}+\frac{\varepsilon}{\mu}=0 \qquad (8-6)$$

设排水沟间距为 L（图 8-9），在沟中水位变化较小时，可以作为定水位看待，若以沟内水位为基准面，沟水位以上水位高程取作 h，则 $h=H-H_0$，$\dfrac{\mathrm{d}^2 H}{\mathrm{d}x^2}=\dfrac{\mathrm{d}^2 h}{\mathrm{d}x^2}$，式（8-6）可写成：

$$\frac{k\overline{H}}{\mu}\frac{\mathrm{d}^2 h}{\mathrm{d}x^2}+\frac{\varepsilon}{\mu}=0$$

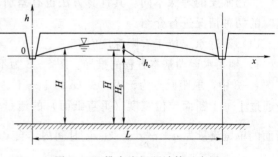

图 8-9 排水沟间距计算示意图

其边界条件为：$x=0$，$h=0$（自沟内原有水位算起）；$x=L$，$h=0$。

将上式移项，可写成：

$$\frac{\mathrm{d}^2 h}{\mathrm{d}x^2}=-\frac{\varepsilon}{k\overline{H}}$$

积分，则

$$\frac{\mathrm{d}h}{\mathrm{d}x} = -\frac{\varepsilon}{k\overline{H}}x + c_1$$

再积分，则

$$h = -\frac{\varepsilon}{k\overline{H}}\frac{x^2}{2} + c_1 x + c_2 \qquad (8-7)$$

根据边界条件确定常数 c_1 及 c_2：

$$x = 0, \ h = 0, \ c_2 = 0$$

$$x = L, h = 0, -\frac{\varepsilon}{k\overline{H}}\frac{L^2}{2} + c_1 L = 0, c_1 = \frac{\varepsilon L}{2k\overline{H}}$$

将 c_1、c_2 代入式（8-7）：

$$h = -\frac{\varepsilon x^2}{2k\overline{H}}\frac{\varepsilon L x}{2k\overline{H}} \qquad (8-8)$$

在两排水沟中间一点，即 $x = \frac{L}{2}$ 处，地下水位上升值为 h_c：

$$h_c = -\frac{\varepsilon\frac{L^2}{4}}{2k\overline{H}} + \frac{\varepsilon\frac{L^2}{2}}{2k\overline{H}} = \frac{\varepsilon L^2}{8k\overline{H}} \qquad (8-9)$$

由于 $\overline{H} = H_0 + \frac{h_c}{2} = \frac{2H_0 + h}{2}$，代入式（8-9）即得恒定流条件下的地下水排水沟间距的计算公式：

$$L = \sqrt{\frac{8h_c k\left(\frac{2H_0 + h_c}{2}\right)}{\varepsilon}} = \sqrt{\frac{4k(h_c^2 + 2H_0 h_c)}{\varepsilon}} \qquad (8-10)$$

式（8-10）为完整沟（即沟底切穿整个透水层）时的计算公式。在实际情况下田间排水沟的深度一般多在 2m 以下，而透水层厚度常大于沟深。在这种情况下的排水沟为非完整沟。由于地下水流自透水层进入排水沟时发生急剧收缩，因而产生局部损失。在计算非完整沟间距时，为了考虑这一附加损失，常将透水层厚度 $\overline{H}$ 乘以修正系数 α[1]，求得透水层有效厚度。此时，式（8-10）变为

$$L = \sqrt{\frac{4k(h_c^2 + 2h_c H_0)\alpha}{\varepsilon}} \qquad (8-10')$$

$$\alpha = 1 / \left(1 + \frac{8\overline{H}}{\pi L}\ln\frac{2\overline{H}}{\pi D}\right)\overline{H} = \frac{2H_0 + h_c}{2}$$

式中　α——非完整沟修正系数；

　　　D——采用明沟时为沟内水面宽，采用暗管时为暗管直径。

式（8-10′）须经过试算求解，将 $\overline{H} = \frac{2H_0 + h_c}{2}$ 代回式（8-10′），得

❶　瞿兴业. 均匀入渗情况下均质地下水向排水沟流动的分析 [J]. 水利学报，1962（6）：1—20.

$$\varepsilon L^2 = 8kh_c \overline{H}\alpha$$

$$L^2 = \frac{kh_c}{\varepsilon}\frac{1}{\frac{1}{8\overline{H}}+\frac{1}{\pi L}\ln\frac{2}{\pi}\frac{\overline{H}}{D}}$$

$$\frac{L^2}{8\overline{H}}+\frac{1}{\pi}\ln\frac{2}{\pi}\frac{\overline{H}}{D}-\frac{kh_c}{\varepsilon}=0$$

求解上式可得非完整排水沟间距的计算式：

$$L=\sqrt{\left(\frac{4\overline{H}}{\pi}\ln\frac{2\overline{H}}{\pi D}\right)+8\overline{H}\frac{kh_c}{\varepsilon}}-\frac{4\overline{H}}{\pi}\ln\frac{2\overline{H}}{\pi D} \qquad (8-10'')$$

由式（8-10''）可直接求得间距 L。

【例 8-1】 某多雨地区，为了控制地下水位，拟建立排水系统。若采用非完整排水沟，设计排水沟水位在地面以下 1.0m，沟水位至不透水层深度 $H_0=4.5$m，见图 8-10，沟内水深 0.2m，水面宽 $D=0.4$m，设计降雨入渗强度 $\varepsilon=0.02$m/d。要求在降雨期间排水地段中心地下水位上升高度不超过 0.6m（即地下水位控制在地面以下 0.4m）。已知土壤渗透系数 $k=1$m/d，求排水沟间距。

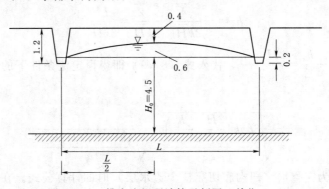

图 8-10 排水沟间距计算示例图（单位：m）

解： 由题意知：$h_c=0.6$m，$H_0=4.5$m，$\varepsilon=0.02$m/d，$k=1$m/d，$H=4.8$m，代入式（8-10''），得

$$L=\sqrt{\left(\frac{4\times4.8}{\pi}\ln\frac{2\times4.8}{\pi\times0.4}\right)^2+8\times4.8\times\frac{1\times0.6}{0.02}}-\frac{4\times4.8}{\pi}\times\ln\frac{2\times4.8}{\pi\times0.4}$$

$$=36.14-12.42=23.72(\text{m})$$

在完整排水沟的情况下，$L=33.76$m。

3）非恒定流计算公式。发生降雨时，当降雨入渗补给地下水的水量大于排水沟排出的水量时，则地下水位将不断上升；降雨停止后，水位开始回降，下降的水位随时间而变化。

a. 根据一次降雨或灌水后地下水位回落过程推求的非恒定流计算公式。在发生短时间暴雨时，如由于降雨入渗沟间地下水位迅速上升接近地表，排水沟内由于排除地表径流，亦达到较高水位，但雨停后沟水位很快降至排除地下水的低水位，由图 8-11 所示。在这种情况下，如雨停时沟间地下水位接近水平，并高出沟水面 h_0。取沟水面为基准面，沟水面以上水位高程为 h，则降雨停止后，式（8-5）可写成：

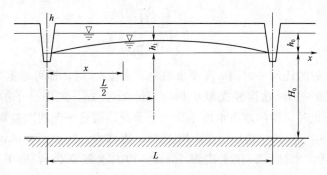

图 8-11 排水沟布置示意图

$$\alpha \frac{\partial^2 h}{\partial x^2} = \frac{\partial h}{\partial t} \tag{8-5'}$$

其初始和边界条件如下：

初始条件 $\qquad h(x,t)_{t=0} = h_0$

边界条件 $\qquad h(x,t)_{x=0} = h_0$

$$h(x,t)_{t=L} = h_0$$

由此定解方程式（8-5'），求得

$$h = h_0 [1 - (s)'] \quad \text{[1]} \tag{8-11}$$

$$(s)' = 1 + \sum_{n=1}^{\infty} (-1)^n \frac{2\cos\left[(1-\overline{x})\dfrac{(2n-1)\pi}{2}\right]}{\dfrac{(2n-1)\pi}{2}} e^{-\left[\frac{(2n-1)\pi}{2}\right]^2 t} \tag{8-12}$$

其中 $\qquad \overline{t} = \dfrac{t}{\dfrac{L}{4a}}, \overline{x} = \dfrac{x}{\dfrac{L}{2}}$

当 $\overline{t} > 0.3$ 时，级数只需取第一项，即 $n=1$。此时排水沟中间一点的水位值 $h = h_1$，可将 $\overline{x} = 1$ 代入式（8-12），得

$$(s)' = 1 - \frac{4}{\pi} e^{-\left(\frac{\pi}{2}\right)^2 t}$$

$$h_1 = h_0 \frac{4}{\pi} e^{-\left(\frac{\pi}{2}\right)^2 t}$$

取对数：

$$\left(\frac{\pi}{2}\right)^2 \overline{t} = \ln \frac{4h_0}{\pi h_1}$$

$$\frac{\pi^2 t a}{L^2} = \frac{\pi^2 t k \overline{H}}{\mu L^2} = n \frac{4h_0}{\pi h_1}$$

---

[1] 张蔚榛. 地下水非稳定流计算和地下水资源评价 [M]. 北京：科学出版社，1983：260-263.

解之，得排水沟间距公式为

$$L = \pi \sqrt{\dfrac{k\overline{H}t}{\mu \ln \dfrac{4h_0}{\pi h_1}}} \qquad (8-13)$$

已知降雨停止后的任何一时间 t 所要求的地下水位 h_1 时，即可根据式（8-13）计算排水沟间距。式（8-13）在国外文献中称为 Glover 公式。式中分子的对数项中 $4/\pi =$ 1.27。如在降雨停止时，沟间地下水面不是一个平面，而是一个四次抛物线，则对数项中的 $4/\pi$ 将变为 1.16，式（8-13）中若采用 1.16，则称为 Glover - Dumm 公式。

【例 8-2】 某排水地区，排水沟深 1.8m，沟内水深 0.2m，地下水位在地面以下 1.6m 处，不透水层埋深 11.6m。降雨后，地下水位上升趋近于地面。降雨停止后，地下水位逐步回落。根据农作物生长要求，在降雨停止后四天，地下水位下降 0.8m。$k=1\text{m}/$ d，$\mu = 0.05$，试计算排水沟的间距。图 8-12 为排水沟布置示意图。

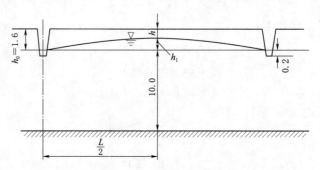

图 8-12　排水沟布置示意图（单位：m）

解： 当透水层厚度远大于地下水位变化值时，可以近似地取 $\overline{H}$ 等于沟水位至不透水层厚度 H_0，即 $\overline{H}=10\text{m}$（偏于安全）。

在降雨停止 4 天后，要求地下水位从接近地面处下降 0.8m，即 $h_1 = 0.8\text{m}$。在非完整沟的情况下对含水层厚度需用系数 a 加以修正。由于 a 的计算式包含间距 L，因此需要采用迭代法求解，即首先根据完整沟的情况求得排水沟间距作为第一次迭代值：

$$L = \pi \sqrt{\dfrac{k\overline{H}t}{\mu \ln \dfrac{4h_0}{\pi h_1}}} = \pi \sqrt{\dfrac{1\times 10\times 4}{0.05\times \ln \dfrac{4\times 1.6}{\pi \times 0.8}}} = 91.9(\text{m})$$

非完整沟时修正系数 a 为

$$a = \dfrac{1}{1 + \dfrac{8\overline{H}}{\pi L}\ln \dfrac{2\overline{H}}{\pi D}} = \dfrac{1}{1 + \dfrac{8}{\pi \times 91.9}\times \ln \dfrac{20}{0.4\pi}} = 0.566$$

采用透水层有效厚度 $a\overline{H}$ 时，求得排水沟间距为

$$L = \pi \sqrt{\dfrac{ak\overline{H}t}{\mu \ln \dfrac{4h_0}{\pi h_1}}} = 91.9\sqrt{a} = 69.14(\text{m})$$

再根据新的 L 值，代入 a 的计算式求得 $a=0.495$，间距 $L=64.66\mathrm{m}$；反复迭代，最后求得 $a=0.473$，$L=63.2\mathrm{m}$。排水沟间距取 $L=63\mathrm{m}$。

b. 根据一定季节内多次水位涨落过程推求的非恒定流计算公式。在生长期或生长阶段内发生多次降雨或灌水时，如根据地下水高水位持续时间和超出某一水位的累积值进行排水系统设计，则需要计算在入渗和蒸发影响下的地下水变化过程。在入渗或蒸发条件下地下水运动的基本方程为式（8-5），如降雨开始前地下水位与沟（或管）水位齐平，降雨过程中沟水位基本不变，则初始和边界条件如下：

初始条件 $\qquad h(x,t)_{t=0}=h_0$

边界条件 $\qquad \begin{cases} h(x,t)_{x=0}=h_0 \\ h(x,t)_{t=L}=h_0 \end{cases}$

如降雨入渗强度为 $\varepsilon(\mathrm{m/d})$，降雨入渗持续时间为 $t_1(\mathrm{d})$，则求解式（8-5），可得任一时间两沟（或暗管）中间一点的水位上升高度 $h(\mathrm{m})$ 的表达式为

$$h=\frac{\varepsilon t}{\mu}\eta \qquad\qquad (8-14)$$

式中　$\dfrac{\varepsilon t}{\mu}$——无排水设施时的水位上升高度，m；

$\quad\eta$——调节系数，反映排水沟对中心点地下水位上升的控制作用。

η 为相对时间 $\bar{t}=\dfrac{4at}{L^2}$ 的函数，在 $\bar{t}<0.05$ 时，η 接近于 1；在 $\bar{t}>0.3$ 时：

$$\eta=\frac{1}{t}\left[\frac{1}{2}+\frac{16}{\pi^3}\mathrm{e}^{-\left(\frac{\pi}{2}\right)^2\bar{t}}\right]$$

η 可自图 8-13 查得。

当 $\bar{t}>2.7$ 时，$\eta=\dfrac{1}{2t}$，则

$$h=\frac{\varepsilon t}{\mu}\frac{1}{2t}=\frac{\varepsilon t}{\mu}\frac{L^2}{8ta}$$

$$h=\frac{\varepsilon}{\mu}\frac{L^2}{8\dfrac{k\overline{H}}{\mu}}=\frac{\varepsilon L^2}{8k\overline{H}}$$

此式即是式（8-9），是地下水位达到恒定时的计算公式。

当降雨入渗强度发生变化时，若在 t_1 时刻，入渗强度改变为 ε_1。入渗时 ε_1 为正值，蒸发时为负值，无入渗和蒸发时，$\varepsilon_1=0$。在 $t>t_1$ 时水位 h 可通过水流叠加方法求得：

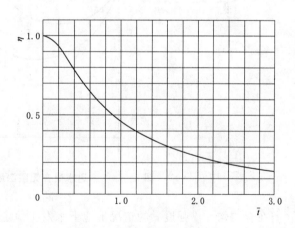

图 8-13　函数 η 与 $\bar{t}$ 关系曲线

$$h=\frac{\varepsilon t}{\mu}\eta-\frac{\varepsilon(t-t_1)}{\mu}\eta_{\bar{t}-\bar{t}_1}+\frac{\varepsilon_1(t-t_1)}{\mu}\eta_{\bar{t}-\bar{t}_1}$$

或
$$h=\frac{\varepsilon t}{\mu}\eta+\frac{\varepsilon_1-\varepsilon}{\mu}(t-t_1)\eta_{t-t_1}$$
(8-15)

如在作物生长季节发生 n 次入渗强度的变化，仍可用类似方法求得水位高度 h（m）：

$$h=\frac{\varepsilon t}{\mu}\eta_t+\frac{\varepsilon_1-\varepsilon}{\mu}(t-t_1)\eta_{t-t_1}+\frac{\varepsilon_2-\varepsilon_1}{\mu}(t-t_2)\eta_{t-t_2}+\cdots+\frac{\varepsilon_n-\varepsilon_{n-1}}{\mu}(t-t_n)\eta_{t-t_n}$$
(8-16)

根据式（8-16）可以求得在排水沟（管）间距已知的条件下地下水位在时间上的变化过程，满足以水位历时累加值为指标的排水标准（如 SEW_{30} 等）的排水沟间距，则可以给定不同的排水沟间距通过计算确定。

（2）不透水层位于无限深度时。当地下水不透水层埋藏极深（$H \geqslant L$）时，流向排水沟（或暗管）的地下水为非渐变流，除水平流速外还有垂直流速，排水沟（管）间地段地下水流线如图8-14所示。在恒定流情况下地下水运动方程式为

$$\frac{\partial^2\varphi}{\partial x^2}+\frac{\partial^2\varphi}{\partial y^2}=0$$

式中　　φ——速度势，$\varphi=-k(h+y)$；

　　　　h——坐标为（x，y）的任一点的压力水头。

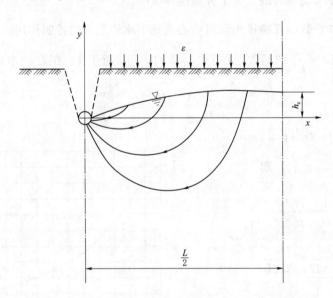

图8-14　不透水层在无限深度时的排水示意图

在有均匀入渗强度 ε 的情况下地下水发生恒定流动时，流向排水沟（管）的渗流量 q 与两沟中间地下水位上升值 h_c 之间的关系式为

$$q=\varepsilon L=\frac{k\pi h_c}{\ln\dfrac{2L}{\pi D}}\text{❶}$$
(8-17)

---

❶　瞿兴业. 均匀入渗情况下均质地下水向排水沟流动的分析 [J]. 水利学报，1962（6）：1-20.

式中　h_c——两沟中间一点地下水位与沟水位差；

　　　D——暗管直径或明沟水面宽。

在入渗强度 ε 和允许的水位上升高度 h_c 已知时，排水沟（管）的间距计算式为

$$L = \frac{k\pi h_c}{\varepsilon \ln \dfrac{2L}{\pi D}} \tag{8-18}$$

【例 8-3】　某地区土壤条件、水文地质条件、降雨入渗强度以及排水沟断面和水位控制条件均与不透水层位于有限深度例题 [例 8-1] 相同，只是沟水位至不透水层深度 $H_0 = 50\,\text{m}$。求排水沟间距。

解：自不透水层在有限深例题知：$h_c = 0.6\,\text{m}$，$H_0 = 50\,\text{m}$，$\varepsilon = 0.02\,\text{m/d}$，$k = 1\,\text{m/d}$，$\overline{H} = 50 + \dfrac{h_c}{2} = 50.3\,(\text{m})$。不透水层在有限深度时排水沟间距 $L = 23.72\,\text{m}$，远小于不透水层埋藏深度 50.3 m，故排水沟间距可用式（8-18）计算。由于式（8-18）中包含待求的间距 L，需迭代求解。首先以有限深情况下间距 $L = 23.72\,\text{m}$ 作为第一次迭代值。将各参数值代入式（8-18），得

$$L = \frac{1 \times \pi \times 0.6}{0.02 \times \ln \dfrac{2 \times 23.72}{\pi \times 0.4}} = 25.95\,(\text{m})$$

将 25.95 m 作为第二次迭代值代入式（8-18），得

$$L = \frac{1 \times \pi \times 0.6}{0.02 \times \ln \dfrac{2 \times 25.95}{\pi \times 0.4}} = 25.32\,(\text{m})$$

再经两次迭代后，得　　　　　　　　$L = 25.45\,(\text{m})$

降雨时，地下水位上升，降雨后地下水位下落，水流呈不恒定状况。根据一次降雨后水位下降过程进行设计时排水计算公式可以采用变换瞬时稳定过程的方法进行推导。若在起始时两沟中间一点地下水位比沟（管）水位高出 h_0，任一时间 t 时地下水位高出沟水位值为 h，见图 8-15。如将任一时间的地下水面和排水流量近似地按稳定流考虑，则排水流量 q 仍可按式（8-17）计算。在 $\mathrm{d}t$ 时段内两沟中间一点地下水位下降值 $\mathrm{d}h$ 与排水流量 q 之间有以下关系：

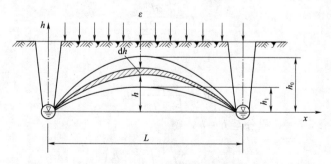

图 8-15　不透水层位于无限深度时非恒定流排水示意图

$$-\varphi_1 \mu L\, dh = q\, dt = \frac{k\pi h}{\ln\dfrac{2L}{\pi d}}dt \tag{8-19}$$

左侧 $\mu L\, dh$ 表示沟间地段各点均下降 dh 时排出的水量，但由于沟间地下水位并非均匀下降，靠近沟（管）处受沟水位限制下降较小，故须乘以考虑浸润曲线形状的修正系数 φ_1，φ_1 一般为 $0.7\sim0.8$。式（8-19）经变换后得

$$\int_{h_1}^{h} -\frac{\varphi_1 \mu L}{\dfrac{k\pi}{\ln\dfrac{2L}{\pi d}}}\frac{dh}{h} = \int_0^t dt \tag{8-20}$$

积分并整理后得

$$\frac{\dfrac{\varphi_1 \mu L}{k\pi}\ln\dfrac{h_0}{h}}{\ln\dfrac{2L}{\pi d}} = t \tag{8-21}$$

若要求在 t 时间中间一点地下水位降低至 h_1，则排水沟间距为

$$L = \eta\sqrt{\frac{kt}{\ln\dfrac{h_0}{h_1}}} \tag{8-22}$$

$$\eta = \sqrt{\frac{\pi}{\varphi_1 \mu \ln\dfrac{2L}{\pi d}}}$$

在发生多次水位涨落过程时，非恒定流计算公式仍可用变换瞬时过程法推求。在发生降雨入渗（强度为 ε）时，沟间地段地下水位在 dt 时间之内的变化 dh 可以用式（8-23）表示：

$$\varphi_1 \mu L\, dh = (\varepsilon L - q)dt \tag{8-23}$$

由于单位水头差时单位沟长的排水流量为

$$q = \frac{\pi k h}{\ln\dfrac{2L}{\pi d}} = q_1 h$$

$$q_1 = \frac{\pi k}{\ln\dfrac{2L}{\pi d}}$$

代入式（8-3）得

$$dt = \frac{\varphi_1 \mu L}{\varepsilon L - q_1 h}dh \tag{8-24}$$

自 $t=0$ 积分至 $t=t$，$h=0$ 积分至 $h=h$，得

$$-t = \frac{\varphi_1 \mu L}{q_1}\ln\left(\frac{\dfrac{\varepsilon L}{q_1} - h}{\dfrac{\varepsilon L}{q_1}}\right)$$

或

$$e^{-\frac{tq_1}{\varphi_1 \mu L}} = \frac{\frac{\varepsilon L}{q_1} - h}{\frac{\varepsilon L}{q_1}} \qquad (8-25)$$

令 $\bar{t} = \dfrac{tq_1}{\varphi_1 \mu L}$，则可得

$$h = \frac{\varepsilon t}{\mu} \frac{1}{\varphi_1} \frac{1 - e^{-\bar{t}}}{t}$$

$$h = \frac{\varepsilon t}{\mu} \eta_t \qquad (8-26)$$

$$\eta_t = \frac{1}{\varphi_1} \frac{1 - e^{-\bar{t}}}{t} \qquad (8-27)$$

式 (8-26) 与有限透水层条件下公式形式完全相同，只是 $\eta_{\bar{t}}$ 和 $\bar{t}$ 的含义不同，在发生多次降雨或蒸发时，计算仍可用式 (8-16)。

（四）控制水田渗漏量要求的排水沟（或暗管）的间距

如前所述，为了保证水稻的正常生长，淹水稻田中需要保持一定的渗漏强度。在冲洗改良盐渍化土壤时，为了在一定时间内达到脱盐要求，常需要有较大的入渗强度。排水沟（或管）的间距和深度必须根据要求的入渗强度进行选择。

淹水条件下入渗强度的大小除与土壤的质地（渗透系数）有密切关系外，主要决定于沟（管）的深度、间距和田面水位与沟水位差。入渗强度在沟距、沟深和水位差一定的条件下还与田面各点与沟（或管）的距离有关，距沟愈近，入渗强度愈大，在田面一点与沟的距离超过 4 倍含水层的厚度，或超过沟深的 10 倍时，该点的入渗强度已相当微弱。入渗强度与距离的关系如图 8-16 所示。

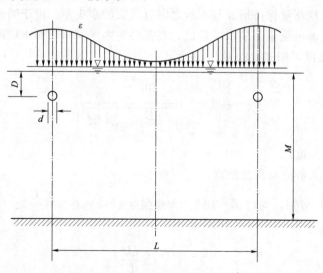

图 8-16　入渗强度与距离的关系

现以含水层厚度较大（沟间距 $L \leqslant 0.5$ 倍含水层厚度 M）的情况为例，说明水田和淹水冲洗时入渗强度的计算方法。

1. 水田暗管排水情况

在暗管埋深为 D、直径为 d、间距为 L、田面水层与暗管水头差为 H 时，田面各点入渗强度 ε(m/d) 的计算公式为

$$\varepsilon = \bar{\varepsilon} \frac{\alpha}{(1-\alpha^2)\sin^2\frac{\pi x}{L} + \alpha^2} \qquad (8-28)$$

其中

$$\bar{\varepsilon} = \frac{q}{L} = \frac{kH}{AL} \qquad (8-29)$$

式中　x——入渗点与暗管中心的距离，m；

$\bar{\varepsilon}$——平均入渗强度，m/d；

q——单位管长的排水流量，m^2/d。

$$A = \frac{1}{\pi}\text{arth}\sqrt{\frac{\text{th}\frac{\pi D}{L}}{\text{th}\frac{\pi(D+d)}{L}}} \qquad (8-30)$$

$$\alpha = \sqrt{\text{th}\frac{\pi D}{L}\text{th}\frac{\pi(D+d)}{L}} \qquad (8-31)$$

暗管中心线（$x=0$）的入渗速度 ε_0(m/d)：

$$\varepsilon_0 = \bar{\varepsilon}/\alpha$$

暗管间地段中心 $\left(x=\dfrac{L}{2}\right)$ 入渗强度 ε_c：

$$\bar{\varepsilon}_c = \bar{\varepsilon}\alpha$$

2. 明沟冲洗排水情况

在冲洗条件下应尽量保持田面与水沟之间有较大的水头差。由于明沟的断面较大，而排出的水量仅是入渗的流量，故水位较低。在忽略沟内水深和田面水层厚度时，与沟不同距离 x 处的入渗强度可用式（8-32）表示：

$$\varepsilon = k\left\{1 - \frac{\sin\frac{\pi x}{L}}{\sqrt{\text{ch}^2\frac{\pi D}{L} - \cos^2\frac{\pi x}{L}}}\right\} \qquad (8-32)$$

式中　D——沟底深度；

x——田面入渗点与沟的距离。

自式（8-32）可知，沟边 $x=0$ 处，入渗强度 $\varepsilon=k$；在 $x=\dfrac{L}{2}$ 处（两沟中间一点）：

$$\varepsilon = k\left\{1 - \frac{1}{\text{ch}\frac{\pi D}{L}}\right\}$$

（五）农沟结构设计

排水农沟的纵坡主要决定于地形坡度。为了排水通畅和防止冲刷，其纵坡一般为 0.004～0.006，最大不得超过 0.01。横断面一般为梯形，边坡系数视土质而定，一般可

取 $1.0\sim2.5$。为了满足施工和管理要求，沟底宽度一般为 $0.3\sim0.5m$。

二、田间暗管排水工程规划

田间排水工程中，除采用明沟排水之外，还常采用暗管排水。暗管排水是在地面以下一定深度内铺设透水管道，形成一个封闭暗管排水系统，其主要作用是排除土壤中多余的水分（土壤水、地下水），降低地下水位，调节土壤水、肥、气、热状况，保持适当比例，为农作物生长创造良好的环境条件。在田间工程中采用明沟排水，开挖工程量大，而且存在易坍、易淤、易生杂草等问题。特别是在土质比较黏重的地区，为了满足降低地下水位、控制土壤适宜水分状况和高产稳产要求，如缩小排水沟间距，则势必增加占地面积，严重影响机耕，此时，可采用暗管排水。暗管在排水中所起的作用及其所处的工作条件，与相应的明沟类似，因此，地下暗管排水技术在我国南北方地区有了很大程度的发展。近代世界各国已广泛采用暗管排水，有的暗管排水面积已占排水总面积的 70% 以上。采用地下水排水系统已成为当前一种发展趋势。

（一）暗管排水的优缺点

暗管排水技术和以往的明渠和暗沟排水相比，有以下优点：

（1）土地利用率高。由于暗管属于地下埋设，地面建筑少，有利于交通，与明沟排水相比减少了占用耕地面积，提高土地利用率。

（2）管道受外界条件的影响小，无坍塌和长草等问题，节省劳力，减轻了维修和管理的工作量。

（3）和暗沟排水相比，由于埋设较深，对地下水的控制作用大；另外，其使用寿命较长。

（4）在遇到水平不透水的隔层时，暗管也能有效地排水。

（5）暗管排水在盐碱土地区排盐效果显著，尤其是在粉砂土壤地区，能维持一定的排水深度，有利于土壤脱盐和作物增产。

（6）在有条件的地区，可利用暗管排水系统，根据农田的需要控制地下水位，或实行倒灌，达到地下灌溉的目的。

（7）可减少施工土方量和地面建筑，有利于农田机械化作业，减少管理维修工作量。

暗管排水的不足之处是：只能排地下水，不能同时排地表水，且基础建设投资大，还要有较大的坡降，容易淤塞，清淤困难，施工技术要求较高。

（二）暗管排水系统的组成和布置

1. 暗管排水系统的组成

暗管排水系统一般由干、支、斗、农等各级管道、吸水管、集水管（沟）、检查井、集水井等几部分组成。暗管排水系统布置形式如图 8-17 所示。

（1）吸水管。它是埋设于田间，直接由进水孔或接缝吸收和接受土壤中多余水分的管道。

（2）集水管（沟）。用于汇集吸水管集水并输送至下一级排水沟道的暗管或明沟。在吸水管进入集水沟处应设有出口建筑物，防止水流冲刷集水沟，并在集水沟高水位时防止杂物或泥土进入暗管造成出口堵塞。

（3）检查井。当暗管系统由多级暗管组成时，设置在吸水管与集水管相交处，用于冲

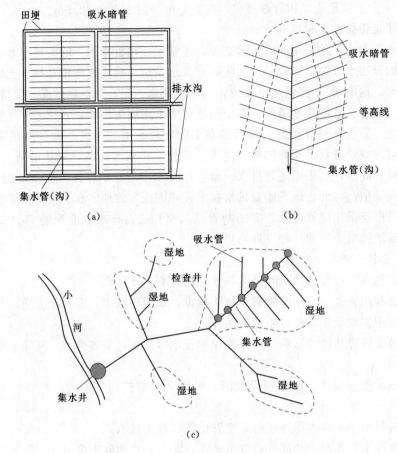

图 8-17 暗管排水系统布置形式

(a) 直角正交连接；(b) 锐角斜交连接；(c) 不规则布置形式

沙、清淤、控制水流和管道检修的竖井。

(4) 集水井。当集水管出口处的外水位较高，集水不能自流排出时，需设置集水井汇集集水管的来水，由水泵排至下一级排水沟中。

在骨干排水系统可能出现高水位、集水不能自流外排时，在集水沟出口处还应设置小型泵站，扬水排出。在水旱轮作地区为了减少水田渗漏，应对吸水管和集水管（沟）中水位进行控制。在旱作物生长季节有可能出现干旱时段，为了防止土壤含水率过低，应进行有控制地排水或间歇性地提高水位以进行浸润灌溉。在这种情况下，在田间排水系统中还应有控制建筑物，根据作物生长需要，对水流进行调控。

2. 暗管排水系统布置的基本形式

暗管排水系统平面布置形式分吸水管与集水管（沟）呈直角正交连接、吸水管与集水管（沟）呈锐角斜交连接和排水系统不规则布置 3 种形式。

(1) 吸水管与集水管（沟）呈直角正交连接。如图 8-17 (a) 所示，这种布置形式广泛适用于地势平坦、田块规整的平原湖区和土地平整良好的山丘冲垄地区。若排水地段土质均匀，排水要求大体一致，则吸水管一般可等距布置。

（2）吸水管与集水管（沟）呈锐角斜交连接。如图 8－17（b）所示，集水管沿洼地或山冲的轴线布置，吸水管与集水沟保持一定的交角，使吸水管获得适宜的纵坡。这种布置适用于地形比较开阔，冲谷两侧坡度比较一致的山丘地区。

（3）排水系统不规则布置形式。如图 8－17（c）所示，在渍害田面积较小，且孤立分布，或有分散的泉水溢出点，需局部进行排水时，则需要根据地形、水文地质和土壤条件布置暗管，不要求形成等距和规则的排水系统。

暗管排水系统由立面布置形式分单管排水系统和复式暗管排水系统两种。

（1）单管排水系统是指田间只有一级吸水管，渗入吸水管的水直接排入明沟，如图 8－18 所示。

（2）复式暗管排水系统。田间吸水管不直接排水入明沟，而是经集水管排入明沟或下级集水管，也有的集水管不仅起输水作用，同时通过管端缝隙进水，也起排水作用，如图 8－19 所示。

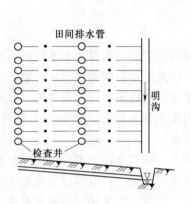

图 8－18　单管排水系统

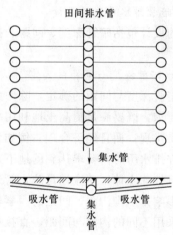

图 8－19　复式暗管排水系统

根据暗管系统的组成，可分为单级暗管排水和多级暗管排水两种。

（1）单级暗管排水。仅在田间一级采用吸水暗管，集水则采用明沟，如图 8－18 所示，我国南方平原湖区现有沟渠水网较密，大多采用此种形式。一些地区目前田块一般宽 12～30m，长 80～100m，每个田块布设 1～2 条暗管，大的田块有时可布设 3 条暗管。这种形式具有布置简单、施工容易、投资较少、便于检查和清理的优点。缺点是出口众多，易于损坏。

（2）多级暗管排水。它是除吸水管外，还有 1～2 级以上的集水暗管，如图 8－17 所示。这种系统又称为组合系统。组合系统明沟的长度大为减少，进一步节省了耕地，有利于机耕，节省了明沟的养护维修费用。组合系统某些管段发生堵塞，其影响范围较大，且不便检查与维修，投资也高于单级布置。多级暗管排水系统一般要求较大的坡降，暗管出口需有较大的埋深或需修泵站抽排。

按集水管接纳吸水管汇流的方式，暗管排水系统的布置可分为单向布置和双向布置。

（1）单向布置。采用单向布置时集水管只接纳一侧吸水管的来水。在地面坡度较大，或受田块及其他条件限制时采用这种形式。

（2）双向布置。一条集水管（沟）汇集两侧吸水管的来水，这种布置可以扩大集水管控制面积，减少集水管的条数，在地势平坦的平原地区多采用这种形式。

暗管排水系统的布置应符合下列规定：吸水管（田间末级排水暗管）应有足够的吸聚地下水能力，其管线平面布置宜相互平行，与地下水流动方向的夹角不宜小于40°；集水管（或明沟）宜顺地面坡向布置，与吸水管管线夹角不应小于30°，且集排通畅；各级排水暗管的首端与相应上一级灌溉渠道的距离不宜小于3m；吸水管长度超过200m或集水管长度超过300m时，宜设检查井，集水管穿越道路或渠沟的两侧应设置检查井，集水管纵坡变化处或集水管与吸水管连接处也应设置检查井；检查井间距不宜小于50m，井径不宜小于80m，井的上一级管底应高于下一级管顶10cm，井内应预留30～50cm的沉沙深度；明式检查井顶部应加盖保护，暗式检查井顶部覆土厚度不宜小于50cm。

（三）暗管排水系统的设计

暗管的设计包括暗管深度、间距、排水暗管设计流量、管径、坡降、管材、外包材料的确定等。

1. 排水暗管深度与间距的确定

排水暗管深度与间距的确定，除考虑排水深度的要求外，同时还要考虑田间耕作对田块大小的要求，既要满足提高土地利用率的要求，以及采用的间距和深度，也必须在工程技术上容易实现，而且经济合理。例如沟深要考虑边坡的稳定及施工条件等。吸水管埋深应采用允许排水历时内要求达到的地下水位埋深与剩余水头之和，剩余水头值可取0.2m左右。季节性冻土地区还应满足防止管道冻裂的要求。

由于影响排水沟沟深、间距的因素较多且较复杂，所以生产上多采用田间直接试验的方法，即采用不同的沟深与间距，直接进行排水效果的观测，以取得效果较好又比较经济可行的方案或采用条件相似地区行之有效的沟深与间距值，或采用《灌溉与排水工程设计标准》（GB 50288—2018）附录G（末级固定排水沟和吸水管间距计算）介绍的方法计算，经综合分析确定。无试验资料时可按表8-11确定。

表8-11　　　　　　　　　　吸水管埋深和间距　　　　　　　　　　单位：m

吸水管埋深	吸水管间距		
	黏土、重壤土	中壤土	轻壤土、砂壤土
0.8～1.3	10～20	20～30	30～50
1.3～1.5	20～30	30～50	50～70
1.5～1.8	30～50	50～70	70～100
1.8～2.3	50～70	70～100	100～150

集水管埋深应低于集水管与吸水管连接处的吸水管埋深10～20cm，间距应根据灌溉排水系统平面布置的要求确定。

2. 排水暗管的设计流量

排水暗管的设计流量可按式（8-33）计算确定：

$$Q = CqA \tag{8-33}$$

式中　Q——排水管设计流量，m^3/d；

　　　A——排水暗管控制面积，m^2；

　　　C——排水流量折减系数，可从表 8-12 中查得；

　　　q——当水稻面有淹水层时，q 为水稻田日渗漏量的设计值（m/d），其值等于水稻田适宜日渗漏量与无排水条件时水稻田日渗漏量之差；而当田面无积水时，q 为非稳定渗流情况下地下水平均排水强度（m/d），其值可按式（8-34）计算：

$$q = \frac{\mu \Omega (H_0 - H_t)}{t} - \varepsilon_0 \left(1 - \frac{H_d - \overline{H}}{h_\varepsilon}\right)^n \tag{8-34}$$

其中

$$\overline{H} = \frac{H_0 - H_1}{\ln \dfrac{H_0}{H_1}}$$

式中　μ——地下水面变动范围内的土层平均给水度；

　　　Ω——地下水面形状校正系数，采用 $\Omega = 0.7 \sim 0.9$；

　　　H_0——地下水位降落起始时刻排水地段的作用水头，m；

　　　H_t——地下水位降落到 t 时刻排水暗管排水地段的作用水头，m；

　　　t——设计要求地下水位由 H_0 降到 H_t 的历时，d；

　　　H_d——排水沟有效深度或暗管埋深，m；

　　　$\overline{H}$——地下水位由 H_0 降到 H_t 历时 t，排水暗管排水地段的作用水头，m；

　　　ε_0——地下水位埋深为零时的蒸发强度，m/d，若不考虑蒸发影响时 $\varepsilon_0 = 0$；

　　　h_ε——地下水停止蒸发或蒸发极微弱时的水位埋深，m；

　　　n——地下水蒸发强度与水位埋深关系指数，通常 $n \geqslant 1$。

表 8-12　　　　　　　　　　　排水流量折减系数

排水控制面积/hm^2	<16	16~50	50~100	>100~200
排水流量折减系数	1.00	1.00~0.85	0.85~0.75	<0.75~0.65

排水暗管的设计流量也可为排水模数和排水的控制面积的乘积，即

$$Q_{\text{设}} = qF = qBL \tag{8-35}$$

式中　$Q_{\text{设}}$——暗管的设计流量，m^3/s；

　　　F——控制面积，km^2；

　　　q——排水模数，$\mathrm{m}^3/(\mathrm{s} \cdot \mathrm{km}^2)$；

　　　B——暗管间距，m；

　　　L——暗管长度，m。

3. 排水暗管纵坡与管径设计

排水暗管的纵坡应保证管中有一定的流速，以便使少量进入管中的土壤细粒能随水流

排出。管径与纵坡之间存在着一定的关系。管径与纵坡的确定与暗管布置形式和地形条件、管材糙率系数、施工质量等因素有关，计算方法如下。

（1）均匀流的计算方式。采用均匀流进行排水暗管水力设计，假设暗管全长均以同一流量满管输水。根据均匀流特征，暗管水力坡降可表示为

$$j = \frac{Z}{L} = \frac{\lambda}{d} \frac{v^2}{2g} \qquad (8-36)$$

式中　j——管道水力坡降；

　　　Z——水头损失，m；

　　　L——管长，m；

　　　λ——阻力系数，$\lambda = 8gC^2$（其中 C 为谢才系数）；

　　　d——管内径，m；

　　　v——管中平均流速，m/s；

　　　g——重力加速度，m/s²。

式（8-36）的关键是 λ 的取值。λ 与水流状态、管壁糙率有关，一般应通过试验确定。根据大量试验资料分析，对不同管材，λ 以经验公式表示：

1）光壁管：包括烧制的瓦管、陶瓷管、光壁塑料管等。采用以下公式：

$$\lambda = aRe^{-0.25} \qquad (8-37)$$

$$Re = v\frac{d}{\lambda} \qquad (8-38)$$

式中　a——与管的接头和缝隙有关的系数，对清洁的光壁管一般取 $a=0.4$；

　　　Re——雷诺数；

　　　λ——水的运动黏滞系数，10℃时 $\gamma = 1.3 \times 10^{-6}$ m³/s；

其余符号意义同前。

对于圆管满管流，流量 Q 为

$$Q = \frac{\pi}{4}d^2v, v = \frac{4Q}{\pi d^2} \qquad (8-39)$$

将上述各值代入式（8-36）得

$$j = 26.3 \times 10^{-4} aQ^{1.75} d^{-4.75} \qquad (8-40)$$

或

$$Q = 30a^{-0.57} d^{2.71} j^{0.57} \qquad (8-41)$$

当取 $a=0.4$ 时，$Q = 50d^{2.71} j^{0.51}$，此式称为韦塞林公式。

2）波纹管：波纹管可用曼宁公式计算，即

$$\mu = \frac{1}{n}R^{2/3} j^{1/2} \qquad (8-42)$$

对于满管流 $R=d/A$。取 $K_m = \frac{1}{n}$，n 为曼宁公式中糙率系数。将式（8-42）乘以管断面面积，可得流量与水力比降、管径之间的关系为

$$j=10.25k_{\mathrm{m}}^{-2}Q^2d^{-5.33} \tag{8-43}$$

或

$$Q=0.312k_{\mathrm{m}}d^{2.67}j^{0.50} \tag{8-44}$$

（2）非均匀流的管径计算。非均匀流是指暗管沿程均有地下水流汇入，此时管首端流量为零，末端流量达到最大值 Q_1 满流，取 $0.5Q_1$ 作为暗管的平均流量。如果将前述均匀流的流量 Q 看作是暗管首尾采用的同一流量，对相等的比降 $[j_{（均匀）}=j_{（非均匀）}]$ 而言，非均匀流的平均流量 $0.5Q_1$ 约等于 $0.9Q$，即 $Q_1=2\times0.9Q=1.8Q$ 或 $Q=0.56Q_1$。这时，暗管尾流量 Q_1 用非均匀流方法确定的管内径与按均匀流方法用 Q 确定的管内径相同，管尾出口段将产生局部压力流。相应的非均匀流的水力比降 j 与流量 Q_1、管径 d 的关系为

光壁管：

$$Q_1=qBL=89d^{2.714}j^{0.572} \tag{8-45}$$

波纹管：

$$Q_1=qBL=38d^{2.76}j^{0.5} \tag{8-46}$$

式中　q——排水模数，mm/d，即排水管控制范围内单位面积每天排出水层厚；

　　　B——水管间距，m；

　　　L——排水管长度，m；

　　　d——管内径，mm；

　　　Q_1——管尾流量，$\mathrm{m^3/d}$。

式（8-40）、式（8-41）、式（8-43）、式（8-44）及式（8-45）、式（8-46）分别表示按均匀流和非均匀流确定的不同管材（光滑或波纹）的管径和坡降之间的关系。在具体设计中，考虑到经济管径与管道水压之间的实质，一般在吸水管设计时，按均匀流式（8-45）、式（8-46）进行设计，但将超压值（超出管顶的高度）限制在 20cm 以内。由于集水管的长度大，为避免因集水管承压而影响吸水管排水，主管的设计宜采用均匀流计算式（8-40）～式（8-44）进行设计。

在排水实际设计中需解决的问题分为以下几种：

1）在管长、坡降已定的情况下，确定需要的管径。

2）在设计坡降、现有暗管管径已定的情况下，确定最大管长。

3）在暗管坡降、管长、管径均已确定情况下，计算暗管首端及沿程是否超压。

（3）排水暗管的水力计算。圆形吸水管和集水管的内半径可分别按以下两式计算确定：

$$r_1=\left(\frac{nQ}{\alpha\sqrt{3j}}\right)^{3/8} \tag{8-47}$$

$$r_2=\left(\frac{nQ}{\alpha\sqrt{j}}\right)^{3/8} \tag{8-48}$$

式中　r_1、r_2——吸水管或集水管的内半径，m；

　　　n——管的内壁糙率，可从表 8-13 查得；

　　　j——暗管的水力比降，可采用管线的比降；

　　　α——与管内水的充盈度 θ 有关的系数，可从表 8-14 查得。

表 8 - 13　　　　　　　　　　　　　排水管内壁糙率 n 值表

管沟类别	n	管沟类别	n
光壁塑料管	0.011	混凝土管	0.013～0.014
波纹塑料管	0.016	石棉水泥管	0.012
钢筋混凝土管	0.013～0.014	陶土管	0.013～0.014

表 8 - 14　　　　　　　　　　　　　系数 α 和 β 值

θ	0.60	0.65	0.70	0.75	0.80
α	1.330	1.497	1.657	1.805	1.934
β	0.676	0.693	0.705	0.714	0.718

注　管内水的充盈度 θ 为管内水深与管的内径之比值。管道设计时，可根据管的内半径 r 值选取充盈度 θ 值；当 r <50mm 时，取 $\theta=0.6$；当 $r=50\sim100$mm 时，取 $\theta=0.65\sim0.75$；当 r>100mm 时，取 $\theta=0.8$。

圆形吸水管或集水管平均流速可按式（8 - 49）计算确定，即

$$v = \frac{\beta}{n} r^{2/3} j^{1/2} \tag{8-49}$$

式中　v——圆形吸水管或集水管平均流速，m/s；

β——与管内水的充盈度 θ 有关的系数，可从表 8 - 14 查得。

排水管道的设计比降 j 应满足管内最小流速不小于不淤流速 0.3m/s 的要求。当管内半径 $r\leqslant50$mm 时，j 可采用 1/300～1/600；当管内半径 r>50mm 时，j 可采用 1/1000～1/1500。在地形平坦的地区，吸水管首端与末端的高差不宜大于 0.4m。当所需比降不符合本规定时，可适当缩短吸水管长度。

吸水管实际选用的内径不得小于 50mm，集水管实际选用的内径不得小于 80mm。吸水管宜采用同一内径，集水管可根据汇流情况分段变径。

4. 暗管管材的选择

在进行暗管的规划布置时，应考虑管材的选择，管材的选择应坚持因地制宜、就地取材、技术可行、经济实用的原则。管材的技术性能包括化学性能和物理性能两个方面。在化学性能方面管材应耐酸碱、耐腐蚀；在物理性能方面则应满足一定抗压强度和透水性能的要求。国内外常用的暗管材料分为当地材料管和塑料管两大类。目前我国使用的以当地材料管为主，近年来塑料管也有一定的发展。

（1）灰土管。用石灰和黏土按一定的体积比，做成一定的内径、一定的长度，形如马蹄或内圆外方的管子。管顶留有孔眼可以进水，亦可靠接缝处预留缝隙进水。

（2）水泥土管。将黏土、砂子、水泥按一定的质量比，加适量的水制成与灰土管类似的暗管。

（3）瓦管。瓦管的特点是可以就地取材，施工技术群众容易掌握，造价低，缺点是使用年限短。瓦管是我国很早就广泛采用的一种暗管。它是用普通黏土烧制而成，一般为内圆外方，内径 5～8cm，外断面 12cm×14cm，每节长 30～60cm。

（4）陶瓷管。类似于城市下水道用的承插头连接的陶瓷管，管壁上每间隔 20cm 设孔径 1cm 的进水孔，排成梅花状；管壁厚 2cm，内径可达 20cm，每节管长 1m。其特点是

使用年限较久，但造价较高。

（5）混凝土管。混凝土管的种类很多，有用作排水管的无砂混凝土管（亦称多孔混凝土管），带孔的水泥砂浆管（亦称薄壁管），石棉水泥管；也有用作集水输水的普通混凝土管。混凝土管的缺点是重量大，运输易损坏，在高矿化度地下水中耐腐蚀性差，造价高。

（6）波纹塑料管。塑料管是 20 世纪中叶发展起来的一种新型排水暗管。由于它质轻、耐用、使用机械化施工，所以发展很快。20 世纪末美国、日本等塑料排水面积占暗管排水面积的 50％以上，联邦德国、比利时占到 65％，荷兰占到 79％。我国目前已广泛采用塑料暗管排水这种新技术。塑料管按材料分有聚乙烯（PE）管和聚氯乙烯（PVC）管两种。

5. 外包滤料的选择

外包滤料指包裹或充填在排水暗管周围的材料，它的作用是阻止土壤颗粒进入暗管，以避免沉淀和暗管阻塞，稳定暗管周围的土壤，改善暗管通道的渗水能力，以提高暗管的排水功能。充填在暗管周围，主要用于防止土壤中的细颗粒进入暗管的外包层，一般称为滤层；主要用于改善暗管的渗透性能而放置在暗管上部或周围的外层称为裹层。

用作外包滤料的材料一般有有机材料、无机材料和合成材料三大类：

（1）有机材料。多采用农业生产的副产品，如稻草、稻壳、棕皮、椰皮、芦苇、锯末等，这类材料可就地取材，价格低廉，因此应用比较普遍。我国多用稻草，日本多用稻壳。

（2）无机材料。包括砂、碎石、贝壳等，这些材料耐久性极好，只要级配得当，可适用于各种暗管的透水防砂要求。缺点是重量大、用量多、运输和施工不便，且投资较高。

（3）合成材料。主要是化纤制品，有粒状、片状和碎屑状等多种，但应用较多的有合成纤维丝和编织物、聚氯乙烯、聚苯乙烯等碎屑。

外包滤料的选择，应以取材容易、价格便宜、施工方便为原则，并符合耐酸碱、不易腐烂、不污染环境的要求。此外，还需满足以下条件：① 外包滤料的渗透系数应比周围土壤大 10 倍以上。②外包滤料的厚度可根据当地实践经验选取：散铺外包滤料的压实厚度，在土壤淤积倾向严重的地区不宜小于 8cm，在土壤淤积倾向较轻的地区宜为 4～6cm，在土壤无淤积倾向的地区，可小于 4cm（土壤的淤积倾向可用黏粒含量与粉粒加细砂粒含量的比值 R_g 作为判断指标，$R_g \geqslant 0.6$ 时无淤积倾向，$R_g = 0.5$ 左右时淤积倾向较轻，$R_g < 0.4$ 时淤积倾向较重）。③散铺外包滤料的粒径级配可根据土壤有效粒径 d_{60} 按表 8 - 15 的规定确定。④各种化纤外包滤料的厚度和滤水防沙性能应通过实验确定。

作为排水暗管外包滤料的土工织物，可按式（8 - 50）进行初步选择，再通过试验确定。

表 8 - 15　　　　土壤有效粒径与外包滤料粒径级配关系　　　　单位：mm

土壤有效粒径 d_{60}	外包滤料粒径级配 d'_n					
	d'_0	d'_5	d'_{10}	d'_{30}	d'_{60}	d'_{100}
0.02～0.05	0.074～0.590	0.30	0.33～2.50	0.81～8.70	2.00～10.00	9.52～38.10
0.05～0.10	0.074～0.590	0.30	0.38～3.00	1.07～10.04	3.00～12.00	9.52～38.10
0.10～0.25	0.074～0.590	0.30	0.40～3.80	1.30～13.10	4.00～15.00	9.52～38.10
0.25～1.00	0.074～0.590	0.30	0.42～5.00	1.45～17.30	5.00～20.00	9.52～38.10

$$\frac{O_{90}}{d_{85}} \approx 4 \qquad\qquad (8-50)$$

式中 O_{90}——土工织物的有效孔径，mm，即在土工织物孔径分布曲线上小于该孔径累计百分数为 90% 的土工织物孔径；

d_{85}——在土壤粒径级配曲线上，相应于过筛百分数为 85% 的土壤粒径，mm。

（四）暗管的施工

暗管的施工包括暗管的定线和铺设两个方面。

1. 定线

在暗管的首末两端用桩定出中心线位置，在暗管的长度较大时中间每隔 20m 加桩。测定各木桩顶高程，并将桩顶至沟槽底的开挖深度标注在相应的木桩上。

2. 铺设

暗管可以铺设在人工或机器开挖的沟槽中，也可以直接用机械埋设在土壤中而不需要先开挖沟槽。采用开沟埋管的方法进行施工时包括以下过程：①开挖沟槽。②铺设暗管和外包滤料。③回填沟槽。

沟槽的开挖和暗管与外包滤料的埋放可由机械连续作业完成。在劳力较多，缺乏机械或排水面积较小的地区多采用人工埋管。利用机械开沟时可以采用人工埋管，也可用机械自动埋管。

开沟铺管机主要有链刀式和链斗式两种。在机器向前行驶过程中通过链刀或链斗同时旋转，挖成矩形沟槽。挖出的土壤由输运器输送至沟槽的一侧或两侧。管道则通过管箱铺设于沟底，然后填入滤料。

暗管的机械施工应在地面有足够承托重型机械能力的较干旱季节进行。一般履带式埋管机要求的土壤承载力为 20～30kPa。

埋管后沟槽应用表土由人工或装在机械上的叶片推土机进行回填，高于地面的回填土用开沟机压实，以免水流通过未沉实的沟槽，造成土壤流失而淤塞集水管。

三、竖井排水

竖井是指由地面向下垂直开挖的井筒，也称立井。竖井排水，主要是通过提取浅层地下水来降低和调控盐碱化地区的地下水位。并通过灌溉压盐或与明沟结合排走盐分。在地下水矿化度不高的情况下，可采取以灌带排的方式，排灌结合，所以有时把竖井排水也叫竖井排灌。在地下水矿化度高的地区，则可把井中的碱水抽出来排走，再引淡水灌溉，实行抽碱换淡，逐步淡化地下水。竖井排水是可在田间按一定的间距打井，井群抽水时在较大范围内形成地下水位降落漏斗，从而起到降低地下水位和除涝治碱的作用，如图 8-20 所示。我国北方在地下水埋深较浅，水质又符合灌溉要求的许多地区结合井灌进行排水，不仅提供了大量的灌溉水源，同时对降低地下水位和除涝治碱也起到了重要作用。实践证明，井灌井排是综合治理旱、涝、碱的重要措施。

（一）竖井排水的作用

1. 降低地下水位，防止土壤返盐

在井灌井排或竖井排水过程中，由于水井自地下水含水层中吸取了一定的水量，在水井附近和井灌井排地区内地下水位将随水量的排出而不断降低。水井内外形成水头差，水井附近和井灌排地区内含水层中的水便在此水头差的作用下径向汇入井内，使得水井周围形成了以井孔轴心为对称轴的降落漏斗。地下水位的降低值一般包括两部分：一部分是由于水井（或井群）长期抽水，地下水补给不及，消耗一部分地下水储量，在抽水区内外产生一个地下水位下降漏斗而形成的，如图8-20中实线所示，称为静水位降。另一部分是由于地下水向水井汇集过程中发生水头损失而产生的。距抽水井越近，其数值越大，在水井附近达到最大值，此值一般为3～6m。在水井抽水过程中形成的总水位降为动水位降，如图8-20中虚线所示。由于水井的排水作用，有效地降低了地下水位，增加了地下水埋深，减少了地下水的蒸发，因而可以起到防止土壤返盐的作用。

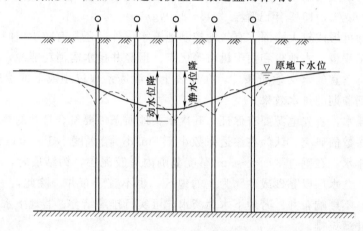

图8-20 井群抽水过程中的水位变化

2. 除涝防渍，增加灌溉水源

干旱季节，结合井灌抽取地下水，会导致大面积大幅度的地下水位下降，不仅可以防止土壤返盐，同时由于开发利用地下水，使汛前地下水位达到年内最低值，可以腾空含水层中的土壤容积，供汛期存蓄入渗雨水之用，这样便为建立地下水库提供了有利的条件。地下水位的降低，增加了土壤蓄水能力和降雨的入渗速度，降雨时大量雨水渗入地下，这样便可以就地拦蓄，不必外排，且不会成灾，因而可以防止田面积水形成淹涝和地下水位过高造成土壤过湿，达到除涝防渍、防止土壤盐碱化的目的。同时，还可以有力地调控地下水资源，增加地下水提供的灌溉水量。

3. 抽咸补淡，改善水源

竖井排水在水井影响范围内形成较深的地下水位下降漏斗。地下水位的下降，可以增加田面的入渗速度，因而为土壤的脱盐创造了有利条件。在有灌溉水源的情况下，利用淡水压盐可以取得良好的效果。

例如，根据青海省德令哈农场尕海分场冲洗排水试验资料，在竖井排水影响范围内，硫酸盐氯化物盐渍土经冲洗后，0～30cm土层脱盐率为81.5%～84.4%，0～100cm土层脱盐率为66.3%～77.5%。而无井排地区冲洗后0～30cm脱盐率为36.3%～40.9%，0～100cm脱盐率为25%～30%，约为竖井排水地区的1/2～1/3。

华北滨海地区和内陆部分地区，浅层含水层分布面积很广，厚度达几十甚至上百米，水位高，矿化度大，严重威胁农业生产。在该地区，可运用人工回补地下水的方法，排除咸水补充淡水，建立浅层淡水体，即进行抽咸补淡。利用这个淡水体的厚度，就可以建立一个良好的地下水库，调节地下水和地面水，控制地下水位，改善灌溉水源。

在地下咸水地区，如有地面淡水补给或沟渠侧渗补给，则随着含盐地下水的不断排除，地下水将逐步淡化。试验表明，在抽排的咸水水量较大，能够保证地下水位下降一定深度，并有淡水及时补给的情况下，一般都可以取得较好的淡化效果。例如河北省水利专科学校在校办农场（面积 85 亩）进行抽咸换淡试验，利用真空井和锅锥井抽咸，利用灌水和雨水补淡。在 1974 年和 1975 年两年中均每亩共抽排咸水 $1368m^3$，灌淡水 $1244m^3$。由于抽咸补淡的水量均较大，地下水发生了显著淡化，咸水改造前表层（2m）地下水矿化度为 $3.8 \sim 9.9g/L$，1975 年已降至 $0.48 \sim 1.04g/L$。

竖井排水除可形成较大降深，有效地控制地下水位外，还具有减少田间排水系统和土地平整的土方工程量、占地少和便于机耕等优点。但竖井排水需消耗能源，运行管理费用较高，且需要有适宜的水文地质条件，在地表土层渗透系数过小或下部承压水压力过高时，均难以达到预期的排水效果。

采用竖井排水，首先电源要有保证，其次水文地质条件要符合打井的要求。据水利部门对水文地质参数的研究，认为在渗透系数小于 3m/d、给水度小于 0.033 的条件下，不适宜采用竖井排水。在垂直剖面 $0 \sim 5m$ 厚度范围内有胶泥层、钙结层时，采用竖井排水的效果也不好。含水层以黏砂或砂黏为主的地区，也不宜于布井。除此，一般均可打井。至于水质条件，不影响布井。若地下水为淡水，可实行排灌结合；若地下水为咸水，可只排不灌，实行井灌渠排。

（二）竖井的规划布置

1. 选取合理的井深和井型结构

为了使水井起到灌溉、除涝、防渍、改碱、防止土壤次生盐碱化和淡化地下水的作用，增加降雨和灌水的入渗量，提高压盐的效率，并在表层形成一定的地下水库，在保证水井能自含水层中抽出较多水量的同时，还应使潜水位有较大的降深。为此，在水井规划设计中必须根据各地不同的水文地质条件，选取合理的井深和井型结构。

（1）如含水层埋藏在 $5 \sim 30m$ 或至 50m 且多为浅水含水层，可采用直径为 $0.5 \sim 1.5m$ 的浅筒井。如含水层厚度较大或富水性较强时，宜采用大口井，井径可根据需要，常为 $2 \sim 3m$，甚至可增加到 $3 \sim 5m$，视具体情况而定。可采用完整井型或非完整井型。如为了增加井的出水量，还可采用辐射井。

（2）如上层潜水含水层的富水性较差或较薄，而下部有良好的承压水含水层且水压较低，水井可打至下部承压水层，使潜水层补给承压含水层。如下部承压水的水头很高，但富水性较差，则上部可建成不透水的大口井，以蓄积承压水。对于这几种情况，均可采用大口井与管井的联合井型。

（3）在 50m 以内的黄土含水层或厚度较薄的弱含水层，如采用其他井型，其出水量较小时，以选用辐射井为宜。

2. 井距的选定及井群布置

水井的规划布置应根据地区自然特点、水利条件和水井任务而定。在利用竖井单纯排水地区，井的间距主要决定于控制地下水位的要求。如果有地面灌溉水源实行井渠结合，在保证灌溉用水的前提下，井灌井排的任务是控制地下水位，除涝防渍，并防止土壤次生盐碱化。在这种情况下，井的间距一方面主要决定于单井出水量所能控制的灌溉面积，另一方面也决定于冲洗改良盐碱地时所要求的单井控制地下水位。

竖井在平面上一般多按等边三角形或正方形布置，由单井的有效控制面积可求得有效控制半径 R 和井距 L，如图 8-21 所示。当采用等边三角形布置时，单井间距 $L=\sqrt{3}R$，当采用正方形布置时间距 $L=\sqrt{2}R$。

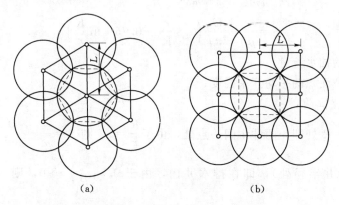

图 8-21 竖井布置示意图

(a) 按等边三角形方式布置（井距 $L=\sqrt{3}R$）；(b) 按正方形方式布置（井距 $L=\sqrt{2}R$）

在局部地区进行竖井排水时，在相同的水井间距和单井抽水量情况下，在抽水过程中局部井排对降低地下水位的作用不如大面积并排显著。且在水井停抽后，由于外区补给，地下水位回升较快。在井群同时抽水时，在其干扰范围内，任一井的水头或水位的降深，通常采用各井在单独抽水时对该井所引起动水位降深叠加法计算。采用泰斯公式进行计算：

$$S = \sum_{i=1}^{n} S_i = \sum_{i=1}^{n} \frac{Q_i}{4\pi T} W\left(\frac{r_i^2}{4at}\right) \tag{8-51}$$

$$a = T/\mu$$

式中　S——全部井抽水引起地下水位的动水位降深；

S_i——由于第 i 口井抽水引起的水位降深；

Q_i——第 i 口井的抽水流量；

T——含水层导水系数；

$W\left(\dfrac{r_i^2}{4at}\right)$——泰斯井函数，可查井函数表得出；

r_i——第 i 口井与计算点的距离；

a——压力传导系数；

μ——潜水含水层给水度。

根据式（8-50）即可计算出在要求的时间 t 内水位下降的深度 S。如符合要求，则拟定的布局方案可作为备选方案之一。再通过多种方案比较，即可选定最优方案。

大面积均匀布井实行竖井排水时，外区补给微弱，每个单井控制相同的面积（可近似地作为圆形考虑），在这一面积内各点地下水位降深的大小，仅与井的出水量和含水层的水文地质参数 T、μ 有关，因此，每个水井控制区可以单独考虑。在水井抽水时间较久 $\left(t \geqslant 0.4 \dfrac{R^2}{a}\right)$ 时，任一点（与抽水井距离为 r）地下水动水位下降深度 S 可用式（8-52）、式（8-53）计算：

$$S = \frac{Qt}{\mu \pi R^2} + \frac{Q}{2\pi kh}\left(0.5\,\frac{r^2}{R^2} - 0.75 + \ln\frac{R}{r}\right) \qquad (8-52)$$

$$S = \frac{\varepsilon t}{\mu} + \frac{Q}{2\pi T}\left(0.5\,\frac{r^2}{R^2} - 0.75 + \ln\frac{R}{r}\right) \qquad (8-53)$$

式中 Q——井的抽水流量；

   ε——单位面积的平均开采强度；

   其他符号意义同前。

其中，在 $r = R$ 处即为两井中间一点处，由于 $\dfrac{R}{r} = 1$，则 $S = \dfrac{\varepsilon t}{\mu} - \dfrac{Q}{8\pi T} = \dfrac{Qt}{\mu \pi R^2} - \dfrac{Q}{8\pi T}$；

在 $r = r_\omega$（r_ω 为井半径处），即在排水井内，由于 $0.5\left(\dfrac{r_\omega}{R}\right)^2 \to 0$，则 $S = \dfrac{\varepsilon t}{\mu} + \dfrac{Q}{2\pi T} \times$

$\ln\dfrac{0.473R}{r_\omega}$。

第九章 排水沟道系统

排水系统是灌区的重要组成部分，是保证农业高产稳产和可持续发展的重要工程设施。排水系统一般由田间排水系统、排水沟道系统、排水容泄区以及排水系统建筑物所组成，常与灌区系统统一规划布置，相互配合，共同调节农田水分状况。农田中过多的水，通过田间排水工程排入排水沟道，最后排入承泄区。各灌区由于地形、土壤、水文地质、作物种植等条件不同，排水要求不同，排水系统所承担的排水任务也不同。

农田排水系统规划应在流域规划、地区水利规划和排水区域自然社会经济条件、水土利用现状的基础上，查明排水区的灾害状况和排水不良的原因，根据农业可持续发展、环境保护以及旱、涝渍、盐碱综合治理要求，确定排水任务和标准，遵照统筹兼顾、蓄排结合的原则进行总体规划，修建符合灌区排水标准的排水系统，促进"两高一优"农业的发展。

第一节 排水沟道系统的规划布置

排水系统的作用是：收集田间排出的水并将其输送到容泄区，以及排出农业区的弃水，以达到排除地面水和降低地下水位的目的，即起到除涝、排渍、治碱的目的。

排水系统一般包括排水区内的排水沟系和蓄水设施（如湖泊、河沟、坑塘等）、排水区外的承泄区以及排水枢纽（如排水闸、抽排站等）三大部分所组成。根据我国各地区排水系统的各种组成和形式，可概括为如下模式，如图 9-1 所示。

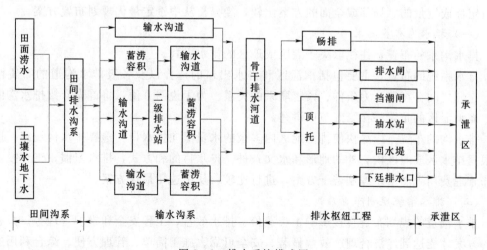

图 9-1 排水系统模式图

一般排水沟系与灌溉渠系配套使用，且和灌溉渠系相类似，一般可分为干、支、斗、农四级固定沟道。但当排水面积较大或地形较复杂时，固定排水沟可以多于四级；反之，也可少于四级。干、支、斗三级沟道组成输水沟网，农沟及农沟以下的田间沟道组成田间排水网，农田中由降雨所产生的多余地面水和地下水通过田间排水网汇集，然后经输水网和排水枢纽排泄到容泄区。各级沟道的控制面积在各地差异很大，一般为：干沟 $30\sim100km^2$，支沟（或称大沟）$10\sim30km^2$，斗沟（或称中沟）$1\sim10km^2$，农沟（或称小沟）$0.1\sim1km^2$。大面积的治理区或大型灌区可增设总干、分干、分支等沟道，其中总干的控制面积大于 $100km^2$。在涝、渍、盐碱严重的地区，有时还可增设毛沟及临时性的垄沟或墒沟。田间排水网可分明沟、暗管和竖井 3 种排水方式，属田间工程，这些已于本书第八章中介绍，本节将重点介绍主要排水沟道系统的规划设计等。

干、支、斗三级沟道控制全灌区的排水面积，起输水作用，是灌区的骨干排水系统。宜采用明沟；农沟及其以下的沟道属于田间排水系统，汇集地表径流和地下水，控制地下水位，起汇流作用，是灌区的田间排水系统，可因地制宜采用明沟、暗管、鼠道、竖井等单项排水措施或组合排水措施。排水系统主要任务是汇集田间排水系统排出的水量，因当地的自然条件和排水要求不同，有的还需兼顾滞蓄涝水、治理盐碱、水产养殖和交通运输要求。

排水系统的规划布置如下。

地区或灌区内排水系统的规划，一般是在流域防洪除涝规划基础上进行的。流域防洪、除涝规划的目的是确定流域范围内骨干防洪除涝工程的布局和规模，同时也为流域内局部地区或灌区的排水系统规划，提供必要的依据。

由于我国排水地区的情况各不相同，排水系统规划布置，必须从实际出发，首先要收集排水区的地形条件、土壤、水文地质、水文气象、作物种植、灾害情况、社会经济条件和现有排水设施等各种基本资料，摸清涝、渍和盐碱化的情况及原因，通过全面分析论证，确定排水区的主要排水任务、相应的排水标准和主要措施，拟定规划布置应遵循的原则，然后进行排水系统的规划布置。为使规划布置成果经济合理，一般应对规划布置方案进行定性或定量的、局部或全面的方案比较，经分析从中选定最优规划布置方案。

（一）排水沟布置要求

排水沟系的布置，往往取决于灌区或地区的排水方式。

排水系统的布置，主要包括承泄区和排水出口的选择以及各级排水沟道的布置两部分。它们之间存在着互为条件、紧密联系的关系。为了说明方便，将首先介绍排水沟的布置，而承泄区的布置将在第五节中讲述。

排水沟的布置，应尽快使排水地区内多余的水量泄向排水口。选择排水沟线路，通常要根据排水区或灌区内、外的地形和水文条件，排水目的和方式，排水习惯，工程投资和维修管理费用等因素，编制若干方案，进行比较，从中选用最优方案。

（二）排水系统规划布置原则

排水沟道的规划布置直接影响工程造价、排水效益、工程安全和维护管理等。只有良好的方案才能达到经济合理、效益显著、安全可靠、施工简单、管理方便、综合利用的要求。所以在排水沟道规划布置时应紧密结合排水地区的具体条件，并遵循下列原则。

排水沟道应尽可能布置在低处。各级排水沟道应尽量布置在各自控制排水范围内的低洼处，以便获得良好的自流排水条件，及时排出区内的多余水量。

尽量利用天然的河道、沟溪布置排水系统。天然排水河沟的形成，有其自身的合理性，利用天然排水沟道，既可以减少工程投资，减少工程占地，又不打断天然的排水出路，有利于工程安全。对不符合排水要求的河段，可根据情况进行必要改造，如截弯取直、扩宽加深、加固堤防等。尽量避开流沙、淤泥等土质不良地带，减轻沟坡坍塌清淤的负担。干沟出口应选在容泄区水位低、河床稳定的地段，确保排水通畅、安全可靠。

高低分排。各级排水沟道均应根据治理区的灾害类型、地形地貌、土地利用、排水措施和管理运用要求等情况，进行分区排水。尽量做到高水高排、低水低排、就近排泄、力争自排、减少抽排。应防止高水低流，加重低洼地排水负担。

统筹规划。排水沟道应与田、林、路、渠和行政区划等相协调，全面系统考虑。优化设计方案，减少占地面积和交叉建筑物数量，以便管理维护，节省投资。

（1）排水系统和灌溉系统的布置应协调一致，满足灌溉和排涝要求，有效地控制地下水位，防止土壤盐碱化或沼泽化。平原灌区宜分开布置灌溉系统和排水系统；可能产生盐碱化的平原灌区，灌排渠沟经论证可结合使用，但必须严格控制渠沟蓄水位和蓄水时间。

（2）排水线路宜短而直，避免高填、深挖和通过淤泥、流沙及其他地质条件不良地段。

（3）综合利用。为充分利用淡水资源，在有条件的地区，应充分利用排水区内的湖泊、洼地、河网等蓄滞洪水，既可用于补充灌溉水源，减轻排水压力，又能满足航运和水产养殖等要求。但在沿海平原和有盐渍化威胁的地区，因需要控制地下水位，故应实行灌排分开两套系统。

（4）排水沟出口宜采用自排方式。受承泄区或下一级排水沟水位顶托时，应设涵闸抢排或设泵站提排。

（5）在有外水入侵的排水区或灌区，应布置截流沟或撇洪沟，将外来地面水和地下水引入排水沟或直接排入承泄区。

在排水沟道的实际规划布置中，上述规划布置原则往往难以全部得到满足，应根据具体情况分清主次，满足主要方面，尽量照顾次要方面，须经多方案比较，选择占地面积小、建设投资省、运行费用低、经济效益高、工程实用、管理方便、有利于改善治理区内外生态环境和农业可持续发展的最优规划方案。

（三）排水系统的类型

由于各排水区自然条件和经济条件不同，排水系统所承担的任务和作用也不同，因此按照排水系统所承担的任务，排水系统主要分为以下两种类型：

1. 一般排水系统

只承担排除地面径流和控制地下水位的排水系统统称为一般排水系统。在我国北方干旱地区和南方山丘区，灌区的灌溉系统和排水系统是相互独立的，由于气候条件影响，排水系统难以承担航运、养殖以及引水灌溉等任务，主要起除涝、防渍、治碱的作用。这种排水系统的排水沟道一般比降较大，断面较小，工程造价较低。如河南省人民胜利渠区、山东省打渔张灌区、内蒙古河套灌区等均属于这种类型。

2. 综合利用排水系统

以排除地面径流和控制地下水位为主要任务，兼顾蓄水灌溉、通航和养殖的排水系统称为综合利用排水系统。在南方圩区和地势低洼区，要求排水系统不仅能排除地面径流的控制地下水位，在干旱季节还需从排水沟道引水灌溉，补充灌溉水源的不足；同时还常利用排水河沟滞蓄降雨径流，以减少排涝量和排水站的装机容量；平时还要维持一定的水位和水量，以利通航和养殖，改善交通条件和发展渔业生产。这类地区常以天然河道作为排水工程，构成排水系统的骨架。在此基础上，再按排水地区的地形条件分片布置干、支沟，片内自成网状排水系统，各自设控制闸，独立排水入河。这种排水系统又称为河网排水系统，其排水沟道的断面既要满足排水要求，又要满足通航、养殖要求。

（四）排水系统的布置

1. 划分排水区

在制定排水系统规划方案时，要确定和划分排水区：第一种是将整个需要排水的地区（例如一个圩区）或灌区，作为一个排水整体区，布置为一个独立的排水系统，仅设一个出水口，集中排入容泄区；第二种是将排水区或灌区划分为多个排水单元，分别布置各单元的排水系统，每个单元各设自己的排水出口，分别排入容泄区，如图 9-2 所示。集中排水的流量大，干沟和出水口的断面也要大；分散排水的流量小，干沟和出水口的断面也小。究竟采用何种形式，排水单元如何划分，一般经分析比较排水区地形、汇水面积大小、天然水系分布以及容泄区的水位等具体条件加以确定。

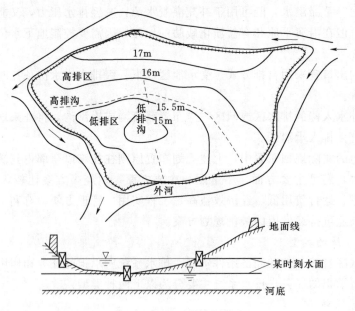

图 9-2 分散排水系统示意图

2. 排水系统的类型

排水系统的布置，主要包括容泄区和排水出口的选择，以及各级排水沟的布置两部分内容。排水沟的布置，应使排水区多余的水量尽快集中，并通过各级输水沟道顺利地排入容泄区。排水沟的布置与地形地貌、水文地质、容泄区、治理区自然条件以及行政区划和现有工程状况等多种因素有关，要做方案比较择优选用。一般可根据排水区地形地势和容泄区的位置等条件先规划布置干沟线路，然后再规划布置其他各级沟道。因为地形地质条件和排水任务对排水沟的规划布置影响很大，所以地形条件和排水任务不同，排水沟道的规划布置也具有不同特点。根据地形条件常把排水区分为山区区、平原区和圩垸区等3种基本类型。

（1）山丘区。山丘区的特点是地形起伏较大，地面坡度较陡，耕地零星分散，暴雨容易产生山洪，对灌溉渠道和农田危害很大，冲沟与河谷是天然的排水出路，排水条件较好。规划布置时应根据山势地形、水土温度、导排等措施，同时应与水土保持、山丘区综合治理和开发规划紧密结合。梯田区应视里坎部位的渍害情况，采取适宜的节水排流措施。排水沟道布置一般利用天然河谷与冲沟，既顺应原有的排水条件，节省投资，安全可靠，又不打乱天然的排水出路，排水效果良好。

（2）平原区。平原区的特点是地形平缓，河沟较多，地下水位较高，旱、涝、渍和盐碱等威胁并存，排水出路多不畅通，控制地下水位是主要任务。排水系统规划时应充分考虑地形坡向、土壤和水文地质特点，在涝、碱并存地区，可采用沟、井、闸、泵站等工程措施，有条件的地区还可采用种稻洗盐和滞涝等措施；在涝、渍共存地区，可采用沟网、河网和排涝泵站等措施。排水沟道规划布置应尽量利用原有河沟，新开辟的排水沟道应根据灌区边界、行政区划和容泄区的位置，本着经济合理、效益显著、综合利用、管理方便的原则，通过多方案比较，选择最佳的布置方案。

（3）圩垸区。圩垸区是指周围有河道并建有堤防保护的区域，主要分布在沿江、沿湖和滨海三角洲地区，其特点是地形平坦低洼，河湖港汊较多，水网密集，汛期外河水位常高于两岸农田，存在着外洪内涝的威胁，地下水位经常较高，作物常遭到渍害侵扰。排水系统规划时应根据自然条件、内外河水位等情况，采取联圩并垸、修站建闸和挡洪滞涝等工程措施，在确保圩垸区防洪安全的基础上，按照内外水分开、灌排渠沟分设、高低田分排、水旱作物分植等原则，有效控制内外河水位和地下水位，做到洪、涝、渍兼治。对于圩垸区内弯曲凌乱、深浅不一的天然河湖港汊，加大治理力度，能用则用，不能用则废，保证排水系统的合理布局。排水沟道规划布置应尽量利用原有河道，当河道断面不能满足排水要求时，可按排涝标准下所需通过的排水流量对断面进行扩宽加深，对过于弯曲的河段可截弯取直，保证排水畅通。新开辟的排水沟道应充分考虑地形条件、灌区边界、行政区划和容泄区等因素，力求经济合理、综合利用、管理方便。

一般情况下，支沟与干沟、干沟与天然河流之间宜锐角连接，排水干沟与承泄河道的交角宜为30°～60°。支、斗、农沟宜相互垂直布置。斗、农沟的布置，一般应密切结合排水区内微地形、灌溉、机耕、行政区划的田间交通等多方面要求，统筹兼顾，相互协调，全面规划。灌排沟渠相间的双向灌排形式，具有减少土方和建筑物，节省工程占地和投资等优点，有利于工程维护的综合利用，可结合地形优先选用。当必须布置成沟渠相邻的单向灌排形式时，宜采用沟—路—渠的布置形式，可加长渗径以减少渠道渗漏，在砂质土地区可减轻排水沟边坡的坍塌。

3. 容泄区的选择

容泄区是承受排水干沟下泄水量的地方。确定容泄区时应尽量满足如下要求：

（1）在设计洪水情况下，容泄区的水位不能引起排水系统壅水或淹没现象。

（2）容泄区的输水能力或容量应能及时排泄或容纳由排水区泄出的全部水量。

（3）在汛期，容泄区的洪水位若使排水区产生壅水，引起淹没，其历时不应超过设计规定的时间。

在汛期，容泄区的防洪与排水经常发生矛盾，通常采取如下处理：如洪水历时较短，或容泄区洪水和排水地区设计流量不在同一时间相遇时，可在出水口建闸控制，以避免洪水进入排水区，洪水过后可开闸排水。如洪水顶托时间长，且所影响的排水面积较大时，除在出水口建闸控制洪水倒灌外，还需修建抽水站排水，待洪水过后再开闸自流排水。这种抽水站，一般是灌排两用，以提高抗旱排涝标准，并减少投资。如洪水顶托，回水距离不远时，可在出水口附近修建回水堤，使上游大部分面积能自流排泄。田水堤附近下游局部洼地，可抽排或作为临时滞水区。有条件的地方，可将出水口沿岸向下移，以争取自流排泄。

第二节　排水流量计算

排水流量是确定各级排水沟道断面、沟道上建筑物规模以及分析现有排水设施排水能力的主要依据。设计排水流量分设计排涝流量和设计排渍流量两种。前者用以确定排水沟道的断面尺寸；后者作为满足控制地下水位要求的地下水排水流量，又称日常排水流量，以此确定排水沟的沟底高程和排渍水位。

一、设计排涝流量的计算

推求设计排涝流量（又称最大设计流量）的基本途径有两种：一是用流量资料推求；二是用暴雨资料推求。由于平原地区水文测站少，资料年限短，设计标准较低，受人类活动的影响较大，例如排水河道开挖前与开挖后，同样的暴雨所形成的流量相差很大等，故一般难以根据实测径流资料进行统计分析，而往往采用由设计暴雨推求排涝流量的方法。但是在不同地区和不同情况下，这类由暴雨推求排涝流量的方法也是各不相同的。

（1）对于一般不受下游河、沟水位影响的排水沟，可由设计暴雨推求最大峰量作为设计排涝流量。

（2）对于不直接排入容泄区而汇入低洼滞涝区的排水沟，则需通过推求排涝流量过程线来确定设计排涝流量，这种经过滞涝区调蓄后的设计排涝流量常比最大排涝峰量小得多。

（3）对于山丘区或比降较陡的排水河沟或撇洪、截流沟，其暴雨排水过程线一般采用单位线法推求。

（4）对于平原低洼地区，河沟排涝流量还常常受下游承泄区水位或潮位的影响，应按非恒定流或非均匀流理论计算。

关于上述后面 3 种情况，由暴雨推求排水流量过程线的具体方法，可参见《水力学》和《水文学》有关部分，这里从略。下面将针对第一种情况予以介绍。

（一）由降雨推求排涝流量或排涝模数分析

影响排涝流量或排涝模数（单位面积上的排涝流量）的因素主要有：设计降雨、排涝面积的大小和形状、地面坡度、地面覆盖和作物组成、土壤性质、排水沟网配套情况及沟道比降等。由于影响因素较复杂，难以通过成因分析得到计算排涝流量或排涝模数的理论公式，通常采用各种经验公式进行估算。为了便于理解各种公式的物理意义，下面将首先介绍排涝地区地面径流的形成过程。

1. 排涝地区地面径流的形成过程

设在某一典型排水地区内，如图 9-3 所示，AB 为排水干沟、1—1、2—2、3—3 等为支沟，其相应长度为 λ_1、λ_2、λ_3 等，而介于支沟之间的集水坡地长度为 l_1、l_2、l_3 等，则在这一面积上所产生的地面径流，开始时总是沿着集水坡地（长度为 l）流动，然后流入支沟、最后经干沟而注入容泄区。

在一般情况下，各支沟所控制的集水坡地面积、长度、土壤性质及地形等皆不相同，加上降雨分布不均匀，因此径流从坡地流入沟道的过程是十分复杂的。

同时，各级沟道的比降、糙率以及沟口的位置等因素都不同，所以径流在沟道内流动的历时和速度也各有差别。地面径流从排水面积（或集水面积）汇入沟道流入容泄区的时间先后不一，因此，地面径流的排泄过程总是按照某种曲线形状变化，一般开始时的流量较小，然后增加到最大流量，有时在一定时间内保持这一最大流量，然后再逐渐减小。为了便于对集流过程现象的理解，首先研究基本（无排水设备）集水坡地的径流情况。

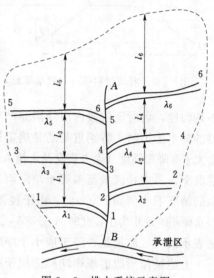

图 9-3 排水系统示意图

地面径流的集流过程一般可分为 3 种基本情况：

（1）最大径流恰巧发生在降雨停止的时刻，即 $l/v=t$（l 为集水坡地的长度；v 为径流沿坡地流动的速度；t 为降雨历时）。其径流过程线呈三角形，如图 9-4 所示。在这种情况下，发生最大径流时的集流面积（$A_{\max}$）恰等于排水总面积（$A_{总}$），并且最大流量 $Q_{\max}$ 为平均流量 $\overline{Q}$ 的 2 倍，如以 K 表示以上两种流量的比值（即 $K=Q_{\max}/\overline{Q}$），则此时 $K=2$。K 常被称为径流过程线的形状系数。

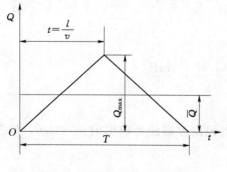

图 9-4 径流过程线（三角形）

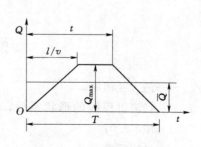

图 9-5 径流过程线（梯形）

（2）在降雨停止前就开始发生最大径流，这种现象经常发生在降雨历时较久、集水面积较短以及径流流动速度较大情况下。此时 $l/v < t$，其典型径流过程线大致呈梯形，如图 9-5 所示。同时，发生最大径流时的集流面积（A_{max}）等于排水总面积（$A_总$），而 K 值（$Q_{max}/\overline{Q}$）则介于 1.0 和 2.0 之间。

（3）在降雨停止后，才开始发生最大径流，这种现象发生在降雨历时较短，集水面积较长以及径流速度较缓的情况下，此时 $l/v > t$，其径流过程线也大致呈梯形，如图 9-6 所示。同时，在这种情况下发生最大径流时的集流面积（A_{max}）要比排水总面积（$A_总$）小。

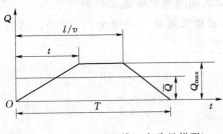

图 9-6　径流过程线（大致呈梯形）

实际上，径流过程线的形状多是不规则的，举出上述 3 种典型情况仅是用来说明各种条件下集流过程特征而已。

根据径流形成的规律，并由于降雨强度的不均匀性，各时间阶段内由降雨而产生的径流量（或径流率）是不同的。但在设计排水沟道的输水能力时，特别重要的是确定最大径流量。在任何情况下，最大降雨径流量是绝对不会大于净降雨强度（除去蒸发及土壤入渗和截流外）与其集水面积的乘积的。如在 $l/v \leqslant t$ 的情况下，最大径流量至多等于净降雨强度与其集水面积的乘积，此时 $A_{max}=A_总$。而在其余的情况下（例如 $l/v > t$），由于径流的迟缓作用，最大径流量往往要比净降雨强度与其集水面积的乘积为小，此时 $A_{max} < A_总$。通常可以采用径流迟缓系数 $\varphi = A_{max}/A_总 = 1$ 或 $\varphi < 1$ 来表示最大径流量是否等于或小于净降雨强度与其集水面积的乘积。

上述径流形成的规律同样适用于有排水设备的情况。

2. 设计径流率

根据如图 9-2 所示的排水面积，可研究该面积上的迟缓径流现象和确定地面径流率的数值设计地面径流率常是按照发生设计频率降雨时的最大径流率计算的。同时，设计径流率必须针对排水沟道各个控制（汇流）断面，分别推求。

$$q_{设计} = q_{max} = \frac{Q_{max}}{A_总}$$

但有

$$Q_{max} = K\overline{Q} = K\frac{A_总 \sigma P}{T}$$

故有

$$q_{max} = \frac{KA_总 \sigma P}{TA_总} = \frac{K\sigma P}{T} \tag{9-1}$$

式中　q_{max}——最大径流率；

　　　K——径流过程线的形状系数，当径流过程线为梯形时 $K < 2.0$，为三角形时 $K = 2.0$；

　　　σ——径流系数；

P——降雨量；

T——集流历时。

集流历时 T 值的计算式应为

$$T = t + \frac{l}{v} + \frac{\lambda}{v_0} + \frac{L}{v_1} \qquad (9-2)$$

式中　t——降雨历时；

l、λ、L——集水坡地、支沟、干沟的长度；

v、v_0、v_1——径流沿坡地、支沟、干沟的流速。

$$q_{max} = \frac{K\sigma P}{t + \frac{l}{v} + \frac{\lambda}{v_0} + \frac{L}{v_1}} = \frac{\sigma P}{t}\left(\frac{K}{1 + \frac{l}{vt} + \frac{\lambda}{v_0 t} + \frac{L}{v_1 t}}\right)$$

因此有：

若 P 以 mm 计，t 以 h 计，q_{max} 以 $\mathrm{m^3/(s \cdot km^2)}$ 计，而

$$D = 1 + \frac{l}{vt} + \frac{\lambda}{v_0 t} + \frac{L}{v_1 t}$$

则有

$$q_{max} = 0.28 \frac{\sigma P}{t} \frac{K}{D} \qquad (9-3)$$

式中　K/D——径流迟缓系数，从式中看出径流迟缓系数还与排水系统的结构与布置有关；

其余符号意义同前。

从式（9-3）中可以看出，影响径流率的因素大致可分为两类：

（1）集水面积上的若干不变因素，如集水面积的大小、形状、地形和地面坡度，排水系统的布置情况（λ、l、L 的大小）等。

（2）随时间变化的若干因素，如降雨强度和延续时间、渗入土壤的雨量以及汇流的流速等。

考虑到在具体条件下，排水面积的大小、形状和排水设备（如沟道布置）并不相同，再加上其他因素的影响，由降雨产生的径流过程是十分复杂的，因此用上述理论公式来推算径流迟缓系数（$K/D = \varphi$）和径流率，往往使计算工作十分繁重，甚至是不可能的。一般是根据成因分析的理论，在运用和统计实测资料的基础上提出了相应的径流率计算经验公式，这些公式的基本形式为

$$q_{max} = 0.28 \frac{\sigma P}{t} \varphi \qquad (9-4)$$

这些公式的区别主要在于如何根据影响径流率的各项因素，提出确定 φ 值的方法。

苏联 A. H. 考斯加可夫院士的公式：

$$q_{max} = 0.28 \frac{\sigma P}{t} \frac{K}{\sqrt[x]{A}} \quad [\mathrm{m^3/(s \cdot km^2)}] \qquad (9-5)$$

式中　P——一定频率的一次降雨量，mm；

σ——径流系数；

t——降雨历时，h；

A——排水面积，$10km^2$；

K——系数，其平均值为 2.0；

x——指数，与排水设备、地面坡度、地貌情况等因素有关。

当排水沟具有排地下径流任务时，式（9-5）中还应加上地下径流率（q_0）的数值。即

$$q_{max} = 0.28 \frac{\sigma P}{t} \frac{K}{\sqrt[x]{A}} + q_0 \tag{9-6}$$

表 9-1 列出了欧美各国和苏联所采用的几种主要的经验公式类型，可供参数。国内常用的排涝流量（或排涝模数）计算方法分别介绍如下。

表 9-1　　　　　　　　　　国外排涝模数经验公式

欧 美 各 国	苏 联
$q = \dfrac{X}{F} + Y$ $q = \dfrac{X}{F+Y} + Z$ $q = \dfrac{X}{Y\sqrt{F}}$ 式中　q——排涝模数； 　　　　F——流域面积，km^2； X、Y、Z——常数	$q = 0.28 \dfrac{P}{t} \varphi$ $q = \dfrac{A_p}{F^n}$ $q = \dfrac{A_p}{(F+C)^n}$ $q = \dfrac{A_p}{(F+C)^n} + B$ 式中　q——排涝模数（又称径流模数）； 　　　　A_p——与频率有关的参数； 　　　　F——流域面积，km^2； 　　　C、B——常数； 　　　　n——指数； 　　　其他符号意义同前

（二）国内计算排涝流量的常用方法

1. 排涝模数经验公式法

（1）平原区排涝模数经验公式。该法适用于平原区涝区需求出最大排涝流量的情况，其计算公式为

$$q = KR^m F^n \tag{9-7}$$

式中　q——设计排涝模数，$m^3/(s \cdot km^2)$；

F——排水沟设计断面所控制的排涝面积，km^2；

R——设计径流深，mm；

K——综合系数（反映河网配套程度、排水沟坡度、降雨历时及流域形状等因素）；

m——峰量指数（反映洪峰与洪量的关系）；

n——递减指数（反映排涝模数与面积的关系）。

公式中考虑了形成最大流量的主要因素。不仅反映了随着排涝面积（或流域）的增大及其自然调蓄作用的增加而排涝模数减少的情况；而且还考虑了一次径流过程的峰量关系等。目前各地区或各流域在应用式（9-7）时，都根据该地区的除涝排水标准，选用接近

设计标准的河流或排水系统的实测资料进行大量统计分析，确定了公式中的各项系数和指数（详见表9-2），供规划时参考使用。

表 9-2 我国部分地区排涝模数公式参数值表

地　　区		适用范围 /km²	K	m	n	设计降雨天数 /d
淮北平原地区		500～5000	0.026	1.00	-0.25	3
河南省	豫东及沙颍河平原区		0.30	1.00	-0.25	1
	金堤河	<1500	0.215	0.79	-0.43	
		>1500	0.096	0.79	-0.43	
山东省 沂沭泗地区	湖西地区	2000～7000	0.031	1.00	-0.25	3
	邳苍地区	100～500	0.031	1.00	-0.25	1
河北省黑龙港地区		>1500	0.058	0.92	-0.33	3
		200～1500	0.032	0.92	-0.25	3
河北省平原地区		30～1000	0.040	0.92	-0.33	
山西省太原平原区			0.031	0.82	-0.25	
湖北省平原湖区		≤500	0.0135	1.00	-0.201	3
		>500	0.017	1.00	0.238	3
辽宁省中部平原区		>50	0.0127	0.93	-0.176	3

必须指出，公式中将很多因素的影响都综合在 K 值中，因而 K 值变动幅度较大，一般规律是：暴雨中心偏上，净雨历时长，平槽以下径流深大，地面坡度小，流域形状系数小，河网调节程度大，则 K 值小；反之则大。当流域或地区较大时，如果不考虑条件的差别，采用统一的 K 值，将会影响计算结果精度。

推求设计径流深，必先确定设计暴雨。设计暴雨一般包括暴雨历时、暴雨的大小分布诸因素，它们都和除涝排水面积的大小有关。在我国华北平原地区，根据实测资料分析证明，对于 $100～500km^2$ 的排水面积，洪峰流量主要由单日暴雨形成；而对于 $500～5000km^2$ 的排水面积，洪峰流量面积一般由 3 日暴雨形成；所以在上述两种情况下，应分别采用单日和 3 日作为设计暴雨历时。对于具有滞涝容积的排水系统，则应考虑采用长历时的暴雨，有的还须采用具有一定间隙期的前后两次暴雨作为设计标准。当除涝排水面积较小时，一般可用点雨量代表面雨量；当除涝排水面积较大时，由于整个除涝排水面积上的平均面雨量和点雨量的差别较大，需要用面雨量计算。推算设计暴雨的方法有两种：一种是典型年法，即采用排水地区内某个涝灾严重的年份作为典型年，以这一年的某次最大暴雨作为设计暴雨；另一种是频率法，即当流域内有足够的测站和较长的降雨资料，用各年最大的一次面平均降雨量，直接进行面雨量的频率计算，求得设计标准的暴雨量。

由设计雨量推求径流深（净雨）R，均以降雨和径流的实测资料作为依据。计算方法有降雨径流相关图法及暴雨扣损法两种。水田的净雨深常按暴雨扣损法计算。而旱作区一般采用以前期降雨量 P_a 为参数的降雨径流相关图，即 $P+P_a-R$ 关系曲线。前期影响雨量是反映该地区发生暴雨之前的土壤干湿情况。可采用与设计标准相似的若干场暴雨的 P 平均值作为设计值。小汇水面积的径流深，亦可由设计暴雨 P 乘径流系数 a 得出，a 值一般是指一次暴雨和该次暴雨所产生的径流深的比值 $\left(a=\dfrac{R}{P}\right)$，也有把前期影响雨量考虑在内的 $\left(a=\dfrac{R}{P+P_a}\right)$。

（2）山丘区排涝模数经验公式。

1）$10\text{km}^2<F<100\text{km}^2$ 时的经验公式，即

$$q_m=K_aP_sF^{1/3} \tag{9-8}$$

式中　q_m——排水模数，$\text{m}^3/(\text{s}\cdot\text{km}^2)$；

　　　P_s——设计暴雨强度，mm/h；

　　　F——汇水面积，km^2；

　　　K_a——流量参数，按表 9-3 取值。

表 9-3　　　　　　　　流 量 参 数 K_a 值

汇水区类别	地面坡度/%	K_a
石山区	>15	0.60~0.55
丘陵区	>5	0.50~0.40
黄土丘陵区	>5	0.47~0.37
平原坡水区	>1	0.40~0.30

2）$F\leqslant10\text{km}^2$ 时的经验公式，即

$$q_m=K_bF^{n-1} \tag{9-9}$$

式中　K_b——径流模数；

　　　n——汇水面积指数，山丘区 K_b、n 值参考表 9-4；$F\leqslant1\text{km}^2$ 时 $n=1$。

表 9-4　　　　　　　　山丘区 K_b、n 值

地　区	不同设计频率的 K_b			n
	20%	10%	4%	
华北	13.0	16.5	19.0	0.75
东北	11.5	13.5	15.8	0.85
东南沿海	15.0	18.0	22.0	0.75
西南	12.0	14.0	16.0	0.75
华中	14.0	17.0	19.6	0.75
黄土高原	6.0	7.5	8.5	0.80

2. 平均排除法

平均排除法是以排水面积上的设计净雨在规定的排水时间内排除的平均排涝流量或平均排涝模数作为设计排涝流量或排涝模数的方法，即

$$Q=\frac{RF}{86.4t} \tag{9-10}$$

或 $$q=\frac{R}{86.4t} \tag{9-11}$$

对于水田 $$R=P-h_{\text{田蓄}}-E \tag{9-12}$$

对于旱田 $$R=aP \tag{9-13}$$

式中 Q——设计排涝流量，m^3/s；

$\quad q$——设计排涝模数，$\text{m}^3/(\text{s}\cdot\text{km}^2)$；

$\quad F$——排水沟控制的排水面积，km^2；

$\quad R$——设计径流深，mm；

$\quad a$——径流系数；

$\quad P$——设计暴雨量，mm；

$h_{\text{田蓄}}$——水田滞蓄水深，mm，由水稻耐淹水深确定；

$\quad E$——历时为 t 的水田田间蒸发量，mm；

$\quad t$——规定的排涝时间，d，主要根据作物的允许耐淹历时确定。对于水田一般选 3～5d 排除，对于旱地，因耐淹较差，排涝时间应当选得短些，一般取 1～3d。

如排水区既有旱地又有水田时，则首先按上式分别计算水田和旱地的排涝模数，然后按旱地和水田的面积比例加权平均，即得综合排涝模数。

这一方法确定的排涝流量或排涝模数，是一个均值，为了与前述按照最大排涝模数确定排水沟设计流量的方法相区别，故把该法称为平均排除法。对于水网圩区和抽水排水地区，由于河网有一定调蓄能力，不论排水面积大小，此方法都是比较适用的。而对于排水沟道调蓄能力较差的地区（如有些坡水区等），按此法算得的排涝流量可能偏小，故一般认为它仅适用于控制面积较小的排水沟，这是因为较小的排水沟，在不超过作物允许耐淹历时的条件下，可以允许地面径流在短时间内漫出沟槽。此法优点是计算简便，但它没有反映出排水面积越大排涝模数越小这一规律；而且当排水面积很大时，涝水汇流时间往往也超过计算中一般规定的排涝时间 3～5d。因此应用此法时，首先要针对具体条件，分析其适用性。

3. 排涝流量过程线法

当涝区内有较大的蓄涝区时，即蓄涝区水面占整个排涝区面积的 5% 以上时，需要考虑蓄涝区调蓄涝水的作用，并合理确定蓄涝区和排水闸、站等除涝工程的规模。对于这种情况，就需要采用概化过程线等方法推求设计排涝流量过程线，供蓄涝、排涝演算使用。

二、排渍流量的计算

地下水排水流量，自降雨开始至雨后同样也有一个变化过程和一个流量高峰。当地下水位达到一定控制要求时的地下水排水流量称为日常流量，它不是流量高峰，而是一个比较稳定的较小的数值。单位面积上的排渍流量称为设计地下水排水模数或排渍模数 $[\text{m}^3/(\text{s}\cdot\text{km}^2)]$，其大小决定于地区气象特点（降雨、蒸发条件）、土质条件、水文地质条件和排水系统的密度等因素。对于排渍模数，一般根据当地或邻近条件相似地区的实测资料分析确定。

一般在降雨持续时间长、土壤透水性强和排水沟系密度较大的地区，设计排渍模数具有较大的数值。根据某些地区资料，由于降雨而产生的设计排渍模数见表9-5。

表9-5 各种土质设计排渍模数表

土 质	设计排渍模数/[m³/(s·km²)]
轻砂壤土	0.03~0.04
中壤土	0.02~0.03
重壤土、黏土	0.01~0.02

在盐碱土改良地区，由于冲洗而产生的设计排渍模数常大于表9-5所列数值。如山东省打渔张灌区在洗盐的情况下，实测的排渍模数约为 $0.02 \sim 0.1 \mathrm{m}^3/(\mathrm{s} \cdot \mathrm{km}^2)$。治渍排水模数还可采用公式计算［《农田排水工程技术规范》(SL/T 4—2020)］：

$$q = \frac{\mu \overline{\Delta h}}{t} \tag{9-14}$$

式中 q——调控地下水位要求的治渍排水模数，m/d；

μ——地下水位降深范围内土层的平均给水度；

$\overline{\Delta h}$——满足治渍要求的地下水位平均降深值，m；

t——排水时间，d，按本条中的治渍要求确定。

第三节 设计内、外水位的选择

一、设计外水位的确定

排涝计算中的设计外水位是指排水出口处的沟道通过排涝流量时的水面高程；而在排渍情况下，设计外水位一般应定在农田地下水位降到规定深度的高程上。目前我国部分地区设计外水位的采用情况见表9-6。从表9-6可见，各地区采用的设计外水位虽然不尽相同，但从中可以概括出两点基本规律：

表9-6 我国部分地区设计外水位

省（直辖市）	地区	设计外水位/m	备注
广东	珠江、韩江	采用年最高洪水位的多年平均值	洪水区
	三角洲地区	采用5年一遇年最高水位	湖区
湖南	洞庭湖区	采用外江6月最高水位的多年平均值；以5—8月最高水位多年平均值中的最高值进行校核	大型排水站
湖北		采用与排水设计标准同频率、与设计暴雨同期出现的旬平均水位或采用暴雨设计典型排涝期间相应的日平均水位，也有采用江河警戒水位的	
江西	鄱阳湖地区	采用10年一遇5日最高平均水位	
		采用年最高水位的多年平均值	大型电排站
安徽		采用5~10年一遇汛期日平均水位	
江苏		采用历年汛期平均最高外水位设计按历年汛期最高外水位校核	中小型排水站
		采用20年一遇汛期最高外水位	大型电排站

续表

省（直辖市）	地 区	设计外水位/m	备注
福建		采用 5 年一遇洪水位	闽江下游
		采用 10 年一遇洪水位	九龙江下降
河南	安阳地区 （黄河）	采用黄河 3 年一遇水位	考虑黄河淤积至 1970 年时的水位
	信阳地区 （淮河）	采用河道堤防保证水位（5～20 年一遇）	
黑龙江		采用 20 年一遇汛期最高 日平均水位	
天津		采用汛期最高洪水位	

（1）对于选择水位标准，一种情况是采取相应于涝区暴雨重现期的水位，另一种情况是采用多年平均水位。一般当涝区设计降雨与承泄区水位同频率遭遇的可能性较大时，采用前者；否则采用后者。

（2）对于选择水位特征期，则有以下多种选择，如年或汛期最高水位、年或汛期最高日平均水位、汛期最高 5 日或旬平均水位、最高汛期平均水位等等。具体选择时，可建议如下原则：

1）当涝区设计降雨与承泄区水位同频率遭遇的可能性较大时，可采用相应于涝区设计降雨同频率的承泄区排涝天数（3～10d）平均水位作为设计外水位。

2）当涝区设计降雨与承泄区水位同频率遭遇的可能性较小时，可根据各地的具体情况确定，一般可采用排涝天数（3～10d）平均高水位的多年平均值。

感潮河段的设计外水位，原则上可与上述设计外水位的确定方法相同。取各年排涝期内的高潮位与低潮位，按排涝天数的平均值（即连续高高潮与高低潮的半潮位）作频率计算，并取相应于涝区设计降雨同频率的潮位作为设计潮水位。

近几年来，由于江河湖泊泥沙淤积逐年加剧以及其他原因的影响，在流量相同的情况下，其水位逐年有所增高。在确定设计外水位时，要考虑这种因素，以便留有余地。

二、设计内水位

设计排水沟，一方面要使沟道能通过排涝设计流量，使涝水顺利排入外河；另一方面还要满足控制地下水位等要求。设计内水位即排水沟的设计水位，排水沟的设计水位可以分为排渍水位和排涝水位两种，确定设计水位是设计排水沟的重要内容和依据，需要在确定沟道断面尺寸（沟深与底宽）之前，加以分析拟定。

1. 排渍水位（又称日常水位）

这是排水沟经常需要维持的水位，在平原地区主要由控制地下水位的要求（防渍或防止土壤盐碱化）所决定。

为了控制农田地下水位，排水农沟（末级固定排水沟）的排渍水位应当低于农田要求的地下水埋藏深度，离地面一般不小于 1.2～1.5m；有盐碱化威胁的地区，轻质土不小于 2.2～2.6m，如图 9-7 所示。而斗、支、干沟的排渍水位，要求比农沟排渍水位更低（图 9-8），因为需要考虑各级沟道的水面比降和局部水头损失，例如排水干沟，为了满足最远处低洼农田降低地下水位的要求，其沟口排渍水位可由最远处农田平均田面高程（A_0）、降低地下水位的深度和斗、支、干各级沟道的比降及其局部水头损失等因素逐级推算而得，即

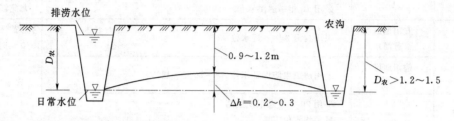

图 9-7　排渍水位与地下水位控制的关系（单位：m）

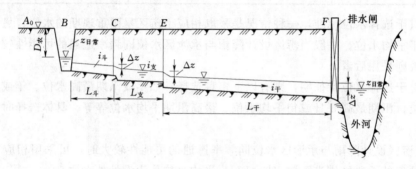

图 9-8　干、支、斗、农排水沟排渍水位关系图

$$z_{排渍} = A_0 - D_农 - \sum Li - \sum \Delta z \tag{9-14}$$

式中　　$z_{排渍}$——排水干沟沟口的排渍水位，m；

A_0——最远处低洼地面高程，m；

$D_农$——农沟排渍水位离地面距离，m；

L——斗、支、干各级沟道长度，m，如图 9-8 所示；

i——斗、支、干各级沟道的水面比降，如为均匀流，则为沟底比降；

Δz——各级沟道沿程局部水头损失，如过闸水头损失取 0.05～0.1m，上下级沟道在排地下水时的水位衔接落差一般取 0.1～0.2m。

对于排渍期间承泄区（又称外河）水位较低的平原地区，如干沟有可能自流排除排渍流量时，按上式推得的干沟沟口处的排渍水位 $z_{排渍}$ 应不低于承泄区的排渍水位或与之相平。否则，应适当减少各级沟道的比降，争取自排。而对于经常受外水位顶托的平原水网圩区，则应利用抽水站在地面涝水排完以后，再将沟道或河网中蓄积的涝水排至承泄区，使各级沟道经常维持排渍水位，以便控制农田地下水位和预留沟网容积，准备下次暴雨后滞蓄涝水。

2. 排涝水位（又称最高水位）

排涝水位是排水沟宣泄排涝设计流量（或满足滞涝要求）时的水位。由于各地承泄区水位条件不同，确定排涝水位的方法也不同，但基本上分为下述两种情况：

（1）当承泄区水位一般较低，如汛期干沟出口处排涝设计水位始终高于承泄区水位，

此时干沟排涝水位可按排涝设计流量确定，其余支、斗、沟的排涝水位亦可由干沟排涝水位按比降逐级推得；但有时干沟出口处排涝水位比承泄区水位稍低，此时如果仍须争取自排，势必产生壅水现象，于是干沟（甚至包括支沟）的最高水位就应按壅水水位线设计，其两岸常需筑堤束水，形成半填半挖断面，如图9-9所示。

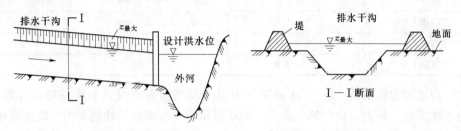

图9-9　排水出口壅水时干沟的半填半挖断面示意图

（2）在承泄区水位很高、长期顶托无法自流外排的情况。此时沟道最高水位是分两种情况考虑，一种情况是没有内排站的情况，这时最高水位一般不超出地面，以离地面0.2～0.3m为宜，最高可与地面齐平，以利排涝和防止漫溢，最高水位以下的沟道断面应能承泄除涝设计流量和满足蓄涝要求；另一种情况是有内排站的情况，则沟道最高水位可以超出地面一定高度，相应沟道两岸亦需筑堤。

第四节　排水沟断面设计

当排水沟的设计流量和设计水位确定后，便可确定沟道的断面尺寸，包括水深与底宽等。设计时，一般根据排涝设计流量计算沟道的断面尺寸，如有通航、养殖、蓄涝和灌溉等要求，则应采用各种要求都能满足的断面。

1. 根据排涝设计流量确定沟道的过水断面

排水沟一般是按恒定均匀流公式设计断面，但在承泄区水位顶托发生壅水现象的情况下，往往需要按恒定非均匀流公式推算沟道水面线，从而确定沟道的断面以及两岸堤顶高程等。推算水面线的方法已在水力学中详述，这里从略；但对于排水沟道的断面因素如底坡（i）、边坡系数（m）及糙率（n）等应结合排水沟特点进行分析拟定。

（1）排水沟的比降（i）。主要决定于排水沟沿线的实际地形和土质情况，沟道比降一般要求与沟道沿线所经的地面坡降相近，以免开挖太深。同时，沟道比降不能选得过大或过小，以满足沟道不冲不淤的要求，即沟道的设计流速应当小于允许不冲流速（表9-7）和大于允许不淤流速（0.3～0.4m/s）。此外，对于连通内湖与排水闸的沟道，其比降还决定于内湖和外河水位的情况；而对于连通抽水站的沟道比降，则须注意抽水机安装高程的限制，一般说来，对照上述要求，平原地区沟道比降可在下列范围内选择：1/20000～1/6000，支沟为1/10000～1/4000，斗沟为1/5000～1/2000。

而在排灌两用沟道内有反向输水出现的情况下，则沟道比降宜较平缓，其方向则以排水方向为准。对于有些结合灌溉、蓄涝和通航的沟道，其比降也有采用平底的情况。为了便于施工，同一沟道最好采用均一的底坡，在地面比降变化较大时，也要求尽可能使同一沟道的比降变化较少。

表9-7   允许不冲流速表

土　壤　类　别	允许不冲流速/(m/s)	土　壤　类　别	允许不冲流速/(m/s)
淤土	0.2	粗砂土（$d=1\sim2mm$）	0.6～0.75
重黏壤土	0.75～1.25	中砂土（$d=0.5mm$）	0.4～0.6
中黏壤土	0.65～1.00	细砂土（$d=0.05\sim0.1mm$）	0.25
轻黏壤土	0.6～9.0		

（2）沟道的边坡系数（m）。这主要与沟道土质和沟深有关，土质越松，沟道越深，采用的边坡系数应越大。由于地下水汇入的渗透压力、坡面径流冲刷和沟内滞涝蓄水时波浪冲蚀等原因，沟坡容易坍塌，所以排水沟边坡一般比灌溉边坡为缓。土质排水沟边坡系数应根据开挖深度、沟槽土质及地下水情况等，经稳定分析计算后确定。开挖深度不超过5m、水深不超过3m的沟道，最小边坡系数按照表9-8的规定确定。淤泥、流沙地段的排水沟边坡系数应适当加大。排水沟开挖深度大于5m时，应从沟底以上每隔3～5m设宽度不小于0.8m的戗道。

表9-8   土质排水沟最小边坡系数

土　　　质	排水沟开挖深度/m			
	<1.5	1.5～3.0	3.0～4.0	>4.00
黏土、重壤土	1.00	1.25～1.50	1.50～2.00	>2.00
中壤土	1.50	2.00～2.50	2.50～3.00	>3.00
轻壤土、砂壤土	2.00	2.50～3.00	3.00～4.00	>4.00
砂土	2.50	3.00～4.00	4.00～5.00	>5.00

（3）排水沟的糙率（n）。排水沟糙率应根据沟槽材料、地质条件、施工质量、管理维修情况等确定，对于新挖排水沟可取0.02～0.025；有杂草的排水沟可取0.025～0.030；排洪沟可比排水沟相应加大0.0025～0.0050。

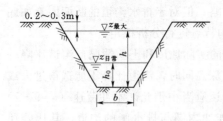

图9-10 排水沟横断面图

2. 根据通航、养殖要求校核排水沟的水深与底宽

按除涝设计流量确定的排水沟水深 h（相应的排渍水深为 h_0）及底宽 b（图9-10），往往还不一定是最后采用的数值。考虑到干、支沟在有些地区需要同时满足通航、养殖要求，因此还必须根据这些要求对沟道排渍水深（h_0）及底宽（b）进行校核。

沟道通航水深决定于通航船只的吨位。干沟一般要求通航50～100t的船只，支（斗）沟通航50t以下的船只，相应要求的通航水深见表9-9。养殖水深一般要求1.0～1.5m，干、支沟都一样。

通过校核，如果按排涝设计流量算出的沟道水深与底宽不能满足在排渍水位下通航、养殖和控制地下水位的要求，则沟道应按要求拓宽加深。在排涝流量和排渍流量相差悬殊且要求的沟深也显著不同的情况下，可以采用复式断面。

表 9 - 9　　　　　　　　　**通航、养殖对排水沟的要求**　　　　　　　　单位：m

沟　　名	通航要求		养殖水深
	水深 h_0	底宽	
干沟	1.0～2.0	5～15	1.0～1.5
支沟	0.8～1.0	2～4	1.0～1.5

3. 根据滞涝要求校核排水沟的底宽

平原水网圩区的一个特点，就是汛期（5—10月）外江（河）水位高涨、关闸期间圩内降雨径流无法自流外排，只能依靠抽水机及时提水抢排一部分，大部分涝水需要暂时蓄在田间以及圩垸内部的湖泊洼地和排水沟内，以便由水泵逐渐提排出去。除田间和湖泊蓄水外需要由排水沟容蓄的水量（因蒸发和渗漏量很小，故不计）为

$$h_{沟蓄} = P - h_{田蓄} - h_{湖蓄} - h_{抽排} \tag{9-15}$$

式中　P——设计暴雨量（单日暴雨或 3 日暴雨，以 mm 计），按除涝标准选定；

　　$h_{田蓄}$——田间蓄水量，水田地区按水稻耐淹深度确定，一般取 30～50mm，旱田则视土壤蓄水能力而定；

　　$h_{沟蓄}$——沟道蓄水量；

　　$h_{抽排}$——水泵抢排水量；

　　$h_{湖蓄}$——湖泊洼地蓄水量，根据各地圩垸内部现有的或规划的湖泊蓄水面积及蓄水深度确定。

$h_{沟蓄}$、$h_{抽排}$、$h_{湖蓄}$ 均为折算到全部排水面积上的平均水层，mm。

由式（9-15）可见，只要研究确定了 P、$h_{田蓄}$、$h_{湖蓄}$ 及 $h_{抽排}$ 等值，便可求得需要排水沟容蓄的涝水量，这部分水量就蓄在各级沟道（干、支、斗）的滞涝容积 $V_滞$ 内，即如图 9-11 所示中最高滞涝水位与排渍水位（或称汛期预降水位）之间的阴影部分。沟道滞涝水深 h 一般为 0.8～1.0m，排水沟的滞涝总容积（$V_滞$）可用下式计算，即

$$V_滞 = \sum bhl \tag{9-16}$$

式中　b——各级滞涝河网或沟道的平均滞涝水面宽度，m；见图 9-11。

　　l——各级滞涝沟道的长度，m；

　　$\sum bhl$——各级滞涝沟道的 bhl 之和，m³。

校核计算时，可以采用试算法，即先按排涝或航运等要求确定的沟道断面计算其滞涝容积（$V_滞$），如果这一容积小于需要沟道容蓄的涝水量，除可增加抽排水量外还须适当增加有关各级沟道的底宽（或改为复式断面）或沟深（甚至增加沟道密度），直至沟道蓄水容积能够容蓄涝水量为止。

4. 根据灌溉引水要求校核排水沟道底宽

当利用排水沟引水灌溉时，水位往往形

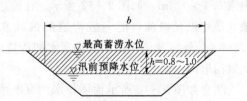

图 9-11　河（沟）道的滞水位和
预降水位（单位：m）

成倒坡或平坡，这就需要按非均匀流公式推算排水沟引水灌溉时的水面曲线，借以校核排水沟在输水距离和流速等方面能否符合灌溉引水的要求，如不符合，则应调整排水沟的水力要素。

在一般工程设计中，对斗、农沟常常采用规定的标准断面（根据典型沟道计算而得），不必逐一计算，而只是对较大的主要排水沟道，才需要进行具体设计。设计时，通常选择以下断面进行水力计算：

(1) 沟道汇流处的上、下断面（即汇流以前和汇流以后的断面）。

(2) 沟道汇入外河处的断面。

(3) 河底比降改变处的断面等。对于较短的沟道，若其底坡和土质都基本一致，则在沟道的出口处选择一个断面进行设计即可。

排水沟在多数情况下是全部挖方断面，只有通过洼地或受承泄区水位顶托发生壅水时，为防止漫溢才在两岸筑堤，形成又挖又填的沟道。从排水沟挖出的土方，可用以修堤、筑路、填高农田田面和居民点房基，或结合灭螺填平附近废沟旧塘，不要任意乱堆在沟道两岸，以免被雨水冲入沟中，影响排水。通常堤与弃土堆距离沟的上口，不应小于1.0m，堤（路）高应超出地面或最高水位以上0.5～0.8m，排水沟的堤顶宽度，应根据排水沟的稳定安全要求和运行管理需要确定，1～3级排水沟不宜小于2.0m，4.5级排水沟可减小。如兼作各种道路，则结合需要另行确定。对于较大的排水干沟，有时为了满足排除涝水和地下水的综合要求，特别在排涝设计流量和排渍流量相差悬殊的情况下，排水沟可以设计成复式断面，这样可节省土方和减少水下的施工。

防止排水沟的塌坡现象是设计沟道横断面的重要问题，特别是在砂质土地带，更需重视。沟道塌坡不但使排水不畅，而且增加清淤负担。针对边坡破坏的主要原因，在结构设计中，除应用稳定的边坡系数外，还可以采取下列措施以稳定排水沟的边坡。

1) 防止地面径流的冲蚀，如利用截流沟、截流堤或沟边道路防止地面径流漫坡注入沟道；或采取护坡措施，如种植草皮和干砌块石等。

2) 减轻地下径流的破坏作用，排水沟与灌溉渠道如采取相邻布置的方式，则沟、渠之间可安排道路或使沟道采用不对称断面，即靠近灌渠一侧采用较缓的边坡。

3) 对于沟道较深和土质松散的排水沟，采用复式断面，可以减少沟坡的破坏。复式断面的边坡系数（阴），随各种土质而定，可选用一种或几种数值。排水沟开挖深度大于5.0m时，应在沟底以上每隔3～5m设置一道戗台。

在设计排水沟的纵断面时，一般要求各级沟道之间在排地下水时不发生壅水现象，即上、下级沟道在排除日常流量（排渍流量）时，水位衔接应有一定的水面落差（Δz），一般取0.1～0.2m，如图9-12所示。在通过排涝设计流量时，沟道之间产生短期的壅水现象，是可以允许的，但一般沟道的最高水位，尽可能低于沟道两侧的地面高程0.2～0.3m（受外河水位顶托和筑堤泄水的沟道除外）。此外，还须注意下级沟道的沟底不高于上级沟道的沟底。

结合如图9-13所示说明排水沟纵断面图的绘制方法与步骤。通常首先根据沟道的平面布置图，按干沟沿线各桩号的地面高程依次绘出地面高程线；其次，根据干沟对控制地下水位的要求以及选定的干沟比降等，逐段绘出日常水位线；然后在日常水位线以下，根

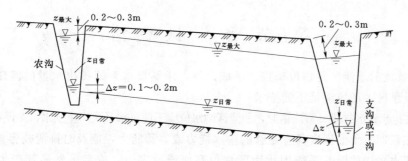

图 9-12　上下级排水沟之间沟底水位衔接示意图

据宣泄日常流量或通航、养殖等要求所确定的干沟各段水深，定出沟底高程线；最后再由沟底向上，根据排涝设计流量或蓄涝要求的水深，绘制干沟的最高水位线。排水沟纵断面的设计和其横断面设计是相互联系的，需要配合进行。排水沟纵断面图的形式和灌溉渠道相似，但有时可绘成由右向左的倾斜形式，以便于从干沟出口处起算桩距，如图 9-13 所示。在图上应注明桩号、地面高程、最高水位、日常水位、沟底高程、沟底比降以及挖深等各项数据，以便计算沟道的挖方量。

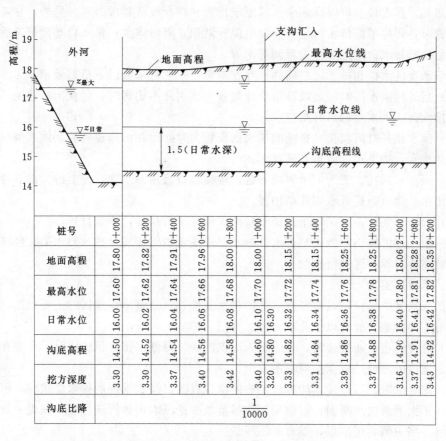

桩号	0+000	0+200	0+400	0+600	0+800	1+000	1+200	1+400	1+600	1+800	2+000	2+080	2+200
地面高程	17.80	17.82	17.91	17.96	18.00	18.00	18.15	18.15	18.25	18.25	18.06	18.28	18.35
最高水位	17.60	17.62	17.64	17.66	17.68	17.70	17.72	17.74	17.76	17.78	17.80	17.81	17.82
日常水位	16.00	16.02	16.04	16.06	16.08	16.10 16.30	16.32	16.34	16.36	16.38	16.40	16.41	16.42
沟底高程	14.50	14.52	14.54	14.56	14.58	14.60 14.80	14.82	14.84	14.86	14.88	14.90	14.91	14.92
挖方深度	3.30	3.30	3.37	3.40	3.42	3.40 3.20	3.33	3.31	3.39	3.37	3.16	3.37	3.43
沟底比降	$\dfrac{1}{10000}$												

图 9-13　排水干沟纵断面图（单位：m）

第五节 承泄区整治

排水系统的承泄区是指位于排水区域以外，承纳排水系统排出水量的河流、湖泊或海洋等。承泄区一般应满足下列要求：

（1）在排水地区排除日常流量时，承泄区的水位应不使排水系统产生壅水，保证正常排渍。

（2）在汛期，承泄区应具有足够的输水能力或容蓄能力，能及时泄泄或容纳由排水区排出的全部水量。此时，不能因承泄区水位高而淹没农田，或者虽然局部产生浸没或淹没，但淹水深度和淹水历时不得超过耐淹标准。

（3）具有稳定的河槽和安全的堤防。

承泄区的规划一般涉及排水系统排水口位置的选择和承泄区的整治，分别介绍如下。

一、排水口位置的选择

排水口的位置主要根据排水区内部地形和承泄区水文条件决定，即排水口应选在排水区的最低处或其附近，以便涝水易于集中；同时还要使排水口靠近承泄区水位低的位置，争取自排。由于平时和汛期排水区的内、外水位差呈现出各种情况，所以排水口的位置可以选择多处，排水口也可以有多个，以便于排泄和符合经济要求为准。另外，在确定排水口的位置时，还应考虑排水口是否会发生泥沙淤积，阻碍排水；排水口基础是否适于筑闸建站；抽排时排水口附近能否设置调蓄池等。

由于承泄区水位和排水区之间往往存在矛盾，一般可采取以下措施处理：

（1）当外河洪水历时较短或排涝设计流量与洪水并不相遇时，可在出口建闸，防止洪水侵入排水区，洪水过后再开闸排水。

（2）洪水顶托时间较长，影响的排水面积较大时，除在出口建闸控制洪水倒灌外，还须建泵站排水，待洪水过后再开闸排水。

（3）当洪水顶托、干沟回水影响不远，可在出口修建回水堤，使上游大部分排水区仍可自流排水，沟口附近低地则建站抽排。

（4）如地形条件许可，将干沟排水口沿承泄区下游移动，争取自排。

当采取上述措施仍不能满足排水区排水要求或者虽然能满足排水要求但在经济上不合理时，就需要对承泄区进行整治。

二、承泄区整治

降低承泄区的水位，以改善排水区的排水条件，这是整治承泄区的主要目的，而整治承泄区的主要措施一般有以下几点：

（1）疏浚河道。通过疏浚，可以扩大泄洪断面，降低水位。但疏浚时，必须在河道内保留一定宽度的滩地，以保护河堤的安全。

（2）退堤扩宽。当疏浚不能降低足够的水位以满足排水系统的排水要求时，可采取退堤措施，扩大河道过水断面。退建堤段应尽量减少挖压农田和拆迁房屋，退堤一般以一侧退建为宜，另一侧利用旧堤，以节省工程量。

（3）裁弯取直，整治河道。当以江河水道为承泄区时，如果河道过于弯曲，泄水不畅，可以采取截弯取直措施，以短直河段取代原来的弯曲河段。由于河道流程缩短，相应底坡变陡，流速加大，这样就能使本河段及上游河段一定范围内的水位降低。裁弯取直段所组成的新河槽，在整体上应形成一条平顺曲线。裁弯取直通常只应用于流速较小的中、小河流。对于水流分散、断面形状不规则的河段，应进行各种河道整治工程，如修建必要的丁坝、顺堤等，以改善河道断面，稳定河床，降低水位，增加泄量，给排水创造有利条件。

（4）治理湖泊，改善蓄泄条件。如调蓄能力不足，可整治湖泊的出流河道，改善泄流条件，降低湖泊水位。在湖泊过度围垦的地区，则应考虑退田还湖，恢复湖泊蓄水容积。

（5）修建减流，分流河道。减流是在作为承泄区的河段上游，开挖一条新河，将上游来水直接分泄到江、湖和海洋中，以降低用作排水承泄区的河段水位。这种新开挖的河段常称减河。分流也是用来降低作为承泄区的河段水位的。这一措施，一般也在河段的上游，新开一条新的河渠，分泄上游一部分来水，但分泄的来水，绕过作为承泄区的河段后仍汇入原河。有些地区，为了提高承泄区排涝能力，还采取另辟泄洪河道，使洪涝分排。

（6）清除河道阻碍。临时拦河坝、捕鱼栅、孔径过小的桥涵等，往往造成壅水，应予清除或加以扩建，以满足排水要求。

以上列举了一些承泄区的整治措施，但各种措施都有其适用条件，必须上下游统一规划治理，不能只顾局部，造成其他河段的不良水文状况，应该通过多方案比较，综合论证，择优选用。

第十章 灌排系统管理

灌溉管理和排水管理是灌区管理工作的两个重要方面。灌溉排水管理的主要任务是通过灌排系统管理实现灌区的用水和排水的合理调配,实行科学用水和排水,适时适量地调节农田水分状况,在节约灌溉用水的同时,为农业的增产增收创造有利的水分条件;通过对灌排系统的科学管理和运用,使水资源得到最有效的保护、开发和利用,协调区域内部的水资源供求关系,在供水量有限情况下,分析确定灌溉用水量的最佳分配方案;通过灌排系统管理体制的改革和完善,利用市场经济手段,建立有利于促进灌区经济实现良性循环的运行机制,发挥工程最大效益。灌排系统管理包括工程管理、用水管理、经营管理、组织管理 4 个方面内容。工程管理主要是渠系工程的检查、观测、养护、维修、改建、扩建和防汛、抢险等。做好工程管理是做好用水管理的基础,只有做好工程管理,使渠系工程配套完善,并不断提高工程质量,才能保证工程安全运行,才能为用水管理提供可靠的工程保障。用水管理是指利用灌排系统科学地调配水量和流量以及合理安排灌、排水的时间等,它对充分发挥灌排工程效益起着重要作用。经营管理是指灌区内结合工程管理、用水管理开展的综合利用、多种经营以及水费征收等工作,充分利用灌区范围内的水土资源、技术、人力和设备优势,因地制宜地发展水产养殖业、农业、林业、牧业、工副业、旅游业等多种经营项目,扩大水利工程的综合效益。组织管理是指建立与健全专业性与群众性的灌区管理组织,配备管理人员等。组织管理是完成用水管理、工程管理和经营管理任务的保证。

加强灌排系统管理已经成为节约农业用水、缓解水资源供需矛盾的关键环节,灌区的管理体制和运行机制逐步完善,灌排系统管理的制度日趋健全。灌溉农业效益的好坏在很大程度上取决于管理水平。不论灌溉工程建设的标准多高,如果管理粗放,灌溉工程的效益不可能得到很好的发挥。在过去相当长一段时期内,由于受到重建轻管指导思想的影响,使管理工作一直处于落后状态,加之灌区长期实行低价水费的政策,灌区工程更新改造资金来源不足,致使很多灌溉工程老化失修,带病运行,效益衰减,严重到无以为继的程度;有些灌区由于缺乏科学的、有效的灌排系统管理,不合理的灌溉引起地下水位逐年上升,从而导致土壤次生盐碱化的发生,导致土地生产力下降,生态环境恶化。要充分发挥灌溉工程的效益,就必须大力加强灌排系统管理工作,不断提高管理水平,做到科学用水、计划用水、节约用水;结合产业结构调整与灌区管理体制的改革,把发展高产、优质、高效农业与灌排工程设施的配套、更新、改造结合起来,通过加强管理,不断提高灌溉工程效益,为节水型灌溉农业的可持续发展创造条件;搞好灌溉管理,不仅要掌握先进的管理方法和技术,而且要随着形势的发展建立起适合我国社会主义市场经济的管理体制和运行机制,并通过有偿服务和综合经营,不断壮大管理单位的经济实力,使灌区较快地走上自我维持、良性发展的道路。

第一节 灌溉用水管理

灌溉用水管理是整个灌溉管理工作的中心环节。用水管理工作的好坏，直接影响灌溉工程的效益和农业的增产。用水管理的主要任务是实行计划用水。

计划用水就是有计划地进行蓄水、取水（包括水库供水、引水和提水等）和配水。无论是大、小灌区，都要实行计划用水，做好用水管理工作。实行计划用水，需要在用水之前根据作物高产对水分的要求，并考虑水源情况、工程条件以及农业生产的安排等，编制好用水计划。在用水时，视当时的具体情况，特别是当时的气象条件，修改和执行用水计划，进行具体的蓄水、取水和配水工作。在用水结束后，进行总结，为今后更好地推行计划用水积累经验。计划用水是一项科学的管水工作，要进行认真的调查研究与分析预测，要充分地吸取当地先进经验，做到因地制宜和简便可行。只有这样，计划用水才能得到贯彻和推广。

一、用水计划的编制

用水计划是灌区（干渠）从水源取水并向各用水单位（县、乡、队或农场）或各渠道配水的计划。它包括灌区取水计划和配水计划两部分，现将这两部分的编制方法分述如下。

（一）取水计划的编制

取水计划由全灌区的管理机构编制，它是在预测计划年份各时期（月、旬）水源来水量和灌区用水量的基础上，进行可供水量与需要水量的平衡分析计算。通过协调、修改，确定计划年内的灌溉面积、取水时间、各时期内的取水水量、取水天数和取水流量等。对于水库灌区，其取水计划就是水库的年度供水计划。以下仅扼要叙述引水（或提水）灌区取水计划的编制方法。

1. 渠首可能引取水量的分析

渠首可能引取的水量取决于河流水源情况及工程条件。因此，应首先分析灌溉水源，在无坝引水和抽水灌区，需分析和预测水源水位和流量；在低坝引水灌区，一般只分析和预测水源流量。对于含沙量较大的水源，还要进行含沙量分析。

（1）水源供水流量的分析。主要是确定计划年内的径流总量及其季、月、旬的分配，即水源供水水量或流量的过程。目前采用的方法主要有成因分析法、平均流量法和经验频率法等。

1）成因分析法。利用实测的径流、气象系列资料，从成因上分析水文、气象等因子与河流径流的关系，并绘制相关图或建立降水、径流相关方程。在此基础上也可根据前期径流和降水预报来估算河流的径流过程。由于各时段径流成因不一，在分析方法上有退水趋势法和流域降水径流相关法等。①退水趋势法：主要适用于汛后河流的退水时段，其径流变化主要受前期径流的影响，由此建立前后期径流相关关系。②降水径流相关法：主要适用于雨季和汛期，径流成因主要是降水，春汛期还受气温的影响，有的可用前期降水或前期径流为参数。

2）平均流量法。根据多年实测资料，按日平均流量，将大于渠首引水能力的部分削去，再按旬或 5 日求其平均值，作为设计的水源来水流量。这种方法虽然粗略，但所分析的成果，接近多年出现的平均情况，小灌区采用较多。

3）经验频率法。根据渠首水文站多年观测资料用经验频率方法分析确定水源供水流量，其阶段的划分，一般根据作物生长期、气候变化情况以及水源年内变化规律等，将全年划分为 2～3 个阶段，或只分析年中某一个阶段。如北方划分为春灌、夏灌等，南方的水稻灌溉期可划分为泡田期、生育阶段灌溉期等。经验频率法可采用分段假设年法或分段实际年法等。①分段假设年法：将该阶段内多年实测流量，按旬或 5 日平均后依递减顺序排列，取相应于所选频率的旬或 5 日流量，作为阶段内各旬（或每 5 日）的水源供水流量。②分段真实年法：将各年该阶段的平均流量依递减顺序排列，取所选频率的年份，以该年内各旬或 5 日平均流量作为水源供水流量。

（2）渠首可能引取流量的确定。当河流水源的来水流量确定以后，即可相应地确定渠首可能引入的流量。对于低坝引水灌区，当水源供水流量大于渠首引水能力时，即以渠首引水能力作为可能引入流量；当水源供水流量小于渠首引水能力时，即以水源供水流量作为可能引入流量。对于无坝引水和抽水灌区，要根据水源水位与引取流量的关系来分析计算各阶段可能引取的流量。若水源同时供给几个灌区用水，则应由上一级管理机构统筹分析水源情况和各灌区需水要求，确定各灌区的引水比例，以此来安排本灌区的引水量。

2. 取水计划的编制

通过对各时段的水源来水量及灌溉用水量的分析和预测，确定渠首可能引取的水量和灌溉需要的水量，将两者进行平衡分析，进而编制出灌区各灌季的取水计划。

在平衡分析中，若某阶段可能的引取流量等于或大于灌溉需要的流量，则以灌溉需要的流量作为计划的引取流量；若可能的引取流量小于灌溉需要的流量，则以可能的引取流量确定计划引取流量过程，使各阶段的计划引取流量不大于水源可能的引取流量。供需水量平衡分析计算要按灌季或轮期进行。

（1）轮期的划分：轮期就是一个配水时段。把一个灌溉季节划分为若干个轮期，有利于协调供需矛盾。在用水不紧张时，可将作物一次用水时间作为一个轮期；在用水紧张水源不足时，为了达到均衡受益，可将作物一次用水时间划分为 2～3 个轮期。

（2）供需水量平衡计算。计算灌溉需水量应由下而上分别统计，整理出本灌季各级渠系的作物种植面积、各级渠道水的利用系数，以及各月的气温、降雨量及各轮期水源来水流量等预报参数。

若某轮灌期可能引入的流量等于或大于灌溉需要的流量，以灌溉需要的流量作为计划的引水流量；若某轮灌期可能引入的流量小于灌溉需要的流量，则必须调整用水量：如缩小灌溉面积、降低灌水定额、延长轮灌期用水天数等，如此反复修改，直至达到来用水量平衡。根据修正后的水量平衡计划，就可编制灌区取水计划。灌区取水计划一般按季度编制，如春灌引水计划或夏灌引水计划等，也有分次编制的，即在每次用水前编制，这样可使编制的计划更加符合实际情况。

（二）灌区配水计划的编制

灌区向各级用水单位配水的计划，一般是在每次灌水之前由相应的上一级灌区管理机构编制。通常是根据渠系或用水单位的分布情况，将全灌区划分成若干段（或片），在各段、片进口设立配水站、点，由灌区管理局（处）按一定比例统一向各管理段、片配水，各管理段、片再向所辖各配水点配水。我国各灌区的经验多是按渠系配水，故亦称渠系配水计划。编制配水计划，就是通过灌区的来用水量平衡分析，具体拟定每次灌水的配水方式、配水流量及配水顺序和时间（轮灌时）等。

1. 配水方式的选择

配水方式常采用续灌和轮灌两种。

（1）续灌。当水源比较丰富、供需水量基本平衡时，渠首向全灌区的干、支渠道采用同时连续供水的方式，即续灌配水。续灌时，水流分散，同时工作的渠道长度长，渠道渗漏损失量大。其优点是全灌区的用水单位基本上可以同时取水灌溉，不致因供水不及时而引起作物受旱减产，对全灌区来说受益比较均衡。所以，这是向干、支渠道配水的正常方式。但当水源来水量大幅度减少时，就不宜采用。否则水流分散后的干、支渠道流量锐减，水位降低，不仅使渗漏损失增大，而且使斗、农渠取水困难。当渠首引水流量降低到正常流量的 30%～40% 时，就不宜采用续灌，而采用轮灌配水方式。

（2）轮灌。当渠首引水流量锐减时，可在干渠之间或干渠上、下游段之间实行轮灌配水，把有限的引水量集中供给某一条干渠，灌完以后，再供给另一条干渠，或先供给干渠下游段，后供给干渠上游段。采取轮灌配水方式，水流比较集中，同时工作的渠道长度较短，渠道渗漏损失较小。但其缺点是有一些用水单位可能灌溉不及时，造成受益的不均衡。因此，在干渠之间或干渠上、下游段之间实行轮灌，是一种非常情况下的配水方式，只有当渠首引水流量降低到一定限度时才能采用。在支、斗渠道（或用水单位）内部实行轮灌则是正常的配水方式。即将支渠的流量按次序轮流配给各斗渠，斗渠的流量又轮流配给各农渠。

2. 配水水量的分配

（1）按灌溉面积的比例分配。

例如，某水库灌区干渠布置示意图如图 10-1 所示。

灌区总灌溉面积为 6.22 万亩，有东、西两条干渠，东干渠控制面积为 4.20 万亩，西干渠为 2.02 万亩。东干渠控制的面积大，且跨两个乡，因此，又将东干渠分为上、下两段配水。上段控制面积为 2.55 万亩，下段为 1.65 万亩。在西干、东干的渠首处设立①、②两个配水点，在渡槽处（乡的界线）设立③配水点，控制东干下段。

以该年第一次灌水为例，若这次灌水干渠的取水量为 450 万 m³，则按灌溉面积的比例分配水量，计算如下。

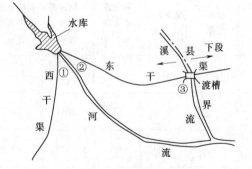

图 10-1 某水库灌区干渠
布置示意图

西干渠应配水量： $$W_{西}=\frac{2.02}{6.22}\times450=146(万\ m^3)$$

东干渠应配水量：　　　　　　$W_{东}=\dfrac{4.20}{6.22}\times 450=304(万\ m^3)$

东干下段应配水量：　　　　　$W_{东下}=\dfrac{1.65}{4.20}\times 304=120(万\ m^3)$

按灌溉面积的比例分配水量，计算方法简便，缺点是没有考虑灌区内作物种类和土壤的差异，成果比较粗略。我国南方灌区多以灌溉水稻为主，比较单一，因此多采用这种方法。

在按灌溉面积分配水量的方法中，实际上把渠道输水损失的水量也按灌溉面积进行了分配，这在干、支渠输水损失较大、渠道长度与其控制的灌溉面积不相称时，计算的成果不太合理。此时，最好在按灌溉面积配水的基础上，考虑输水损失的修正。

（2）按灌区毛灌溉用水量的比例分配。如果灌区内种植多种作物，灌水定额各不相同。在这种情况下，就不能单凭灌溉面积分配水量，而应考虑不同作物及其不同的灌水量。通常，采用的方法是先统计各配水点控制范围内的作物种类、灌溉面积以及灌水定额等；再加以综合，计算出毛灌溉用水量；最后按各配水点要求的毛灌溉用水量比例，计算出各点的应配水量。

在如图 10-1 所示的例子中，若第一次配水的基本情况见表 10-1，则按此法计算的配水量比例见表 10-2。

表 10-1　　　　　　　　　　　**某灌区各配水单位第一次配水基本情况**

配水单位	灌溉面积 /万亩	综合灌水定额 /(m³/亩)	灌区内部引蓄工程可供水量 /万 m³	渠系水利用系数
东干渠	4.20	80	90	0.70
西干渠	0.02	70	30	0.75
东干上段	2.55	80	50	0.69
东干下段	1.65	80	40	0.72

表 10-2　　　　　　　　　　　　**某灌区东西干渠配水量计算表**

配水单位		灌溉面积 /万亩	综合灌水定额 /(m³/亩)	田间净灌溉用水量 /万 m³	内部工程可供水量 /万 m³	渠道净灌溉水量 /万 m³	灌溉水利用系数	要求的渠道毛配水量 /万 m³	配水百分比/%	
									计算值	采用值
(1)		(2)	(3)	(4)=(2)×(3)	(5)	(6)=(4)-(5)	(7)	(8)=(6)/(7)	(9)	(10)
东干渠	东干上段渠	2.55	80	204	50	154	0.69	223	$63.6\left(=\dfrac{223}{223+128}\right)$	64
	东干下段	1.65	80	132	40	92	0.72	128	$36.4\left(=\dfrac{128}{223+128}\right)$	36
	合计	4.20	80	336	90	246	0.70	351	$70.3\left(=\dfrac{351}{351+148}\right)$	70
西干渠		2.02	70	141	30	111	0.75	148	$29.6\left(=\dfrac{148}{351+148}\right)$	30
全灌区合计		6.22		477	120	357		499		

若第一次放水的水库供水量为 450 万 m^3，则有：

西干渠应配水量：$\qquad W_{西}=\dfrac{30}{100}\times450=135（万\ m^3）$

东干渠应配水量：$\qquad W_{东}=\dfrac{70}{100}\times450=315（万\ m^3）$

东干下段应配水量：$\qquad W_{东下}=\dfrac{36}{100}\times315=113（万\ m^3）$

在我国北方，灌区内各部分的作物种类及其种植比例往往差别较大，一般多采用此法。

3. 配水流量和配水时间的计算

（1）续灌条件下配水流量的计算。在续灌条件下，渠首取水灌溉的时间就是各续灌渠道的配水时间，不必另行计算。编制配水计划的主要任务，是把渠首的取水流量合理地分配到各配水点，即计算出各配水点的流量。

配水流量与配水水量的计算方法一样，有按灌溉面积分配与按毛灌溉用水量分配两种方法。图 10 - 1 及表 10 - 1、表 10 - 2 所示的算例中，如果第一次灌水时渠首的取水流量为 $6.00m^3/s$，则按灌溉面积比例计算配水流量的结果为

西干渠配水流量：$\qquad Q_{西}=\dfrac{2.02}{6.22}\times6.00=1.95（m^3/s）$

东干渠配水流量：$\qquad Q_{东}=\dfrac{4.20}{6.22}\times6.00=4.05（m^3/s）$

东干下段配水流量：$\qquad Q_{东下}=\dfrac{1.65}{6.22}\times6.00=1.59（m^3/s）$

按毛灌溉用水量比例（表 10 - 2）计算配水流量的结果为

$$Q_{西}=\dfrac{30}{100}\times6.00=1.80（m^3/s）$$

$$Q_{东}=\dfrac{70}{100}\times6.00=4.20（m^3/s）$$

$$Q_{东下}=\dfrac{36}{100}\times4.20=1.51（m^3/s）$$

（2）轮灌条件下配水顺序与时间的确定。在轮灌配水的条件下，编制配水计划的主要内容是划分轮灌组并确定各组的轮灌顺序、每一轮灌周期的时间和分配给每组的轮灌时间。

轮灌顺序的确定，要根据有利于及时满足灌区内各种作物用水要求，有利于节约用水等条件来安排轮灌的先后顺序。在这方面，我国一些用水管理较先进的灌区，有以下一些经验：

1）先灌远处，后灌近处，尽量保证全灌区均衡供水。

2）先灌高田、岗田，后灌低田、冲垄田。由于高田、岗田位置高，渗漏大，易受旱，且当地水源条件一般较差，故应先灌。此外，高田、岗田灌溉后的渗漏水和灌溉余水流向低田、冲垄田，可以再度利用。

3）先灌急需灌水的田，后灌一般田。

4）根据市场经济原则，按缴付水费的具体情况确定配水的先后顺序。

轮灌周期简称轮期，是轮灌条件下各条轮灌渠道（集中轮灌时）或是各个轮灌组（分组轮灌时）全部灌完一次总共需要的时间。每次灌水可安排一个或几个轮期，视每次灌水延续时间的长短及轮期的长短而定。例如，某次灌水，延续时间为24d，每一轮期为8d，则这次灌水包括3个轮期，即对于每条渠道或每个轮灌组要进行3轮灌溉。轮期的长短主要应根据作物需水的缓急程度而定，这与作物种类和当时所处的生育阶段有关，同时也受到灌水劳动组织条件和轮灌内部小型蓄、引水工程的供水和调蓄能力的影响。一般每一轮期约在5~15d之间。作物需水紧急，灌区内部调蓄水量能力小，则轮期要短，约5~8d；反之，轮期可稍长，约8~15d。

轮灌时期指在一个轮期内各条轮灌渠道（集中轮灌时）或各个轮灌组（分组轮灌时）所需的灌水时间。对于各条轮灌渠道（或是各个轮灌组）轮灌时间的确定，也是按各渠（或各组）灌溉面积比例或毛灌溉用水量比例进行计算。

4. 配水计划表的编制

根据全灌区（或干渠）配水方式，计算出各配水点的配水水量、配水流量或配水时间（轮灌时间）后，就可以编制配水计划表，其一般格式见表10-3。

表 10-3　　　　　　　　　　某灌区第一次、第二次灌水干渠配水计划表

灌水次数、日期、历时	第一次，6月2—10日，共8d17h				第二次，7月6—15日，共10d整			
配水方式	续灌				轮灌			
渠首取水流量 /(m³/s)	6.00				4.00			
渠道名称	西干	东干			西干	东干		
配水比例/%	30	70	上段 下段	64 36	30	70	上段 下段	64 36
配水量/万 m³	135	315	上段 下段	202 113	104	242	上段 下段	155 87
配水流量/ (m³/s)	1.80	4.20	上段 下段	2.69 1.51	4.00	4.00	上段 下段	4.00 4.00
配水时间	8d17h				3d	7d	上段 下段	4d12h 2d12h

二、用水计划的执行

编制各级用水计划，只是灌区实行计划用水管理的第一步，更重要的是要贯彻执行用水计划。

1. 用水计划的应变措施

干旱半干旱地区，河源供水量及灌区气象条件变化较大，旱涝交错，供需不协调的现象经常发生。在执行用水计划时，应率先考虑自然特点，分析总结实践经验，制定应变措施，以适应可能遇到的各种情况。

2. 渠系水量调配

灌区分配水量的原则是"水权集中，统筹兼顾，分级管理，均衡受益"。具体办法是：

按照作物灌溉面积、灌水定额、渠系水的利用系数来分配水量。

配水工作必须做到"统一领导，水权集中，专职调配"。由管理局直属的配水站和专职配水人员负责全灌区干支渠水量调配工作，在引水、配水中要做到安全输水和"稳、准、均、灵"："稳"即水位流量相对稳定，"准"即水量调配要准确及时，"均"即各单位用水均衡，"灵"是要随时注意气象及水源变化及时灵活调配。各灌区在实际灌水期间，一般由各基层管理站在每天规定时间内向灌区配水中心提出第二天的需水流量申请，由配水中心按渠系布置，由下而上逐级推算全灌区各级渠系所需流量及渠首的需水流量，并依据水源的来水流量及工程引水条件确定出渠首的引水流量，通过来用水比较确定出配水方案。

3. 加强观测记载

观测记载、实测技术资料是执行用水计划的一个重要内容，它为编制用水计划，提高计划用水质量提供可靠的依据。一般应观测土壤水分、渠道水位、流量、地下水位及水盐动态，测定灌水定额及各级渠道和田间水的利用系数等。

水账是平衡水量和按量计费的依据。各分水闸、配水点、干支渠段、斗口都要建立配水日志，定时观测水位流量；当水位流量变化时，要加测加记。各级管理组织根据记载的水位、流量及时结算水账，做到日清月结，定期平衡水量。

三、灌排系统管理技术指标

灌排系统管理的主要任务是通过对各种工程设施的管理运用，充分利用水资源，合理调配水量，实行计划用水和科学用水，促进农业高产稳产；加强经营管理，发挥工程的最大效益，促进水利工程经济早日实现良性循环。根据目前我国灌排系统管理状况，灌排系统管理技术指标主要包括以下内容。

1. 灌溉水量完成率（IR_1）

$$IR_1 = \frac{W_{ia}}{W_{ip}} \times 100\% \tag{10-1}$$

式中　W_{ia}——实际灌溉供（引、提）水量，从枢纽供水处测算，即称毛用水总量，m^3；

　　　W_{ip}——当年需从水源得到的水量（毛水量），m^3。

2. 计划灌溉面积完成率（IR_2）

$$IR_2 = \frac{A_a}{A_{ip}} \times 100\% \tag{10-2}$$

式中　A_{ip}——有效灌溉面积，指灌区中已达到配套标准的面积，亩；

　　　A_a——实际灌溉面积，指当年实际供水的灌溉面积，亩。

3. 排水量完成率（DR_3）

$$DR_3 = \frac{W_{da}}{W_{dp}} \times 100\% \tag{10-3}$$

式中　W_{da}——从容泄区枢纽出口处测算的实际排除水量，m^3；

　　　W_{dp}——当年需要排除的水量，m^3。

4. 工程设施完好率（ER_1）

$$ER_1 = \frac{N_{ce}(1)}{N_{te}(1)} \times 100\% \tag{10-4}$$

式中　$N_{ce}(1)$——可使用的工程设施数量，按不同类型分别统计，对于渠、沟以长度为单位统计（km），对建筑物按渠沟级别以座为单位统计；

　　　$N_{te}(1)$——设施总数量。

5. 设备完好率（ER_2）

灌区内灌排泵站、井房抽水装置、小水电站的设备（主机组、辅机、管路、附属设备）的维修、保养、运行技术状态可以用设备完好率作为衡量指标。

$$ER_2 = \frac{N_{ce}(2)}{N_{te}(2)} \times 100\% \qquad (10-5)$$

式中　$N_{ce}(2)$——可使用设备台数；

　　　$N_{te}(2)$——总设备台数。

根据灌排机电设备工作特点，设备完好率的检查统计每年可分两次进行，春季灌排前统计一次，作为上报依据；灌排结束后再统计一次，作为冬修保养的依据。

6. 灌排系统配套率（CDR）

$$CDR = \frac{N_{cda}}{N_{cdd}} \times 100\% \qquad (10-6)$$

式中　N_{cdd}——设计确定的各种建筑物数量或各级渠、沟、林、路长度，km；

　　　N_{cda}——实际完成达到设计标准的建筑物或渠、沟、林、路的建设长度，km，均按灌排渠系分级别统计。

7. 渠道水效率（η_c）

（1）输水渠道效率是表征无分流渠道水在输送过程中的有效利用程度。

$$\eta_{c1} = \frac{W_c}{W_0} \times 100\% \qquad (10-7)$$

式中　W_0——渠道首部引入总水量（或称毛水量），m^3；

　　　W_c——经过渠道尾站或末端送出的可利用的总水量（或称净水量），m^3。

（2）配水渠道效率（η_{c2}）。配水渠道效率是表征有多口分流渠道的水在分配过程中的有效利用程度。

$$\eta_{c2} = \frac{W_c + \sum_{i=1}^{n} W_i}{W_0} \times 100\% \qquad (10-8)$$

式中　W_i——该配水渠下级第 i 条渠道的配水量；

　　　n——该配水渠的分水口数，即从该渠引水的下一级渠道条数。

8. 渠系水利用效率（η_s）

其为衡量灌溉渠道系统水利用程度的综合性评估指标。

$$\eta_s = \frac{W_f}{W_0} \times 100\% \qquad (10-9)$$

式中　W_f——渠系田间灌水总量，指从最末一级固定渠道放入田间（或临时渠道）的灌溉水总量，m^3；

　　　其他符号意义同前。

9. 田间水利用效率（η_f）

其为表征田间实际灌水量被作物有效利用的程度，以全生育期为测算时段。

$$\eta_f = \frac{M_{use}}{M_f} \times 100\% \tag{10-10}$$

$$M_{use} = ET_a - P_0 - G - (W_B - W_E) \tag{10-11}$$

式中　M_f——农田实际灌溉水量，m^3/亩；

　　M_{use}——作物利用的有效总水量，m^3/亩；

　　ET_a——作物实际蒸散量，m^3/亩；

　　P_0——生育期内有效降雨量，m^3/亩；

　　G——生育期内地下水对作物根层的补给水量，当生育期内计算区地下水位变化时，应根据地下水位变动情况划分时段，分别计算地下水对根层的补给量；

W_B、W_E——生长期起始和终了日期作物根层的储水量，m^3/亩。

10. 灌溉水效率（η_0）

灌溉水效率表征灌溉系统水资源被灌溉作物利用的综合性总评估指标。

$$\eta_0 = \eta_s \eta_f \tag{10-12}$$

11. 水费实收率

$$IRWF = \frac{WF_a}{WF_0} \times 100\% \tag{10-13}$$

式中　WF_a——当年实收水费，万元；

　　WF_0——当年应收水费，万元，按照各省（自治区、直辖市）人民政府确定的各类供水价格和当年各用水部门实际用水量核定的应收水费总额。

12. 综合经营成本利润率（PRC_{d0}）

反映管理单位利用灌区的资源开发综合经营项目创造的价值与经营成本的比例关系。

$$PRC_{d0} = \frac{\sum_{i=1}^{n} B_{g(i)} - \sum_{i=1}^{n} C_{t(i)} - \sum_{i=1}^{n} T_{ax(i)}}{\sum_{i=1}^{n} C_{t(i)}} \times 100\% = \frac{\sum_{i=1}^{n} B_{net(i)}}{\sum_{i=1}^{n} C_{t(i)}} \times 100\% \tag{10-14}$$

式中　$C_{t(i)}$——灌溉管理单位第 i 个项目的经营成本，万元；

　　$T_{ax(i)}$——灌溉管理单位第 i 个项目缴纳的税金，万元；

　　$B_{g(i)}$——管理单位完成第 i 综合经营项目的总产值，万元；

$B_{net(i)}$——第 i 综合经营项目的纯利润，万元。

第二节　灌 区 信 息 化

一、灌溉用水信息管理

灌溉用水信息管理是灌区灌溉管理的基础和中心。合理灌溉、科学用水的一切措施都取决于正确的灌溉用水信息。因此，可以说灌溉用水管理在本质上就是灌溉用水信息管理。灌溉用水信息的主要内容有：

（1）水源信息：河流、水库、地下水等的水位、流量、物理化学成分等。

（2）气象信息：气温、气湿、日照、降水、风力、蒸发量等。

（3）土壤信息：土壤含水量、水势、含盐量、温度、养分等。

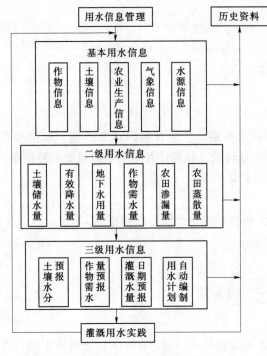

图 10-2 灌溉用水信息管理图

（4）作物信息：作物生长发育阶段、叶水势、叶面温度等。

（5）农业生产信息：作物种类、种植面积、灌溉面积、施肥标准、耕作措施以及对农业的有关政策、规定等。

上述内容属于基本信息。对这些基本信息及历史资料进行计算机加工处理，可以得到一些二级信息（如作物需水量、土壤储水量……），进一步就可以得到三级信息，即用水管理信息，如灌溉（灌水量、灌水日期）预报、河源来水量预报、灌溉配水方案及其调整方案等。灌溉用水信息管理图如图 10-2 所示。

二、灌区用水信息管理系统

灌区用水信息管理系统是以计算机系统为基础，包括数据采集系统、通信系统、数据库与数据处理系统、计划用水管理系统等软硬件在内的综合系统。灌区用水信息管理系统如图 10-3 所示。

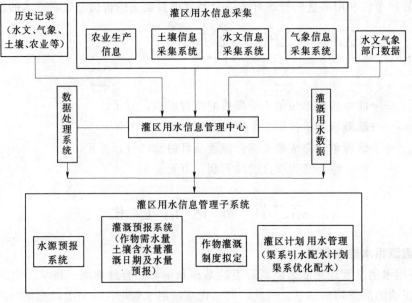

图 10-3 灌区用水信息管理系统

1. 灌区用水信息管理中心

灌区用水信息管理中心的任务是控制和管理各个子系统。它可以接受来自信息采集系统的信息、外部机构（水文、气象部门）提供的信息和灌区历史资料，并通过数据管理系统送入数据库。按照信息采集子系统所提供的用水信息进行灌区用水信息管理。例如按照配水计划或应变计划进行闸门及灌溉设施的操作；与管理站（段）进行电信联系，下达管理指令，并进行渠道和泵站的水位、流量监测。

通过数据管理系统送入数据库。按照信息采集子系统所提供的用水信息进行灌区用水信息管理。例如按照配水计划或应变计划进行闸门及灌溉设施的操作；与管理站（段）进行电信联系，下达管理指令，并进行渠道和泵站的水位、流量监测。

2. 灌区用水信息采集-传输子系统

灌区用水信息采集-传输子系统的任务是通过各种传感器、数/模、模/数装置及电信传输系统把所接收到的各种气象、水文、土壤、作物等信息传送到信息管理中心，它由以下部分组成：

（1）气象信息采集系统：采集并传输气温、气湿、日照、风速、风向、蒸发量、降雨量等数据。

（2）水文信息采集系统：采集并传输河流水位、流量、泥沙含量、地下水位、含盐量等数据。

（3）土壤信息采集系统：采集并传输土壤含水量、土壤温度、土壤盐分及养分含量等数据。

（4）作物信息采集系统：采集并传输农田作物生长发育状况、植物叶水势、作物冠层温度等数据。

此外关于农业生产计划、耕作栽培方法、施肥制度等作为农业生产资讯亦可纳入灌区用水信息系统。

3. 数据库管理系统

数据库管理系统的主要任务是管理灌区各种数据（包括来自外部的资讯），即进行数据的存取、增补、修改、加工、检索及打印等。

4. 用水信息管理子系统

接受信息管理中心的指令，从数据库管理系统和信息采集系统取得数据，进行水源预报和灌溉预报（包括作物需水量预报、土壤含水量预报），拟定灌溉制度，进行灌区计划用水管理，即编制和修改灌区各级用水计划，进行渠系水量调配与优化配水，并及时进行计划用水总结。灌区计划用水管理系统，主要根据我国北方地区，特别是黄河中、下游自流引水灌区的用水管理经验，紧密结合灌区用水管理的生产实际，不仅可快速、准确地为灌区管理机构编制年度用水计划，各灌季全渠系用水计划，还可供基层管理站，甚至配水站编制干支渠段或用水单位的用水计划。而且还可根据河源来水或农业气象的随机变化，迅速作出渠系的配水决策和动态的用水计划，以具体指导灌区实际的引水、配水工作。一旦灌溉水源的来水量不足，供需矛盾突出时，还可根据灌区对目标函数的不同选择，及时作出相应的渠系优化配水决策。当某一天或某个时段的用水结束时，还可对灌区计划用水工作及时进行总结。因此，随着计算机技术不断在灌排工程领域中的应用，必将促进灌区用水管理工作朝着科学化、现代化的方向发展，图10-4为灌区计划用水管理系统的结构框图。

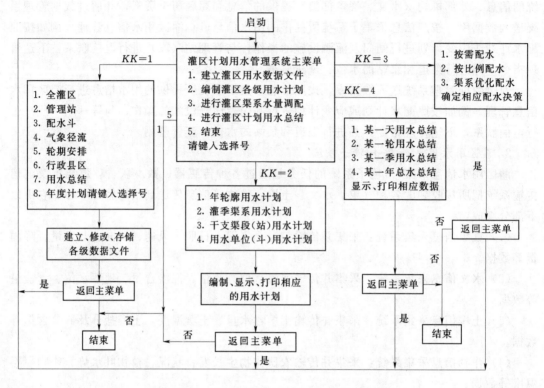

图 10-4　灌区计划用水管理系统的结构框图

5. 节水灌溉决策支持系统

节水灌溉决策支持系统由 5 个子系统组成，如图10-5所示。它可通过实时采集某一区域或田块的农业气象、作物生长、土壤墒情及渠系水情等信息。

依据数据库资料与模型库的预报结果，并经专家系统的推理及人机对话，即可对这一区域或田块的作物实施节水灌溉提供决策依据与基本信息。同时还能从整个灌区的管理角度，进一步提供渠系引水、输水、配水和田间灌水的决策方案。

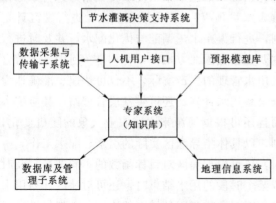

图 10-5　节水灌溉决策支持系统

专家系统（知识库）是整个节水灌溉决策支持系统的精髓，也可称为总控程序。它采用"知识管理驱动模型运行"的设计思想，即主要由知识库来管理、协调数据库、模型库及地理信息系统等功能子系统。

专家系统是指一个用基于知识的程序设计方法建立起来的计算机软件系统。它拥有某个特殊领域内专家的知识和经验，并能像专家那样运用这些知识，通过推理，在该领域内作出智能决策。

节水灌溉决策支持的知识库中主要存储了两大规则集：①模型管理规则集，嵌入了决策数据提取系统。②专家经验规则集。前者由模型库管理子系统直接转化而来，后者是建立系统时与有关节水管理专家及用户讨论磋商后建立的，主要包括一些变量的获取机制及经验、模型预报结果的选择等。节水灌溉专家系统结构如图 10-6 所示。

该系统由 6 部分组成：

1) 用户接口，它是专家系统与用户及各模块间的交互接口。

2) 中间数据库，又称"黑板"，它存放各种中间结果和通信信息。

3) 知识库，存放与数据采集、数据库、模型库、地理信息系统等的接口规则，数据提取机制，模型库管理规则链，以及节水灌溉专家知识等，包括事实性及规则性知识。

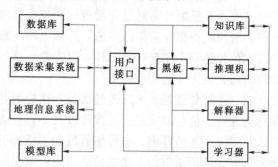

图 10-6　节水灌溉专家系统结构图

4) 推理机，即如何应用知识，进行各种推理或搜索的策略，它由主控程序及完成各种任务或推理功能的程序组成。

5) 解释器，该模块向用户解释所得决策或结论的推理过程及其依据。

6) 学习器，根据系统运行经验，不断自动地修正和补充知识库的内容，达到自己学习的功能。

6. 渠系水位流量的监测系统

渠系水位流量的监测对于及时、准确地掌握灌区水情，提高灌区计划用水管理水平具有重要的意义。

传统的水位测量是由人工直接从水尺上读取数据，后来利用了以机械或电气传动的模拟式自动水位计，大大提高了监测效率和精度，但对数据的处理仍很不方便。近年来国内外已研究出多种形式的水位传感器。其形式有以下几种。

(1) 浮子式水位传感器。

1) 电阻式水位传感器。电阻式水位传感器利用浮子随水位变化的原理，带动旋转，从而驱动多圈线性阻抗电位器产生角位移，使电桥中的电位器阻抗发生变化，来反映水位变化信息。

2) 编码式水位传感器。编码式水位传感器使浮子的浮动通过悬索带动水位轮转动，水位轮角度的变化使光电轴角编码器或磁感应式编码盘产生与水位变化相应的信息信号，此信号经转换、放大，即可传输给计算机进行处理。

浮子式水位传感器适用于水位变幅较大的场合，由于它采用悬索，故易受水流不规则流动及风力的影响，给测量带来误差。因此，一般应设置竖井，装设传感元件。

(2) 水位跟踪式传感器。水位跟踪式传感器由机械升降器、控制器和信号转换 3 部分构成。跟踪水位传感器有两根不锈钢测针，一根接地，另一根接触水面。当测针相对于水面不动时，两测针间的水电阻不变，电桥是平衡的无信号输出。当水位上升或下降时，水电阻增大或缩小，电桥失去平衡，产生输出信号。该信号经放大，可驱动可逆电机，使测针上下移动，回到平衡位置，实现了测针自动跟踪水位变化的目的。由于输出信号经编码盘将测针的直线位移量转换成数字量，很容易实现与计算机的连接，构成计算机自动监测系统。

（3）超声波水位传感器。超声波水位传感器是由发射换能器发出超声脉冲，在介质中传到液面，经反射后再通过介质返回到接收换能器。通过测量出超声脉冲从发射到接收所需要的时间，根据介质中的声速，计算出换能器到液面之间的距离，从而来确定水位。超声波水位传感器不需要运动部件，在安装和维护上有很大的优势性，它不仅能定点和连续检测，而且能方便地实现遥测。

（4）水压传感器。水压传感器是利用硅单晶的压阻效应而研制的一种固态传感器。它由压电元件、信号放大器、连接导线及小直径通气管等组成。通气管的作用是把大气压力引入到压电元件的背面。在传感器的端头通过引压孔传递液体压力于压电元件的正面，从而使压电元件的压阻效应随水位或压力的变化而变化，反映出水压力。这种传感器的最大优点是精度与灵敏度高，体积较小，安装方便，使用寿命长。

（5）渠系水位、流量监测系统。为了保证随时向灌区配水中心提供可靠的渠系水位、流量参数。通常水位流量的监测应自成系统，可选择价格较低、性能可靠且能满足测量精度要求的单片机、单板机、PC机及工业控制机等作为基础，配置适当的接口电路、传感元件、控制电路和控制机构，即可构成渠系水位、流量的自动监测系统。若配置通信接口，则可通过有线的或无线的方式向灌区配水中心的高位计算机定时传输测试成果，以便形成更大的渠系水情监控系统。

第三节 排 水 管 理

在灌区中，排水管理和灌溉管理具有同等重要的位置。特别在南方圩区，排水管理尤为重要。如果重灌轻排，不仅灌溉达不到预期的增产效果，而且会引起地下水位上升，导致土壤盐碱化或使作物遭受渍害。因此，重视并做好排水管理工作，对充分发挥灌溉工程效益，促进农业增产具有重要意义。

排水管理的主要任务是：

（1）正确地控制运用排水系统。

（2）养护维修各级排水沟道和建筑物，保证排水系统的通畅。

（3）及时排除涝水，免除作物受淹、减产。

（4）降低和控制地下水位，排除土壤渍水；在有盐碱化威胁地区，防治土壤盐碱化。

（5）做好灌区地下水盐动态的观测和分析。

排水系统中的各级沟道和建筑物，都是按照一定的设计标准设计的。例如，排涝是按照一定频率的暴雨径流设计排水沟道和建筑物过水能力的；治碱、防渍则是按照控制地下水位的要求，确定各级沟道的水位的。因此，在排水系统的管理中，必须按照设计要求进行控制运用。如果发生超标准的非常情况，则应采取相应措施，既要保证工程安全，又要尽量减轻灾害损失。做好排水管理工作，首先要健全管理组织，建立责任制度，加强巡视和经常性的养护维修工作。此外，每年要制定岁修计划，对各级沟管进行整修、清淤，每隔3～5年制定大修计划，对严重损坏的建筑物进行彻底修理，恢复其功能。明沟维修的重点是：防止雨水冲蚀沟道边坡。对已坍塌的边坡，要及时维修，经常清除沟中杂草和淤泥，定期检查排水涵闸的启闭设备，防止操作失灵。暗管的维修重点是防止管道淤塞。对已淤塞的管道，要采取清淤措施，必要时要挖开管道进行清淤。

地下水盐动态的观测和分析是评价排水系统是否正常工作的重要手段，也是进行灌区水量平衡不可缺少的依据。为了定期监测地下水位和水质的变化情况，在灌区应设置观测井网。在明沟的出、入口处也要安设量水设备，定期测定沟中的流量和水质。根据观测的地下水位和水质资料，以及排水流量、灌溉用水量、降雨量等，就可以定期进行灌区水量平衡计算，分析灌区地下水盐变化动态，发现问题，找出规律，为排水系统的管理运用提供科学依据。

参 考 文 献

［1］ 郭元裕. 农田水利学［M］. 3 版. 北京：中国水利水电出版社，1997.

［2］ 史海滨，田军仓，刘庆华. 灌溉排水工程学［M］. 北京：中国水利水电出版社，2006.

［3］ 汪志农. 灌溉排水工程学［M］. 北京：中国农业出版社，2000.

［4］ 蔡守华. 旱作物地面灌溉节水技术［M］. 郑州：黄河水利出版社，2012.

［5］ 李代鑫. 最新农田水利工程规划设计手册［M］. 北京：中国水利水电出版社，2011.

［6］ 王立洪. 节水灌溉技术［M］. 北京：中国水利水电出版社，2011.

［7］ 王庆河. 农田水利［M］. 北京：中国水利水电出版社，2012.

［8］ 施炯林，郭忠，贾生海. 节水灌溉技术［M］. 兰州：甘肃民族出版社，2003.

［9］ 迟道才. 节水灌溉理论与技术［M］. 北京：中国水利水电出版社，2009.

［10］ 李远华，罗金耀. 节水灌溉理论与技术［M］. 武汉：武汉大学出版社，2003.